天然气轻烃地球化学

胡国艺 李 剑 谢增业 于 聪 著

石油工业出版社

内 容 提 要

本书总结了天然气轻烃地球化学分析技术、方法及应用，重点介绍了轻烃生成的催化和裂解作用、不同类型气源岩轻烃生成的地球化学特征、影响轻烃分布的次生地球化学作用、海相天然气形成过程的轻烃识别、生物气轻烃地球化学特征及成因机制、煤成气和油型气轻烃地球化学特征及鉴别和主要含气区天然气轻烃地球化学应用等方面内容。

本书适合从事天然气勘探开发工作的科研人员及高等院校师生阅读、参考。

图书在版编目（CIP）数据

天然气轻烃地球化学/胡国艺等著. —北京：石油工业出版社，2018.1
ISBN 978—7—5183—2403—3

Ⅰ.①天… Ⅱ.①胡… Ⅲ.①天然气－地球化学
Ⅳ.①P618.130.2

中国版本图书馆 CIP 数据核字（2018）第 000166 号

出版发行：石油工业出版社
（北京安定门外安华里 2 区 1 号楼　100011）
网　　址：www.petropub.com
编辑部：(010)64523598　图书营销中心：(010)64523633
经　销：全国新华书店
印　刷：北京久佳印刷有限责任公司

2018 年 1 月第 1 版　2018 年 1 月第 1 次印刷
787×1092 毫米　开本：1/16　印张：18.75
字数：455 千字

定价：120.00 元
（如出现印装质量问题，我社图书营销中心负责调换）
版权所有，翻印必究

序

  轻烃是石油和天然气的过渡组分,在油气地球化学中占有重要地位。20世纪40—50年代开启了轻烃研究,其发展经历了四个阶段:以热裂解为基础的轻烃成因研究阶段、以过渡金属催化为基础的轻烃成因研究阶段、以热蒸发分馏和生物降解作用等为主的轻烃次生变化研究阶段以及轻烃单体烃碳同位素研究阶段。每个阶段都涌现出了大量高水平研究成果,尤其颇多化学家的加入使其学科交叉性突显。

  天然气中轻烃含量很低,分析难度大,但轻烃化合物种类和数量较多,蕴含了丰富的地球化学信息,故是油气地球化学研究不可或缺的目标之一。利用轻烃地球化学指标不仅可以用来确定天然气的成熟度、识别气藏遭受水洗或生物降解作用、示踪天然气来源,还可以划分天然气成因类型。中国学者在轻烃地球化学分析技术、鉴别指标建立及应用研究方面做了卓绝努力,建立并完善了诸多普遍性指标,并将其很好地应用到了各大油气田,解决了实际存在的地质问题。如林壬子教授主编的《轻烃技术在油气勘探中的应用》一书,总结了中国轻烃地球化学早期的研究成果;王培荣教授编著的《烃源岩与原油中轻馏分测定及地球化学应用》一书,总结了烃源岩轻馏分分析方法和应用等开创性研究成果;胡国艺等对中国各大气田天然气轻烃分布特征进行了系统研究,完善了用以鉴别煤成气和油型气轻烃组成的三角图图版,新建了煤成气和油型气成因鉴别的轻烃单体烃碳同位素指标,丰富了轻烃微生物成因理论。

  《天然气轻烃地球化学》是一本发展轻烃理论并使之系统性、创新性、应用性升华的专著。该书从轻烃地球化学的发展历程、理论基础、实验手段入手,系统分析了天然气生成、运移到成藏过程中各种影响轻烃分布的因素,对气源岩热解气、生物气、煤成气和油型气轻烃特征做了深入研究,轻烃的新指标体系的建立和新技术的应用在鄂尔多斯盆地、四川盆地和塔里木盆地油气勘探中发挥了重要作用,做到了理论联系实际,深入浅出,内容夯实,该书对推动轻烃地球化学的发展将具有重要的影响作用。

  《天然气轻烃地球化学》的作者是以胡国艺为首的年轻人,这标志着年轻一代已成为中国地球化学研究的中坚力量,故其出版是可喜可贺,值得读者阅读,并可受益匪浅的。年轻人只要选准研究目标,在前人科研成果的基础上,学风浩然,潜心钻研,坚持勤奋,创新开拓,科技之花定会鲜艳开放。

中国科学院 院士

前　　言

　　轻烃是天然气的最重要组成之一，含有极其重要和丰富的地球化学信息。轻烃地球化学研究历史悠久，在 20 世纪 40—50 年代，轻烃地球化学的研究工作就已经开始，由于受到当时分析检测手段方法的局限，轻烃化合物的研究基本上局限于其族组成在不同类型原油对比方面。在 20 世纪 70 年代末—90 年代初，以 Thompson 等为代表的轻烃热裂解成因机制理论和以 Mango 为代表的轻烃催化成因机制理论得到了快速发展。21 世纪初，George 等开展了水洗等次生作用对轻烃分布的影响研究。我国的轻烃地球化学应用研究始于 20 世纪 80 年代，特别是近 20 多年来有关这方面研究成果报道很多，如林壬子教授 1992 年首次主编了《轻烃技术在油气勘探中的应用》，王培荣教授 2011 年编著了《烃源岩与原油中轻馏分测定及地球化学作用》，这两本代表性著作为我国学者从事轻烃地球化学研究提供了重要的指南。

　　第一作者自 1994 年参加工作以来，一直从事天然气地球化学和地质学的研究。受蒋助生教授等"八五"国家天然气科技攻关在天然气轻烃地球化学方面研究成果的启迪，自"九五"以来在近 20 多年科研工作中，将天然气轻烃地球化学作为研究的一个重点方向，将轻烃分析技术和方法广泛应用到天然气地质研究，系统研究天然气轻烃成因及其分布特征，在大气田天然气成因鉴别及气源对比中发挥了一定的作用。

　　在恩师戴金星院士的鼓励和指导下，笔者将近 20 多年来在天然气轻烃地球化学方面成果系统总结成书。该书涉及的主要内容包括轻烃地球化学研究进展、天然气轻烃分析技术和方法、轻烃生成机理与特征、成气及成藏过程中的轻烃示踪作用，以及轻烃在四川、塔里木和鄂尔多斯等重点盆地中地球化学应用等。

　　本书的完稿是集体智慧的结晶。各章作者如下：第一章胡国艺、李志生、于聪；第二章李剑、宁占武；第三章胡国艺；第四章胡国艺、谢增业；第五章胡国艺、罗霞；第六章胡国艺、李谨；第七章胡国艺；第八章胡国艺、于聪、刘丹；第九章谢增业、胡国艺；第十章胡国艺、于聪、谢增业、龚德瑜、韩文学、彭威龙。胡国艺、李剑、谢增业、于聪对全文审校，最终由胡国艺统稿并定稿。

　　本书在出版过程中一直得到戴金星院士的关心，张水昌和魏国齐等教授给予了大量的帮助和支持，中国石油油气地球化学重点实验室黄凌、帅燕华、张文龙、徐宜瑞、翁娜和天然气成藏与开发重点实验室的李志生、罗霞、张英、马成华、孙庆武、李谨、韩中喜等在取样和实验分析等方面给予了无私的帮助，在此对他们表示诚挚的感谢。

　　此书的出版如能给读者一点启示或帮助是作者们最大欣慰。由于笔者水平有限，书中不当、不妥之处在所难免，敬请读者批评指正和谅解。

目 录

第一章 轻烃概述及地球化学应用 (1)
- 第一节 轻烃概述及物理性质 (1)
- 第二节 轻烃分析实验技术 (5)
- 第三节 轻烃地球化学研究进展 (14)
- 第四节 轻烃地球化学参数及其应用 (19)

第二章 催化和裂解作用对轻烃生成的影响 (26)
- 第一节 实验条件及热解产物的定性、定量分析 (26)
- 第二节 热解产物的组成特征 (32)
- 第三节 部分轻烃参数的应用 (37)
- 第四节 蒙脱石催化生成轻烃机理推测 (40)

第三章 烃源岩热解轻烃生成特征 (44)
- 第一节 烃源岩热解轻烃生成定量方法 (44)
- 第二节 煤系烃源岩轻烃生成模式及碳同位素组成特征 (45)
- 第三节 海相烃源岩轻烃生成模式及碳同位素组成 (48)
- 第四节 热解轻烃参数分析 (51)

第四章 成藏过程对天然气轻烃组成的影响 (55)
- 第一节 天然气运移过程中轻烃组成的变化 (55)
- 第二节 天然气轻烃在运移相态判识中的应用 (62)
- 第三节 天然气聚集模式对轻烃组成的影响 (66)

第五章 天然气形成过程的轻烃判识 (73)
- 第一节 原油裂解气和干酪根裂解气的识别方法 (73)
- 第二节 塔里木盆地台盆区两种裂解气轻烃判识 (79)
- 第三节 分散型原油裂解气和聚集型原油裂解气 (83)

第六章 生物气轻烃地球化学特征及其成因 (87)
- 第一节 生物气田形成的地质背景 (87)
- 第二节 生物气组分和同位素地球化学特征 (88)
- 第三节 生物气轻烃地球化学特征 (91)
- 第四节 生物气轻烃成因 (94)

第七章 煤成气和油型气地球化学特征及成因鉴别 (100)
- 第一节 煤成气轻烃地球化学特征 (100)
- 第二节 油型气轻烃地球化学特征 (112)
- 第三节 煤成气和油型气成因鉴别 (117)

第八章　鄂尔多斯盆地典型大气田天然气轻烃地球化学特征及应用 ·············· （136）
　　第一节　苏里格气田天然气轻烃地球化学特征及应用 ·················· （136）
　　第二节　榆林气田天然气成因及来源 ·································· （146）
　　第三节　靖边气田天然气轻烃地球化学特征及气源 ···················· （156）
第九章　四川盆地天然气轻烃地球化学特征及应用 ························ （185）
　　第一节　震旦系—寒武系天然气轻烃组成特征及应用 ·················· （185）
　　第二节　石炭系—雷口坡组天然气轻烃组成特征及应用 ················ （204）
　　第三节　须家河组煤成气轻烃地球化学特征及其影响因素 ·············· （213）
第十章　塔里木盆地天然气轻烃地球化学特征及应用 ······················ （225）
　　第一节　台盆区油型气轻烃组成及气源对比 ·························· （225）
　　第二节　库车坳陷天然气轻烃地球化学特征及气源分析 ················ （251）
　　第三节　塔西南坳陷油气轻烃地球化学特征 ·························· （262）
参考文献 ·· （282）

第一章 轻烃概述及地球化学应用

第一节 轻烃概述及物理性质

一、轻烃概念

轻烃术语源于石油化学,一般是指沸点小于200℃的烃类化合物,包括正构烷烃、异构烷烃、环烷烃和芳香烃,C_1—C_{10}正构烷烃的沸点范围为 $-161.5 \sim 195℃$。C_1—C_4的烃类在常温常压下呈气态,称为气态轻烃。C_5—C_{10}的烃类在常温常压下呈液态,称为液态轻烃。液态轻烃中最轻的部分是C_5。

轻烃是石油和天然气的重要组成部分,在油气地球化学中占有重要地位。国内外学者对轻烃的成因机理和地球化学应用等方面开展了大量的研究,对轻烃概念也有不同的定义。戴金星等(1993)认为轻烃系指沸点在200℃以下的汽油烃,即分子碳数为C_5—C_{10}的烷烃化合物,同时,可以把天然气中伴生的部分凝析油和轻质油理解为轻烃;郭瑞超等(2009)将C_5—C_7部分化合物划分为轻烃;Mango(1997)认为轻烃主要包括C_1—C_9部分化合物;沈忠民等(2011)指出轻烃为C_5—C_{10}部分化合物;Odden等(1998)将轻烃化合物的碳数范围延伸至C_{13};段毅等(2014)将轻烃化合物的定义为C_1—C_{13}烃类;王培荣等(2011)将C_1—C_{13}化合物统称为轻馏分。本书中轻烃的范围包括C_1—C_{10}化合物,以C_6—C_8化合物为研究重点,少量涉及C_8—C_{13}部分。

轻烃的来源十分广泛,包括油田、气田、天然气净化厂等生产流程中的伴生气和凝析油。

二、轻烃化合物种类

理论上,轻烃化合物的种数随着碳数的增加而迅速增加。除C_1、C_2和C_3轻烃只有1种化合物外,C_4有2种化合物,C_5有4种,C_6有8种,C_7有17种,C_8有45种。

实际上,油气中轻烃化合物的种数低于理论数。采用长50m、内径0.25mm的OV-1毛细管柱色谱对天然气轻烃化合物的分析谱图如图1-1和表1-1所示,C_1—C_8的轻烃化合物共计有55种,C_1—C_6轻烃化合物种数与理论数相同,C_7有16种,C_8有22种。

在色谱分析中,同碳数的轻烃化合物出峰顺序为异构烷烃、环烷烃、正构烷烃和芳香烃。

三、轻烃化合物物理性质

轻烃主要化合物的物理参数变化如表1-2所示,其主要物理性质如下。

(一)相态

在常温下,甲烷至丁烷是气体,戊烷至癸烷是液体,相对密度变化的规律是随着相对分子质量的增加而逐渐增大,但都小于1。

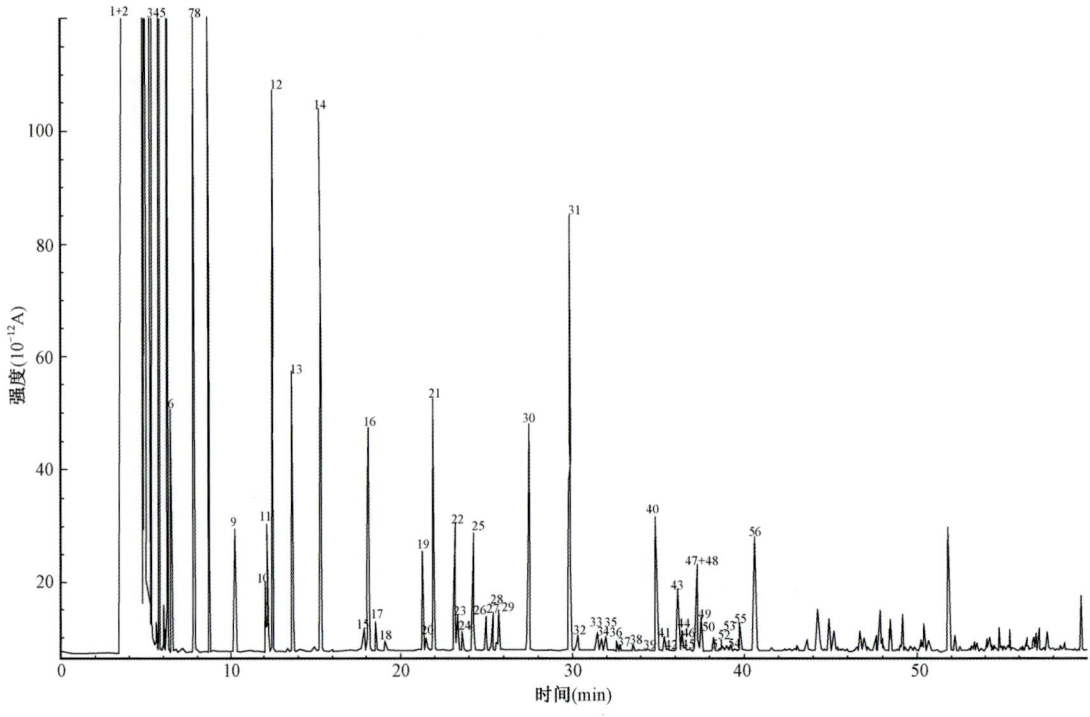

图1-1 天然气中轻烃色谱图

表1-1 气相色谱轻烃鉴定结果表

峰号	碳数	组分名称	峰号	碳数	组分名称
1	C_1	甲烷	19	C_6	苯
2	C_2	乙烷	20	C_7	3,3-二甲基戊烷
3	C_3	丙烷	21	C_6	环己烷
4	C_4	异丁烷	22	C_7	2-甲基己烷
5	C_4	正丁烷	23	C_7	2,3-二甲基戊烷
6	C_5	2,2-二甲基丙烷	24	C_7	1,1-二甲基环戊烷
7	C_5	异戊烷	25	C_7	3-甲基己烷
8	C_5	正戊烷	26	C_7	顺-1,3-二甲基环戊烷
9	C_6	2,2-二甲基丁烷	27	C_7	反-1,3-二甲基环戊烷
10	C_5	环戊烷	28	C_7	3-乙基戊烷
11	C_6	2,3-二甲基丁烷	29	C_7	反-1,2-二甲基环戊烷
12	C_6	2-甲基戊烷	30	C_7	正庚烷
13	C_6	3-甲基戊烷	31	C_7	甲基环己烷
14	C_6	正己烷	32	C_8	2,2-二甲基己烷
15	C_7	2,2-二甲基戊烷	33	C_7	乙基环戊烷
16	C_6	甲基环戊烷	34	C_8	2,5-二甲基己烷
17	C_7	2,4-二甲基戊烷	35	C_8	2,4-二甲基己烷
18	C_7	2,2,3-三甲基丁烷	36	C_8	反,顺-1,2,4-三甲基环戊烷

续表

峰号	碳数	组分名称	峰号	碳数	组分名称
37	C_8	3,3-二甲基环己烷	47	C_8	3-甲基庚烷
38	C_8	反,顺-1,2,3-三甲基环戊烷	48	C_8	顺-1,3-二甲基环己烷
39	C_8	2,3,4-三甲基戊烷	49	C_8	反-1,4-二甲基环己烷
40	C_7	甲苯	50	C_9	2,2,4,4-四甲基戊烷
41	C_8	2,3-二甲基己烷	51	C_8	反-1-甲基,3-乙基环戊烷
42	C_8	2-甲基,3-乙基戊烷	52	C_8	顺-1-甲基,3-乙基环戊烷
43	C_8	2-甲基庚烷	53	C_8	反-1-甲基,2-乙基环戊烷
44	C_8	4-甲基庚烷	54	C_8	1,1-甲基乙基环戊烷
45	C_8	3,4-二甲基己烷	55	C_8	反-1,2-二甲基环己烷
46	C_8	顺,顺-1,2,4-三甲基环戊烷	56	C_8	正辛烷

表1-2　部分轻烃化合物的物理参数(汪巩,1985;林壬子,1992)

名称	沸点(℃)	熔点(℃)	相对密度	状态
甲烷	-161.4	-182.5	0.424	
乙烷	-88.6	-182.7	0.5462	
丙烷	-42.2	-187.1	0.5824	气体
正丁烷	-0.5	-138.3	0.5788	
异丁烷	-12	-159	—	
正戊烷	36.1	-129.7	0.6263	
异戊烷	28	-160	0.620	
正己烷	68.7	-95.3	0.6594	
2-甲基戊烷	60	-154	—	
3-甲基戊烷	63	-118	—	
2,2-二甲基丁烷	50	-98	—	
2,3-二甲基丁烷	58	-129	0.662	
庚烷	98.4	-90.6	0.6837	
辛烷	125.4	-56.8	0.7028	液体
环丙烷	-32.9	-127.6	0.720(-79℃时)	
环丁烷	12	-80	0.703(0℃时)	
环戊烷	49.3	-93	0.745	
环己烷	80.8	6.5	0.779	
甲基环己烷	102	—	0.769	
环辛烷	148	11.5	0.836	
苯	80.1	5.49	—	
甲苯	110.625	-94.99	—	

（二）沸点

沸点一般随着碳链的增长、相对分子质量的增加而增高，甲烷最低，为 -161.4℃，而且随碳数的增加低碳数烷烃的差值较大，如甲烷与乙烷之间相差 72.8℃，从戊烷开始，每增加一个碳数，沸点约升高 20~30℃。在相同碳数的异构体中，直链烃的沸点较高，支链烃越多，沸点越低。环烷烃的沸点比同碳数的直链烷烃和支链烷烃高，如环己烷比正己烷沸点高 12.1℃；苯和甲苯沸点均比同碳数的链烷烃高，但与同碳数的环烷烃比较接近。

（三）熔点

甲烷至丙烷的熔点变化不规则，其他直链烷烃同系物的熔点基本是随着碳数的增大熔点增高，因为分子越大，分子间的表面积就越大，分子间的接触部分就增多，从而分子间的作用力也越强，所以熔点就高。支链烷烃的熔点明显低于同碳数正构烷烃，同碳数的环烷烃熔点一般比链烷烃高，轻芳香烃的熔点变化较大，如甲苯的熔点为 -94.99℃，明显低于苯的熔点（5.49℃）。

（四）水中溶解度

常温下轻烃在水中的溶解度一般很低（表1-3），而且不同的组分和不同的碳原子数其溶解度又有很大差别。其中芳香烃的溶解度大于环烷烃，环烷烃的溶解度又大于烷烃，在每一种组分中溶解度又随碳原子数的增加而减少。虽然轻烃在水中的溶解度随温度的升高而增加，但在目前公认的生油温度为 60~150℃ 时，轻烃在水中的溶解度不超过 10mg/L。而且轻烃的水溶解度还随水中盐度的增加而减少，各种成分在 20% NaCl 溶液中的溶解度与在蒸馏水中的溶解度之比是：戊烷，15%；苯，20%；甲苯，19%；甲基环戊烷，14%。如果含盐度达到 35%，那么烃的可溶性将减少 93%~99%。

表1-3　部分轻烃化合物在水（25℃，蒸馏水）中的溶解度　　（单位：mg/L）

化合物		据 Price（1976）	据 McAuliffe（1966）
正构烷	正戊烷	39.5 ± 0.6	38.5 ± 1.2
	正己烷	9.47 ± 0.20	9.5 ± 1.2
	正庚烷	2.24 ± 0.04	2.93 ± 0.20
	正辛烷	0.431 ± 0.012	0.66 ± 0.06
	正壬烷	0.122 ± 0.007	0.220 ± 0.021
异构烷烃	2,4-二甲基戊烷	4.41 ± 0.05	4.06 ± 0.29
	2,2,4-三甲基戊烷	1.14 ± 0.02	2.2 ± 0.12
	异戊烷	48.0 ± 1.0	47.8 ± 1.6
环烷烃	环戊烷	160.0 ± 2.0	156.0 ± 9.0
	甲基环戊烷	41.8 ± 1.0	42.0 ± 1.6
	环己烷	66.5 ± 0.8	55.0 ± 2.3
	甲基环己烷	16.0 ± 0.2	14.0 ± 1.2

续表

化合物		据 Price(1976)	据 McAuliffe(1966)
芳香烃	苯	1740.0 ± 17.0	1780 ± 45
	甲苯	554.0 ± 15.0	515 ± 17
	1,2,4 - 三甲基苯	51.9 ± 1.2	57 ± 4
	乙基苯	131.0 ± 1.4	152 ± 8
	异丙基苯	48.3 ± 1.2	50 ± 5

(五)岩石中扩散系数

D. Leythaeuser(1983)对部分轻烃化合物在饱含水的页岩扩散系数的测定结果如表1-4所示,随着碳数的增加,轻烃化合物的扩散系数降低,甲烷和乙烷的扩散系数高,扩散系数分布在10^{-6}数量级内,丙烷—戊烷次之,扩散系数分布在10^{-7}数量级内,而己烷和庚烷的扩散系数最低,分布在10^{-8}数量级内。一般情况下,异构烷烃的扩散系数比正构烷烃稍大。

表1-4 通过饱含水的页岩孔隙的轻烃扩散系数(D)(Leythaeuser,1983)

烷烃	D 值(cm^2/s)	烷烃	D 值(cm^2/s)	烷烃	D 值(cm^2/s)
CH_4 *	2.12×10^{-6}	iC_4H_{10}	3.75×10^{-7}	nC_6H_{14}	8.20×10^{-8}
C_2H_6 *	1.11×10^{-6}	nC_4H_{10}	3.01×10^{-7}	nC_7H_{16}	4.31×10^{-8}
C_3H_8 *	5.77×10^{-7}	nC_5H_{12}	1.57×10^{-7}	$nC_{10}H_{22}$	6.08×10^{-9}

*根据实测数据的趋势线(回归线)外推得出。

第二节 轻烃分析实验技术

一、烃源岩吸附和热解轻烃分析技术

烃源岩吸附轻烃通常采用的传统脱气方法主要为气体抽提法、热蒸发气体析脱法、酸溶解法和顶部空间气体分析法,但这些分析方法只能测定烃源岩中吸附的残余轻烃,由于扩散、吸附等因素的影响,这些残余轻烃难以反映烃源岩在不同热演化阶段生成的天然气性质。随着热模拟技术和同位素分析新技术的发展,国内蒋助生等在"八五"至"九五"期间将热解器与GC 和 GC - IR - MS 联接,可以快捷、方便地进行各类烃源岩在不同演化阶段轻烃生成的测试分析,从而可以完成天然气与烃源岩之间的直接动态对比,确定气源及其形成演化阶段。

在烃源岩和油气运移路径上的输导层中,都吸附有一定数量的烃类。随着分析水平的不断提高,可以检测到C_1—C_{40}的吸附烃。在常规有机地球化学研究中,岩石进行氯仿抽提,取抽提物中的烃类进行分析。但由于轻烃沸点低,C_1—C_{10}范围的轻烃在进行抽提定量和抽提物族组分分离时已挥发,难以为科研工作提供有效的分析数据。为弥补这项工作的缺陷,可采用岩石吸附烃和热解烃的轻烃分析技术,应用不同演化阶段生成的热解产物进行气源动态对比,更好地解释地质条件下油气演化规律。

具体分析方法是热模拟装置采用 SGE 热解器,轻烃采用 HP50m PONA 毛细管柱分析得到吸附轻烃色谱图。实验所选样品为颗粒状,保持岩石样品的原始结构,实验结果更接近地质条件下天然气生成过程。

(一)仪器组成

仪器组成主要包括澳大利亚 SGE 公司生产的高温热解器、气相色谱仪或同位素质谱仪及微机数据系统。SGE 热解器(其热解装置可在 900℃以下各温度点长时间恒温工作)通过接口与气相色谱仪或同位素质谱仪相连。样品在氦气流中加热到预定温度。烃类组分在氦气吹扫下进入液氮冷阱中,达到预定时间后,热解器温度迅速降至室温。

(二)分析测定步骤

(1)烃源岩样品人工粉碎、过筛,取 20~60 目(0.9~2.8mm)的颗粒进行分析测定;
(2)称取一定量样品装入热解器的不锈钢管容器;
(3)采用长 50m,内径 0.25mm 的 OV-1 毛细管柱色谱分析。岩样在氦气流中加热到各设定温度,按要求恒温加热 30min,岩样中热解烃随氦气进入液氮冷阱收集器,达到预定反应时间后,热解器温度迅速降至室温,撤去冷阱,开始色谱分析。

(三)分析结果

利用上述实验方法,可以测定烃源岩在不同热演化过程中的轻烃组分或单体化合物的组分和碳同位素组成,图 1-2 为鄂尔多斯西缘平凉地区平凉组有机质类型为 I 型的烃源岩在不同模拟温度下热解轻烃色谱图。从图 1-2 中可看出,在 400℃时,该烃源岩有机质可能还处于成熟阶段,主要以支链烷烃和环烷烃生成为主,而苯和甲苯含量很低;在 500℃时,烃源岩有机质成熟度较高,生成轻烃中苯和甲苯含量逐渐增加;在过成熟阶段(600℃)生成的轻烃中苯含量占绝对优势,甲苯含量非常低。

表 1-5 为藻类体和镜质体单显微组分在不同温度下热解轻烃甲苯碳同位素值的变化,从 400~650℃,藻类体轻烃产物中甲苯碳同位素值分布在 -27.4‰ ~ -27.1‰,镜质体热解轻烃甲苯碳同位素值分布在 -23.0‰ ~ -21.7‰。

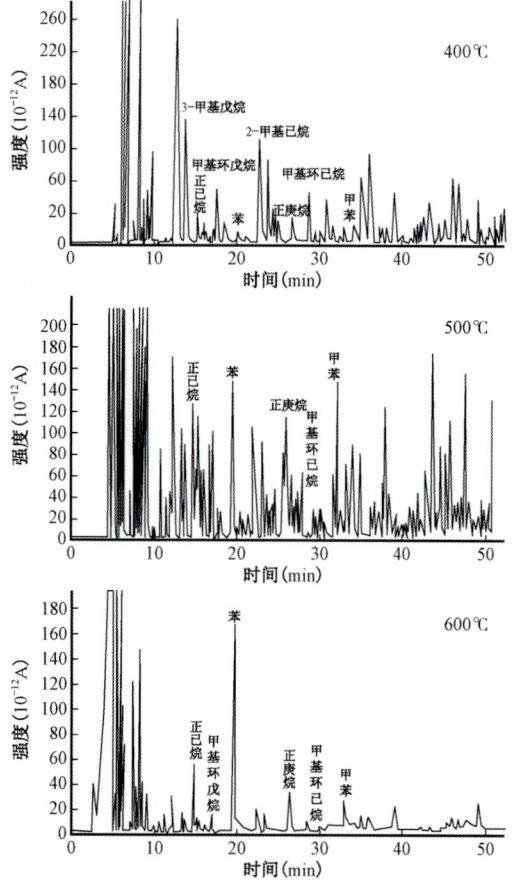

图 1-2 鄂尔多斯西缘平凉组烃源岩不同温度下热解轻烃组成分布(李剑等,2001)

表1-5 不同模拟温度下两种显微组分生成的甲苯碳同位素值(李剑等,2001)

加热温度(℃)	$\delta^{13}C_{甲苯}$(‰)	
	藻类体	镜质体
400	-27.3	-22.9
500	-27.4	-23.0
600	-27.1	-21.7
650	-27.2	-22.0

二、天然气轻烃分析技术

天然气轻烃组成分析采用色谱仪,色谱柱为 HP-PONA 毛细管柱,50m×0.2mm×0.5μm,色谱柱前端约30cm插入液氮冷阱。轻烃分析可以采用天然气直接进样方法,进样量一般为10~15mL,天然气通过氦气载气进入色谱柱,微量轻烃被液氮冷冻20min之后,移走冷阱,轻烃在色谱中分离,通过氢火焰检测器检测天然气中轻烃(C_5—C_8)组成。色谱升温程序为初始温度30℃,恒温15min,然后分别以1.5℃/min程序升温至70℃、3℃/min程序升温至160℃和5℃/min程序升温至280℃,恒温20min,色谱仪进样口温度为120℃,FID检测器温度为320℃。

轻烃化合物定性采用美国 Agilent 公司生产的 PONA 色谱分析标样,混合标样从异丁烷到正辛烷共计53个化合物,化合物定量采用单个化合物的峰面积进行相对定量,在每批样品分析前进行轻烃标样分析,确保样品的分析质量和不同批次样品分析的可对比性。

天然气轻烃单体烃碳同位素分析采用气相色谱—同位素质谱仪。色谱分析条件同上述轻烃组成分析方法,轻烃单体烃在燃烧炉(CuO,950℃)中转化为CO_2和H_2O,CO_2进入同位素质谱仪,分析各组分碳同位素组成,分析精度为0.2‰左右(蒋助生等,2000),分析谱图如图1-3所示。

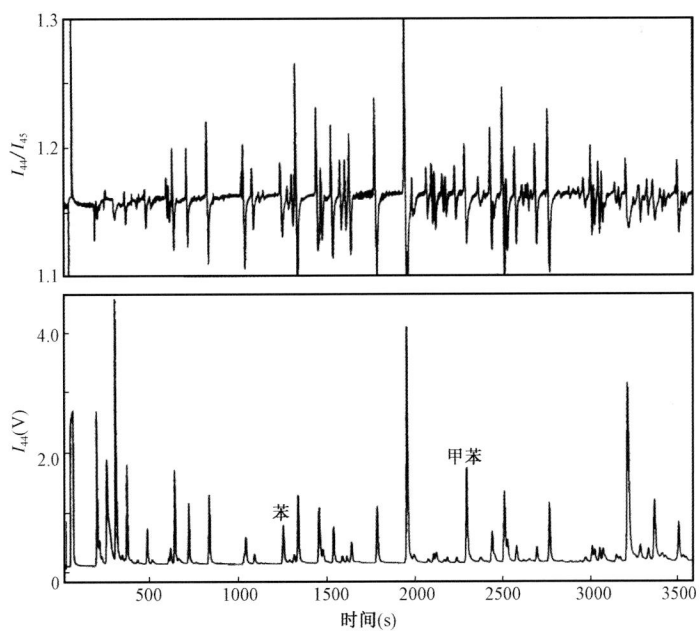

图1-3 塔参1井烃源岩400℃热模拟轻烃碳同位素(GC-C-IR-MS)组成分析图(蒋助生等,2000)

(一) 轻烃检测重复性

天然气中轻烃(C_6—C_7)含量很低,为了确保轻烃检测精度的可靠性,对天然气轻烃分析结果的重复性进行分析,图1-4为取自柴达木盆地涩北气田台南4-11井生物气在不同时间轻烃组成分析色谱图,尽管生物气中轻烃含量很低,但不同时间测定的轻烃组成非常相似,表明天然气轻烃检测的重复性较好。

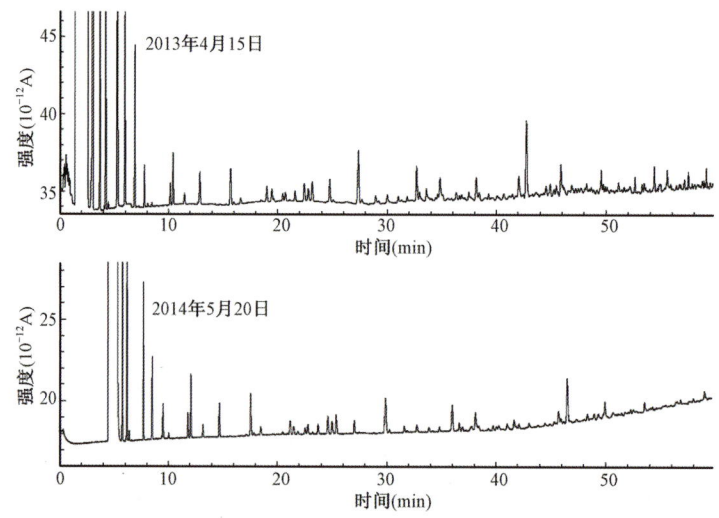

图1-4 柴达木盆地台南4-11井生物气在不同时间测定的轻烃色谱图

对天然气轻烃单体烃碳同位素检测重复性也进行了分析,同一个样品在不同时间对轻烃单体碳同位素测定了3次,结果见图1-5,主要轻烃单体烃碳同位素比值不同时间测定的结果非常接近,最大差值不超过0.5‰,表明轻烃检测结果的重复性较好,测定精度较高。

(二) 加热温度对轻烃组成的影响

郎东升等(2008)使用HP-PONA测试样做加热温度对轻烃参数的影响实验,温度分别设置为40℃、60℃、80℃和100℃,在以上4个温度点对样品分别加热,通过对分析数据的归纳总结,随着加热温度的升高,轻烃比值参数也有一定的变化,苯/环己烷和甲苯/甲基环己烷这两项参数随着温度的升高逐渐增加(图1-6)。因此,为了保证分析数据的可比性,轻烃分析的加热温度应该统一,实验室采用常温20℃左右。

三、流体包裹体中轻烃分析技术

成岩过程中形成的流体包裹体是古流体"化石",真实地记录着地质历史中蕴含着关于烃类生成、演化、运移及储存条件的信息。

具体的流体包裹体轻烃分析方法是将挑选出的油气包裹体样品碎成一定粒径的颗粒,经抽提后在烘箱中烘干。将制好的样品装入样品管中,在320℃下加热20min进行热裂解。产生的烃类组分在氢气的吹扫下进入冷阱,然后撤去冷阱,烃类进入毛细管柱进行轻烃单体烃分析,计算机采集和处理分析数据。

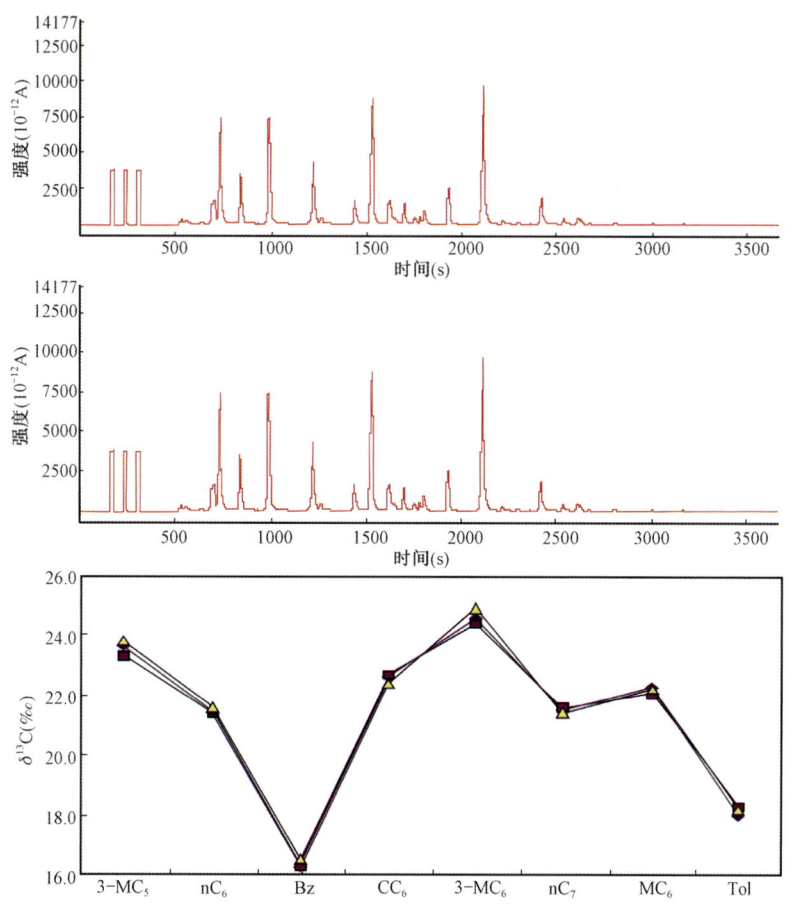

图1-5 鄂尔多斯盆地陕118井天然气在不同时间3次测定的单体烃碳同位素组成图

3-MC_5—3-甲基戊烷;nC_6—正己烷;Bz—苯;CC_6—环己烷;

3-MC_6—3-甲基己烷;nC_7—正庚烷;MC_6—甲基环己烷;Tol—甲苯

因包裹体含气量少,剔除岩石吸附气的污染是重要环节之一,为了消除这一因素的影响,主要采取两种措施,首先取5~10g样品(40~60目),进行多次二氯甲烷和甲醇(93:7)混合(DCM:二氧甲烷,MeOH:甲醇)溶剂抽提直至色谱无法检测为止,再用H_2O_2氧化,在60℃烘干。具体步骤如图1-7所示。

图1-8为典型的油气包裹体的轻烃色谱图。包裹体中烃类保持了地质历史时期的原有面貌,因此,包裹体中烃类检测对于天然气成藏研究具有特别重要的意义。

四、固相微萃取轻烃分析技术

固相微萃取技术(SPME)为一项新的分离技术。它主要适用于水中水溶性有机质的快速分析。该方法的主要优点是:① 简便、快捷,不使用任何溶剂;② 样品量很少;③ 容易与GC、GC-MS结合使用,进行直接分析。

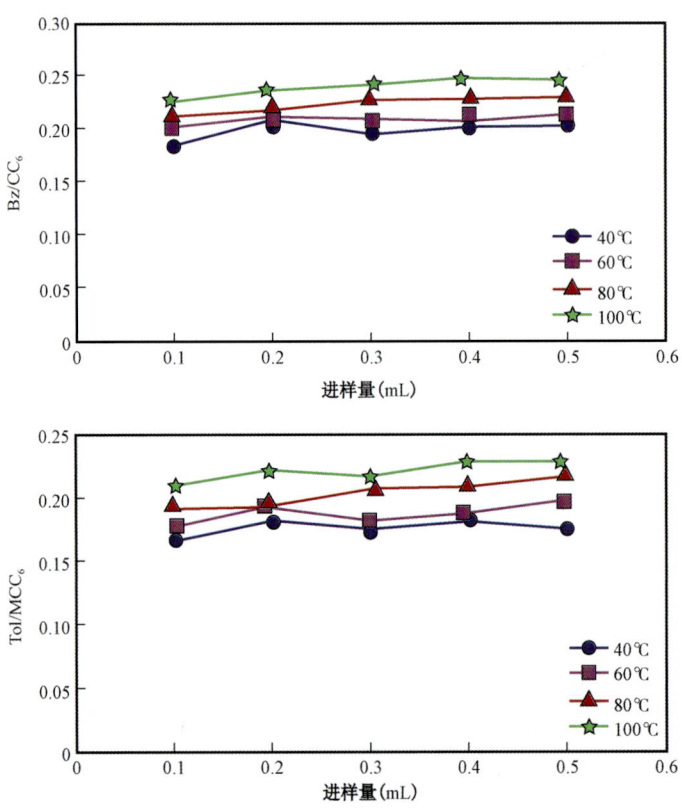

图1-6 不同加热温度下苯/环己烷和甲苯/甲基环己烷参数的变化(郎东升等,2008)

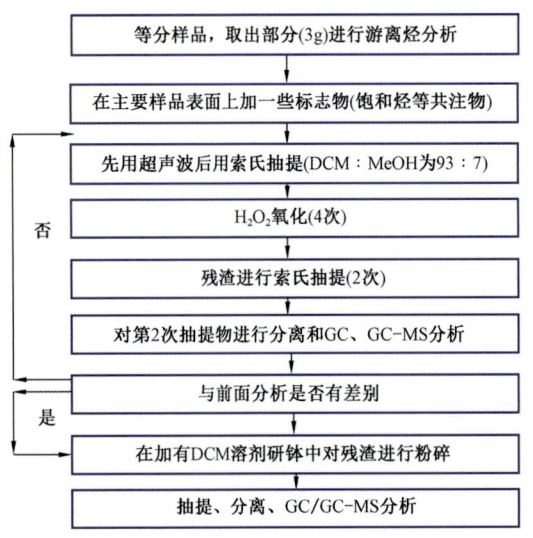

图1-7 包裹体中轻烃处理分析步骤

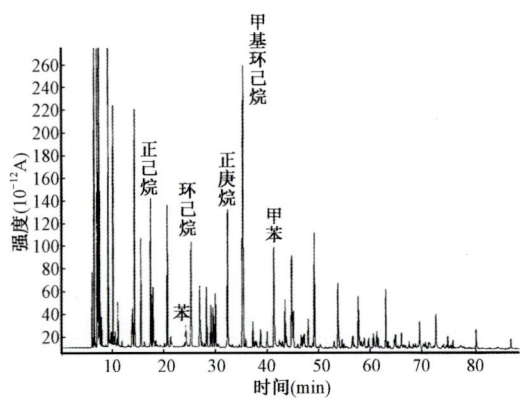

图1-8 油气包裹体轻烃分析色谱图(李剑等,2001)

SPME 分离法是将涂有液相多聚物的熔融石英萃取头直接浸入样品溶液中或置于样品上方的顶部空间,萃取头通常被洗脱机制所控制。萃取头上所涂的物质取决于所分析化合物的类型。SPME 已经应用于大量的研究中,但是它们中间的大多数都是直接将萃取头浸入样品溶液中,以萃取待分析的有机物。先前大多数的实验都是分析组分有限的烃类化合物,通常为 BTEX。只有很少量的研究是使用 SPME 的顶空萃取技术,而且它们可以分析复杂混合物样品。

SPME 是分析轻烃的一种简单、快捷、可靠而且便宜的方法。这种方法若与特定组分的同位素对比(CSIC)同时使用,将成为地球化学分析中一种新的、有潜力的、功能强大的工具。CSIC 应用轻烃中碳同位素比值作为辨识指纹进行油—油、油—岩对比。为使其更具效力,用 SPME 分析任何石油中轻烃组分的结果都必须具有可再操作性和可再现性。

待分析物通过萃取头从样品溶液中分离出来,然后热解析进入色谱仪的进样口。SPME 是一个平衡的过程,它的平衡建立在液相、顶空(气相)以及萃取头(固相)三相中待分析物的浓度达到恒定的基础上。平衡被定义为:当待分析物在每一相中的浓度都达到恒定时,两相邻相之间的浓度差别决定了两相之间的分离系数。在萃取头和样品溶液之间分配的待分析物的量不随两者接触时间的延长而发生改变时的状态,达到平衡的限制性步骤是待分析物浓度从液相到达顶空(气相)的过程。它的萃取曲线的特点是先急剧升高,然后缓慢下降。曲线上每个片段的斜率取决于待分析物在混合物样品溶液动力学中的对流和扩散作用。

带有 FID 检测器的 GC 仪结合萃取法是一种卓越的分子分析方法。轻烃组分通过液膜厚 $1\mu m$ 的 J&W $60m \times 0.32mm$ DB-1 熔融石英柱而分离。程序升温为 $35℃$ 保持 $1min$,然后以 $2℃/min$ 升温至 $90℃$,保持 $5min$,然后再以 $20℃/min$ 升温至 $280℃$,保持 $7min$,以烧掉任何滞留在柱中的高分子化合物(HMW)。分析一个样品所需时间大约为 $1h$。

用 CF-IRMS 系统作组分的稳定碳同位素分析,使用同样的毛细管柱及相同的升温程序。随着色谱柱中 C_5—C_9 组分的分离,它们由载气进入一个由内置 Cu/Pt 线的硅—铝毛细管组成的微型灼烧炉内,升温至 $850℃$ 灼烧。所有大于 C_9 的组分被反冲出色谱柱。烃类被氧化为 CO_2 和水。水被 Nafion 水(全氟磺酸离子交换树脂)吸收,然后载气 N_2 将 CO_2 带入 IRMS 仪中,从而测得特定化合物燃烧生成的 CO_2 $^{13}C/^{12}C$ 比值。

五、其他轻烃分析实验技术

目前,无论对油、气样品或岩石样品,国内外已有许多比较成熟的轻烃分析方法。各种方法因其原理及分析条件不同,所分析的轻烃组分在组成和含量上有较大的差别。为了便于了解各种轻烃分析方法的优越性,在此介绍其他几种轻烃分析方法。

(一)岩石吸附轻烃分析

各种以岩石吸附轻烃为研究对象的分析方法都比较注重如何将吸附的烃类从岩石中脱附的过程。因为脱烃条件的差异决定着所分析出的轻烃含量及其组成特点。因而,脱烃过程是岩石吸附轻烃分析的关键。岩石吸附轻烃分析方法主要有以下几种。

1. 气体抽提法

该方法是基于 Kolb 提出的固体中挥发组分的相平衡理论及不连续气体抽提理论分析为

基础。由气体连续抽提样品,使挥发组分不断地从岩石表面脱附,用冷阱收集抽提出的气体,最后由毛细管气相色谱仪进行分离、鉴定。全过程大致为:取好岩石样品后,将样品密封保存,不使轻质烃类自然挥发。待分析前碎样至60目左右,装入样品管内,将样品管插入气体抽提装置中,让载气(常用氢气、氮气或氦气等)流过样品管。根据实际情况,样品可以在室温下进行分析,亦可以适当加热,以利于高沸点馏分的脱附。气流将样品中吸附的烃类带到连接在样品管后端的冷阱内聚集、浓缩。然后迅速加热冷阱,使冷阱内聚集的轻烃瞬间汽化,由载气带入气相色谱系统中进行分离、鉴定,最后就得到岩石中吸附轻烃的色谱分析资料。

2. 热蒸发气体吹脱法

热蒸发法的装置与气体抽提法相似,由气源、样品管、冷阱及气相色谱分析系统组成。其主要区别在于样品中吸附的轻烃不是由气体抽提而脱附,而是靠加热装置对样品高温加热,驱使轻质烃因高温作用而蒸发脱附,并被载气带入冷阱,冷却富集。当样品中轻烃挥发完后,迅速加热冷阱,使捕集的烃类瞬间汽化并进行气相色谱分析。

这种方法可以分析 C_{15} 以下的烃类。一般蒸发时的温度都控制在150℃以上,但温度过高可能导致部分重烃分子发生分解,并出现烯烃,容易造成过多的干扰,以至分析失真。

3. 色谱在线分析方法

结合气体抽提法和热蒸发气体吹脱法,王培荣等(2011)提出了密闭球磨粉碎—加热解析—氦气吹扫—冷阱捕集的色谱在线分析方法分析岩石吸附气轻烃。将大块样品放入液氮杯内冷却,取出敲一块称重后放入洗净的密封罐,然后将密封罐抽真空至1Pa,加热密封罐的锅和传输线按温度控制器的设置加热至300℃,传输线的两端均为色谱用的进样针,分别插入密封罐和色谱汽化室的耐高温硅胶垫,用质量流量控制器设定罐加热后气态烃等通过传输线进入色谱的流量,并调节稳压阀控制氦气进入样品罐的流量和压力,样品罐中加热汽化的气态烃被氦气流携带进入色谱仪,分流后部分进入色谱炉箱内的液氮冷阱,使样品被捕集在色谱柱前端冷凝处,待罐中气态烃已被充分地携带进入色谱炉烤箱内的冷阱后,撤掉色谱炉中液氮杯,关闭炉门,启动色谱按设定的升温程序分析样品。

该套密闭球磨粉碎、加热解析、氦气吹扫、冷阱捕集的色谱在线分析装置运行平稳,可靠性、平行性均较好,从而保证了实验结果的重复性。

4. 酸溶解法

由于表面吸附力,岩石中的硅、铝化合物及其岩矿颗粒,对各种烃类均有一定的吸附能力。岩样在井下破碎取出到地面后,在保存和粉碎过程中必然会损失一部分吸附烃,但大部分、特别是其中的高碳数组分仍然保留下来。由于它们与岩石中的矿物分子结合较牢固,需在真空下加热、或加酸破坏其分子组成等条件下才能脱附。这种方法对吸附性较强、容易被酸分解的硅铝酸盐或碳酸盐类矿物岩石比较有效。

具体做法是:将样品置于一密闭容器中,抽真空使其吸附的气态烃脱附。对一些含碳酸盐的样品,可以先加入盐酸使碳酸盐岩分解,破坏岩石结构,减少岩石对烃类的吸附作用。然后再抽真空脱气,取脱附的气体进行气相色谱分析。该方法能脱附出较大量的吸附烃类,但脱气过程比较繁杂,并且由于盐酸的分解作用可产生一些干扰气体。倘若色谱分析条件掌握欠妥,可能导致轻烃分析结果失真,因此在使用操作过程中需特别谨慎。

(二)岩石或原油顶部空间气体中轻烃分析方法

顶部空间气体气相色谱分析法最初起源于食品工业和医药业对液体样品中溶解的易挥发组分的分析。该方法是取装有复杂成分液体的密封容器顶部空间内的气体进行色谱分析,由此可以判断出所分析组分在溶液中的溶解量。

顶部空间气体分析(简称顶空分析)并非一项新技术,只是因近年来气相色谱分析的迅速发展,使顶空分析技术作为一项预处理方法与气相色谱仪联用得到了广泛的运用。在油气地球化学分析中,应用这一技术可分析岩石中吸附的轻烃及油气中溶解的挥发性烃类。样品可在室温或适当加热的情况下取其顶部空间气体进行分析,让易挥发组分尽量多地挥发在容器的顶部空间内,以提高分析的检出限。

这一技术对分析挥发性物质不失为一种有效的方法。

取样是做好罐装样品分析首要的一步,将岩屑、钻井液从井口装入罐内并加盖密封,这是在井场上进行的工作。实验室的任务是将气体从罐顶空间内取出并进行成分分析。所以,取气是整个分析的第一步。下面分别介绍两类取气方法。

1. 静态取气法

(1)顶部空间直接取气。

在样品罐顶部用胶黏一块橡皮垫,用细钉扎穿橡皮并将罐顶穿一小孔。抽出细钉,立即用气相色谱注射器插入罐顶部空间内,取 1mL 左右的顶部气立即进行气相色谱分析。这是最简单的一种取气方法,也可适当采用水浴、甘油浴等无污染的液体加热罐体,使其挥发组分尽量多地进入顶部空间。该方法的缺点是顶部空间内的气体总量不能测定,且取气体积不得超过总体积的 1/10,否则将使罐内形成负压,导致分析失真。此外,这种取样方法也不宜做绝对定量分析。

(2)水下取气法。

法国地球化学服务公司采用的水下取气法,其操作方法是:将样品罐放入一个装有饱和食盐水的大容器中,让盐水浸没罐顶,在罐顶钻两个距离尽量远的孔,将罐体斜放,一个孔高,另一孔略低。这时下方的孔洞自动进水,而气体则由上方孔洞被排出。然后用漏斗以排水集气法将排出的气体收集到试管内,用以进行气相色谱分析。

该方法取样设备简单,能将全部气体取出测量其总体积。但操作过程是在饱和食盐水下进行,甚为不便。

(3)密封排水取气法。

根据现有的取气方法及装置,权衡其利弊,江汉石油学院测试中心与南海西部石油公司合作设计了一种简易取气装置。先将罐顶黏一块橡皮垫起密封作用,然后将取样器扎入罐顶空间,该取样器由两根空心针组成,一根向罐内输入饱和食盐水,另一根让顶空气体流出,撑出的顶空气体用胶皮管连接到带刻度的集气瓶内,用排水集气法将气体收集。操作步骤:首先将整个体系用饱和食盐水充满,取气装置插入后,将集气瓶 A 放低,使瓶内呈负压,气体便从罐顶徐徐排出。待气体收集完后,卡住集气瓶 A 与取样器之间的胶管,提高 A 瓶的位置,使集气瓶内呈负压,便可取气进行气相色谱分析。

这一装置能较准确地采集气体,整个操作系统是在密封状态下进行,操作也较方便,并可多次重复取样进行分析,顶空气体的总体积也能准确测量。

(4)专用仪器。

P-E公司生产的HS-6装置是专门用来分析顶空气体的仪器。现在一般都用来作液体样品的顶空分析,因为它的体积很小,适合作原油样品的顶空分析。

主要优点是能加热样品、密封好、定量进样、机械化操作,从而降低误差。

2. 动态取气法

动态取气法可以分析液体、固体中的易挥发组分,但操作过程繁杂,干扰多,使用不甚方便。然而,许多学者认为其检出限低,不失为一种分析痕量易挥发物的好方法。

动态法亦有多种形式,但其原理都相同,谨此列举一例:

该方法类似于气体吹脱法,用载气通过样品,样品中易挥发组分被载气携带进入一吸附柱。该柱能吸附待测组分,载气吹脱一定时间后,取下柱子将该柱接到气相色谱仪进样口前,经加热,由载气吹脱出待测组分进气相色谱柱分离分析。该柱作为一富集柱,起到了预处理和浓缩的作用。

这种方法也可以直接将样品吹脱进入色谱柱内,在柱头上先冷凝,然后再升温分析。但吹脱过程可能带入许多杂质,干扰较严重。

第三节　轻烃地球化学研究进展

轻烃的研究已经历了漫长而曲折的过程。从20世纪40—50年代就已经开始轻烃的研究(Foriati等,1944;Smith和Rall,1953),由于当时受到分析手段的限制,轻烃的研究基本上限于不同类型原油中轻烃的族组成和C_1—C_7的对比(王培荣,2011)。在20世纪70年代,由于生物标志化合物这门边缘学科的兴起而使得轻烃研究常被忽略甚至抛弃(Mango,1997)。80年代初,轻烃的研究又开始兴起(Thompson,1982、1983),迄今经历了70多年的发展,已成为油气地球化学的一个重要分支。概况起来,轻烃的地球化学研究主要经历了以下4个发展阶段。

一、以热裂解为基础的轻烃成因研究阶段

地球化学家对油气中轻烃成因和分布特征的研究历史悠久,Martin等(1963)对产自不同地质年代18个原油C_7轻烃研究后认为热裂解是轻烃生成的主要作用,Smith(1968)通过对C_4—C_7轻烃中正构烷烃、链烷烃、环烷烃和芳香烃的研究认为之间分布具有规律性,轻烃的分布形式可用来进行油气成因划分(Thompson,1979、1987、1988)和确定油气的成熟度(Thompson,1982、1983)。Hunt(1975)注意到埋藏温度约为75℃的始新世沉积物中轻烃的浓度要比埋藏温度低于45℃的浅层沉积物中高,因此强调了温度在轻烃形成过程中的作用。轻烃热裂解成因观点认为轻烃首次出现在约75℃的沉积环境中,而后持续生成至约140℃。但这些高碳烃是非常稳定的,不可能在这一地质温度和时间下分解,例如,Burnham等(1997)估算正己烷在170~200℃范围内在地质时间内应能在石油中稳定存在,这一估计得到了广泛支持。

热解成因论得到了许多学者的广泛支持并进行了较多应用(段毅等,2014)。在轻烃的热裂解成因论研究中,为了解释轻烃的前驱物与产物的关系,对"初始结构"进行了定义,它表示

轻烃化合物保持了轻烃前驱物的初始碳骨架结构,如正构烷烃裂解成具有正构烷烃碳骨架的轻烃化合物,异戊二烯裂解为具有异戊二烯碳骨架的轻烃化合物,甲基环己烷和甲苯可能来自正烷基环己烷和正烷基苯的裂解。生物体裂解反应产物能保持原始母质结构,这可以通过实验来验证。生物体降解产物就是几种自然结构体的混合,例如:藻类的降解产物仅仅含有正构烷烃、无环烷烃及环类异戊二烯。干酪根热解同样表明热解产物能保持原始结构,产生正构烷烃、无环类异戊二烯、二酮及三萜等。胆甾烷裂解与之相似,从侧链部分断裂出2-甲基烷烃。

因为聚环烷烃比开链烷烃热稳定性好,胆甾烷仅仅产生少量的无环烷烃。因而,作为轻烃主要组分的环烷烃可能不是多环先体的热解产物,这样具有初始结构的轻烃化合物并没有占据轻烃总量中的多数(Mango,1997)。热解成因论的局限性表现为,虽然可以解释部分轻烃的形成,但是不能解释具有前驱物初始结构的轻烃含量较少而非初始结构的轻烃却大量出现的现象,因此轻烃的热解成因论受到 Mango 等的质疑。

二、以热蒸发分馏、生物降解作用等为主的轻烃次生作用研究阶段

(一)热蒸发分馏

Thompson(1987、1988)提出蒸发分馏作用可以导致轻烃组成变化,甲苯和甲基环己烷与正庚烷的比值可以用来反映蒸发分馏作用,Thompson(1987)开展了3个系列的实验证实了这种观点。蒸发分馏概念是相态分离作用的提升,被应用到其他领域。在所有这些研究中,C_7 轻烃备受关注,这主要是由于 C_7 异构体是相对分子质量最大的轻烃,标准的气相色谱方法能够将它们完全分开,与 C_6 和更轻的轻烃相比,C_7 受井场采样过程和采样、储存过程中挥发作用影响相对较小。

轻烃常被用来评价油气成因类型、原油蚀变作用(蒸发分馏、水洗、生物降解、成熟度和原油排出烃源岩时的温度),C_7 轻烃在室温条件下可以蒸发,在样品采集、处理和储存过程中很容易散失,但是,以前对 C_7 轻烃的部分散失对轻烃数据的解释没有被报道,实验室蒸发分馏实验结果表明,C_7 各化合物的蒸发分馏速率是不同的,不同的蒸发速率将影响这些化合物的含量、比值和其他的计算参数、图鉴。烷烃/芳香烃比值(Thompson,1988)等原油分类指标均受到蒸发分馏作用的影响,其他的解释图版如 P_2、N_2/P_3 和不变参数不完全受到蒸发分馏作用的影响,因为这些参数主要受到甲基环己烷含量或某些化合物蒸发分馏速率的影响,通过详细地评价这些参数和解释图版,蒸发分馏的程度可以定量地评价,油气类型的识别、蚀变作用蒸发程度可以合理地确定,通过蒸发分馏研究原油保存可以精确地应用所有的轻烃参数,但出现部分蒸发分馏作用时,一些参数可以继续使用。

汽油馏分烃类,特别是 C_7 化合物,广泛应用于油气地球研究中,如油气分类、成熟度预测、水洗导致的原油蚀变、生物降解作用或蒸发分馏作用甚至烃源岩岩相的影响(Thompson,1983、1988;Mango,1990、1997;George 等,2002)。因为凝析油或轻质油(>50API)C_{15+} 含量很低,因此应用生物标志化合物进行油源对比将会产生问题,在这些情况下,应用烃源岩中轻烃进行烃源岩、凝析油对比和凝析油、黑油对比是非常有用的,但评价一个混合或蚀变的油气系统时,全烃分析是非常必要的,因为轻烃和生物标志化合物反映了不同馏分的来源对比和成熟度系列。生物标志化合物对比主要反映黑油的来源和成熟度,而轻烃主要反映凝析油充注和蚀变

作用,对油气地球化学的应用解释需要对油气中轻重相对分子质量的化合物进行全面分析。

Canipa—Morales(2003)对原油样品和相对应的 5h、10h、15h、20h 的热蒸发分馏的对应产物进行了轻烃对比分析,2,2-二甲基戊烷、2,4-二甲基戊烷、3,3-二甲基戊烷、2,2,3-三甲基丁烷和1,1-二甲基环戊烷比正庚烷、甲基环己烷、乙基环戊烷和甲苯蒸发分馏快,蒸发性弱的化合物含量显著增加,影响蒸发分馏作用的因素主要有相对分子质量、异构体、不同类型化合物(直链、支链、环状和芳香烃等化合物),蒸发分馏作用主要受单个化合物的挥发性(与沸点有关)影响。

蒸发分馏作用可以改变芳香指数和烷烃指数,例如,甲苯/nC_7 > 1 和 nC_7/MCC_6(Thompson,1987),$MCC_5/1,3-DMCC_5$,MCC_5 和 $1,3-DMCC_5$ 在挥发性上有很大的差别($\Delta℃ = 19.7$),$MCC_5/1,3-DMC_5$ 与甲苯/nC_7($\Delta℃ = 12.2$)、nC_7/MCC_6($\Delta℃ = 2.2$)呈现相似的变化规律。$(2-MC_5+3-MC_6)/1,3-DMCC_5$($\Delta℃ = 0.3$)对分馏作用相对不敏感,但是根据稳态催化假说,这项比值比 $MCC_5/1,3-DMC_5$ 变化大得多。

(二)生物降解

相对分子质量低的化合物更容易遭受生物降解作用,在高成熟度原油中含量也很多(Thompson,1983;Mango,1990;BeMent 等,1995;ten Haven,1996),因此认为轻烃含有丰富的油气成因和原油蚀变的信息,应用轻烃可以进行油(气)源对比、原油排烃时的温度判识(2,3-/2,4-二甲基戊烷)等。

生物降解作用对原油影响程度的报道很多(Connan,1984;Palmer,1993),但大部分工作都是集中在 C_{12+} 馏分的研究,随着生物作用的影响,从原油中降解的化合物顺序依次为正构烷烃>烷基环己烷>烷基苯>无环类异戊二烯烃>烷基萘>二环烷烃>烷基菲>甾烷>藿烷,在天然气中生物降解作用也是优先降解正构烷烃,其次是异构烷烃,对相对分子质量低的化合物生物降解作用的研究开展的工作较少,在原油的生物降解中正构烷烃比支链和环烷烃优选降解,并提出异戊烷/正戊烷和 3-甲基戊烷/正己烷两个判识指标,Thompson(1983,1987)指出生物降解作用可以降低正庚烷/甲基环己烷和庚烷、异庚烷,这些指标常被用来判识生物降解的原油,BeMent 等(1994)提出 2,3-二甲基戊烷相对于 2,4-二甲基戊烷优先降解,Boreham(1995)提出 2,2,3-三甲基丁烷和顺-1,2-二甲基环戊烷难于被生物降解,在所有的 C_7 化合物中 1,1-二甲基环戊烷是最抗生物降解作用。Masterson 等(2001)指出与苯和甲苯相比,正庚烷、3-甲基己烷、环戊烷和甲基环己烷最容易受生物降解的影响,实验结果表明 C_1—C_5 烷基在硫酸盐还原菌的作用下有选择地被降解(Wilkes 等,2000),这些实验表明不同类型的细菌在厌氧环境下对不同取代基的化合物有选择地降解。

利用单体烃碳同位素研究生物降解作用的工作开展得较少,随着生物降解程度的增加,单体烃碳同位素发生同位素动力学分馏作用,^{12}C 优选被降解(Boreham 等 1995;Masterson 等,2001),对正庚烷、3-甲基己烷、环己烷、甲基环己烷、苯和甲苯碳同位素变化幅度在 1‰~3‰(Masterson 等,2001),生物降解作用对不同碳数的轻烃碳同位素影响程度不一样,对相对分子质量低的化合物来说影响程度较大,特别是 C_2—C_5(Boreham 等,2001)。

S. C. George 等(2002)对澳大利亚 Barrow Island 油田原油的 C_5—C_9 轻烃组成进行分析,研究了生物降解作用对轻烃分布的影响。生物降解作用对轻烃组成的影响主要受碳骨架、烷基化程度和烷基位置的制约。对 C_6 和 C_7 轻烃来说,相对于烷基环己烷,异构烷烃可以优先保存下来,二甲基戊烷比大部分二甲基环戊烷抗生物降解,但是,甲基己烷比甲基戊烷和二甲基戊烷降解得快。在 C_8 和 C_9 化合物中烷基环己烷比直链的烷烃抗生物降解作用。对于异构烷烃、烷基环己烷、烷基环戊烷和烷基苯,取代基链越长,受生物降解作用越弱;取代基位置邻近的化合物受生物降解作用较小,如 1,2,3 - 三甲基苯比 C_3 - 烷基苯抗生物降解作用。

C_5—C_9 正构、支链烷烃碳同位素较环烷烃、芳香烃轻生物降解作用可使碳同位素变重 1.0‰~9.5‰,随着碳数的增加,生物降解作用对碳同位素的分馏作用影响较小,这可能主要与生物降解作用对端元碳的影响有关。

(三) 其他次生作用

由于轻烃中的不同化合物在水中的溶解度存在差异,因此根据不同化合物在水中溶解度的差异性可以判识水洗程度。在其他条件相似的情况下,芳香烃含量变化可能是水洗或长距离运移造成的。除了生源对甲苯含量的影响之外,在排烃、运移和油气藏中与水的相互作用也可以导致甲苯含量的变化(Palmer,1993),由于这些原因,六环 C_7 轻烃某些比值变化与 Mango 的轻烃生成模式有些不符,但是,在确定生源和与水作用的程度方面非常有用。水洗作用可以使原油中苯和甲苯含量降低,S. C. George 等 (2000) 根据轻烃化合物的溶解性提出利用甲基环己烷/甲苯和 3 - 甲基戊烷/苯指标判识原油的水洗作用程度。

三、以过渡金属催化为基础的轻烃成因研究阶段

研究发现,催化剂参与了油气的生成。酸性黏土矿物质在石油裂解中作为催化剂和它们在催化过程中所起的作用,已经得到了实验证实。在脱羟基反应中,黏土矿物作为电子接受体(即 Lewis 酸)接受来自被它吸附的有机分子中的电子。这种催化作用主要发生在黏土矿物晶体边缘,其催化活性与裸露在晶体边角八面体配位的 Al^{3+} 和 Fe^{3+} 有关。反应时该位置上的 Al^{3+} 和 Fe^{3+} 从其吸附的羟基中得到一个电子,二羧酸失去一个 CO_2,结果形成正碳离子,该正碳离子发生重排反应并导致 C—C 键的断裂,生成短链的游离烃。

Mango(1990、1992)认为过渡金属是形成轻烃的催化剂。根据这个假说,石蜡($n - C^=$)和氢由干酪根分解而来,在催化剂($M*$)作用下 C—C 键断裂和重组而形成轻烃:

$$K \longrightarrow [n - C^= + H_2] \longrightarrow LHs$$

过渡金属(Ti、V、Cr、Mn、Fe、Co、Ni)在有机沉积环境中是同时共存的(Yen,1975),并且在理论上它们能随成岩作用条件的改变而激活。这一假说同酸性矿物质催化和热裂解机理是不同的,它一方面说明了甲烷是如何生成的,另一方面也解释了甲烷在天然气中富集的这一事实。含有过渡金属的烃源岩能够使石蜡和氢催化转化为同天然气一致的气体,其分子结构和同位素组成均相同。多种金属在纯态下可以表现出相同的能力,即产生相同的产物以及对沉积岩同等的催化能力。金属氧化物(V、Co、Fe、Ni)尤其活跃,其催化活性不受一般的毒性物质影响,如空气、水、一氧化碳和二氧化碳等,并且在所有的反应阶段都很活跃。氧化镍在催化长链烷烃到短链烷烃和天然气(NG)中也表现出非常强的活性:

$$n - C^= + H_2 \longrightarrow NG + n - C_5 + n - C_6 + \cdots + n - C_{x-1}$$

在沉积环境中究竟有没有这些活性强的金属呢?答案是肯定的。当氧化镍含量超过

1mg/L 时,在 100℃以上就会突破生油门限而产生天然气。尽管绿镍矿在沉积环境中不常见,但是原油中往往载有一定数量的镍,平均大约 10mg/L(Hunt,1996),其在卟啉和镍—卟啉/二氧化硅体系中是有催化活性的。因此,石油环境中含有足够的镍能促使天然气的生成。镍—初卟啉本身几乎没有催化活性,但和硅胶一起则表现出活性,因为同氧结合的二价镍的形式是很少有活性的,而同硅结合的则被认为有活性。在其他金属氧化物同镍—卟啉共存的条件下,可以同样看到预期的产物。其他金属的氧化物也是有活性的,尤其是 V_2O_3、Co_3O_4 和 Fe_3O_4,同石油中存在的 Ni、V、Co 一样,铁氧化物也是沉积岩石中常见的矿物。

酸性黏土矿物可以使原油催化降解(Goldstein,1983;Kissin,1990、1993),但是产物与天然气不相似(Mango 等,1994),相反,过渡金属参与的催化反应可使原油裂解气的组成与天然气相似(Mango 等,1994、1996、1997、1998),过渡金属存在于碳酸盐沉积物中,有助于轻烃的形成。

有机质热解实验产生的热解气甲烷含量很少达到天然气中甲烷的正常含量,干酪根热解气的甲烷含量(C_1—C_4)分布在 30%~50%,原油热解气的甲烷含量分布在 10%~40%,但地质体中各种类型天然气甲烷含量分布在 50%~100%。Mango(1992)提出了天然气为催化成因,在沉积岩中,经常发现过渡金属,有助于氢和正烯烃(干酪根的热降解)之间的反应形成轻烃和天然气,Mango(1992)开展了热模拟实验,发现正烯烃、氢和富含过渡金属的沉积岩在 200℃生成的轻烃其分子组成和同位素组成与天然气之间没有差别,认为轻烃和天然气的生成确实是催化反应,催化反应能够改变地质体中油气的生成途径和分布。

正构烷烃热降解也能生成甲烷,正十六烷在 600℃产生 6%(质量分数)甲烷(C_1—C_3),在 700℃产生 18%(质量分数)甲烷,正庚烷在 580℃下生成 13%(质量分数)甲烷,高产率的甲烷是 C_2—C_4 在很高的温度下连续降解生成,但 Mango(1992)认为 C_2—C_4 化合物具有很高的热稳定性,例如,丙烷在 200℃下计算的半衰期为 8×10^8 年,而且降解产物中的氢、甲烷、乙烯和丙烯在天然气中很少见到,另外高温热模拟实验与地质条件之间可对比性也有质疑。于是,提出了天然气是通过氢与正构烷烃通过碳质沉积岩中的过渡金属元素催化反应生成,干酪根热降解生成的原油可以产生 α-奥利烯,其很容易与金属络合,形成重要的中间产物,氢可以为干酪根降解产物,也可以来源于金属氧化聚合体的反应。氢在天然气和原油中是比较常见的组分,根据保守估计在天然气中氢含量平均可达 700mg/L,在有些气田中氢含量可达 50%。

Mango 提出的稳态金属催化作用可用来解释 C_7 轻烃的系统变化和天然气生成,这种假说不仅与现代石油是由干酪根热裂解形成的理论有冲突,而且与石油成因的基本问题(如热裂解动力学理论)有矛盾。Mango(1987、1990)提出 K_1 =(2-甲基己烷+2,3-二甲基戊烷)/(3-甲基己烷+2,4 二甲基戊烷)稳定不变,反对异庚烷来自生物先驱物,而是稳态催化动力学过程,K_1 值差别和异庚烷、二甲基戊烷对来自同一类干酪根是不变的,对不同类型干酪根是变化的(ten Haven,1996),因此,与其他指标结合应用是非常有效的。而 Wilhelms(1999)认为 Mango(1987、1990)提出的动力学分馏模型与 C_7 化合物的同位素不一致,C_7 中大部分化合物可能有共同的先驱物。

四、轻烃单体烃碳同位素研究阶段

在 20 世纪 90 年代中期,在线同位素分析技术开始被应用到相对分子质量低的化合物的单体碳同位素测定中(Clayton 等,1994;Odden 等,1998;Whiticar 等,1996、1999;Masterson 等,

2001；George 等，2002）。研究表明，生源、成熟度、蒸发作用、水洗作用和微生物降解作用是影响轻烃单体烃碳同位素的重要因素。单个轻烃化合物的碳同位素变化与生源和成熟度有关。2,4 - DMC_5/2,3 - DMC_5 与 $\delta^{13}C_2$ - MC_6 值和 $\delta^{13}C_3$ - MC_6 值关系表明，甲基己烷异构体的同位素与 2,4 - DMC_5/2,3 - DMC_5 之间具有很好的相关性，不同原油同位素比值相差5‰，表明生源的差异，而两个异己烷的同位素差值很小，表明与生源和成熟度没有关系，甲基己烷来源于共同的母质，同位素分馏很少。

正庚烷碳同位素变化幅度可达7‰，超过甲基己烷，2 - 甲基己烷与正庚烷同位素差值范围（2‰），与 2,4 - 二甲基己烷/2,3 - 二甲基己烷比值有良好的正相关关系，但是不同种原油的 2 - 甲基己烷与正庚烷碳同位素比值变化较小，每种原油的这两个化合物同位素差值很小，表明这项指标的变化不是受生源影响。Rooney 等（1998）对分离的沥青人工热模拟实验结果表明，正构和异构的轻烃同位素比值随成熟度增加变重3‰，而甲基环戊烷、甲基环己烷和甲苯几乎保持不变，相似的结果在不同成熟度原油中也见到报道（Bjorøy 等，1994；Rooney，1995）。

不同原油轻烃中 nC_6 的同位素变化范围为8‰，而甲基环己烷同位素变化范围只有5‰，两者差值与 2,4 - 二甲基己烷/2,3 - 二甲基己烷比值有良好的相关关系，甲基环己烷与正庚烷碳同位素差值达4‰，表明甲基环己烷和正庚烷有不同的生物来源。

Smallwood 等（2002）利用单体烃同位素分析技术对美国不同地区的汽油样品进行了同位素分析，认为污染物与来源之间具有很好的对比性，汽油中 16 个化合物 $\delta^{13}C$ 值变化范围较大。对简单地水洗和蒸发实验后碳同位素的分馏程度进行了研究，结果表明大部分化合物碳同位素没有发生明显的变化。在所有的样品中，同位素变化较大的是 2 - 甲基戊烷（- 33.98‰ ~ - 25.53‰）、正己烷（- 29.02‰ ~ - 22.76‰）、苯（- 30.05‰ ~ - 24.71‰）、1 反 3 二甲基环戊烷（- 29.95‰ ~ - 24.27‰）和乙基苯（- 29.27‰ ~ - 23.36‰）。蒸发作用对单体烃碳同位素的影响也得到证实，通过蒸发与原始样品的对比发现，尽管在蒸发过程中有些化合物确实发生分馏作用，但是至少有67%的化合物同位素值与原始的相似，在蒸发实验进行一个星期后，只有萘和甲基萘存在挥发残余物中，这些化合物的同位素始终变化很小：萘（- 28.3‰ ~ - 24.8‰）、2 - 甲基萘（- 28.6‰ ~ - 25.3‰）、1 - 甲基萘（- 28.1‰ ~ - 24.0‰），因此，可以用来进行遭受过严重生物降解汽油的来源示踪分析。

为了研究水洗作用对汽油组分碳同位素分析，把一个原油样品水洗实验一周时间，对 21 个化合物碳同位素进行了测定，7 个化合物的碳同位素变化很大，它们分别是苯、正庚烷、3,4 - 二甲基己烷、乙基苯、正壬烷、1 - 甲基 - 2 - 乙基苯和1,2,4 - 三甲基苯，这种分馏作用主要是水溶液优先溶解重（或轻）同位素，或者由于生物降解作用引起的。

Diegor 等（1999）开展了微生物降解作用对相对分子质量低的化合物同位素的影响研究，在生物降解作用后苯碳同位素有2‰的偏移，而甲苯、萘、荧蒽几乎没有分馏作用，但 Ahad（2000）认为甲苯在生物降解作用中碳同位素发生了明显的分馏作用。

第四节 轻烃地球化学参数及其应用

轻烃含有极其重要和丰富的地球化学信息，其组成研究非常重要。Schaefer 于 1978 年率先建立了用于分析岩石和原油中 C_2—C_8 轻烃单体成分的毛细管气相色谱技术，为研究轻烃组成提供了依据。1978—1982 年,Schaefer、Leythaeuser、Thompson、Hunt 和 Snowdon 等先后对轻烃的生成、运移及其分布规律进行了一系列较为深入的研究,提出了适用于油气勘探的轻烃地球化学指标,为轻烃在油气研究的各个领域奠定了基础。

一、轻烃在油气地球化学中的作用

C_4—C_7轻烃分布可用于天然气与轻质油、凝析油的研究。轻烃分布特征随沉积有机质类型、沉积环境、成熟程度、有机质的次生作用而变化。有学者应用 C_5—C_7 饱和烃如正构烷烃、异构烷烃和环烷烃三角图,或用 C_6—C_7 某些组分的三角图划分天然气的成因类型。也有学者应用轻烃中芳香烃组分如苯、甲苯含量判别有机质输入。在成熟度研究方面,国内常用石蜡指数和正庚烷指数来讨论有机质的成熟度;在实际应用中,各学者还根据所研究的不同盆地的地质化学条件,提出了一些其他轻烃参数,如二甲基环戊烷成熟度指数。

(一)划分油气成因类型

1. 轻烃族组成

研究表明,源于腐泥型母质的轻烃组分中富含正构烷烃,源于腐殖型母质的轻烃组分中富含异构烷烃和芳香烃,而富含环烷烃的凝析油也是陆源母质的重要特征。利用不同母质所生成轻烃的不同特征,可鉴别与之同生的油型气和煤成气。四川盆地不同产层天然气中 C_5、C_6 和 C_7 脂烃族组成明显表现出上述特征,并可用其编制的三角图来鉴别油型气和煤成气。

2. 烷烃组成特征

C_7轻烃系统的化合物包括正庚烷(nC_7)、甲基环己烷(MCC_6)及各种结构的二甲基环戊烷($\sum DMCC_5$)。甲基环己烷主要来自高等植物木质素、纤维素和糖类等,热力学性质相对稳定,是反映陆源母质类型的良好参数,它的大量存在是煤成气中轻烃的一个特点。各种结构的二甲基环戊烷主要来自水生生物的类脂化合物,并受成熟度影响,它的大量出现是油型气中轻烃的一个特点。正庚烷主要来自藻类和细菌,对成熟作用十分敏感,是良好的成熟度指标。利用 nC_7、MCC_6 和 $\sum DMCC_5$ 为顶点编制的 C_7轻烃系统三角图版可区分煤成气(Ⅱ)和油型气(Ⅰ)。胡惕麟等(1990)应用 C_7 化合物三角图来区分我国一些天然气中的母质类型。

富氢干酪根(油型气的母质)比贫氢干酪根(煤成气的母质)生成 C_2—C_7 烷烃要大几个数量级,而芳香烃含量则低。渤海湾盆地冀中坳陷存在两套不同烃源岩:一是古(新)近系油型气烃源岩,二是石炭系—二叠系煤成气烃源岩。古近系和石炭系—二叠系烃源岩的氟利昂抽提物、吸附气和轻质油或凝析油中 C_5—C_7 轻烃具有以下特点:古近系烃源岩产物中芳香烃含量低,支链烷烃含量高;石炭系—二叠系烃源岩 C_6—C_7 的芳香烃含量高,支链烷烃含量低,用芳香烃和支链烷烃作图也可区别油型气和煤成气。

(二)确定油气成熟度

从热稳定性来看,环烷烃低于链烷烃和芳香烃,它们对热演化的敏感性使之成为成熟度参数的主要选择对象。在探索和应用过程中,国内外一些学者常用正庚烷与异庚烷指数判别天然气和凝析油的成熟度,从而划分出未成熟、成熟和高成熟 3 个阶段。轻烃指数往往既能反映有机质的成熟度,又能反映其母质类型。石蜡烃与正庚烷指数也不例外,因而,给具体应用带来一些困难。由于指标的双重性,沈平等(1991)提出了应用凝析油和轻质油中石蜡指数和烷—芳指数鉴别煤成气和油型气的类型与成熟阶段。

张义纲(1991)认为环戊烷系列是反映轻烃成熟度的理想组成。在热演化过程中,它们很少向芳香烃或环己烷转化,而主要是热催化裂解成链烷烃。环戊烷的主要演化机制是脱甲基开环,转化为正构烷或异构烷的概率大致相等,而单纯开环或脱甲基的机制仅占次要地位。因此提出了二甲基环戊烷成熟度指数($DMCC_5$),可以较好地区分热演化程度。

(三)判识生物降解作用

林壬子(1992)探讨了轻烃的降解特征及识别生物降解气的方法和参数,认为轻烃降解的基本规律如下:

(1)长链成分降解比短链成分快;

(2)正构烷烃比异构烷烃降解快;

(3)异构己烷系列生物降解特征明显,尤其是$2-MC_5/3-MC_5$呈现的规律性,可作为生物降解气的重要参数;

(4)轻烃遭受生物降解作用过程,是残存的各种单体烃都随降解作用增大逐渐富集同位素 D 和 ^{13}C。

为了建立按生物降解过程进行对比的标准,必须研究经生物降解作用后又连续变化的轻烃系列。正常原油和天然气的异构己烷浓度系列不受母质类型和成熟度的影响,始终保持如下规律:$2-MC_5 > 3-MC_5 > 2,3-DMC_4 > 2,2-DMC_4$,根据异构己烷各分子的立体结构,推测油气运移也不会改变上述的浓度次序。但是,若在油气藏中存在喜氧细菌降解作用,其系列烃的稳定性将不断地自左向右增加。

(四)油气源对比

轻烃地球化学参数的应用为天然气、凝析油的对比提供了基础,也弥补了原油中相对分子质量低的烃类难于对比的困难。张义纲(1991)在进行气源对比时采用了8个参数,使用效果较好。林壬子(1992)按照化学结构和沸点相近的单体烃进行配对,选取了15个参数比值进行油源对比。

二、轻烃地球化学参数

对轻烃的形成、运移及其分布规律前人已开展了一系列较为深入的研究,提出了很多适用于油气勘探的轻烃地球化学指标,为轻烃在油气研究的各个领域奠定了广泛的基础。为了便于轻烃参数的应用,表1-6分别从油气成因类型、成熟度、生物降解作用、水洗作用和蒸发分馏作用等方面归纳了大部分轻烃地球化学参数。

表1-6 轻烃地球化学参数一览表

轻烃应用	指标	说明	作者
油气成因类型	甲基环己烷指数(I_{MCC_6}) = $MCC_6 \times 100/(MCC_6 + DMCC_5 + nC_7)$	MCC_6主要来自高等植物木质素、纤维素和糖类等,$DMCC_5$主要来自水生生物的类脂化合物,nC_7主要来自藻类和细菌,对成熟度十分敏感,是良好的成熟度指标。煤成气一般大于$50 \pm 2\%$,油型气小于$50 \pm 2\%$	胡惕麟等,1990;廖永胜,1989

续表

轻烃应用	指标	说明	作者
油气成因类型	环己烷指数(I_{CC_6}) = $CC_6 \times 100/(CC_6 + MCC_5 + nC_6)$	各类化合物代表意义如同甲基环己烷指数,煤成气一般大于 27% ± 2%	胡惕麟等,1990
	脂烃族组成为 C_5—C_7 正构烷烃、异构烷烃和环烷烃组成三角图	油型气富含链烷烃,贫环烷烃和芳香烃,一般芳香烃小于5%;煤成气贫链烷烃,富含环烷烃和芳香烃,一般芳香烃大于10%	
	C_6—C_7 支链烷烃含量	油型气的母质比煤成气的母质生成的 C_2—C_7 烷烃量要大几个数量级,而芳香烃含量则低。油型气中支链烷烃含量高,大于17%为油型气,小于17%为煤成气	秦建中等,1991
	苯和甲苯含量	油型气中甲苯/苯一般小于1,苯 148μg/L 左右,甲苯 113μg/L 左右;煤成气甲苯/苯一般大于1,苯 475μg/L 左右,甲苯 536μg/L 左右	陈海树,1987
	凝析油碳同位素	煤成凝析油的碳同位素平均值为 -25.61‰,油型凝析油的碳同位素平均值为 -29.80‰;煤成凝析油饱和烃碳同位素大于 -29.5‰、芳香烃碳同位素大于 -27.5‰	徐永昌等,1985;戴金星等,1985;傅家谟等,1990;沈平等,1991
	烷—芳指数 = (苯 + 甲苯)/$\left(\sum_{i=3}^{8} C_i - \sum_{j=3}^{8} nC_j\right)$	低成熟度阶段:油型气<2.5,煤成气<3.0;成熟阶段:油型气 2.5~22,煤成气 3.0~35;高成熟阶段:油型气 22~60,煤成气 35~80	徐永昌,1994;沈平,1991
	石蜡指数	低成熟度阶段:油型气<1,煤成气<1.5;成熟阶段:油型气 1~3,煤成气 2~5;高成熟阶段:油型气 3~10,煤成气 5~20	沈平等,1991
	C_5—C_8 单体烃系列碳同位素	油型气正构烷烃 -31.81‰ ~ -26.18‰,煤成气正构烷烃 -24.98‰ ~ -20.57‰	Dai 等,1995
	Mango 参数 K_1 值	K_1 值或称 MI 值,可用于原油分类和不同成因类型天然气的判识。K_1 = \[(2 - MC_6) + (2,3 - DMC_5)\]/\[(3 - MC_6) + (2,4 - DMC_5)\]	Mango,1990
	Mango 参数	\[(2 - MC_6) + (3 - MC_6)\] 与 \[(2,3 - DMC_5) + (2,4 - DMC_5)\] 作正交图	Mango,1987
	Mango 参数 K_2 值	可用于原油分类和不同成因类型天然气的判识。$K_2 = P_3/(P_2 + N_2)$;$P_3 = \sum(2,2- + 2,4- + 3,3- + 2,3-)DMC_5$,$P_2 = 2 - MC_6 + 3MC_6$,$N_2 = (1,1- + ,$顺$-1,3- + $反$-1,3-)DMCC_5$	
	$\ln(P_3/N_2)$、P_2 值	$\ln(P_3/N_2)$ 值与 P_2 值作正交图用于原油分类。其中,$P_3 = \sum(2,2- + 2,4- + 3,3- + 2,3-)DMC_5$,$P_2 = 2 - MC_6 + 3 - MC_6$,$N_2 = (1,1-,$顺$-1,3- $反$-1,3-)DMCC_5$	Thompson,1983

续表

轻烃应用	指标	说明	作者
油气成因类型	庚烷值(H)和 nC_7/MCC_6 值	原油对比、分类。其中, $H = (100 \times nC_7)/(CH + 2-MH + 2,3-DMP + 1,1-DMCC_5 + 3-MC_6 +$ 顺 $-1,3DMCC_5 +$ 反 $-1,3DMCC_5 +$ 反 $-1,2DMCC_5 + 3EC_5 + 2,2,4-TMC_5 + C_7 + MCC_6)$。庚烷值(H)和 nC_7/MCC_6 值作正交图	Thompson,1983
	异构烷烃/正构烷烃	有机质类型从Ⅲ型到Ⅱ型逐渐降低	Leythaeuser,1979
	庚烷值,异庚烷值	庚烷值小于18,异庚烷值小于0.8。异庚烷值 $I = (2-MC_6 + 3-MC_6)/($反$-1,3-DMCC_5 +$顺$-1,3-DMC_5 +$反$-1,2-DMCC_5)$	Thompson,1983
	同位素值与 MC_6/DMC_5	选取不同单体烃(例如: $2-MC_6$、$2,3-DMC_5$、$3-MC_6$)的同位素值与 MC_6/DMC_5 作正交图。研究单个组分碳同位素值与 MC_6/DMC_5 之间的关系及联系	Whiticar 等,1990
	苯、甲苯碳同位素	苯和甲苯碳同位素能够较好地区分不同成因类型的天然气,油型气碳同位素偏轻,煤成气偏重。$\delta^{13}C_{苯}$ 为 $-24‰$ 和 $\delta^{13}C_{甲苯}$ 为 $-23‰$ 可以作为判识煤成气和油型气的界限值	蒋助生等,2000;李剑等,2003;胡国艺等,2007
	MCC_5、$\sum DMCC_5$、nC_7 组成三角图	nC_7 相对含量大于30%, MCC_6 相对含量小于70%,为油型气;nC_7 相对含量小于35%, MCC_6 相对含量大于50%,为煤成气	
	C_5—C_7 正构烷烃、异构烷烃、环烷烃组成三角图	C_5—C_7 正构烷烃相对含量大于30%的区域为油型气,而 C_5—C_7 正构烷烃相对含量小于30%的区域为煤成气	胡国艺等,2007
	环己烷和甲基环己烷碳同位素	煤成气一般具有 $\delta^{13}C_{环己烷} > -24‰$ 和 $\delta^{13}C_{甲基环己烷} > -24‰$ 的分布特征,而油型气则相反。	
	石蜡指数Ⅰ、Ⅱ	石蜡指数Ⅰ、Ⅱ两者作正交图,可用于原油分类。石蜡指数 $I = (2-MC_6 + 3-MC_6)/3$ 个相邻的 $DMCC_5$	Thompson,1979
	$(m-+p-)$甲苯/nC_8 和 $1,1-DMC_6/($顺,反,顺$-1,2,4-TMC_5 +$顺,反,顺$-1,2,3,3-TMC_5 +$顺,顺,反$-2,4-TMC_5)$	煤成油 $(m-+p-)$ 甲苯/nC_8 含量高,湖相油环烷烃含量高,海相油这两项指标均低	李洪波等,2014
	$2-MC_6/3-MC_6$	该值的对数也为温度的线性函数,作为温度参数较次	Thompson,1987

续表

轻烃应用	指标	说明	作者
油气成熟度	反-1,2-DMCC$_5$/∑(C$_4$—C$_{13}$)值、(m-+p-甲苯)/∑(C$_4$—C$_{13}$)值	反-1,DMCC$_5$/∑(C$_4$—C$_{13}$)值、(m-+p-甲苯)/∑(C$_4$—C$_{13}$)值作正交图。原油分类,判识原油成熟度。(m-+p-甲苯)/∑(C$_4$—C$_{13}$)值在10%~20%;反-1,2DMCC$_5$/∑(C$_4$—C$_{13}$)值在0~4%,其中0~0.5%为高成熟阶段,0.5%~2.5%为成熟阶段,大于2.5为低成熟、未成熟阶段	Odden,1998
	正构烷烃/环烷烃	随成熟度增高降低	Thompson,1979、1983
	庚烷值,异庚烷值	正常原油(庚烷值为18~22,异庚烷值为0.8~1.2);成熟原油(庚烷值为22~30,异庚烷值为1.2~2.0);高成熟原油(庚烷值为30~60,异庚烷值为2.0~4.0	Thompson,1983
	生油最大埋深温度 C$_{temp}$(℃)	$C_{temp} = 140 + 15\ln[(2,4-DMC_5)/(2,3-DMC_5)]$ 该值的对数是温度的线性函数,作为温度参数佳,反映原油热成熟程度	Thompson,1987
	异戊烷/正戊烷	从50℃至90℃增加,从90℃到150℃降低	Thompson,1979
	碳环优势指数 RP(%)	$3RP = 2-MC_6 + 3-MC_6 + 2,4-DMC_5 + 2,3-DMC_5 + 3,3-DMC_5 + 2,2-DMC_5 + 2,2,3-TMC_5 + 3EC_5$,为C$_7$的三元环烷烃;$5RP = 1,1-DMCC_5 +$ 顺-1,3-DMCC$_5$ + 反-1,3-DMCC$_5$ + 反-1,2-DMCC$_5$ + 顺-1,2-DMCC$_5$ + ECC$_5$,为C$_7$的五元环烷烃;$6RP = MB + MCC_6$,为C$_7$的六元环烷烃。作三角图来判别生物降解的信息。随着3RP、5RP含量的增加,6RP含量减少,生物降解程度增加	ten Haven,1996;Halpern,1995
生物降解作用	3-MC$_5$/nC$_6$值与iC$_5$/nC$_5$值作正交图	指示原油、凝析油遭受生物降解作用。随着3MC$_5$/nC$_6$值与iC$_5$/nC$_5$值的增大,生物降解作用作用增强	Welte 等,1982
	庚烷值(H)和异庚烷值(I)	庚烷值 H<18 和异庚烷值 I<0.8	Thompson,1983
	C$_7$轻烃组分变化星状图	选用参数:MB/1,1-DMCC$_5$、nC$_7$/1,1-DMCC$_5$、3-MC$_6$/1,1-DMCC$_5$、2-MC$_6$/1,1-DMCC$_5$、P2/1,1-DMCC$_5$、1,2-DMCC$_5$/1,1-DMCC$_5$、1,3-DMCC$_5$/1,1-DMCC$_5$。从星状图上可以清晰地看出它们不同的抗生物降解程度	Halpern,1995
	iC$_5$/nC$_5$,3-MC$_5$/正己烷	随生物降解和水洗作用而增加	Welte,1982
	n-C$_7$/MCC$_6$,庚烷值/异庚烷值	随生物降解和水洗作用而降低	Thompson,1983、1987
	2,3-DMC$_5$/2,4-DMC$_5$	随生物降解和水洗作用而降低	BeMent 等,1994
	3-MP/nC$_6$,iC$_5$/nC$_5$	生物降解作用增强而增加	George 等,2002
	2-MC$_6$/3-MC$_6$,2-MC$_5$/3-MC$_5$	生物降解作用增强而降低	George 等,2002
	单体烃碳同位素	生物降解作用对C$_5$化合物碳同位素可富集9‰,对于高碳数(>nC$_{12}$)化合物同位素动力学分馏作用小	

续表

轻烃应用	指标	说明	作者
蒸发分馏作用	苯/正己烷	随蒸发分馏作用增强而降低	Thompson,1987
	甲苯/MCC_5	随蒸发分馏作用增强而降低	
	$\sum C_7:C_8:C_9$链烷烃三角图	由于蒸发分馏作用,原油中的低分子烃相对于高分子烃而言,容易被消耗掉。所以该三角图可以用来判别原油的蒸发分馏趋势	Thompson,1983
	甲苯/正庚烷,正庚烷/甲基环己烷	MB/nC_7值与nC_7/MCC_6作正交图。可以用来判识蒸发分馏作用	Nora K.,2003
	$2-MC_6/3-MC_6$	MC_6随蒸发分馏作用增强逐渐富集,$2-MC_6/3-MC_6$也随蒸发分馏作用变化很快。可以用来判识蒸发分馏作用	
	P_2+N_2值、P_3值	P_2+N_2值与P_3值作正交图用于观察原油发生的蒸发分馏作用,随蒸发分馏时间增加,两者值都线性增加。其中,$P_3=\sum(2,2-+2,4-+3,3-+2,3-)DMC_5$,$P_2=2-MC_6+3-MC_6$,$N_2=(1,1-+$顺$-1,3-+$反$-1,4-)DMCC_5$	Thompson,1983
水洗作用	$3-MC_5/B$值与MCC_6/MB值作正交图,B为苯,MB为甲苯	由于它们的不同水溶性,可以反映原油遭受水洗作用程度的大小,随着$3-MB/B$值与MCC_6/MB值的增大,水洗作用增强	Price,1976
	$3-MC_5/iC_5$值与$3-MC_7/3-MC_6$值作正交图	判别原油遭受水洗作用程度。随着$3-MC_6/iC_5$值与$3-MC_7/3-MC_6$值的增大,水洗作用增强	
	$MCC_6/$甲苯	随水洗作用加强而增加	George等,2002
	$3-MC_5/$苯	随水洗作用加强而增加	
沉积水体盐度	C_6—C_{13}轻馏分及族组成 N/I(环烷烃/异构烷烃) I/P(异构烷烃/正构烷烃) A/P(芳香烃/正构烷烃)	淡—微咸水环境:环烷烃含量、N/I和N/P最高;半咸—咸水环境:链烷烃含量最高;盐湖环境:I/P和A/P值最高	王培荣,2011
	C_7族组成	淡—微咸水环境:环烷烃含量最高(平均约50%)、MCC_5百分含量高(平均约为35%)、N/I(>2)、甲苯/nC_7低(≤0.6);半咸水—咸水环境:链烷烃含量高(平均约为60%),甲苯/nC_7一般小于0.6,N/I小于2;盐湖环境:芳香烃含量高(平均约为30%)、甲苯/$nC_7 \geq 0.6$、N/I≤ 2	

第二章　催化和裂解作用对轻烃生成的影响

目前关于轻烃生成理论主要有热裂解和热催化两种观点。Martin 等(1963)对产自不同地质年代的 18 个原油 C_7 轻烃研究后认为,热裂解是轻烃生成的主要途径。Mango(1987、1990、1991、1994、1996)认为过渡金属是形成轻烃的催化剂,根据这个假说,石蜡(n-C)和氢由干酪根分解而来,在催化剂作用下 C—C 键断裂、重组而形成轻烃。为了进一步研究催化作用和热裂解作用对轻烃生成及分布的影响,开展了轻烃生成的催化和热裂解模拟实验。

第一节　实验条件及热解产物的定性、定量分析

为了研究热裂解和催化裂解对轻烃生成产物的影响,开展了胆甾醇在不同温度下热裂解和催化裂解的模拟实验。

类固醇在真核生物中是普遍存在的,常常作为了解生物质变化过程的示踪剂应用于地学研究。Diels 和 Linn 最先对类固醇中最具代表性的胆甾醇进行了热模拟研究,直到 1950 年前后对于胆甾醇的裂解研究才活跃起来。通过对胆甾醇热裂解的研究,其结果可以推测整个甾类化合物的演化产物随演化程度的变化规律,并为建立这一类型有机质的油气形成模式提供参考,从而指导油气勘探实践。胆甾醇是最早发现的甾体化合物,存在于人及动物的血液、脂肪、脑髓和神经组织中,为无色或略带黄色的结晶,在高真空度下可升华,微溶于水,溶于乙醇、乙醚、氯仿等有机溶剂。其结构式见图 2-1。

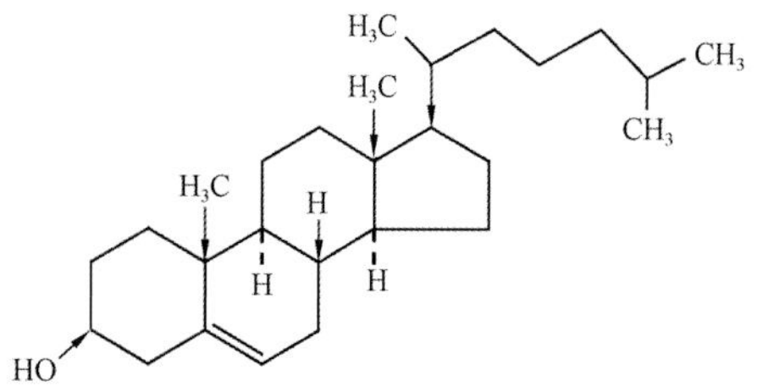

图 2-1　胆甾醇结构式

前人关于胆甾醇的热裂解产物研究主要集中在 $C_{22}—C_{27}$,对于其中轻烃产物特征的了解并不多,然而如前所述,轻烃产物包含着丰富的地球化学信息,因此,对胆甾醇的热模拟实验主要集中在对其 $C_6—C_8$ 轻烃产物特征进行深入探讨。

一、实验条件

样品:胆甾醇。
催化剂:蒙脱石。
仪器:主要包括气相色谱仪、色谱质谱仪和热解器。
热解过程:称取约 12mg 胆甾醇试样于样品管中,装入热解器。热解温度从 120℃开始,以 1℃/min 的速率升温,产物由冷阱收集。升温 30℃后,再降至起始温度(升温高于 200℃后,降温至 200℃以下)撤去冷阱,开始气相色谱分析。色谱分析后,继续热解,热解初始温度从上次终止温度开始,按此方法升温、测试,每升温 30℃测产物一次,至 510℃为止。

二、热解产物的定性分析

(一)色谱定性

利用常规的色谱保留时间定性法对热解产物进行定性。为保证实验条件完全相同,仍从热解器进样。将色谱柱浸入冷阱中,同时,为保证轻烃样品完全气化,将热解器加热至200℃,抽取约$0.5\mu g$样品,从热解器上端进样口进样,富集几分钟后,撤去冷阱,按胆甾醇热解产物的色谱分析方法开始分析。

标准轻烃样品色谱图见图2-2,此轻烃样品的具体组分及各组分出峰顺序已知,由此可将各色谱峰按顺序定性。

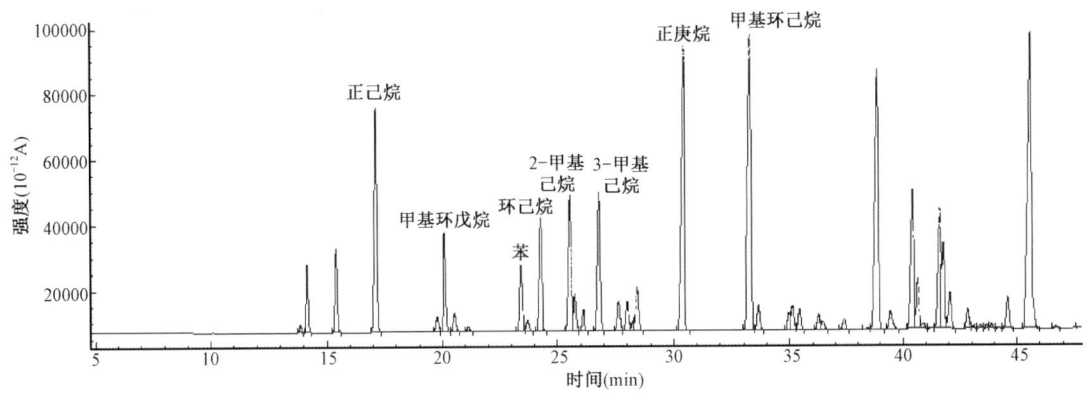

图2-2 标准轻烃样品色谱图

由于在同一色谱柱上,不同的物质可能保留时间相同,而且同一种物质每次分析保留时间会有微小误差,因此,仅用保留时间定性是不够的。标准样品所用色谱分析程序与热解产物分析程序相同,可以根据已知轻烃样品各组分的保留时间大致得出不同碳数轻烃在色谱图上的分布情况,以及各种结构的轻烃在这一分析条件下的出峰顺序,为进一步定性提供参考。

(二)色谱—质谱联用定性

有机质谱是现代测定有机化合物分子结构最重要的工具之一,它与高效分离技术——气相色谱的在线联用已成为复杂有机混合物分析最为有效的手段,其主要特点是灵敏度高、快速、准确,能够鉴定物质结构,且用于定量时重现性好。

质谱在定性方面存在很大优势,因此,采用热解器—色谱—质谱联用法进一步对实验所得热解产物进行定性分析。但要注意使用不同的检测器可能对实验结果有影响,如同一种组分在质谱检测器与FID检测器分析下保留时间不同,响应值也不同,这就造成了同一样品在两种检测器下所得谱图峰形不同的情况。但是,由于色谱条件是一致的,产物各组分出峰相对位置不会改变,出峰个数也同样保持不变,据此可以找出色谱图与总离子流图的相互对应关系,从而将色谱图定性。

无论是胆甾醇单纯热裂解还是蒙脱石催化热解,其产物从低温阶段到高温阶段都主要体现量的变化,产物种类基本保持不变。因此,可以选择热解产物最多的温度段,在GC—MS上重复此温度段的热解实验,并将所得谱图定性,从而与其同一系列的谱图均可定性。

基于以上考虑,胆甾醇热解产物定性实验选择温度段为 450～480℃,蒙脱石催化热解产物定性实验选择温度段为 330～360℃。

称取约 10mg 胆甾醇(或 110mg 胆甾醇 + 蒙脱石)于样品管中,装入热解器。色谱柱浸入冷阱中后,热解器开始升温。先将温度快速升至选定温度段的起始温度,即胆甾醇为 450℃,胆甾醇 + 蒙脱石为 330℃ 后,降低升温速率为 1℃/min,恒速升温 30℃ 后,降温,撤去冷阱,开始色谱分析。

为保证定性结果的准确性,采用外标法进一步定性,即在热解过程中,向热解器内样品中加入配制好的标样,分析时,标样与样品热解产物同时出峰。由于标样浓度较高,将加入标样后的总离子流图与未加标样的作对比,可以看到明显的标样峰。若热解产物中本来就存在与标样相同的组分,则标样峰与产物峰叠加,否则,则比原谱图多出几个峰来。由于标样组分均为已知,根据标样的出峰情况,可以进一步验证质谱定性结果的准确性。

所用 GC—MS 为 Finnigan 公司所产的 Trace DSQ 气相色谱—四极杆质谱。色谱柱仍用 50m × 0.5μm × 0.2mm 的 PONA 柱,为保证实验结果的可比性,色谱分析条件保持不变。

在生烃高峰期,C_6 前气态产物量很大,为了保护质谱检测器系统不受破坏,质量数扫描范围从 50 开始。此次实验目的是为了定性 C_6—C_8 的轻烃,这一设定对实验结果不造成影响。

质谱条件:EI 源,电子能量 70eV,质量扫描范围为 50～400amu。

离子源温度:250℃。

传输线温度:250℃。

选取正辛烷、甲苯、苯、环己烷作为外标法定性的标准样品,分别取各标样 2μg 于 2mL 甲醇中,混合均匀。取此混合样品 1μg 进行气相色谱—质谱分析,分析方法同热解产物,得标准样品的总离子流图(图 2-3),由此可知各标准物质出峰的相对顺序及保留时间。

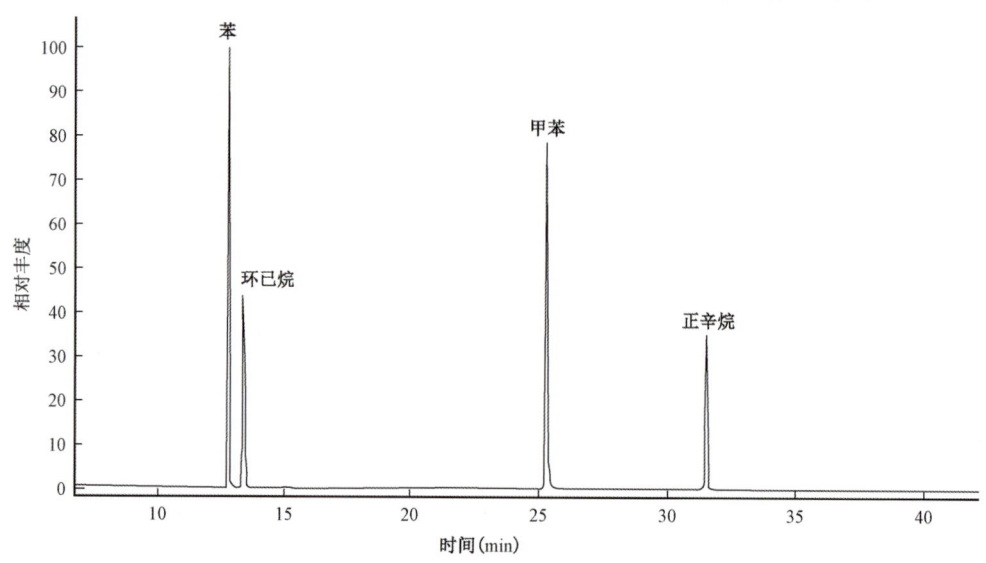

图 2-3 标准样品总离子流图

胆甾醇在450~480℃热解,其产物分析所得总离子流图见图2-4,加入标样后的总离子流图见图2-5,同一温度段下,FID检测器下所作的分析谱图见图2-6。

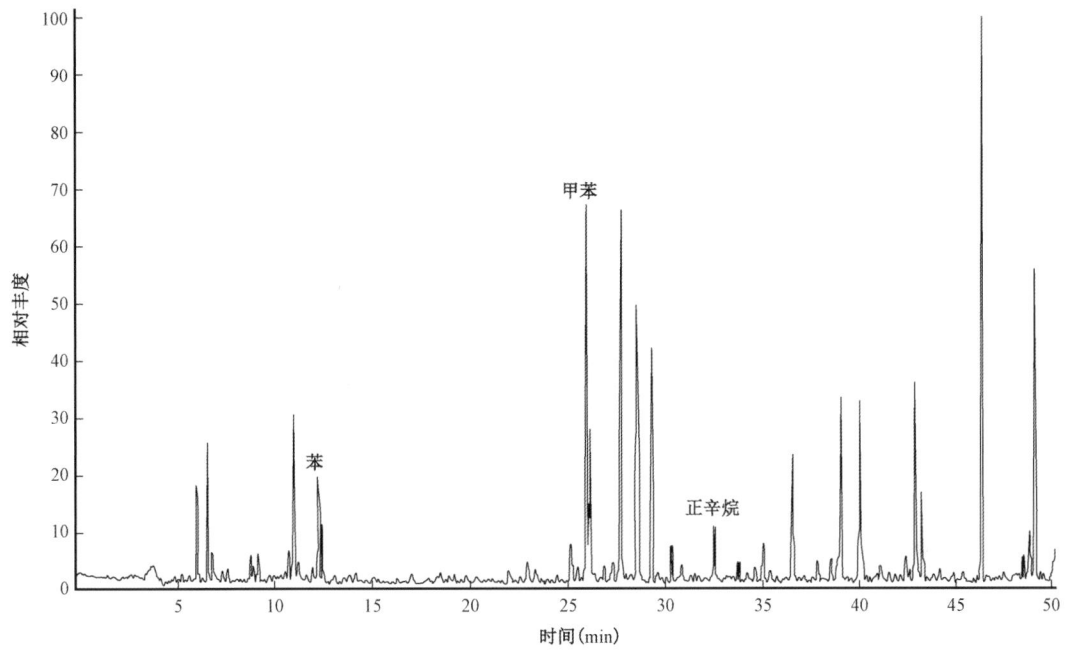

图2-4 胆甾醇450~480℃热解产物总离子流图

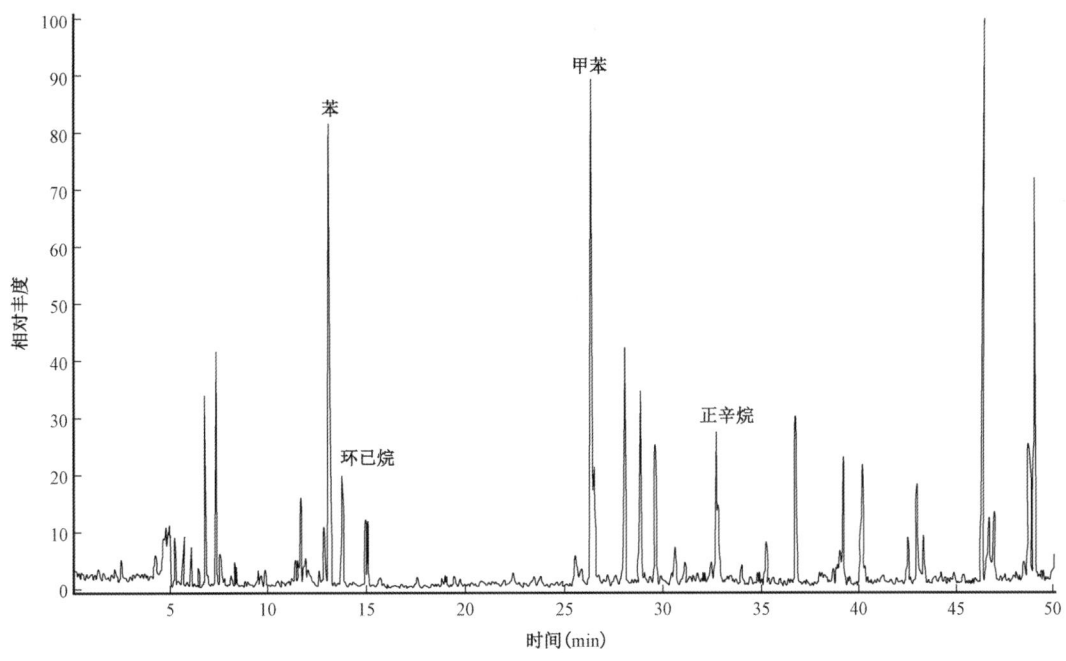

图2-5 加入标样后胆甾醇热解产物总离子流图

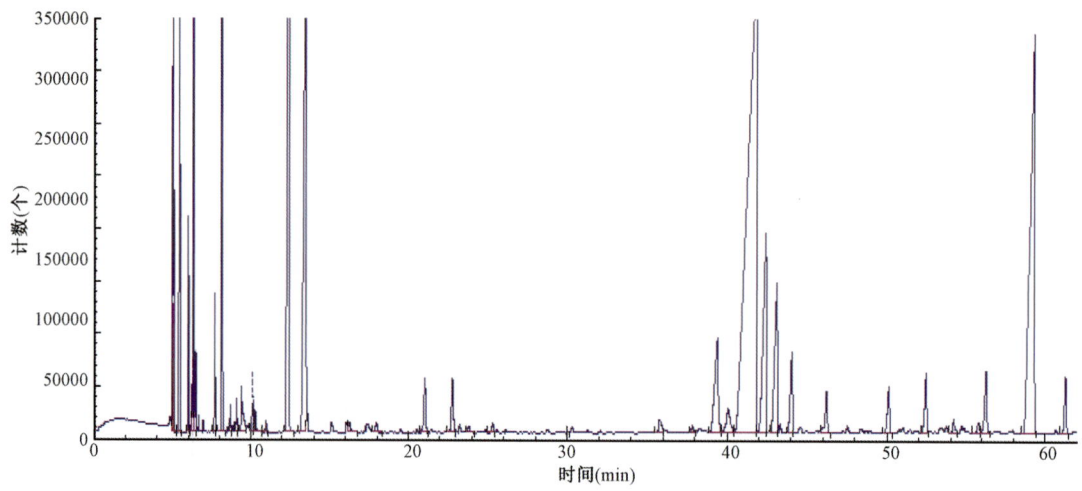

图 2-6 胆甾醇 450~480℃ 热解产物色谱图

三、热解产物的定量

通过定量分析,主要了解在不同热解温度下各碳数化合物量的变化趋势,进而研究胆甾醇在不同温度下的热解规律。

(一)热解产物的定量方法

对热解产物进行定量分析时,在同一碳数产物中选择一种物质做代表,利用其标准样品测定校正因子,这一校正因子用于此碳数所有化合物以计算该碳数化合物总量。分别选择正戊烷、正己烷、正庚烷、正辛烷作为 C_5—C_5、C_6、C_7、C_8 各类烃的代表物质,环己烷作为环烷烃的代表物质,苯、甲苯、乙苯作为苯系物的代表物质。将选定的各物质配成已知浓度的甲醇溶液,进样 $1\mu g$,利用气相色谱分析,为保持响应值与热解实验时相同,仍用 FID 检测器。

经过实验并计算后,将各物质的校正因子列于表 2-1 中。

表 2-1 校正因子测定结果

样品名称	进样量(μg)	峰面积 A	校正因子($A/\mu g$)	样品名称	进样量(μg)	峰面积 A	校正因子($A/\mu g$)
正戊烷	2.08×10^{-2}	15442	7.4×10^5	环己烷	2.59×10^{-2}	20283	7.8×10^5
正己烷	2.20×10^{-2}	12466	5.7×10^5	苯	1.67×10^{-2}	5784	3.5×10^5
正庚烷	2.28×10^{-2}	5226	2.3×10^5	甲苯	1.67×10^{-2}	5130	3.1×10^5
正辛烷	2.34×10^{-2}	15204.5	6.5×10^5	乙苯	1.67×10^{-2}	9382	5.6×10^5

(二)热解产物的定量结果

为了对轻烃生成有一个整体了解,将产物按碳数分类,计算在不同温度下各碳数烃产物的生成量,结果列于表 2-2 中。同时,还对催化热解产物中的 2-甲基己烷、3-甲基己烷、甲苯、甲基环己烷、1,2-二甲基环戊烷、1,3-二甲基环戊烷等几个具有代表性的轻烃进行定量,以期获得更多产物特征信息,结果列于表 2-3 中。

表 2-2 不同热模拟温度下各碳数烃产物生成量

a. 胆甾醇热裂解各产物生成量

产物量(μg) \ 温度(℃) \ 碳数	150	180	210	240	270	300	330
C_1—C_5	0	0	0.009	0.014	—	0.486	0.301
C_6	0	0	0.105	0.288	1.20	0.806	0.712
C_7	0	0.135	0.264	0.675	1.04	0.670	0.648
C_8	0	0.030	0.470	0.971	2.01	1.000	0.972

产物量(μg) \ 温度(℃) \ 碳数	360	390	420	450	480	510
C_1—C_5	0.566	0.469	0.393	14.7	14.6	44.1
C_6	0.985	2.170	6.110	21.7	54.4	50.8
C_7	0.793	2.050	3.810	11.5	32.4	25.1
C_8	1.620	3.840	10.50	38.8	93.8	65.5

b. 胆甾醇催化热解各产物生成量

产物量(μg) \ 温度(℃) \ 碳数	150	180	210	240	270	300	330
C_1—C_5	0.008	0.068	—	0.946	3.39	7.52	15.3
C_6	0.019	0.056	0.447	1.020	3.61	9.30	18.8
C_7	0.062	0.024	0.353	0.863	3.95	10.90	26.5
C_8	0.067	0.118	0.879	1.560	6.82	20.5	50.0

产物量(μg) \ 温度(℃) \ 碳数	360	390	420	450	480	510
C_1—C_5	23.6	50.0	45.9	27.6	10.1	2.90
C_6	26.9	53.4	36.8	13.6	2.45	0.547
C_7	43.2	80.3	56.7	16.6	2.56	0.463
C_8	64.0	70.9	38.8	9.73	1.91	0.467

表 2-3 催化热解产物中部分轻烃组分产量

温度(℃) \ 产物量(μg)	2-甲基己烷	3-甲基己烷	甲苯	甲基环己烷	1,2-二甲基环戊烷	1,3-二甲基环戊烷
150	0.022	0	0.015	0	0	0
180	0.015	0	0.016	0	0	0
210	0.085	0.033	0.132	0.007	0	0

续表

温度(℃) \ 产物量(μg)	2-甲基己烷	3-甲基己烷	甲苯	甲基环己烷	1,2-二甲基环戊烷	1,3-二甲基环戊烷
240	0.208	—	0.234	0.017	0	0
270	0.969	0.539	0.903	0.104	0.036	0.027
300	2.580	1.520	2.050	0.370	0.136	0.105
330	5.580	3.280	4.550	0.999	0.391	0.307
360	8.780	4.340	6.760	1.530	0.558	0.419
390	15.530	6.400	7.830	2.560	0.837	0.624
420	9.260	4.140	3.980	1.750	0.576	0.436
450	2.210	1.100	0.701	0.357	0.125	0.097
480	0.240	0.100	0.113	0.035	0.011	0.010
510	0.045	0.018	0.026	0	0	0

第二节 热解产物的组成特征

为了了解胆甾醇热解产物随温度变化的规律、催化剂对热解产物组成的影响以及相同温度下各类产物之间量的关系等信息,对上述实验数据进行了进一步处理和分析。

一、催化裂解及热裂解对胆甾醇热解产物中不同碳数化合物产物量影响

根据定性结果可以确定胆甾醇热解产物色谱图中各峰所对应产物的碳数,由此将热解产物按碳数分类,根据定量结果分析产物量随温度变化关系,从而了解各类热解产物量随温度变化的关系,考察各类产物的生成特征。

(一)胆甾醇各类热解产物量随温度变化特征

计算出不同温度下胆甾醇热解产物中相同碳数化合物总量并进行比较,结果见图2-7。在较低温度阶段($<350℃$),各类热解产物量都很少,此后,产物量迅速增多,其中,C_8产物增加最快,C_7产物增加最为平缓;整个实验温度范围内,C_6产物量始终高于C_7产物,而C_8产物自始至终都是最多的,即$C_8>C_6>C_7$,它们相对含量可能与胆甾醇的结构有关;C_8、C_7、C_6产物均在480℃附近达到最多,此后有减少趋势,而C_1—C_5气态产物随温度增加继续快速增多,说明较高碳数的烃类随着温度升高都向低碳数烃转化,直至全部裂解为小分子产物。

(二)催化剂存在下胆甾醇各类热解产物量随温度变化情况

加入蒙脱石催化剂后,在较低温度(270℃)时即产生了明显的热解产物(图2-8)。360℃前,按产物碳数由低往高其产物量也依次增加,即$C_8>C_7>C_6>C_1$—C_5;各类产物随着温度升

高而增多,均在390℃附近达到生烃高峰,而此时 C_7 烃类产量则最多,此后,所有产物量开始减少,C_8 产物减少最为迅速,C_1—C_5 气态产物则缓慢减少,其相对含量逐渐增多,在450℃后占据首位,这可能是由于高碳数烃向低碳数烃转化的结果。总的来说,C_6—C_8 轻烃减少速度较快,在510℃时已经基本消失。在蒙脱石的催化下,生烃高峰温度提前了约100℃,催化作用明显。

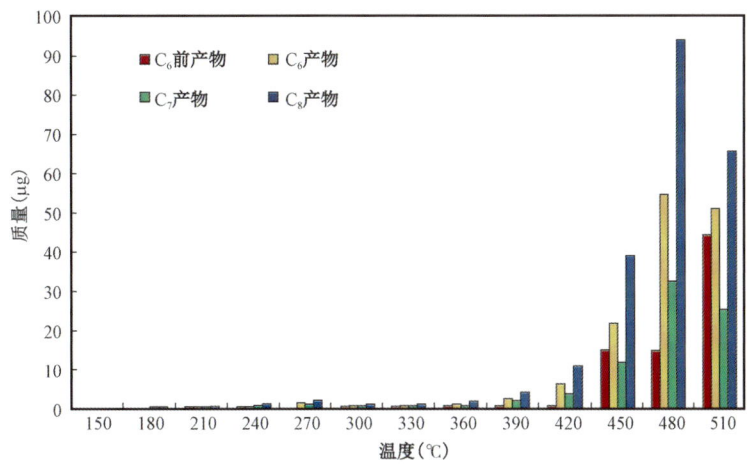

图 2-7　胆甾醇各类热解产物量随温度变化趋势

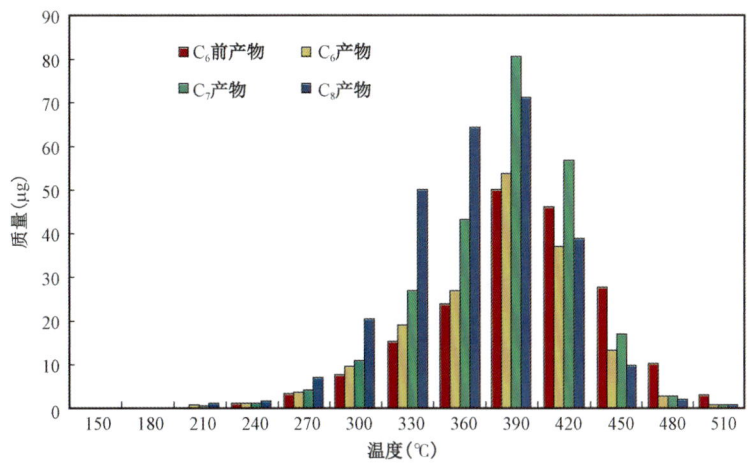

图 2-8　胆甾醇不同温度下催化裂解产物量

对比加入蒙脱石前后不同温度下各类产物量的变化可以看出,不加蒙脱石时,胆甾醇热解需要较高的温度,低温阶段产物量很少,到达较高温度后,产物量急剧增多。在蒙脱石催化下,产物量没有出现急剧增多或减少的情况,这可能是由蒙脱石表面积大且吸附作用强而造成的。胆甾醇与蒙脱石混合后,分散于蒙脱石的表面,或进入其层状结构中而被吸附,随着温度升高,被缓慢地释放出来,并热解成较低碳数的烃类物质,形成了产物平稳的增多和减少的情况。

(三)催化剂对总产物组成的影响

将所有产物分为 C_1—C_5、C_6、C_7、C_8 及 C_8 以上重烃 5 类,考察在有无蒙脱石催化情况下,整个热解过程中各自生成总量的变化情况。由于产物种类繁多,无法将各产物准确定量,因此,将各类产物在不同温度下的峰面积加和,得到整个实验温度范围内生成此类产物的总峰面积,以此代表各类产物生成总量,同样,通过所有峰面积的加和算出总的生烃量,由此计算出各类产物生成量占产物总量的百分比(图 2-9)。

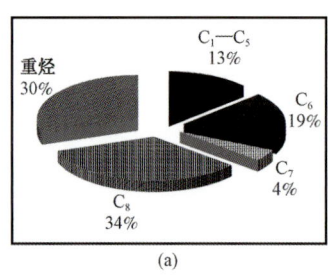 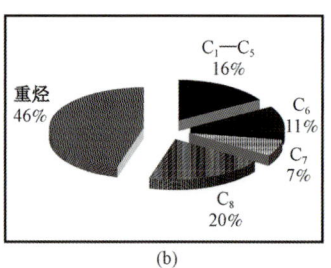

图 2-9 胆甾醇生烃总量中各类产物百分比
a. 热裂解;b. 催化裂解

由图 2-9 可以看出,加入蒙脱石后,热解产物中的重烃所占比例有了明显的增多,增加了 16%,这可能是由于在蒙脱石的催化下,胆甾醇发生热解的温度降低,而在较低温度时,热解更易生成重烃产物所造成。同时,C_1—C_5 的气态烃部分所占比例有了一定的增加,说明蒙脱石有利于低分子的烃类物质生成。就轻烃部分而言,总的来说,在蒙脱石的催化下,其生成量占总产物比例明显下降,由不加蒙脱石的 57% 减少至 38%,C_8 产物比例明显减少,下降了 14%,C_7 产物比例有所增加,由 4% 增至 7%,几乎增加了一倍,同时,C_6 产物比例也有所减少。

二、轻烃产物随温度变化特征

芳香烃、链烷烃和环烷烃是天然气轻烃中的三大类物质,考察这 3 种烃类随着温度的变化情况,将有助于了解不同热演化程度下,甾类有机质热解产物中轻烃组成特征,从而建立这类有机质的成气模式。

(一)产物量随温度变化特征

各色谱图中的色谱峰所对应的物质已进行了定性,因此,可以将各温度下 C_6—C_8 产物中的芳香烃、环烷烃和链烷烃分别挑选出来,利用定量时测得的各类轻烃产物的校正因子,即苯系物用苯、甲苯和乙苯校正因子的平均值,链烷烃用 C_6、C_7、C_8 正构烷烃校正因子的平均值,环烷烃用环己烷的校正因子,计算出它们在不同温度下各自的生成量。做各产物量与温度关系曲线,观察变化趋势。此结果可代表不同热成熟度下,胆甾醇各类轻烃产物量的变化情况(图 2-10)。

单纯胆甾醇热解时,从 210℃ 开始有芳香烃生成,其生成量在 390℃ 前基本保持不变,随着温度继续升高,芳香烃产量迅速提高,到 480℃ 时,胆甾醇基本分解完全,芳香烃生成量减少;链烷烃生成量随温度变化趋势与芳香烃相似,从 210℃ 开始生成,390℃ 后生成量迅速提升直至样品完全热解。比较而言,链烷烃生成量多于芳香烃。整个热解过程中,没有环烷烃产物出现。

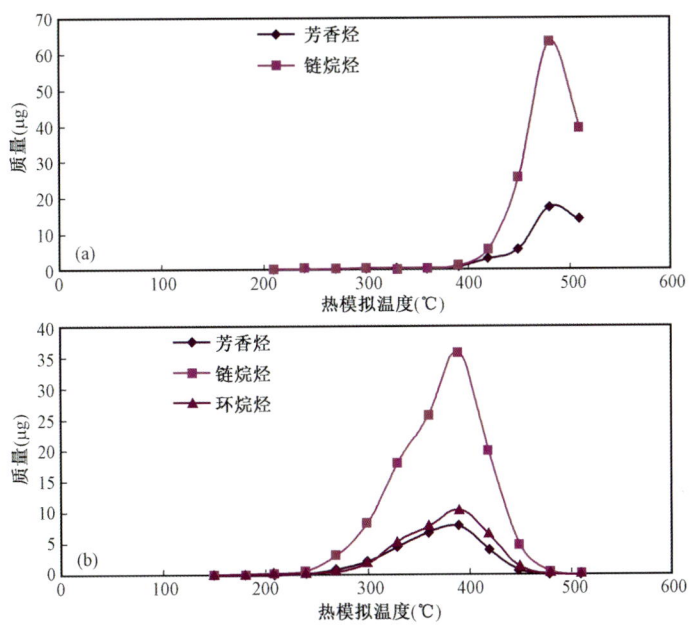

图 2-10 胆甾醇热解各类产物量随温度变化关系
a. 热裂解；b. 催化裂解

胆甾醇催化裂解时，检测到有环烷烃生成。芳香烃、链烷烃及环烷烃的生成量随温度变化规律相似，三者均在390℃达到生成高峰期，此后，由于样品大部分已裂解，其生成量逐渐减少。从生成量来看，链烷烃最多，而芳香烃与环烷烃基本相当。

(二) 各类产物量相对变化关系

将不同热解温度下，C_6—C_8产物中的芳香烃、链烷烃和环烷烃峰面积分别加和，由实验测得的校正因子计算出各自在不同温度下的生成量，进而求得相互间生成量比值。做各生成量比值与温度的关系曲线，了解甾类化合物热解出的不同类轻烃产物在不同热成熟度下生成速率的相互关系。

1. 链烷烃与芳香烃相对变化关系

胆甾醇热解过程中，链烷烃和芳香烃的比值经历了两次波动（图2-11）。在300℃以前，链烷烃生成速率低于苯系物，300℃以后饱和烷烃的增长速率开始加大，与苯系物相比，在300~480℃这一温度段，更倾向于生成链烷烃。

胆甾醇的蒙脱石催化裂解过程中，链烷烃生成量一直多于芳香烃。从相对生成速率来看，链烷烃基本一直最高，即在180~480℃温度段内，与芳香烃相比，热解都更倾向于生成链烷烃，直到温度达到480℃以后，才有向芳香烃转化的趋势。

以上分析表明，与胆甾醇直接热解相比，当有催化剂作用时，在较低温度阶段（<480℃）生成链烷烃所需活化能较低，胆甾醇各支链断裂后转化为链烷烃，同时，从苯系物与饱和烷烃产物的相互转化平衡来看，在此阶段以芳环断裂、加氢生成链烷烃的反应为主。而在高温阶段，芳香烃较链烷烃生成活化能低，反应主要以链烷烃脱氢、成环并最终转化为芳香烃为主。

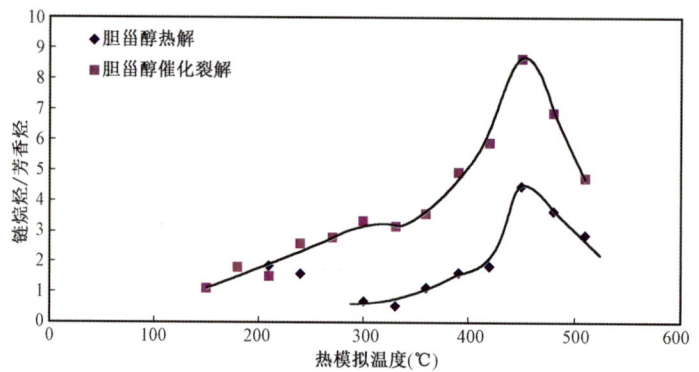

图 2-11　热解产物中的链烷烃/芳香烃随温度变化规律

2. 环烷烃与链烷烃相对变化关系

由于单纯胆甾醇热解过程中没有测得环烷烃产物,因此不存在此关系曲线。

胆甾醇催化裂解过程中,测得有环烷烃生成,环烷烃生成量一直少于链烷烃。在 360℃ 前,环烷烃生成速率相对于链烷烃有增长的趋势,360℃ 时,环烷烃相对于链烷烃生成速率达到最大,此后,环烷烃生成速率开始缓慢减小,即生成环烷烃的速率较饱和烷烃低(图 2-12)。

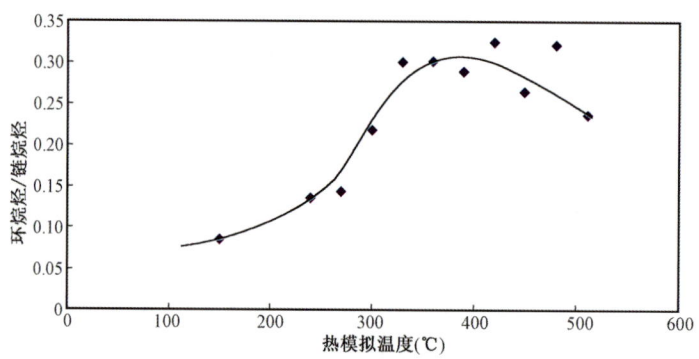

图 2-12　胆甾醇催化裂解产物中的环烷烃/链烷烃随温度变化规律

从生成活化能来看,在 360℃ 前,环烷烃较饱和烷烃低,即这二者的相互转化反应朝有利于环烷烃生成的方向进行,以链烷烃环化为主。当温度高于 360℃ 后,环烷烃的生成活化能开始缓慢提高,反应以生成链烷烃为主,环烷烃也倾向于开环加氢转化为链烷烃。

3. 环烷烃与芳香烃的相对变化关系

同样,由于单纯胆甾醇热解过程中没有环烷烃生成,不存在此关系曲线。

催化裂解胆甾醇过程中,在大约 300℃ 以前环烷烃的生成量小于芳香烃(图 2-13),此后,环烷烃生成量逐渐增多,直到模拟实验结束,其生成量一直多于芳香烃。在 450℃ 之前,环烷烃的生成速率相对于芳香烃有逐渐增长的趋势,直至 450℃ 以后,芳香烃的生成速率才开始大于环烷烃。

以上分析表明,在 450℃ 以前,环烷烃的生成活化能低于苯系物,催化热解反应以生成环

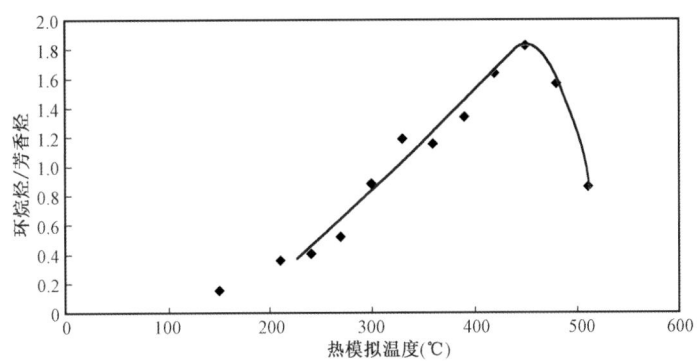

图 2-13 胆甾醇催化裂解产物中的环烷烃/芳香烃随温度变化规律

烷烃为主,芳香烃产物与环烷烃的转化平衡在此阶段主要向生成环烷烃的方向进行;当温度继续升高至450℃以后,反应以生成芳香烃为主,环烷烃产物倾向于脱氢生成苯系物。

通过以上对链烷烃、环烷烃及芳香烃在不同温度下相对变化情况的考察可以看出,环烷烃、芳香烃和链烷烃在热解过程中生成速率相对大小的变化具有一定的阶段性,这与化合物的自由能有关,自由能越低,化合物的热稳定性越好,越容易生成。经典理论认为,在低、中温条件下(<300℃),芳香烃的自由能高于环烷烃和饱和烷烃,在这一温度阶段,反应以苯加氢生成环烷烃或链烷烃为主;在高温条件下,芳香烃的自由能低于环烷烃和烷烃,以环烷烃的歧化反应为主,环烷烃生成苯或正构烷烃,而环烷烃本身呈下降趋势。

从胆甾醇的热模拟来看,催化热解产物完全符合此规律,具体而言,在较低温度阶段,生成活化能环烷烃<链烷烃<芳香烃,高温阶段,生成活化能芳香烃<链烷烃<环烷烃。但是,在实验过程中,链烷烃产量一直较多,这可能是由于胆甾醇结构较易断裂生成链烃所导致。

第三节 部分轻烃参数的应用

一、"相似结构轻烃指标"随温度变化关系

早在1943年,Forziati 等就发现原油中具有相似结构的轻烃量之间有一定的规律性,Smith 和 Rall(1953)、Martin 等(1963)和 Smith(1968)也支持这一论点,即相似结构轻烃量的比值是基本不变的,比如同分异构的链烷烃(如2-甲基戊烷/3-甲基戊烷),以及六元环类(如环己烷/甲基环己烷)等,相比较而言,位置异构的轻烃间(如2-MC_6/3-MC_6)这种关系最为明显,其次是具有相似结构的非同分异构体(如2-MC_5/2-MC_6),而不同类别的轻烃之间(如MCC_5/MCC_6)这一比例变化最大,Mango 通过对2000个原油样品中轻烃数据进行分析后,证明这一结论是正确的,而张敏等对塔里木盆地原油轻烃的分析也证实了此理论。在此,选择部分轻烃作图,观察其是否符合这一规律。

将不同温度下胆甾醇催化裂解产物中的3-甲基己烷与2-甲基己烷、2-甲基戊烷与2-甲基己烷、甲基环己烷与甲基环戊烷的生成量分别计算出来作图,结果见图2-14。

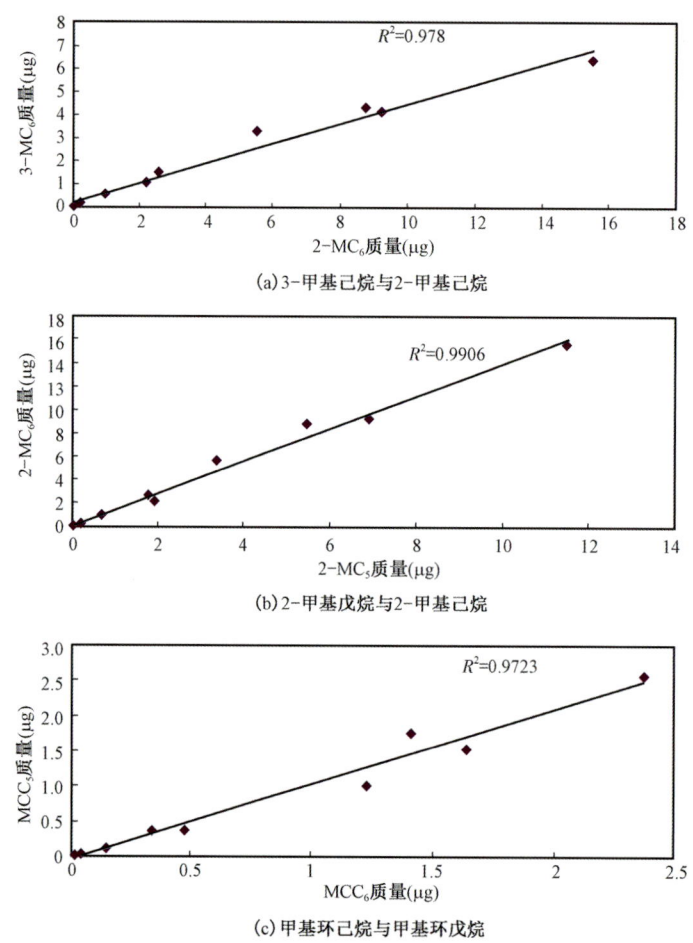

图 2-14 不同温度下胆甾醇催化裂解产物中部分轻烃间关系曲线

由图中可以看出,这 3 种轻烃组合所做直线线性关系都很明显,即不同温度下生成产物中的 3-MC_6/2-MC_6、2-MC_6/2-MC_5 和 MCC_6/MCC_5 的相对值基本保持不变,这与前人的结论一致。但是,就 R^2 值来看,2-MC_6/2-MC_5 > 3-MC_6/2-MC_6 > MCC_6/MCC_5,也就是说,这 3 组数据中,以 2-MC_6/2-MC_5 线性关系最好,而从理论推测,线性最好的应是 3-MC_6/2-MC_6,这可能是由于试验数据太少而引起的误差。线性最差的为 MCC_6/MCC_5,与理论相符。

因此,在不同热成熟度下,胆甾醇催化裂解产物中,相似结构的轻烃产物量的比值保持某一恒定值,与地质条件下的实际情况是一致的,这从一个侧面反映出本次热解模拟实验条件与地质条件较吻合,实验数据可靠,具有一定的推广意义。

二、链烷烃、环烷烃、芳香烃三角图

如前所述,链烷烃、环烷烃、芳香烃在不同的反应温度下可以互相转化。由于地质条件下,热成熟度与温度是相对应的,因此,在实际情况中,不同热成熟度下形成的天然气轻烃中这几类烃的含量变化也具有一定的规律性,由天然气中的这 3 类烃所做的三角图常用于实际天然气勘探中气源热成熟度的鉴别。因此,将不同温度下蒙脱石催化胆甾醇裂解产物中链烷烃、环烷烃、芳香烃的生成量分别加和,并计算出各类产物分别占此总量的百分比,由此做三角图,观察胆甾醇热解产物的变化规律,从而对甾类化合物这一生烃母质的成烃组成与热成熟度的关系进行考察,为天然气勘探提供参考。

由不同温度对应的点在三角图上的分布来看,在450℃以前,产物组成朝着链烷烃相对含量增多、环烷烃减少、芳香烃减少的方向移动,温度继续升高,苯系物又开始增多、链烷烃减少、环烷烃增多,其趋势如图2-15中箭头所示。

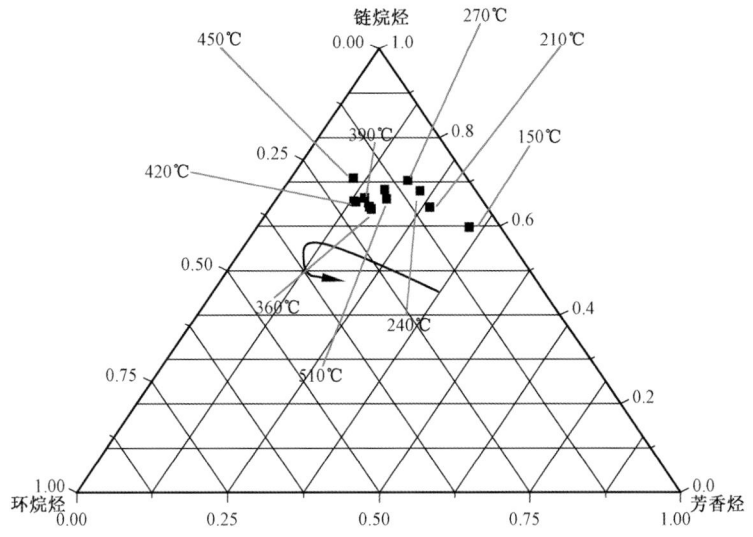

图2-15 芳香烃、链烷烃、环烷烃三角图

三、甲基环己烷、甲苯、2-甲基己烷+3-甲基己烷三角图

由于本次实验为粗略定量,用链烷烃、芳香烃、环烷烃的总量作图,其变化趋势不明显,因此,从这几类化合物中选择几个代表物质做三角图,以期更准确地判断其转化规律。

2-甲基己烷、3-甲基己烷,甲基环己烷与甲苯分别被选为链烷烃、环烷烃、芳香烃的代表物质,它们之间也存在相互转化如下:

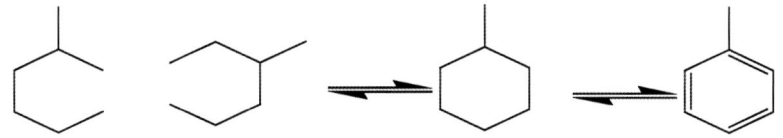

以这3种化合物做三角图,有助于更准确、具体地了解产物变化规律(图2-16)。

由三角图可以看出,在450℃前,随着温度升高,产物向着(2-甲基己烷+3-甲基己烷)量增多、甲苯减少、甲基环己烷略减少的方向移动,到450℃后,产物向着(2-甲基己烷+3-甲基己烷)量减少、甲苯增多、甲基环己烷增多方向移动,此规律与前面三角图所得规律一致。从实验点的分布来看,利用3种具体化合物所做三角图反映规律更为清晰,是一种更好的成熟度判别参数。

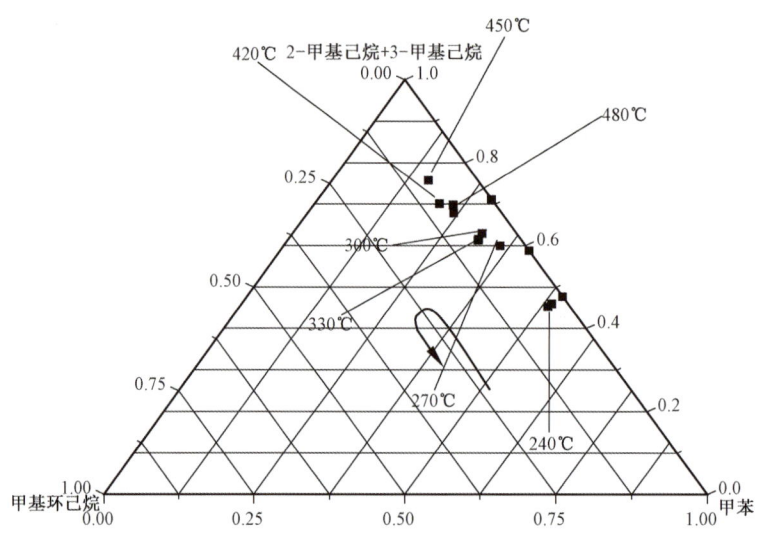

图 2-16 甲基己烷、甲基环己烷、甲苯三角图

第四节 蒙脱石催化生成轻烃机理推测

一、蒙脱石的结构及性质

蒙脱石(montmorillonite)又名微晶高岭土,是一种层状结构、片状结晶的硅酸盐黏土矿,因其最初发现于法国的蒙脱城而命名。1972 年在西班牙马德里举行的国际黏土会议(AIPEA)上,R. E. Grim 提出了蒙脱石的广泛定义,认为"蒙脱石是以蒙脱石类矿物为主要成分的岩石,是蒙脱石矿物达到可利用含量的黏土或黏土岩。"蒙脱石是 2∶1 型层状硅酸盐矿物,它的每一结构层由两个硅氧四面体片和一个夹于其间的铝氧八面体片组成。硅氧四面体片系由处于同一平面的硅氧四面体的 3 个顶点氧与相邻硅氧四面体共用而连结成一系列近似六方环网格的硅氧片;铝(镁)氧(羟基)八面体是以铝(镁)为中心原子,并与彼此顶点相对的硅氧四面体片的 4 个顶点氧处于同一平面的两个羟基构成六配位的八面体,这些八面体彼此借 O(OH) 与相邻八面体中心原子配位相连组成铝(镁)氧(羟基)八面体片,形成了一个夹层可调的结构(图 2-17)。

蒙脱石成分为 $(Na,Ca)_{0.33}(Al,Mg)_2[Si_4O_{10}](OH)_2 \cdot nH_2O$,水的含量变化很大。颗粒细小,约为 $0.2 \sim 1\mu m$,具有胶体分散特性,通常呈块状或土状集合体产出。它的表面积可达 $800 \sim 900 m^2/g$,具有很强的吸附能力和离子交换能力,同时还具有高度的胶体性、可塑性和粘结力。它的化学成分为:SiO_2 为 48% ~ 56%,Al_2O_3 为 11% ~ 22%,Fe_2O_3 为 0 ~ 5%,MgO 为 4% ~ 9%,CaO 为 0.8% ~ 3.5%,H_2O 为 12% ~ 24%,此外还含有 K_2O、Na_2O、MnO、FeO、TiO_2、P_2O_5、Cl^- 和 CO_2 等。蒙脱石中的水通常含有 3 种状态,表面自由水、层间吸附水和晶格水。蒙脱石受热自由水很快失去,100 ~ 200℃脱去吸附水,500℃时大量晶格水开始逸出。

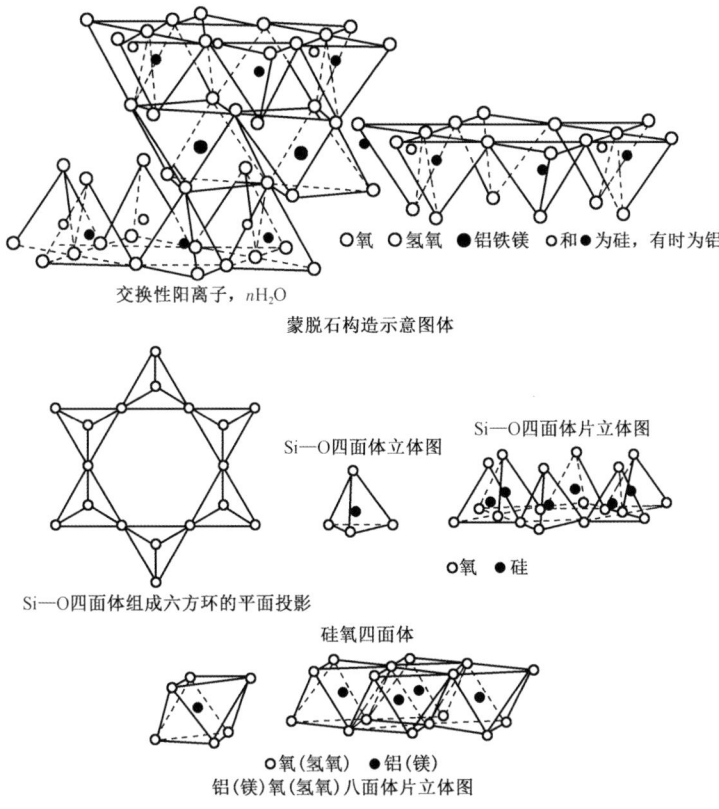

图 2-17 蒙脱石结构示意图

由于异价类质同象取代(例如四面体层中 Al^{3+} 取代 Si^{4+},八面体中的 Mg^{2+} 取代 Al^{3+}),蒙脱石的结构层不是电中性而是带负电荷的。大量分析表明,每个晶胞的净电荷为 0.66e,这种正电荷短缺由吸附在结构层间的阳离子补偿。同时,由于黏土矿物 SiO_4 四面体在三维空间构筑成层状结构的特性,其八面体空隙中充填着 Mg^{2+}、Fe^{2+}、Ca^{2+}、K^+ 和 Al^{3+} 等离子,结构单元层间存在着孔隙,黏土矿物的表面存在着许多断键,造成黏土矿物对有机质具有较强的吸附作用。沉积物中的有机质大部分是以有机—黏土复合体的形式沉积、搬运,其主要的结合方式为:①以交换性阳离子形式置换黏土矿物外表面或晶层间的氧、硅、铝等原子以配位方式结合;②以有机阳离子复合物的形式与黏土矿物结合;③以极性有机分子取代黏土矿物晶间阳离子,在晶层间呈定向排列。与高岭石、伊利石相比,蒙脱石对有机质的吸附能力最强。

二、胆甾醇轻烃产物生成机理推测

在不加蒙脱石时,胆甾醇为热裂解生烃,反应主要按照自由基机理进行。从胆甾醇结构式来看,最容易发生热解的位置是 1 位,C—C 键断裂后,生成一个 2-甲基庚烷的自由基,6 号碳上缺一个电子;同时,胆甾醇上的羟基容易发生脱氢,生成带一个电子的质子,这一质子与 2-甲基庚烷自由基结合,生成 2-甲基庚烷。

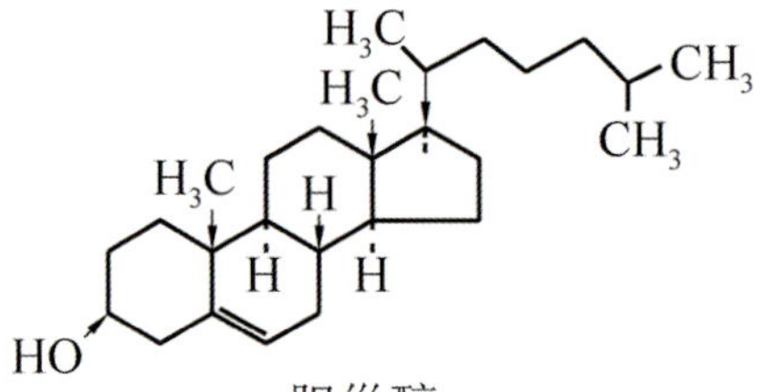

胆甾醇

其反应如下：

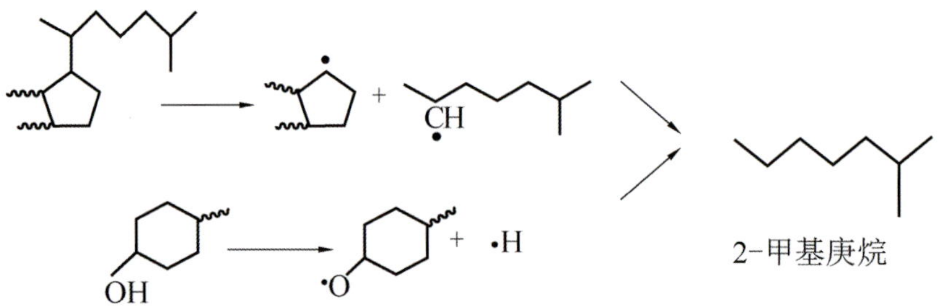

从实际热解产物来看，2-甲基庚烷的确为单纯胆甾醇热解的最主要轻烃产物。此外，当达到较高温度时，胆甾醇中的环状结构会打开，继而进一步热解为更小的分子，形成较低碳数的产物。

加入蒙脱石后，由于其表面积大、吸附作用强，胆甾醇被分散吸附在其表层或进入蒙脱石层间，与蒙脱石形成有机—黏土复合体。蒙脱石中含有的层间水及晶格水在低温下不会流失，它们在热解过程中会离解出 H^+，反应如下：

$$n[M(H_2O)_x]^{z+} \rightarrow n[M(H_2O)_{x-1} \cdot OH]^{z-1} + nH^+$$

反应体系中出现了质子酸中心，在它的催化下，形成碳正离子。碳正离子作为反应中间体，很不稳定，将进一步发生反应，从而生成新的化合物。

在胆甾醇的催化裂解过程中，从较低温度开始就有甲苯和环烷烃等产物生成，根据离子型反应机理推测，它可能存在如下反应：

(1)

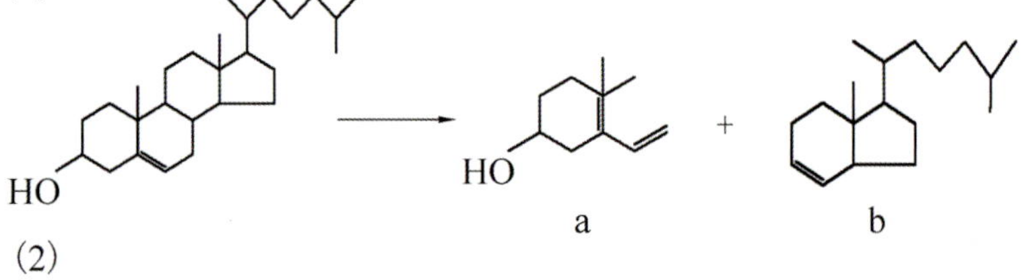

(2)

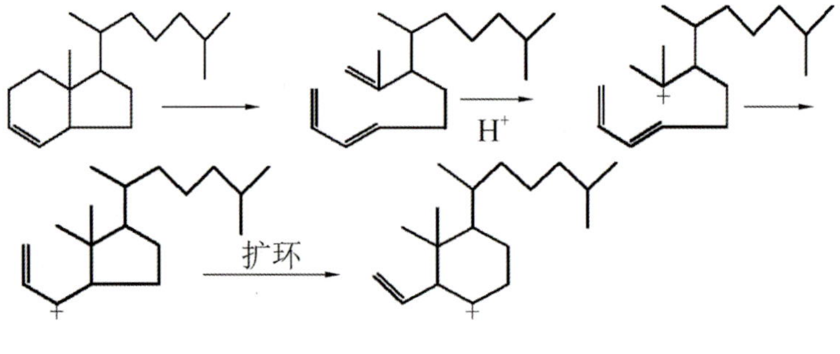

在热量的作用下，胆甾醇上的双键先发生狄尔斯—阿尔德反应的逆反应而开环，如反应（1）所示，生成 a 和 b 两种化合物。化合物 a 中的羟基在 H^+ 的作用下易脱去，形成碳正离子，经过多次断裂、重排后，可能生成苯系物等产物；从化合物 b 来看，如反应（2）所示，双键可以继续开环，在 H^+ 的作用下，生成碳正离子，后经电子转移、成键、扩环后，形成中间产物 c，产物 c 较活泼，通过电子转移，重排等反应后可能转化为环己烷类化合物或饱和烷烃。

由于胆甾醇结构复杂，除了推测的反应历程外，热解过程中还存在很多其他的反应过程。此外，产物中的苯系物、环烷烃、饱和烷烃在不同的温度下通过加氢或脱氢还可相互转化，使得催化热解产物种类十分丰富。如推测机理中所示，蒙脱石中的 H^+ 在这些反应中起着至关重要的作用，它不仅促进活泼的碳正离子形成，使得反应所需活化能降低，在较低温度下即可发生，还能使不饱和烃产物加氢，提高饱和烃产物量，使得产物组成更接近天然气组分。

由以上分析可知，蒙脱石对胆甾醇的热解存在催化作用，其催化反应机理表现为离子型反应。从实验结果看，加入蒙脱石后，产物气态烃比例增大，轻烃产物绝对量及其种类都有了明显增多，而且生烃的高峰温度明显提前，与理论相符。

第三章 烃源岩热解轻烃生成特征

第一节 烃源岩热解轻烃生成定量方法

目前实验分析中,无论是氯仿抽提还是岩石热解分析,大部分的轻烃组分都已损失掉,即使是采用吸附烃法等,也只能回收一部分。因此,人们一直无法弄清它在烃源岩中的准确含量及其随埋深增加的演化规律。

现有轻烃定量分析报道中主要是指正辛烷以下的气、液态烃的定量分析。气态烃(主要指 C_5 以下的烃类)分析主要采用外标法;对 C_8 以下的液态烃定量分析多采用内标法,其内标物质为 2,2-二甲基丁烷或 1-己烯;而对 C_6—C_{15} 液态烃的定量分析目前成熟的分析方法不多,现有的研究主要是针对生排烃模拟实验中排出凝析油的定量分析,方法本身还存在许多不足之处。

针对烃源岩中 C_6—C_8 液态烃的定量分析国内外鲜有报道,在烃源岩组分定量中,国内外目前大都采用热蒸发法和低沸点溶剂密封抽提法,只能进行定性和相对定量分析,不能进行轻烃完全定量。这里主要采用岩石热解色谱定量分析方法。

根据轻烃化合物的组成特征,选择链烷烃中的正己烷和正庚烷、环烷烃中环己烷和甲基环己烷、芳香烃中苯和甲苯等各类化合物测定其校正因子,为烃源岩在不同温度下的热解产物轻烃各化合物的绝对定量研究提供基础。

对每种化合物在色谱上分别进行 8 次研究分析,每次进样量均不同,求取峰面积,建立峰面积与进样量之间的关系,确定校正因子,结果如图 3-1 所示。从图 3-1 中可以看出,对每

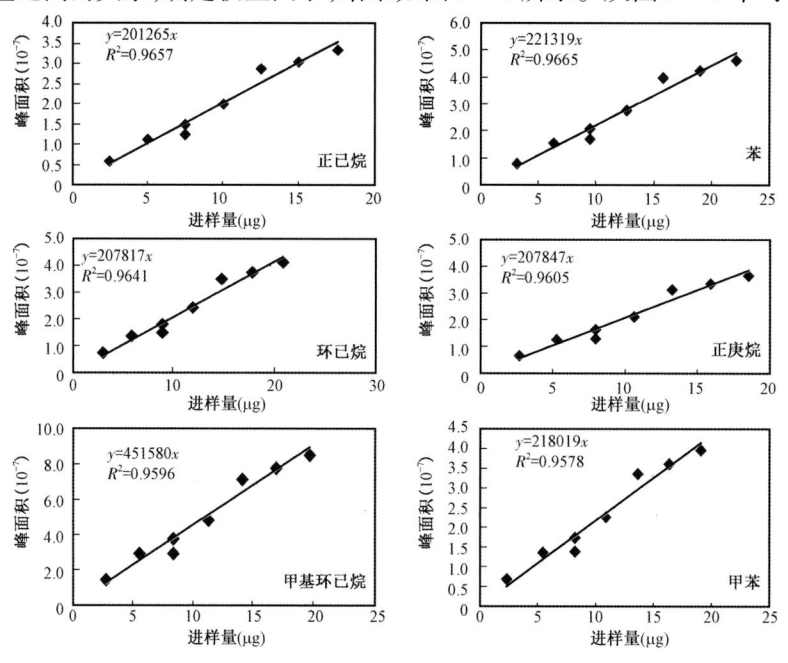

图 3-1 轻烃化合物进样量与峰面积的关系

种化合物来说,峰面积与进样量之间都具有良好的相关关系,相关系数都在 0.95 以上,为烃源岩热解产物轻烃化合物的绝对定量奠定了基础。

第二节 煤系烃源岩轻烃生成模式及碳同位素组成特征

不同有机质在各个演化阶段都有轻烃生成(Hunt 等,1980),但不同有机质在生成的轻烃数量及组成上存在差异,Thompson(1979)通过对墨西哥湾、加利福尼亚州等地区 2000 个样品分析指出,在沉积物成岩和有机质成熟作用过程中,随埋深和温度增加,轻烃的生成和演化作用表现出明显的阶段性,轻烃演化大致可以分为芳香烃阶段、环烷烃阶段、正构烷烃阶段和分解阶段。

一、煤系烃源岩轻烃生成演化模式

为研究煤系烃源岩轻烃生成演化特征,采用 PY—GC 热模拟方法对塔里木盆地东部龙口 1 井侏罗系煤开展了轻烃生成定量模拟研究。该煤样有机碳含量(TOC)为 69%,T_{max} 为 431℃,S_1+S_2 为 17.2mg/g,氢指数为 234mg/g,有机质类型为典型的 Ⅲ 型干酪根,成熟度 R_o 为 0.65%。实验是在 PY—GC 开放体系下完成的,样品粉碎成粒径为 0.45~0.90mm 的颗粒,称取 0.2g 样品装入高温热解器的不锈钢样品管中,在氦气流中加热到各设定温度,加热温度点为 300℃、350℃、400℃、450℃、500℃、550℃、600℃、650℃、700℃、750℃ 和 800℃,每个温度点恒温 30min,热解产物用冷阱收集后经色谱分析,测定阶段轻烃生成量,实验压力近似常压。实验结果如图 3-2 所示,煤系烃源岩生成的轻烃具有如下特征:

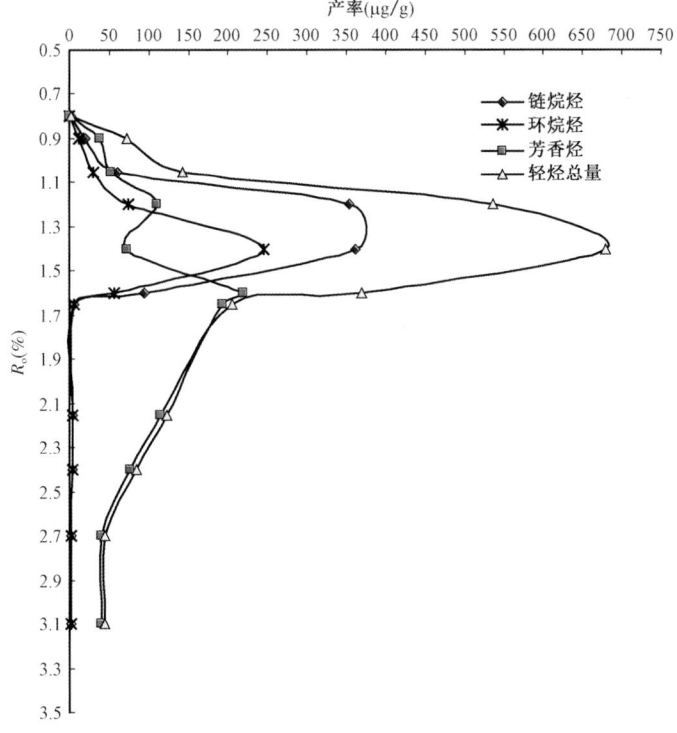

图 3-2 龙口 1 井侏罗系煤热解轻烃生成量与 R_o 关系

(1)在 $R_o=1.1\%\sim1.7\%$ 时轻烃大量生成。从轻烃生成总量分布来看，$R_o=0.8\%$ 时轻烃开始生成，在 $R_o=1.4\%$ 时轻烃生成处于高峰阶段，之后轻烃生成量逐渐降低，$R_o>2.7\%$ 时，轻烃生成量低。Hunt(1980)提出在石油和湿气生成的深成阶段（$R_o=0.5\%\sim2.0\%$）是轻烃主要生成阶段，由于 Hunt(1980)提出的轻烃生成模式主要是针对Ⅰ型、Ⅱ型有机质，有机质存在二次裂解等过程，轻烃生成的成熟度范围较广。但煤热解生成轻烃可能主要指一次裂解，二次裂解生成的轻烃数量可能较少，因此，煤热解轻烃大量生成与 Hunt(1980)提出的轻烃生成模式相比范围较小。

(2)各类轻烃化合物生成的演化模式存在差异。链烷烃和环烷烃大量生成阶段在 $R_o=1.1\%\sim1.7\%$ 时，大于 1.7% 时链烷烃和环烷烃生成量很低；芳香烃大量生成范围广，从 $R_o=1.1\%$ 时开始大量生成，持续到 $R_o=2.7\%$，在 $R_o>2.7\%$ 后仍有少量芳香烃生成。

(3)轻烃大量生成阶段，链烷烃含量最高，其次是环烷烃和芳香烃；在 $R_o>1.7\%$ 后，链烷烃和环烷烃含量很低，以芳香烃为主，在芳香烃中以苯为主，甲苯含量较低。煤热解气轻烃组成具有上述特征的主要原因是与煤有机质结构有关，煤有机质由大量的多芳香族的核和杂原子的酮以及羟酸基所组成，脂族只是有机质中很少的组分，来源于高等植物的蜡，在相对较低的地温下形成的产物链烷烃或环烷烃含量较高，在较高的地温下产物中芳香烃含量较高，因此，煤热解在各个演化阶段（特别是高演化阶段）芳香烃含量较高。

二、煤系烃源岩热解轻烃碳同位素组成特征

天然气轻烃单体烃碳同位素对天然气成因具有重要的标志意义。Dai 等(1995)和蒋助生等(2000)根据天然气和烃源岩中轻烃单体烃稳定碳同位素比值随成熟度作用、运移作用等变化较小提出了天然气成因判识的气源对比指标，如苯、甲苯、甲基环己烷等轻烃单体烃碳同位素比值。李剑等(2003)通过对单一显微组分（藻类体和镜质体）热模拟产物的甲苯碳同位素比值进行分析后认为热模拟产物中苯、甲苯碳同位素受成熟度影响较小，但不同类型显微组分产物中甲苯碳同位素比值相差较大，藻类体热解产物甲苯碳同位素值在 -27‰左右，镜质体热解产物甲苯碳同位素比值在 -22‰左右，因此，通过对天然气和烃源岩中苯和甲苯碳同位素的研究可以确定气源。

松辽、塔里木、鄂尔多斯和准噶尔等盆地煤系烃源岩热解苯和甲苯碳同位素比值分布如表 3-1 所示，不同加热温度烃源岩生成轻烃中苯和甲苯碳同位素比值比较接近，如神 2 井二叠系太原组煤和依南 2 井侏罗系泥岩在 400℃与 500℃时热解生成的苯和甲苯碳同位素比值相差分别小于 -0.5‰和小于 -0.8‰，依南 2 井侏罗系煤热解气在 500℃、600℃和 700℃时苯和甲苯碳同位素比值相差小于 -1.4‰。这些实验结果进一步证实了天然气轻烃中的苯和甲苯碳同位素受成熟度作用影响小。

表 3-1 煤系烃源岩热解轻烃中苯和甲苯碳同位素值分布

盆地	井号	岩性	层位	热模拟温度 (℃)	$\delta^{13}C$ (‰, VPDB)	
					苯	甲苯
松辽	徐深 1	泥岩	J_3h_1	400	-17.6	-17.2
	肇深 6	泥岩	K_1sh_2	500	-22.4	-22.6

续表

盆地	井号	岩性	层位	热模拟温度（℃）	$\delta^{13}C$(‰,VPDB) 苯	$\delta^{13}C$(‰,VPDB) 甲苯
松辽	庄深1	泥岩	K_1yc	500	-24.5	-27.0
	芳深10	泥岩	K_1sh_2	600	-24.0	-22.8
	芳深10	泥岩	J_3h_2	400	-20.1	-20.7
	三深1	泥岩	K_1d_2	400	-20.6	-20.9
	四深1	泥岩	K_1sh_2	400	-23.0	-22.2
	徐深1	泥岩	J_3h_1	400	-17.6	-17.2
	徐深1	泥岩	J_3h_1	600	-21.7	-20.7
	徐深1	泥岩	J_3h_1	400	-22.6	-20.8
	芳深10	泥岩	K_1sh_2	600	-24.0	-22.8
鄂尔多斯	神2	煤	P_1t	400	-22.9	-22.3
				500	-22.3	-22.4
		泥岩	J_1y	400	-24.9	-24.5
				500	-25.2	-25.3
塔里木	依南2	煤	J_2kz	500	-23.4	-23.8
				600	-22.2	-22.9
				700	-22.0	-22.6
准噶尔	准南	煤	J_1b	400	-23.5	-22.4
平均					-22.2	-22.1

不同盆地煤或泥岩热解苯和甲苯碳同位素均较重，$\delta^{13}C_{苯}$值分布在-25.2‰～-17.6‰，平均为-22.2‰，$\delta^{13}C_{甲苯}$值分布在-25.3‰～-17.2‰，平均为-22.1‰，与上述镜质体热解甲苯碳同位素比值接近，而与藻类体热解甲苯碳同位素比值相差较大，约为5‰左右，因此，与腐泥型有机质热解轻烃相比，煤系烃源岩热解苯和甲苯碳同位素重。

烃源岩热解苯和甲苯碳同位素与母源有机质碳同位素之间具有良好的继承关系。4个盆地煤系烃源岩干酪根碳同位素比值分布如图3-3所示，$\delta^{13}C$值分布在-30‰～-18‰，主要分布在-26‰～-20‰，63%的样品分布在-24‰～-22‰。不同盆地煤系烃源岩热解气苯和甲苯$\delta^{13}C$值分布在-28‰～-16‰，主要分布在-26‰～-20‰，超过50%的样品分布在-24‰～-22‰。热解气中苯和甲苯与干酪根碳同位素非常接近，说明天然气轻烃中苯和甲苯碳同位素与母源有机质之间具有良好的继承性。

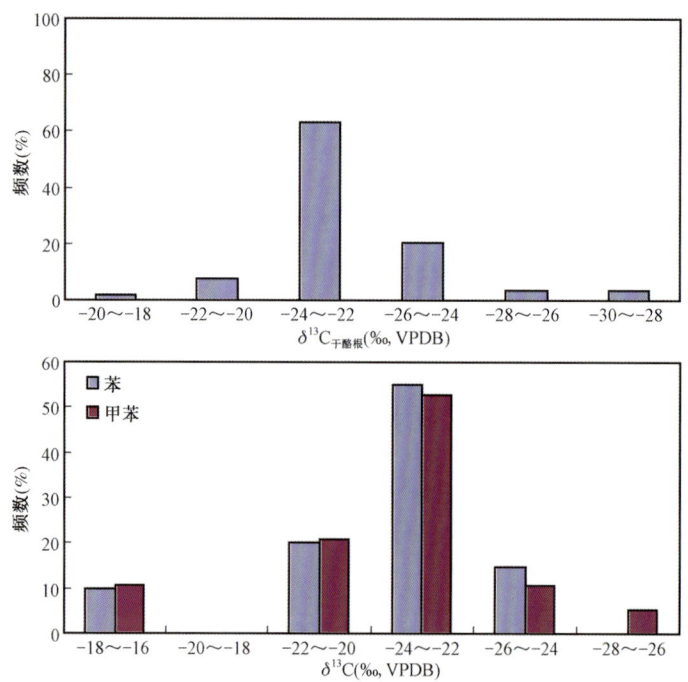

图3-3 煤系烃源岩干酪根碳同位素与煤热解苯和甲苯碳同位素比值对比

第三节 海相烃源岩轻烃生成模式及碳同位素组成

一、海相烃源岩轻烃生成模式

为了研究海相烃源岩腐泥型有机质在不同演化阶段轻烃生成的特点,采用 PY—GC 热模拟方法对塔里木盆地塔中地区塔中 201 井 4660.5m 泥灰岩($R_o=1.15\%$)开展了轻烃生成定量模拟研究,结果如图 3-4 所示,海相泥岩轻烃的生成具有如下特征:

(1)在 $R_o=1.3\%\sim1.9\%$ 时轻烃大量生成。从轻烃生成总量分布来看,R_o 小于 1.3% 时轻烃生成量较低,在 $R_o=1.5\%$ 时轻烃生成处于高峰阶段,之后轻烃生成量逐渐降低,$R_o>1.9\%$ 时,轻烃生成量很低,但一直有轻烃生成。

(2)各类轻烃化合物生成演化模式基本相似。链烷烃、环烷烃和芳香烃大量生成阶段都在 $R_o=1.3\%\sim1.9\%$ 时,链烷烃和芳香烃的生成高峰在 $R_o=1.5\%$ 时,环烷烃生成高峰在 $R_o=1.6\%$ 时,各类化合物的生成高峰也比较接近。

(3)从各类化合物生成总量来看,链烷烃含量最高,环烷烃和芳香烃含量比较接近,而且远低于链烷烃和环烷烃;在 $R_o>1.9\%$ 后,链烷烃、环烷烃和芳香烃含量都较低,而且各类化合物含量都比较接近。

(4)烃源岩热解 C_7 轻烃组成中链烷烃含量一般高于环烷烃。在 C_7 轻烃组成中正庚烷和甲基环己烷是主要组分,其相对比值一般能够反映 C_7 轻烃中链烷烃和环烷烃的相对含量。从模拟实验结果来看,正庚烷含量一般高于甲基环己烷含量,特别是在高成熟—过成熟阶段,正

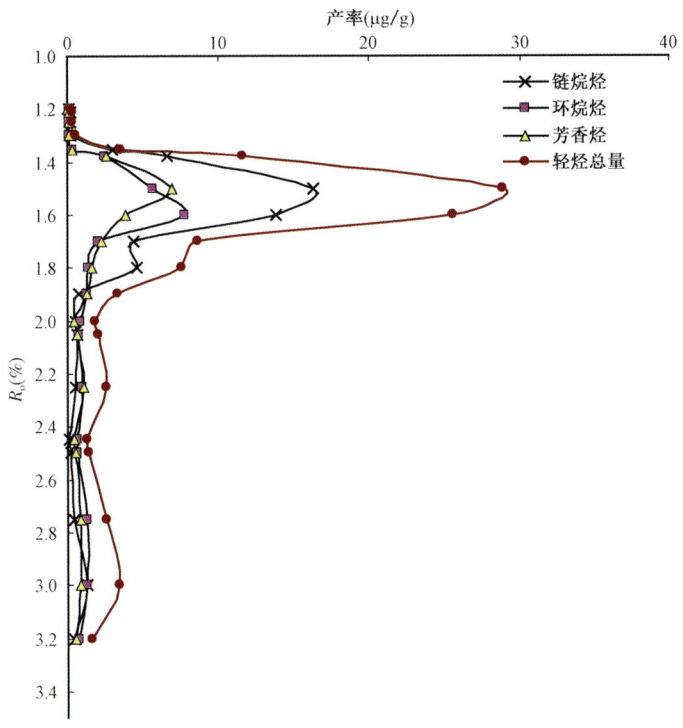

图 3-4 塔中 201 井奥陶系泥灰岩热解不同演化阶段轻烃生成量与 R_o 关系

庚烷/甲基环己烷的比值一般分布在 3~6(表 3-2),反映出在 C_7 轻烃组成中,链烷烃含量一般比环烷烃高,这可能与腐泥型或偏腐泥型有机质来源有关。

表 3-2 塔中 201 井 O_{2+3} 泥灰岩热解轻烃正庚烷/甲基环己烷比值与 R_o 关系

热模拟温度(℃)	R_o(%)	正庚烷/甲基环己烷
350	1.15	1.71
450	1.35	5.03
500	1.50	5.17
550	1.65	4.85
600	1.90	4.18
650	2.18	5.18
700	2.45	4.70
750	2.60	3.86
800	2.80	3.60

海相泥灰岩热解轻烃组成具有上述特征主要源于Ⅰ型、Ⅱ型有机质结构,这类有机质酯键丰富,与煤或Ⅲ型有机质相比,多芳香族核和杂原子的酮与羟酸基较少,而中等长度的酯族链状化合物和环状化合物丰富(Tissot,1978),因此,海相腐泥型烃源岩在各个演化阶段干酪根热解轻烃中链烷烃含量均很高。

二、海相烃源岩热解轻烃碳同位素组成特征

塔参 1 井和塔东 2 井寒武系泥岩、塔东 2 井下奥陶统石灰岩、塔中 12 井和塔中 201 井中—上奥陶统泥灰岩等海相烃源岩分别进行 400℃、500℃、600℃ 热模拟,对产物苯、甲苯、正己烷、正庚烷、环己烷和甲基环己烷碳同位素进行了测定。

(一)苯、甲苯碳同位素比值

对塔里木盆地台盆区来说,寒武系和中—上奥陶统海相烃源岩中有机质来源相对比较单一,因此,通过对天然气和烃源岩中苯和甲苯碳同位素的研究可以确定气源。

塔里木盆地台盆区各套烃源岩热模拟产物中甲苯和苯碳同位素值随成熟度的分布如表 3-3 所示,对同一个样品来说,在不同温度下生成的苯和甲苯的碳同位素值都非常接近,除个别点外,变化一般小于 1‰;但对于不同层系的烃源岩来说,苯和甲苯碳同位素存在一些差别,中—上奥陶统烃源岩在不同温度下生成的苯和甲苯碳同位素偏轻,寒武系烃源岩生成的苯和甲苯碳同位素偏重,一般相差 2‰。

表 3-3　烃源岩热解轻烃苯、甲苯碳同位素值分布

井号	层位	岩性	$\delta^{13}C_{苯}$(‰,VPDB)			$\delta^{13}C_{甲苯}$(‰,VPDB)		
			400℃	500℃	600℃	400℃	500℃	600℃
塔中 201	中—上奥陶统	泥灰岩	-27.9	-29.6	-28.4	-27.6	-30.4	-29.4
塔中 12	中—上奥陶统	泥灰岩	-29.2	-29.6	-30.9	-28.3	-28.1	-30.4
塔东 2	下奥陶统	石灰岩	-26.7	-26.4	-26.9	-28.0	-27.6	-27.2
塔参 1	寒武系	泥灰岩	-25.3	-25.8	-26.4	-24.9	-25.4	-26.3
塔参 1	寒武系	泥岩	-25.3	-25.8	-26.4	-24.9	-25.4	-26.3
塔东 2	寒武系	泥岩	—	-22.0	—	—	—	-25.7

因此,在台盆区利用天然气和烃源岩产物中苯和甲苯碳同位素可以进行气源直接对比,将其作为气源示踪指标。

(二)环己烷和甲基环己烷碳同位素值

自"九五"以来,对天然气和烃源岩热解轻烃中苯和甲苯开展了相对较多的研究工作,效果也比较好,但是利用天然气轻烃中苯和甲苯碳同位素进行气源对比有一个先决条件,即天然气轻烃中的苯和甲苯含量比较高,否则因含量低使得实验测定的苯和甲苯碳同位素值可靠性差,影响气源对比结果。为此,对天然气轻烃中环己烷、甲基环己烷、正己烷和正庚烷碳同位素进行了测定,并对其影响变化进行了分析。

环己烷和甲基环己烷是轻烃环烷烃中两个主要的化合物,烃源岩热解气中环己烷和甲基环己烷碳同位素比值分布如表 3-4 所示。从塔中 201 井中—上奥陶统泥灰岩热模拟实验结果来看,随着热模拟温度的增加,环己烷和甲基环己烷碳同位素值变化较小,而且碳同位素也比较轻,$\delta^{13}C_{环己烷}$分布在 -31‰ ~ -29‰,一般比塔东 2 井寒武系泥岩低 2‰ ~ 3‰,$\delta^{13}C_{甲基环己烷}$分布在 -28.7‰ 左右,比塔东 2 井下奥陶统石灰岩约低 4‰。

表 3-4　烃源岩热模拟产物中环己烷、甲基环己烷碳同位素值分布

井号	层位	岩性	$\delta^{13}C_{环己烷}$(‰,VPDB)			$\delta^{13}C_{甲基环己烷}$(‰,VPDB)		
			400℃	500℃	600℃	400℃	500℃	600℃
塔东 2	寒武系	泥岩	—	−26.7	−27.9	—	—	—
	下奥陶统	石灰岩	—	—	—	—	−25.4	−24.1
塔中 201	中—上奥陶统	泥灰岩	−30.8	−29.2	−29.7	−28.6	−28.7	−28.7

(三) 正己烷和正庚烷碳同位素值变化

正己烷和正庚烷是天然气轻烃中含量较多的一类化合物,从烃源岩热模拟产物中正己烷和正庚烷碳同位素值的分布来看,塔中 201 井随着热模拟温度从 400℃ 到 600℃,正己烷碳同位素值从 −31.5‰ 增加到 −29.8‰,正庚烷碳同位素比值从 −31.4‰ 增加到 −30.2‰,具有逐渐变重的趋势(表 3-5)。

表 3-5　烃源岩热解轻烃正己烷和正庚烷碳同位素值分布

井号	层位	岩性	$\delta^{13}C_{正己烷}$(‰,VPDB)			$\delta^{13}C_{正庚烷}$(‰,VPDB)		
			400℃	500℃	600℃	400℃	500℃	600℃
塔东 2	寒武系	泥岩	—	—	−25.4	—	−30.9	−24.3
	下奥陶统	石灰岩	—	−25.6	—	—	−27.9	−26.7
塔中 201	中—上奥陶统	泥灰岩	−31.5	−30.8	−29.8	−31.4	−31.1	−30.2

与苯和甲苯以及环己烷和甲基环己烷碳同位素值相比,热演化作用对轻烃中正庚烷和正己烷碳同位素值影响较大,相对来说,正构烷烃是一类不稳定的化合物,随着热演化作用的增加,正庚烷和正己烷很容易向相对分子质量低的化合物转化或发生环化作用,因此,热演化作用对其碳同位素值影响较大。

第四节　热解轻烃参数分析

一、相似结构轻烃指标随温度变化关系

将不同温度下热解轻烃中 2-甲基己烷和 3-甲基己烷含量作图 3-5 和图 3-6,从图中可以看出,2-甲基己烷和 3-甲基己烷之间具有良好的相关关系,与 Mango(2000)对 2000 个原油样品轻烃分析结果具有相似性,这进一步证明了具有相似结构的轻烃量之间具有一定的规律性。

二、支链烷烃/直链烷烃

Hunt(1984)认为支链烷烃是低温阶段的产物,而直链烷烃主要是高温阶段的产物,因此,根据支链烷烃/直链烷烃可以反映原油和天然气的成熟度。

图 3-7 为泥灰岩在不同温度下热解轻烃支链烷烃/直链烷烃的变化,从图中可以看出,

在低温阶段随着温度的增高,支链烷烃/直链烷烃比值逐渐增加,在400℃达到最大,之后,随着温度的增加,支链烷烃/直链烷烃逐渐减小,反映在高温阶段可能主要以直链烷烃生成为主。

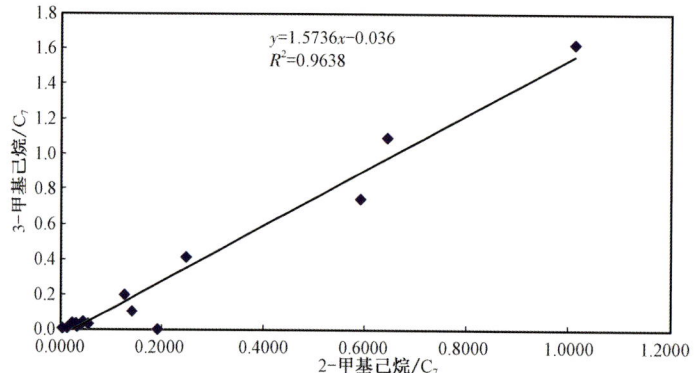

图3-5 塔中12井泥灰岩热解轻烃2-甲基己烷和3-甲基己烷含量关系

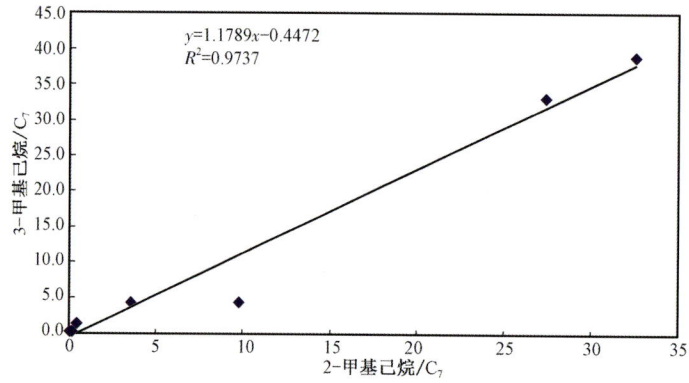

图3-6 龙口1井侏罗系煤热解轻烃2-甲基己烷和3-甲基己烷含量关系

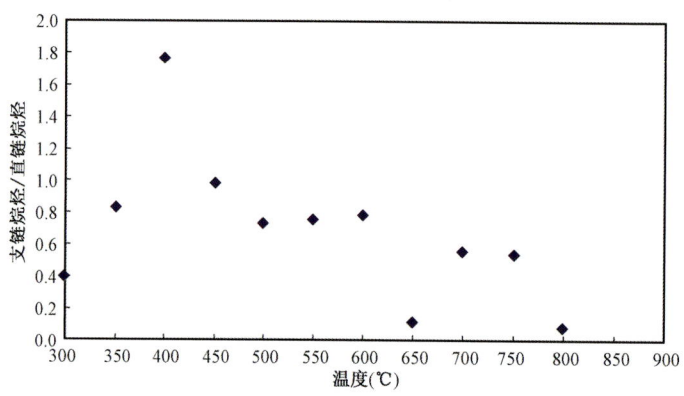

图3-7 塔中12井泥灰岩热解轻烃支链烷烃/直链烷烃比值随温度的变化关系

三、链烷烃、环烷烃和芳香烃相对含量与温度的变化关系

随着温度的增加,塔中 12 井泥灰岩热解轻烃中的链烷烃相对含量逐渐降低(图 3-8),从 60% 降低到 10% 以下,在温度小于 550℃时,主要以链烷烃为主,在 600℃之后,主要以环烷烃和芳香烃为主,环烷烃和链烷烃随着温度的增加,相对含量逐渐增加。

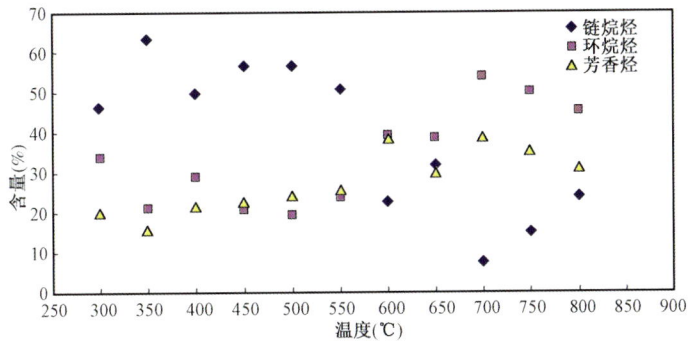

图 3-8　塔中 12 井泥灰岩热解轻烃链烷烃、环烷烃和芳香烃相对含量与温度变化关系

龙口 1 井侏罗系煤在不同温度阶段热解轻烃中链烷烃、环烷烃和芳香烃的相对含量变化如图 3-9 所示,在低于 550℃时,链烷烃、环烷烃和芳香烃的相对含量变化较大,在 550℃之后,热解轻烃组成主要以芳香烃为主,而链烷烃和环烷烃含量均很低,反映了典型煤成气轻烃的分布特征。

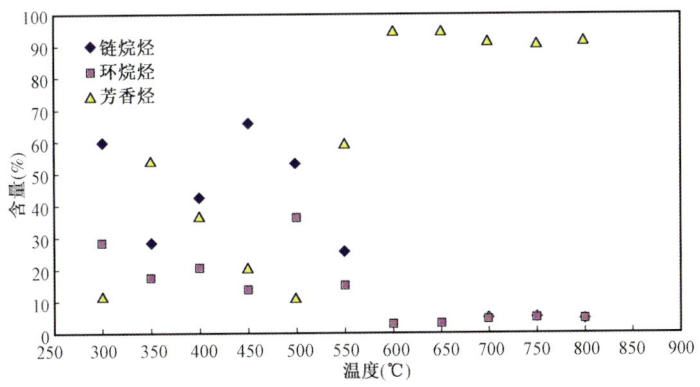

图 3-9　龙口 1 井煤热解轻烃链烷烃、环烷烃和芳香烃相对含量与温度变化关系

(一)泥灰岩和煤热解轻烃中链烷烃、环烷烃和芳香烃相对含量对比

泥灰岩和煤热解气轻烃中链烷烃、环烷烃和芳香烃相对含量组成如图 3-10 所示,从图中可以看出,两者之间存在明显的差别,煤热解轻烃中芳香烃相对含量很高,链烷烃变化很大,环烷烃含量分布在 0~40%;泥灰岩热解轻烃中环烷烃含量较高,芳香烃含量相对较低,分布在 20%~40%,链烷烃含量变化较大,分布在 5%~80%。

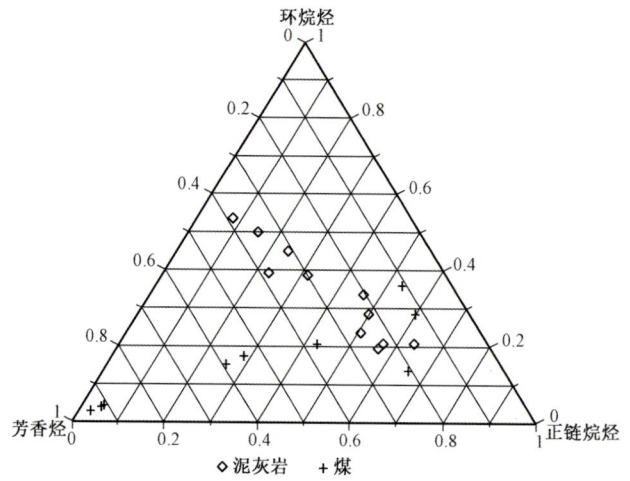

图 3-10　泥灰岩和煤热解轻烃中链烷烃、环烷烃和芳香烃相对含量对比

(二)泥灰岩和煤热解气轻烃中正庚烷、甲基环己烷和二甲基环己烷含量对比

正庚烷、甲基环己烷和二甲基环己烷相对含量常用来判识原油和天然气的生源,泥灰岩和煤热解轻烃中正庚烷、甲基环己烷和二甲基环己烷相对含量对比如图 3-11 所示,从图中可以看出,两种热解轻烃组成存在显著的差异,泥灰岩热解正庚烷相对含量较高,一般大于 70%,而煤热解这 3 个化合物的相对含量变化较大,但以甲基环己烷为主,虽然变化较大,但均在 60% 以上。

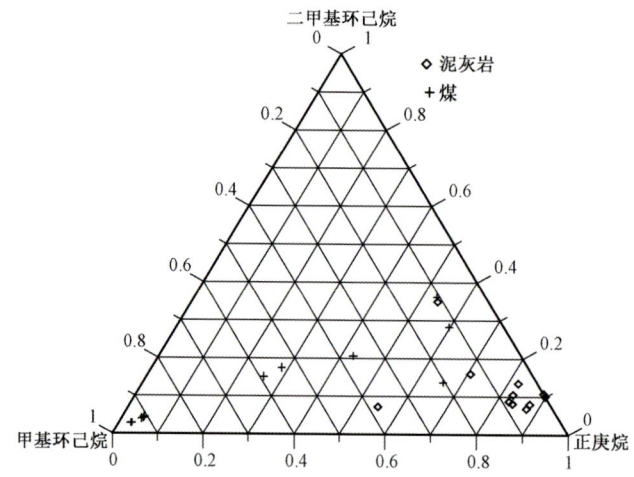

图 3-11　泥灰岩和煤热解轻烃中正庚烷、甲基环己烷和二甲基环己烷含量对比

第四章 成藏过程对天然气轻烃组成的影响

第一节 天然气运移过程中轻烃组成的变化

轻烃在天然气中含量较低,但各种化合物在天然气运移过程表现的特征差别较大,因此,研究轻烃在天然气成藏过程中的变化,可以为气藏示踪提供有价值的参数,由于在取样和测试方面比石油困难得多,轻烃在天然气运移中的应用研究一直是个薄弱环节。

根据轻烃各化合物在运移过程中物理、化学特征并结合模拟实验结果,对天然气成藏过程示踪的轻烃指标进行了探讨。

一、天然气运移示踪轻烃指标的理论基础

(一) 轻烃各化合物在水中的溶解度差异大

轻烃各化合物在水中的溶解度具有很大的差异,早在20世纪60年代,国外已有不少学者测定了烃类气体在水中的溶解度,并提出天然气呈水溶液进行运移的观点,得到广泛的肯定。其限度为特定条件下水溶液被天然气所饱和,一旦母岩系统内、外的孔隙水中天然气含量超过饱和度时,天然气可以从溶液中游离出来,呈独立相运移。

C_5—C_8轻烃化合物非常丰富,图4-1为不同烃类化合物在水中的溶解度,从图中可以看

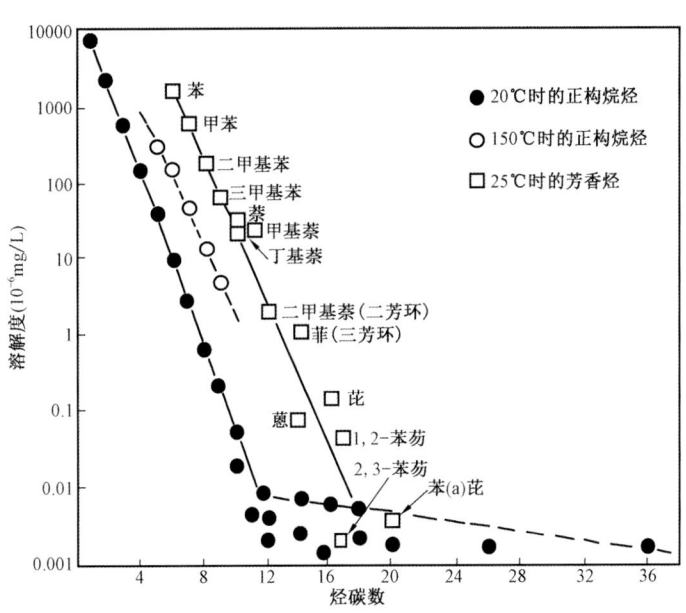

图4-1 烃类在水中的溶解度与碳数的关系(McAuliffe等,1966)

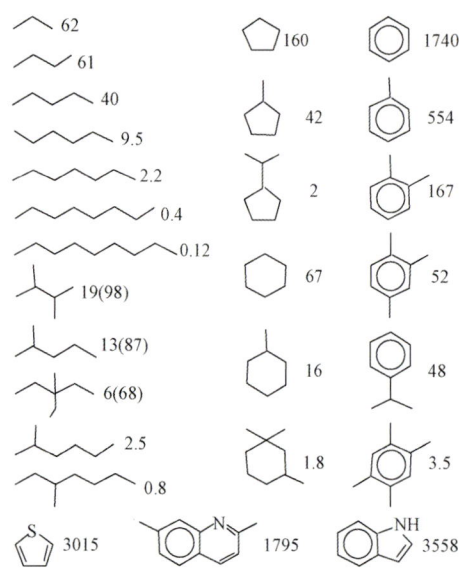

图 4-2 纯水中烃及非烃类的溶解度
（单位：10^{-6}mg/L）（Price，1976）

出，气态烃在水中的溶解度比石油大得多，随着碳数的增加，烃类在水中的溶解度呈对数关系降低。图 4-2 中可以看出，天然气不同组分的溶解度由大到小依次为：芳香烃＞环烷烃＞支链烷烃＞正构烷烃。

不同类型的化合物在水中的溶解度有很大的差别，图 4-2 为各化合物在水中的溶解度，在 C_6 化合物组成中，苯的溶解度最高，为 1740×10^{-6}mg/L，环己烷为 67×10^{-6}mg/L，2-甲基戊烷和 2,3-二甲基丁烷溶解度较低，分别为 13×10^{-6}mg/L 和 19×10^{-6}mg/L，正己烷在水中的溶解度最低，为 9.5×10^{-6}mg/L；C_7 各类化合物溶解度表现出同样的变化特征，即同碳数烃类，芳香烃溶解度最大，环烷烃居中，支链烷烃次之，正构烷烃相对最小。在同类化合物组成中，随着碳数的增加溶解度变化也较大，如苯的溶解度约为甲苯的 3 倍，甲苯的溶解度为二甲苯的 3 倍，随着苯环的取代基增加，化合物的溶解度明显降低。

水溶相是天然气运移的一种重要相态，基于天然气中不同轻烃组分在水中的溶解度不同，水溶作用选择性地去除天然气中水溶性较高的组分，因此，根据天然气轻烃的分析结果，可以示踪天然气的运移方式。

（二）吸附作用对轻烃组成的影响

1. 天然气轻烃各化合物具有不同的扩散系数

扩散运移是天然气运移的重要方式之一，其中扩散系数是反映天然气扩散运移的重要参数，表 4-1 列出了部分烷烃的有效扩散系数，表中可以看出不同化合物的扩散系数差别较大。

表 4-1 由粉砂岩到砂岩的扩散运移得来的分馏效应（Leythaeuser 等，1983）

化合物	浓度（ng/g 有机碳）		消耗比
	粉砂岩中原始平均浓度（40.0~50.0m）	粉砂岩的消耗量（55.0m）	
正戊烷	22400	161	139
正己烷	16300	138	118
正庚烷	10800	113	96
异丁烷	7450	225	33
新戊烷	219	9.6	23
异戊烷	15800	158	100

续表

化合物	浓度(ng/g 有机碳)		消耗比
	粉砂岩中原始平均浓度 (40.0~50.0m)	粉砂岩的消耗量 (55.0m)	
环戊烷	2200	13	169
甲基环戊烷	12900	65	198
环己烷	26500	149	178
甲基环己烷	37500	202	186
苯	302	65	4.6
甲苯	4620	176	26

Leythaeuser 等(1983)在研究大量实际资料后,提出了轻烃扩散运移模式。认为轻烃(主要是气态烃)通过扩散作用,在饱和水的母岩孔隙中进行最初阶段的短距离(几分米或几米)运移是很有效的。母岩中的气态烃首先向储层界面,向与断层或储层相通的裂缝系统以及向粉砂岩透镜体扩散运移。到达储层或裂缝系统后,再以其他方式进行运移直到聚集于气藏为止。虽然分子扩散是天然气进行初次运移的一种有效过程,也能够在地质时期内从母岩中逸出形成工业气藏。

大量的研究发现,正构烷烃通过饱含水的孔隙空间系统运移的有效扩散系数随相对分子质量增加按指数率降低(图 4-3)。异构烷烃通过孔隙水系统时,由于分子有效直径小,故比其直链同分异构体运移速度快,从而导致在粉砂岩中向着接触面 iC_4/nC_4,iC_5/nC_5 比值降低。

反映轻烃排出程度的"消耗比"(depletion ratio)与烃类化合物的有效扩散系数成正比,它受烃类分子大小、分子类型和分子结构的控制。在各类化合物中,消耗比随碳数增加而上升(表 4-1),如异丁烷(33)—异戊烷

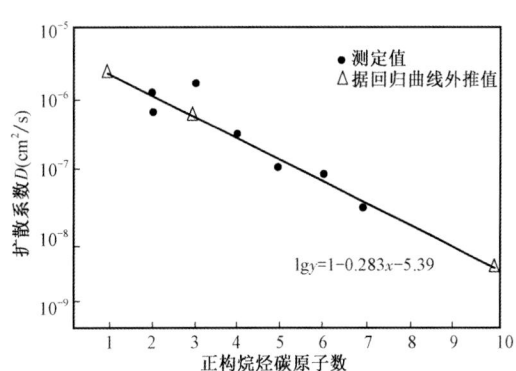

图 4-3 轻烃有效扩散系数与烃分子碳原子数的关系曲线(Leythaeuser,1983)

(100)、环戊烷(169)—环己烷(178);而消耗比又由于具有甲基支链而降低,如正戊烷(139)—异戊烷(100)、异戊烷(100)—新戊烷(23)。

在相同的碳数中,可以看出:消耗比按正、异、环烷的顺序增加(相应于扩散系数减少)。烃类的扩散系数以下列次序减少:乙烷→苯→丙烷→新戊烷→甲苯→异丁烷→正丁烷→异戊烷→正戊烷→环戊烷。

轻烃中芳香烃(苯和甲苯)与碳数为 C_6 和 C_7 的饱和烃不同,它们的消耗比很低,表明它们有较高的运移速度。因此,随着运移距离增加,C_6 和 C_7 轻烃的结构成分相对地富含苯和甲苯(图 4-4)。

2. 烃源岩中有机质本身和矿物基质对天然气轻烃的吸附作用

在一定的温度和压力等条件下,天然气分子之间相互作用,使得天然气分子附着在岩石表面上,形成天然气在岩石表面上浓度增大的现象。这是一种复杂的物理化学过程。

岩石类型不同所吸附天然气的能力大小依次为:高岭土泥岩、石灰岩、砂岩;岩石中存在分散有机质时,可大大提高岩石的吸附能力,因为分散有机质是一种活性非常强的吸附剂;而且,气体类型不同,其被矿物吸附的程度也不同,极性较大的分子容易被固定相吸附,而极性小的则不容易被吸附。通常随运移距离的增加,密度低、极性小、溶解度高

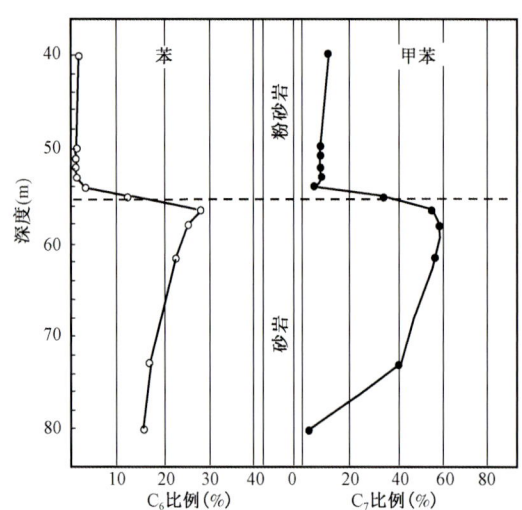

图 4-4 苯和甲苯的相对比例与深度关系曲线(Leythaeuser,1983)

的组分相对富集。

岩石对天然气吸附能力的大小除了要受到岩石和气体本身条件(如岩石类型、气体成分、有机质含量等)影响外,还受到其所处温度、压力等环境条件的影响。随着压力升高,岩石吸附气量增加;随着温度的升高,岩石对天然气的吸附能力减弱;另外,岩石润湿后,大大降低了其吸附气量,因为水比气吸着性能好,从而会占据某些部分活性表面。

二、天然气水溶运移轻烃变化特征

(一)水溶运移实验模拟轻烃变化特征

通过自行设计的天然气运移成藏物理模拟仪,应用实际岩心,进行高压水溶气运移成藏物理模拟实验,目的是研究水溶气在运移成藏过程中轻烃等一些地球化学参数的变化特征,寻找和识别天然气成藏过程的示踪指标。

1. 样品及实验条件

(1)样品的选取。

岩样:选取苏6井两块深灰色致密砂岩作为岩心样品。孔隙度为 0.37% ~ 0.75%,渗透率为 0.0024 ~ 0.0027mD,长度为 30.14 ~ 30.37mm,内径为 24.9mm。

气样:气源气样品采自华北油田第四采油厂气站。

水样:通过人工配制浓度为 100g/L 的 NaCl 溶液代替地层水。

(2)实验装置及步骤。

实验装置如图 4-5 所示。

实验装置是由长岩心夹持器、手动泵、中间容器、阀门、高压气瓶及一些管线组成。以长岩心夹持器为主体,采用实际岩心,根据不同的地层情况和地质条件,组成运、聚、盖圈闭系统,综合模拟天然气在岩石中的运聚特征和成藏过程。

第四章　成藏过程对天然气轻烃组成的影响

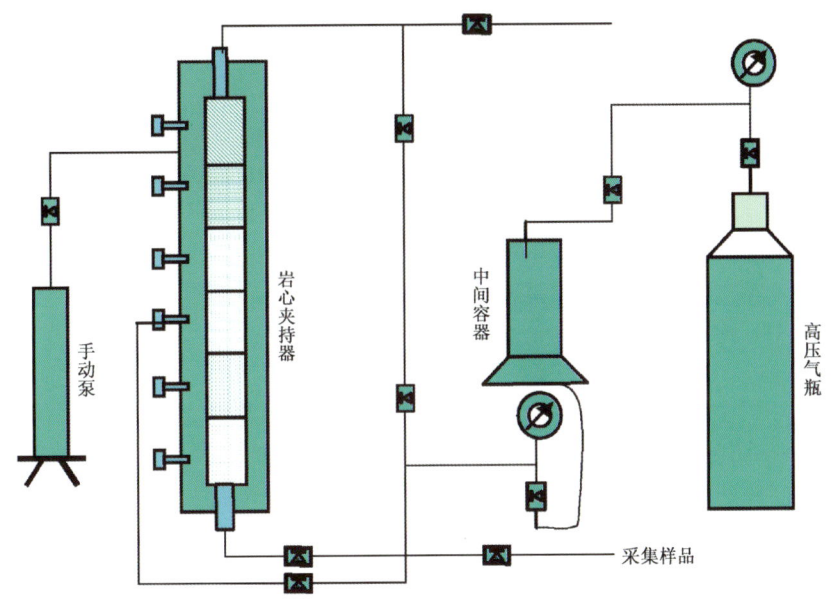

图 4-5　水溶气运移成藏物理模拟实验装置示意图

该装置具有以下特点：

(1) 采用实际岩心，岩心柱最长可达 80cm。根据不同的地层情况，可以进行不同物性的岩心进行组合。

(2) 实验装置耐高温高压。可模拟上覆地层压力 0~70MPa，气体充注压力 0~30MPa，实际温度为室温~120℃。

(3) 岩心夹持器具有多测孔。可在不同长度段观测取样，检测天然气在运移过程中的特征参数和压力变化规律。

实验步骤如下：

(1) 进样：将配好的（根据气田水文地质资料或直接用地层水）矿化水注入中间容器中，抽真空，检查装置的气密性，然后再将天然气注入中间容器中，并使之压力达到指定值 (14MPa)，恒压 4h。

(2) 溶解：经过一段的时间（时间长短与介质有关，一般为 7~15d），使天然气在水中充分溶解达到平衡。

(3) 解析：将干燥后的岩心装入岩心夹持器中，加环压 5MPa，抽真空，然后将中间容器中的水溶气通过阀门调节缓慢向岩心夹持器中充注，然后在饱和盐水中采集水溶气样。

(4) 测试：将实验采集的样品进行相关分析测试。

2. 实验结果分析与讨论

实验前采集气源气样 1 个，实验完毕后采集容器顶部气 1 个，然后采集水溶气气样 5 个，共计 7 个，样品量为 30mL，时间间隔 15min。实验样品测定结果见表 4-2，轻烃是在 HP5890 分析仪上测定的，测定结果见图 4-6。

表4–2 水溶气模拟实验样品测定数据表

样品编号	烃类气体组成(%)								非烃气体含量(%)		C_4/nC_4	C_{2+}(%)
	CH_4	C_2H_6	C_3H_8	iC_4H_{10}	nC_4H_{10}	iC_5H_{12}	nC_5H_{12}	C_{6+}	CO_2	N_2		
1	88.15	8.71	2.53	0.28	0.27	0.03	0.02	0.01	1.03	0.35	1.04	11.85
2	88.30	8.55	2.56	0.26	0.26	0.03	0.02	0.02	1.35	0.43	1.00	11.70
3	98.05	1.32	0.49	0.052	0.048	0	0	0.04	26.7	0	1.08	1.95
4	98.07	1.51	0.31	0.04	0.03	0	0	0.04	24.7	0	1.33	1.93
5	97.73	1.91	0.28	0.03	0.02	0	0	0.03	20.0	0	1.50	2.27
6	96.89	2.77	0.28	0.03	0.02	0	0	0.01	15.3	0	1.50	3.11
7	96.39	3.16	0.40	0.03	0.02	0	0	0	10.8	0	1.50	3.61

需要进一步说明的是:①岩心采用致密砂岩的原因是曾对游离相天然气做过扩散运移模拟实验,此次用同样的岩心做水溶相运移,目的是想了解天然气以水溶相和游离相运移时的各种地球化学参数特征的异同;②由于温度对水溶气运移影响较为复杂,所以该实验温度仅在室温下进行;③样品采集是在开放的体系中进行,因此可认为本实验是模拟天然气在高压下以水溶相运移,在常压下解析并聚集而成的水溶气的一些地球化学参数特征。

从表4–2和图4–6可以获得如下一些初步认识:水溶作用对天然气轻烃含量影响比较大。由于不同的轻烃组分在地层水中的溶解度不同(芳香烃>环烷烃>链烷烃),经过不同路径运移后,天然气中的 C_6—C_8 轻烃分布发生了显著的变化:气源气中芳香烃的含量,尤其是苯和甲苯的含量相对极少,经过水溶作用后,水溶气中苯和甲苯的含量显著增加,芳香烃含量占绝对优势,运移时由于压力的降低,苯和甲苯又从水中脱附出来成为游离气,随着运移距离的增加,渗流作用的增强,苯和甲苯的含量在随后的样品中又迅速减少,这种规律性的变化,对研究天然气的运移方式和运移路径及成藏史具有重要的参考价值,也是水溶气气藏寻找和识别的一个非常有效的指标之一。

(二)陕45井天然气和水溶解析气的轻烃组成差异

为了进一步研究水溶作用对天然气轻烃组成的影响,对同一口井同时进行地层水和天然气样品采样,分析地层水中解析气和天然气的轻烃组成,结果如图4–7所示。

从图中可以看出,天然气中的轻芳香烃含量很低,并且苯含量低于甲苯,而在水溶解析气中轻烃组成以苯和甲苯为主,并且苯相对含量大于甲苯,这些说明水溶作用确实可使原始天然气中芳香烃含量降低。

因此,应用苯/正己烷和甲苯/正庚烷两项比值可以很好地区分天然气在相同有机质来源的情况下在成藏过程中是否经历水洗或水溶作用以及天然气运移方向。

三、运移过程中的轻烃示踪指标

根据天然气运移过程中的轻烃分馏理论和模拟实验研究结果,在 C_5—C_8 轻烃系列中,芳香烃和异构烷烃很容易受到烃源岩和运移距离的影响。天然气轻芳香烃含量减少的原因理论上主要有3个方面:① 储层的吸附作用。芳香烃在天然气运移的过程中,很容易被吸附;② 热蒸发分馏作用。这种情况通常发生在油、气并存的条件下,或在凝析油气藏中;③ 水洗作

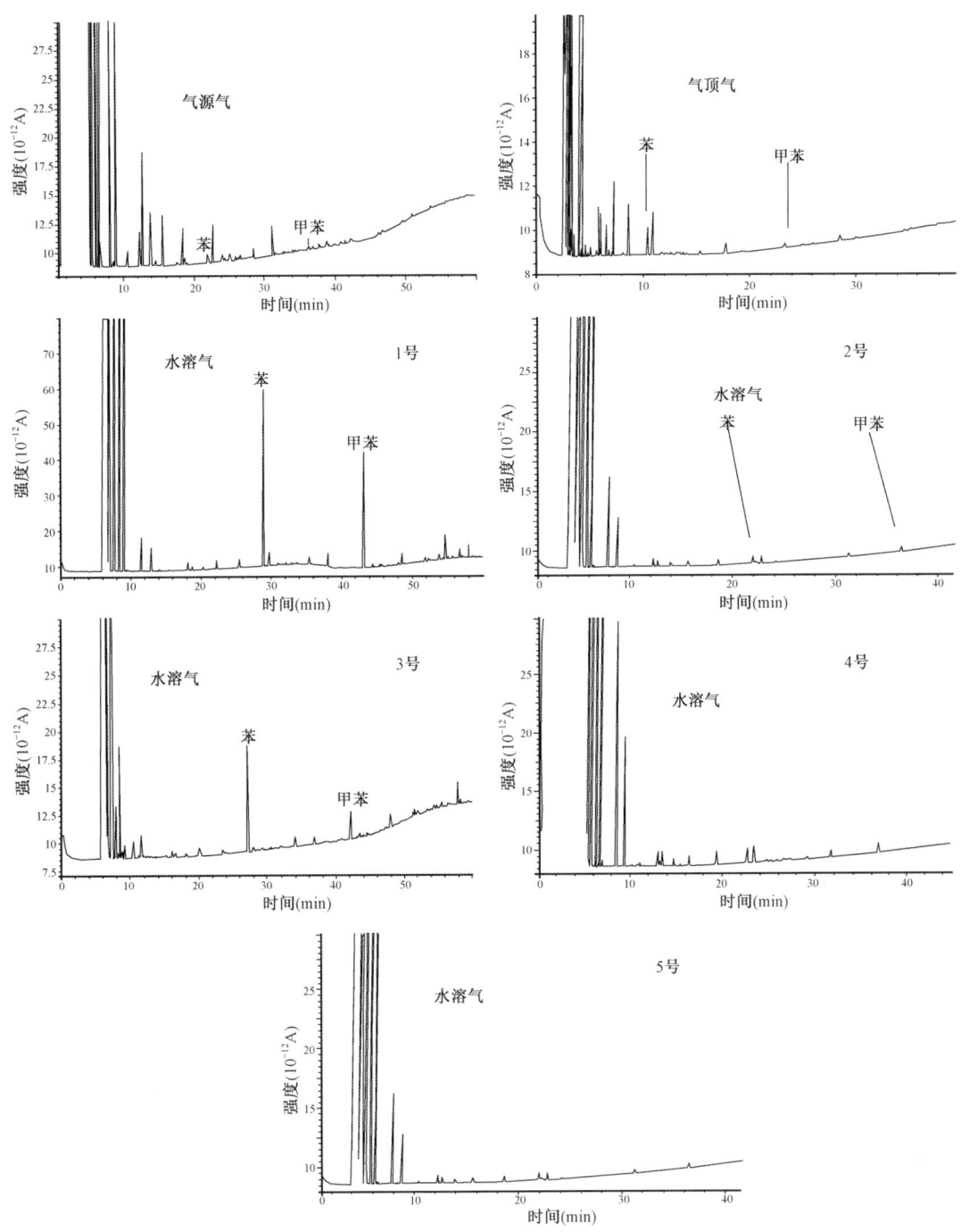

图 4-6 水溶气运移模拟实验轻烃分析结果

用。芳香烃较其他轻烃组分来说,更容易溶于水。模拟实验表明,轻芳香烃在水中的含量随天然气的运移而减少。进而提出用(苯+甲苯)/(环己烷+甲基环己烷)指标来示踪天然气的运移。

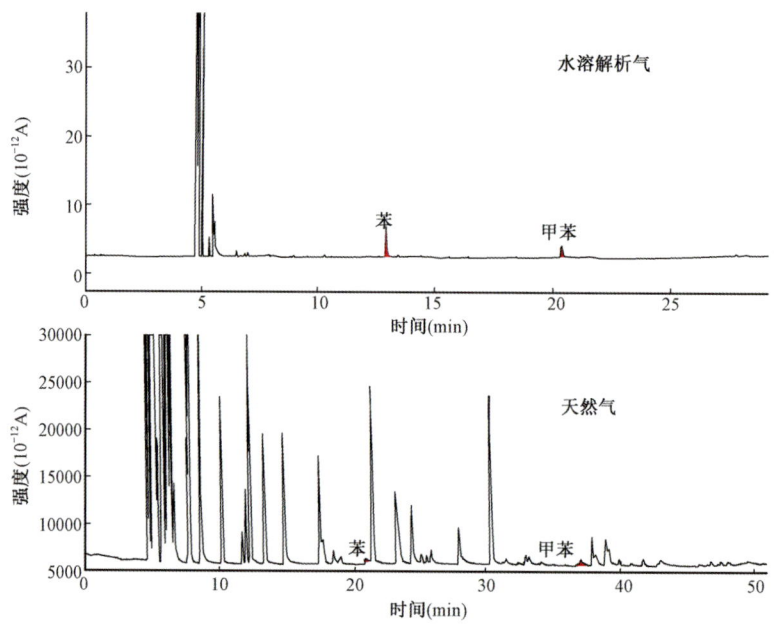

图 4-7　陕 45 井地层水解析气和天然气轻烃组成对比图

异构烷烃的相对丰度也可以用来指示天然气的运移方向。异构烷烃的相对丰度随着运移距离的增加而增大。此外,3-甲基己烷/环烷烃、(2-甲基戊烷+3-甲基戊烷)/正己烷比值也有相似的变化规律,也可以用来指示天然气的运移方向。

第二节　天然气轻烃在运移相态判识中的应用

由于芳香烃在水中的溶解度较大,所以根据天然气和凝析油中同碳数芳香烃、烷烃和环烷烃相对比值的大小,可以大致确定油气运移的相态。

C_6—C_7烃类化合物组成是进行天然气和液态烃类成因联系的主要桥梁。川中—川南地区须家河组产层中,天然气和凝析油同产的井是比较普遍的,如广安构造广 19、兴华 1,龙女寺构造女 106,磨溪构造磨 203、磨 9、磨 25、磨 64、磨 66、磨 69、磨 1、磨 17、磨 73、磨 81、磨 85、磨 147,遂南构造遂 37、遂 35、遂 47、遂 56,潼南构造潼南 1、南 2、南 5,充西构造西 13-1、西 56、西 57、西 73x、西 74、西 67、西 68、西 35-1,南充构造充深 1、充 8,八角场构造角 13、角 46-0、角 52、角 55、角 57,河包场构造包 27、包浅 201、包浅 4 等井。在这些油气同产井中,对采自遂 56、遂 37、西 72、莲深 1、包浅 4 及包 27 等井天然气和凝析油样品进行了轻烃测试结果的对比分析。研究表明,天然气和凝析油各自的 C_5—C_7 轻烃相对组成特征基本是相同的(图 4-8 至图 4-11),即含有丰富的环烷烃和芳香烃,反映它们具有相同的来源,主要来源于腐殖型烃源岩。但是由于气态烃和液态烃分子组成及在采出过程中相态变化的差异,使得天然气和凝析油轻烃在不同组分的相对含量上稍有差别,气态烃中低碳数部分占优势,液态烃中高碳数部分占优势。

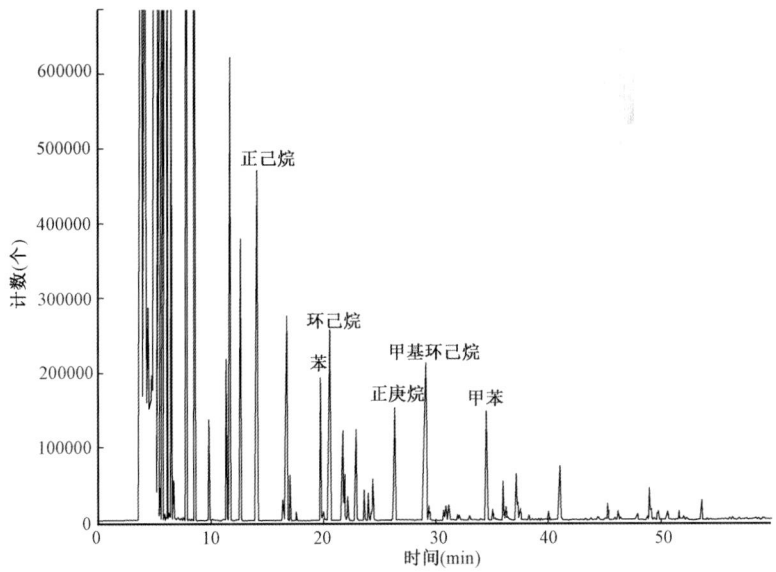

图 4-8　川南地区包浅 4 井须家河组天然气轻烃色谱图

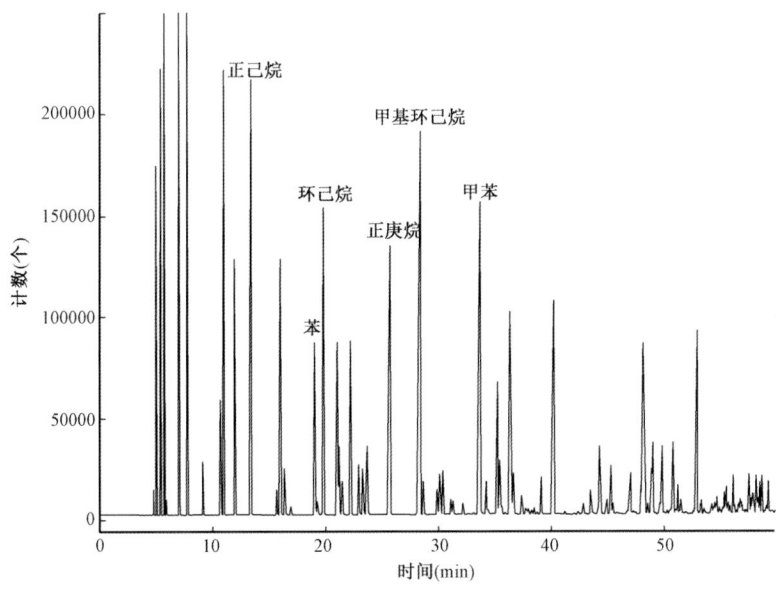

图 4-9　川南地区包浅 4 井须家河组凝析油轻烃色谱图

由表 4-3 可见，天然气和凝析油的轻烃参数比值差异不大，反映它们的运移相态应该是相同的，而且凝析油与天然气相比相对分子质量更大，在地层水中的溶解度比天然气小，主要以游离相运移。因此，同一口井相同层位天然气与凝析油的芳香烃参数比值大体相近，其中苯/正己烷、苯/总 C_6、甲苯/正庚烷、甲苯/甲基环己烷等比值是凝析油略大于天然气，而苯/环己烷、苯/甲苯比值是凝析油小于天然气。研究认为这些天然气主要是以游离相运移聚集成藏的。

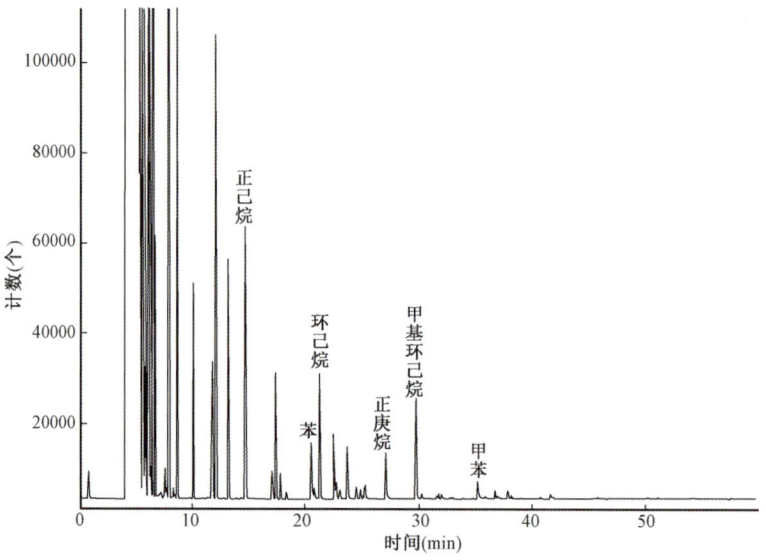

图4-10 川中地区遂56井须家河组天然气轻烃色谱图

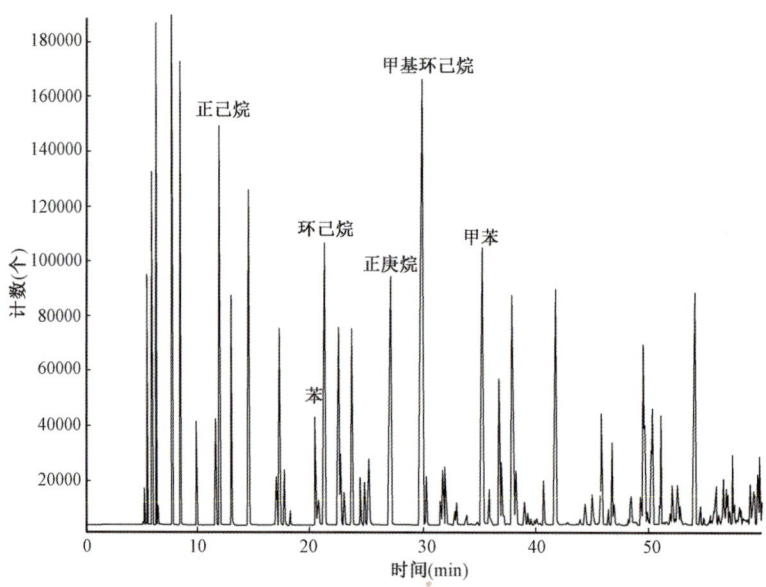

图4-11 川中地区遂56井须家河组凝析油轻烃色谱图

表4-3 川中—川南地区须家河组天然气和凝析油轻烃参数对比表

井号	层位	类型	苯/正己烷	苯/C_6	苯/环己烷	苯/甲苯	甲苯/正庚烷	甲苯/甲基环己烷
遂56	T_3x_2	凝析油	0.377	0.078	0.357	0.294	1.207	0.485
		天然气	0.268	0.052	0.484	17.732	0.073	0.032
遂37	T_3x_{2-4}	凝析油	0.278	0.062	0.224	0.210	1.021	0.385
		天然气	0.225	0.052	0.342	23.028	0.040	0.017

续表

井号	层位	类型	苯/正己烷	苯/C_6	苯/环己烷	苯/甲苯	甲苯/正庚烷	甲苯/甲基环己烷
西72	T_3x_4	凝析油	0.511	0.080	0.222	0.303	1.793	0.304
		天然气	0.306	0.055	0.236	1.196	0.962	0.179
莲深1	T_3x_4	凝析油	0.879	0.128	0.332	0.183	3.122	0.597
		天然气	0.524	0.096	0.406	1.242	1.264	0.305
包浅4	T_3x_4—T_1j_4	凝析油	0.444	0.102	0.474	0.332	1.312	0.743
		天然气	0.358	0.087	0.570	0.954	0.984	0.580
包27	T_3x_2	凝析油	0.296	0.058	0.209	0.274	0.787	0.293
		天然气	0.212	0.045	0.288	1.474	0.473	0.198

实际上,从川西南部平落坝构造平落2井和邛西构造邛西3井须二段天然气的轻烃分析结果也可看出,平落2井、邛西3井苯和甲苯的含量相当丰富(表4-4)。这是因为平落坝须二组气藏只产气,现今天然气为干气,未见地层水,而且天然气来源于须家河组腐殖型烃源岩,烃源岩生气中心也在川西南部地区,因此天然气中芳香烃的含量可以比较真实地反映腐殖型烃源岩富含芳香烃的原始面貌。相比之下,川中—川南地区的天然气中芳香烃含量与平落2井相比则明显偏低,这可能与天然气排替水的过程中部分芳香烃被溶于地层水中带走了,使得残留在天然气中的芳香烃含量比原始含量大为降低,当然,天然气成熟度也是影响其烃含量的一个重要影响因素。

表4-4 川西地区须家河组天然气轻烃参数表

井号	层位	苯/正己烷	苯/C_6	苯/环己烷	苯/甲苯	甲苯/正庚烷	甲苯/甲基环己烷
平落2	T_3x_2	2.150	0.262	1.663	1.160	3.280	0.900
邛西3	T_3x_2	4.056	0.358	1.721	0.721	8.167	1.318

王顺玉等(2006)在研究川西北天然气的轻烃参数时,也发现了须家河组原生气藏和侏罗系次生气藏轻烃参数的差异,尤其是侏罗系天然气中苯/正己烷和甲苯/正庚烷比值比须家河组天然气低(表4-5)。这主要是因为平落坝和白马庙气田侏罗系气藏的天然气都是次生气藏,侏罗系本身不具备生烃能力,天然气来自下伏上三叠统须家河组烃源岩,侏罗系地层水是十分活跃的,当须家河组烃源岩生成的天然气进入饱含地层水的侏罗系储层时,由于地层水的溶解作用,造成天然气中溶解度较大的甲烷、苯和甲苯含量减少。

表4-5 川西南部平落坝和白马庙天然气的苯/正己烷和甲苯/正庚烷比值

构造	层位	苯/正己烷	甲苯/正庚烷
平落坝	J_2s	0.39	0.30
	T_3x_2	2.43	2.51
白马庙	J_3p	0.33	0.42
	T_3x_3	0.34	1.75
	T_3x_3	2.33	2.46
	T_3x_2	2.05	1.55

第三节 天然气聚集模式对轻烃组成的影响

轻烃在油气成因及次生变化研究中可以发挥重要的作用。通过对取自中国西部塔里木盆地库车坳陷克拉2、大北和迪那2等3个大气田的14个天然气样品开展了天然气组分及其碳同位素、C_6—C_7轻烃的组成分析,并与中国典型的含煤盆地煤成气轻烃组成数据进行了对比,发现库车坳陷这种典型煤成气轻烃分布异常:在轻烃组成中芳香烃(苯和甲苯)含量非常高,以苯为主峰,在C_6—C_7轻烃中芳香烃含量普遍大于30%,特别是克拉2气田,芳香烃含量大于70%。为了研究煤系烃源岩轻烃中芳香烃含量的演化特征,对低熟煤样进行了不同演化阶段轻烃生成定量模拟实验,结果表明随着模拟温度的增加,煤生成的芳香烃百分含量逐渐增加,煤在高温的不同温度阶段芳香烃生成百分含量(类似于地质体中瞬时聚集模式)可达90%,但在累积芳香烃生成百分含量(类似于地质体中阶段聚集模式)最多不超过46.6%。结合天然气组分碳同位素分布特征,认为库车坳陷天然气轻烃中高含量的芳香烃除与烃源岩有机质类型和成熟度有关外,可能也与成藏过程有关。

一、地质背景及样品

(一)地质背景

库车坳陷位于中国西部塔里木盆地北部天山山前(图4-12),是叠置于晚古生代被动大陆边缘上的中新生代前陆坳陷,面积为$2.117 \times 10^4 km^2$,库车坳陷包括3个凹陷(从东向西发育阳霞、拜城和乌什)和5个构造带(从北向南发育北部单斜带、克拉苏构造带、秋里塔格构造带和南部斜坡带)(徐振平等,2011)。库车坳陷中新生界沉积厚度达10000m,发育包括沼泽相的煤、碳质泥岩和深湖相的泥岩等烃源岩,其中侏罗系煤层厚度大,平均为20~30m,最厚可达68m,并且有机质丰度高,为库车坳陷主要烃源岩。在库车坳陷,三叠系与侏罗系烃源岩热成熟度(R_o)普遍大于0.60%,并具有中间高两端偏低的分布特点;其中以拜城凹陷为中心的烃源岩热成熟度已处于过成熟阶段(如拜城凹陷有机质成熟度可达2.5%)。

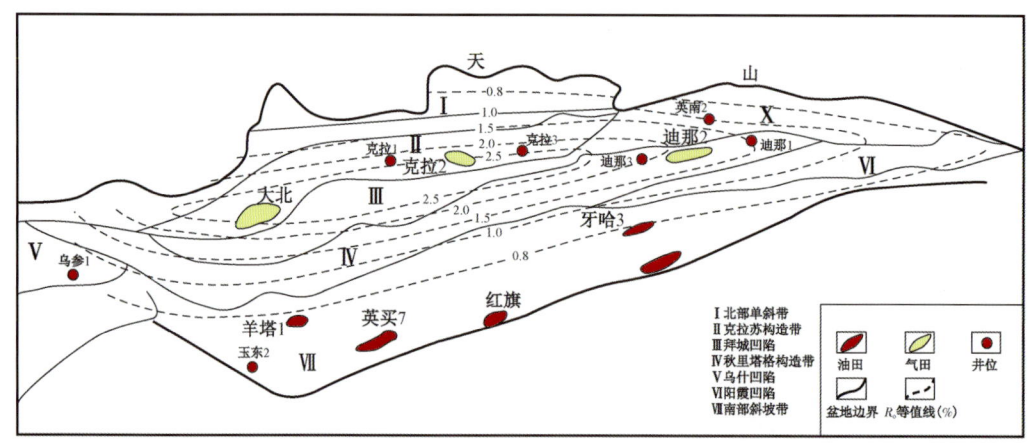

图4-12 库车坳陷气田及样品分布图

库车坳陷经历了3个构造演化阶段,分别为晚二叠世—三叠纪的前陆盆地、侏罗纪的陆内坳陷和白垩纪—第四纪的再生前陆盆地(Jia 等,2002)。但库车坳陷构造变形主要发生在新近纪以后,特别是库车组沉积期(2Ma)至今,是库车坳陷构造形成的主要时期。

库车坳陷天然气资源非常丰富,目前在克拉苏构造带发现了克拉2、大北等大气田,在秋里塔格构造带发现了迪那2大气田,这些大气田天然气探明储量和产量都很高,天然气主要来源于三叠系—侏罗系煤系烃源岩,产层为白垩系和古近系,气藏类型为构造气藏并具有超压的特点。另外,在南部斜坡带还发现了牙哈、羊塔克等凝析气田及在其他构造单元发现了依南2、乌参1、克拉3和迪那1等工业气流井。

(二)样品基本情况

气样在生产井口分离器采集,密封于两端都有阀门的1L钢瓶中,钢瓶在采气之前在井口用天然气冲洗10~15min,排除空气的污染,钢瓶内气压一般在3~6MPa。共采集天然气样品14个,分布在克拉2、大北和迪那2气田。样品的基本性质如表4-6所示。

表4-6 气样及其基本地球化学信息

气田	井号	层位	天然气主要组分(%)						$\delta^{13}C(‰,VPDB)$		
			CH_4	C_2H_6	C_3H_8	C_4H_{10}	N_2	CO_2	CH_4	C_2H_6	C_3H_8
克拉2	克拉2-14	K_1、E	97.44	1.34	0.11	0.04	0.38	0.69	-28.0	-18.7	-19.9
	克拉2-6	K_1、E	97.47	1.36	0.11	0.04	0.38	0.64	-27.3	-18.5	-19.8
	克拉2-7	K_1、E	97.97	0.51	0.04	0.01	0.65	0.77	-27.9	-18.8	-20.0
	克拉2-1	K_1、E	97.54	1.34	0.11	0.04	0.37	0.60	-26.4	-17.8	-19.6
	克拉204	K_1、E	97.72	1.34	0.11	0.04	0.36	0.43	-26.7	-19.0	-19.8
	克拉2-4	K_1、E	97.63	1.34	0.11	0.04	0.36	0.53	-26.3	-18.4	-19.9
	克拉2-10	K_1、E	98.13	0.51	0.04	0.01	0.56	0.70	-28.0	-19.1	-20.2
迪那2	迪那204	E	88.73	6.76	2.13	1.39	0.62	0.36	-34.0	-22.1	-19.7
	迪那201	E	88.54	7.31	1.51	0.59	0.33	1.11	-34.6	-22.4	-19.8
	迪那22	E	89.13	7.41	1.36	0.44	0.36	1.08	-33.3	-22.5	-20.0
大北	大北103	K	95.67	2.21	0.43	0.21	0.66	0.53	-30.2	-22.3	-21.1
	大北102	K	96.01	2.08	0.38	0.18	0.64	0.44	-29.5	-21.6	-21.0
	大北201	K	96.04	1.93	0.35	0.17	0.65	0.53	-28.9	-21.7	-20.9
	大北202	K	96.56	1.57	0.27	0.13	0.64	0.54	-28.6	-20.5	-20.6

用于轻烃生成的热模拟煤样取自塔里木盆地东部龙口1井侏罗系,煤样的地球化学参数及轻烃生成模拟结果见第三章第二节。

二、天然气成因类型

碳同位素是天然气成因类型划分的重要指标（James，1983；Rooney 等，1995；Dai，1992；Dai 等，2009），来源于Ⅲ型有机质的天然气甲烷、乙烷碳同位素比较重，而来源于Ⅱ型和Ⅰ型有机质的天然气甲烷、乙烷碳同位素较轻，因此，根据天然气中甲烷、乙烷碳同位素值可用来确定天然气成因类型，如 Dai 等（2009）认为 $\delta^{13}C_2$ 值为 -29‰，可作为鉴别煤成气与油型气的指标。库车坳陷克拉 2、大北和迪那 2 气田天然气甲烷至丙烷碳同位素值变化见表 4-6 和图 4-13，甲烷 $\delta^{13}C$ 值分布在 -34.6‰ ~ -26.4‰，乙烷 $\delta^{13}C$ 值分布在 -22.5‰ ~ -17.8‰，显示天然气甲烷、乙烷碳同位素都非常重，另外，图 4-13 显示库车坳陷天然气甲烷、乙烷碳同位素遵循Ⅲ型有机质热演化生成的天然气演化趋势（Jenden 等，1988；Rooney 等，1995），而与Ⅱ型有机质热演化生成的天然气演化趋势差别很大。

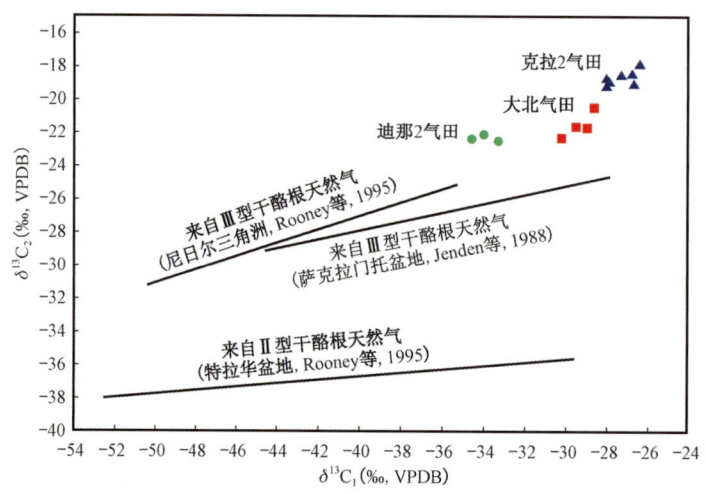

图 4-13　库车坳陷天然气成因判识的碳同位素证据
底图据 Rooney 等，1995；Jenden 等，1988

在同等成熟度下来源于煤系有机质的轻烃中芳香烃含量高于Ⅰ型和Ⅱ型有机质，轻烃中如果苯和甲苯含量较高反映其主要来源于高等植物（Leythaeuser 等，1979）。Dai（1992）认为煤成气 $C_6—C_7$ 轻烃中苯和甲苯含量高于 10%，库车坳陷克拉 2、大北和迪那 2 气田天然气中的苯和甲苯含量高于 30%，反映其主要来源于Ⅲ型有机质。

从天然气碳同位素和轻烃的组成分析，库车坳陷克拉 2、大北和迪那 2 气田天然气应主要来源于三叠系—侏罗系煤系烃源岩。

三、阶段捕获是天然气轻烃中苯和甲苯异常高的主要原因

图 4-14 为库车坳陷部分天然气样品的轻烃色谱图，从图中可以看出克拉 2 气田、大北气田和迪那 2 气田均表现出苯含量异常高的特点，远远高于链烷烃类和环烷烃类化合物。在 $C_6—C_7$ 轻烃分布中，苯为主峰，比甲基环己烷和正庚烷含量高，另外甲苯含量也比较高。在整个 C_6 轻烃组成中，苯含量分布在 47.5% ~ 88.0%（表 4-7），平均为 70.5%；在 C_7 化合物组成

中,甲苯含量分布在18.9%~50.6%,平均为34.5%;在C_6—C_7化合物组成中,芳香烃含量分布在32.1%~74.0%,平均为55.0%。

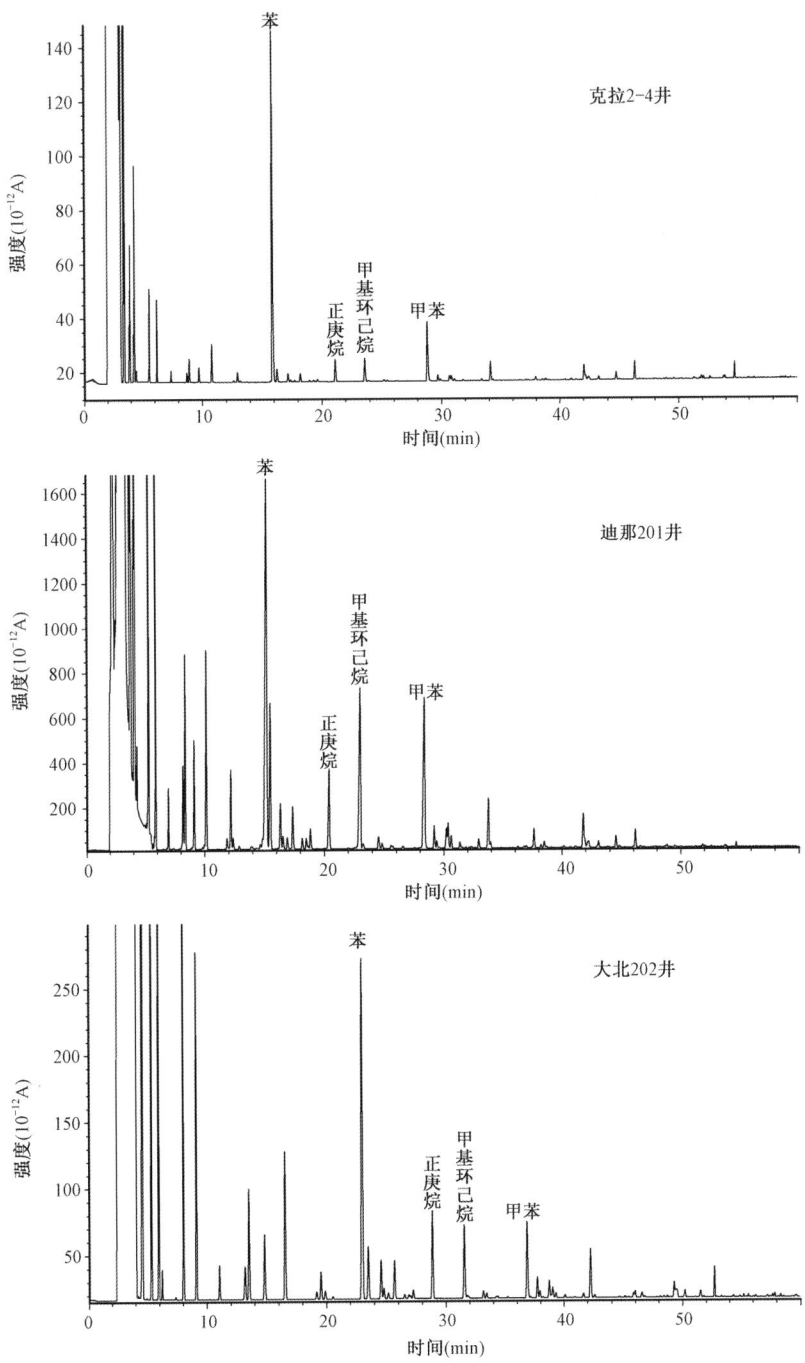

图4-14 库车坳陷克拉2、迪那2和大北气田天然气轻烃色谱图

表 4-7 库车坳陷天然气中 C_6—C_7 轻烷各类化合物组成分布

气田	井号	C_6(%)			C_7(%)			C_6—C_7(%)		
		链烷烃	环烷烃	芳香烃	链烷烃	环烷烃	芳香烃	链烷烃	环烷烃	芳香烃
克拉 2	克拉 2-14	7.1	4.9	88.0	30.0	21.5	48.4	17.3	9.6	74.0
	克拉 2-6	9.6	5.0	85.4	38.5	17.4	44.1	21.6	8.0	71.0
	克拉 2-7	7.5	5.1	87.4	31.1	22.6	46.3	18.0	9.9	73.0
	克拉 2-1	10.5	4.9	84.6	39.4	18.2	42.3	22.1	7.9	70.6
	克拉 204	8.1	4.5	87.4	37.0	16.3	46.7	19.4	7.2	73.9
	克拉 2-4	8.1	5.5	86.4	31.9	21.2	46.9	18.9	10.0	72.2
	克拉 2-10	7.9	6.2	86.0	27.2	22.3	50.6	18.0	11.5	71.7
大北	大北 103	39.1	13.4	47.5	53.2	28.0	18.9	52.5	18.3	32.1
	大北 102	29.9	12.4	57.7	51.1	27.4	21.5	45.2	17.9	39.7
	大北 201	0.0	35.2	64.8	52.6	22.9	24.5	38.3	39.6	38.5
	大北 202	33.4	12.4	54.2	49.2	28.4	22.5	47.1	18.6	37.2
迪那 2	迪那 204	28.5	19.6	51.9	41.1	39.5	19.4	40.1	27.5	38.3
	迪那 201	22.7	20.3	57.0	31.0	37.8	31.2	32.7	32.6	42.7
	迪那 22	31.4	19.9	48.6	33.0	47.4	19.6	39.7	32.9	35.5

另外,三大气田天然气 C_6—C_7 轻烃中芳香烃组成也存在差异,克拉 2 气田天然气中芳香烃含量最高,均大于 70%,大北和迪那 2 气田比较接近,分布在 32.1% ~ 42.7%(表 4-7)。

一般来说,煤成气轻烃中芳香烃含量高于油型气(Leythaeuser 等,1979;Dai,1992)。将库车坳陷克拉 2、迪那 2 和大北气田天然气轻烃中芳香烃含量与近 255 个四川盆地上三叠统须家河组、鄂尔多斯盆地上古生界、松辽盆地深层和准噶尔盆地古近系—新近系煤成气轻烃数据进行了对比(图 4-15),发现库车坳陷克拉 2、迪那 2 和大北气田天然气轻烃中芳香烃含量比我国主要地区典型煤成气均高,这些地区煤成气 C_6—C_7 轻烃中的苯和甲苯含量大部分小于 30%,个别分布在 30% ~ 40%,但库车坳陷 3 个大气田天然气轻烃中的芳香烃含量均大于 30%,特别是克拉 2 气田天然气轻烃中芳香烃含量大于 70%。

目前有关轻烃中高含量芳香烃的报道不多,Wang 等(2008)报道了江汉盆地典型盐湖环境中甲苯含量很高,平均在 30% 左右,认为高含甲苯的成因可能与盐湖环境有关;Leythaeuser 等(1979)指出在煤样品中检测的苯和甲苯含量在 C_6 和 C_7 组分中分别占 27.9% 和 28.9%,但在海相泥岩中只占 1.6% 和 2.5%,认为母质类型是芳香烃含量差异的主要原因;Kissin 等(1990)认为油气轻烃中的芳香烃含量主要受温度或成熟度控制。但是,库车坳陷天然气轻烃中芳香烃含量高于 30%,甚至可达 70% 以上,其成因除与母质类型和成熟度有关外,可能与其他因素有关。

为了进一步研究库车坳陷天然气高含量芳香烃形成的主要因素,对低成熟度的侏罗系煤样进行了不同模拟温度下的轻烃生成模拟实验,并对每个温度阶段的轻烃生成量进行了定量分析,结果如图 4-16 所示。不同温度阶段芳香烃含量主要是指上一个加热温度点至该温度点之间生成的苯和甲苯含量与 C_6—C_7 轻烃总量的百分比,近似反映地质体中气藏天然气瞬时聚集时轻烃中芳香烃的变化特征;不同温度阶段累积芳香烃含量是指从起始温度到该温度点之间生成的苯和甲苯总量与 C_6—C_7 轻烃总量之间的百分比,近似反映地质体中气藏天然气累积聚集时轻烃中芳香烃的变化特征。从图中可以看出,无论是不同温度阶段芳香烃含量还是不同温度阶段累积芳香烃含量都有随着热模拟温度的升高而增加的趋势,但是两者之间存在一些差异,不同温度阶段累积芳香烃生成百分含量一般分布在 25%～45%,最大为 46.6%,与迪那2、大北气田天然气轻烃组成比较接近;而不同温度阶段煤生成芳香烃百分含量变化很大,分布在 11.9%～94.5%,特别是在 550℃ 以后煤生成的轻烃中芳香烃含量超过 60%。

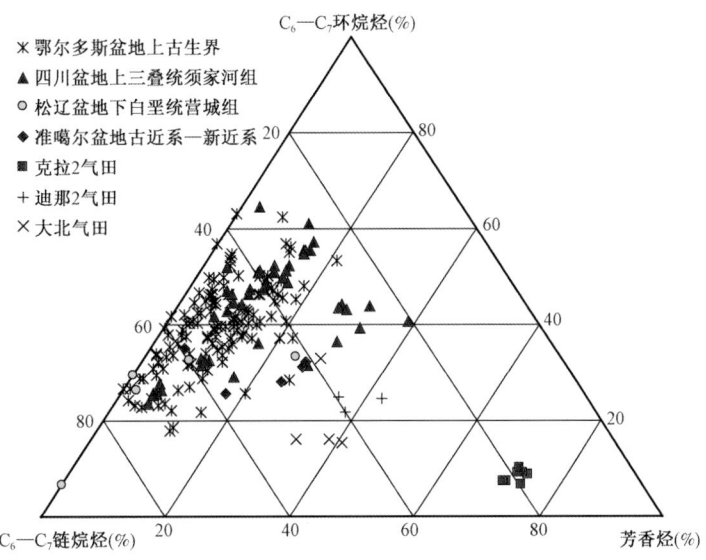

图 4-15　库车坳陷天然气与中国主要含煤盆地典型煤成气轻烃组成对比

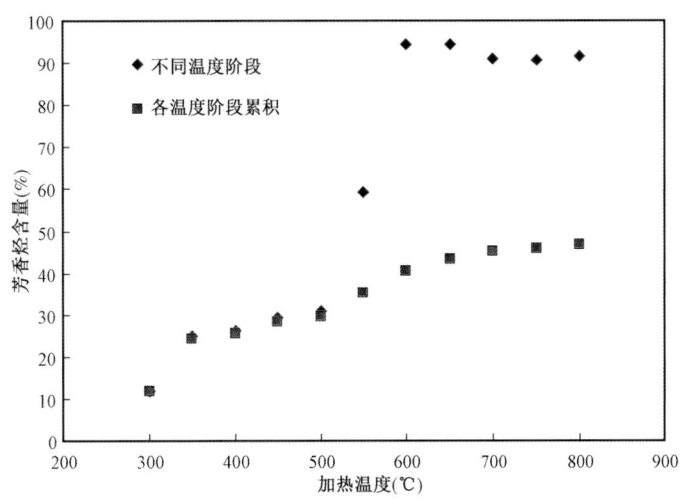

图 4-16　塔里木盆地华参 1 井侏罗系煤生成的芳香烃含量与热模拟温度之间的关系

煤热模拟气轻烃组成分析表明，克拉 2 气田天然气轻烃中芳香烃含量分布在 70.6% ~ 74.0%，远远高于煤在不同温度阶段的累积芳香烃含量，而比较接近煤在高温阶段时瞬时聚集天然气的芳香烃含量。从轻烃的组成推测克拉 2 气田捕获的天然气可能是煤系烃源岩在晚期阶段（烃源岩处于高成熟阶段）生成的天然气。Zhao 等（2005）和李贤庆等（2005）根据天然气生成碳同位素动力学研究提出克拉 2 气田天然气主要来源于三叠系—侏罗系煤系烃源岩，为阶段捕获（瞬时聚集模式），主要捕获的是煤系烃源岩在距今 5Ma 以来生成的天然气（即烃源岩在成熟度 R_o =1.0% 或 1.3% 以后生成的天然气）。轻烃组成反映克拉 2 气田天然气阶段捕获的特征与生气动力学的研究阶段是一致的。

与克拉 2 气田相比，大北气田附近烃源岩成熟度甚至比克拉 2 气田还要高，但是大北气田天然气中苯和甲苯含量相对比较低，可能反映了大北气田天然气为累积聚集，但是捕获的天然气成熟度可能比较高，这与该气田天然气甲烷碳同位素比较轻从而推测其为累积捕获的观点是一致的（Zhang 等，2011）。至于迪那 2 气田天然气甲烷碳同位素更轻，可能也是累积聚集。

第五章 天然气形成过程的轻烃判识

第一节 原油裂解气和干酪根裂解气的识别方法

一般来说,天然气可以由两种途径形成,即干酪根热降解初次生气和原油二次裂解生气。干酪根裂解气是指由于干酪根直接热降解形成的天然气,可用下列两个主要的反应式来表达:

$$\text{原始干酪根} \longrightarrow \text{气态烃}(C_1\text{—}C_5) + C_{6+} \text{产物} + \text{残余干酪根}$$

$$\text{残余干酪根} \longrightarrow \text{气态烃}(C_1\text{—}C_5) + \text{死干酪根}$$

原油裂解气是指生成的原油在高温下,经二次裂解形成的天然气,即:

$$C_{6+} \text{产物} \longrightarrow \text{气态烃}(C_1\text{—}C_5)$$

原油裂解气包含两部分内容。赵孟军等(2001)将其归为广义的原油裂解气和狭义的原油裂解气,广义的原油裂解气泛指在地质过程中原油(沥青 A)发生热裂解生成的天然气,既包括干酪根降解成烃过程中生成的原油(沥青 A)裂解气,也包括油藏中原油裂解生成的天然气;狭义的原油裂解气主要是指油藏中原油裂解生成的天然气。

目前,对原油裂解气的判识主要是针对狭义的原油裂解气而言,即如何区别油藏中原油裂解生成的天然气和干酪根热解生成的天然气,20 世纪 90 年代以来,国内外学者主要应用天然气中 C_1—C_3 组成及 $\delta^{13}C_1$—$\delta^{13}C_3$ 值、金刚烷绝对含量(Dahl,1999)等指标来鉴别原油裂解气和干酪根裂解气。

一、根据天然气组分判识原油裂解气

Behar 等(1991)对采自巴黎盆地的 II 型干酪根和马坎哈三角洲 III 型干酪根两个样品在金管封闭体系中进行产烃模拟实验,其结果表明,干酪根初次裂解气和原油二次裂解气的 C_1/C_2 值与 C_2/C_3 值有一定差异,对于干酪根初次裂解气,C_1/C_2 值变化较大,C_2/C_3 值基本不变;相反,原油二次裂解气 C_1/C_2 值基本不变,C_2/C_3 变化范围较大(图 5 - 1a)。这意味着随热演化程度增高,干酪根产生的 C_2、C_3 保持着相对稳定的比值,但是 C_1 增长较快,所生成 C_1 的量变化范围较大,而对于原油二次裂解气,在 C_1、C_2、C_3 组分的相对含量上,由于在同一条件下 C_3 裂解速率大于 C_2 和 C_1,从而使 C_3 的相对含量具有较大的变化范围。所以,从理论上讲干酪根裂解气是以甲烷的快速增长为特征,原油裂解气则以 C_3 的快速递减为特征。

王振平等(2001)应用塔中 24 井原油,在不锈钢管封闭体系中进行原油裂解气模拟实验(图 5 - 1b),实验结果与 Behar 等结果相似,但是,还可以看出在原油裂解早期,$\ln(C_1/C_2)$ 增长速度较 $\ln(C_2/C_3)$ 快。同时,$\ln(C_1/C_2)$ 值较小,均小于 2,而 Behar 等实验值较大,一般小于 4,认为差别的原因是 Behar 等应用干酪根进行模拟实验,而王振平等是用原油进行模拟实验,

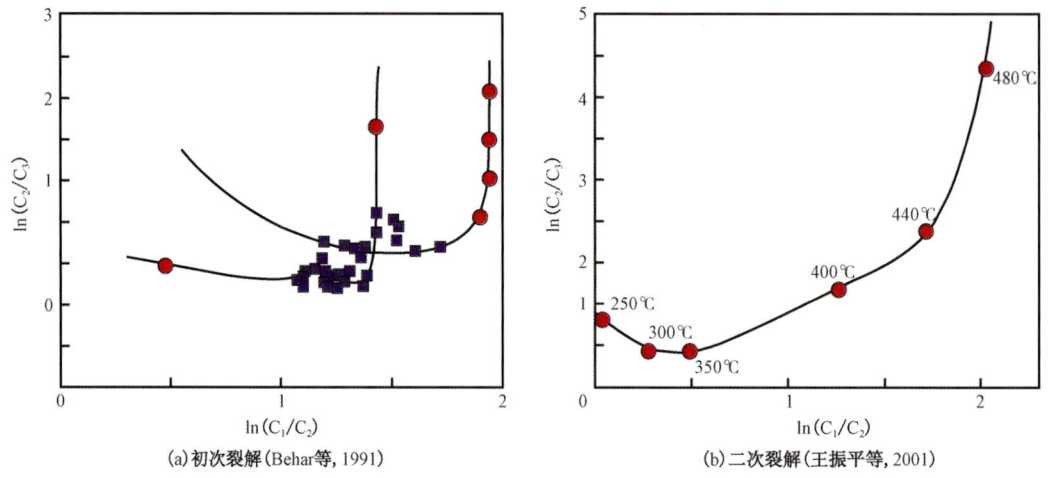

(a) 初次裂解 (Behar 等, 1991)　　　　　(b) 二次裂解 (王振平等, 2001)

图 5-1　干酪根初次裂解与二次裂解的判识图版

当干酪根生成的液态烃大量裂解成气时,干酪根仍然存在较多的早期断裂残留下来的甲基被裂解下来,不经过乙烷、丙烷而直接形成甲烷,造成 $\ln(C_1/C_2)$ 变大。而在原油裂解气早期,$\ln(C_2/C_3)$ 较小的原因是油裂解气处于初期阶段,大分子液态烃裂解成小分子气态烃不是一步完成的,而是经历了大于 C_3 等过渡化合物。

川东北飞仙关组鲕滩气藏天然气成熟度较高,应用 $\ln(C_1/C_2)$ 和 $\ln(C_2/C_3)$ 关系对该区天然气的生成进行了研究(图 5-2),川东北嘉陵江组(T_1j)以下各层系天然气[$\ln(C_1/C_2)$]值主要为 4.0~6.5,$\ln(C_2/C_3)$ 值主要为 0.3~4.5,具有原油二次裂解气的特征,在图中需要注意的是,飞仙关组鲕滩天然气由于发生了 TSR 反应而导致 C_{2+} 重烃,尤其是 C_2 含量明显降低,因而这部分天然气的 $\ln(C_1/C_2)$ 值比未发生 TSR 反应的天然气高,相反,$\ln(C_2/C_3)$ 值则比未发生 TSR 反应的要低,然而,仅从发生 TSR 反应的这部分天然气也可以看出其主要表现出原油裂解气特征。

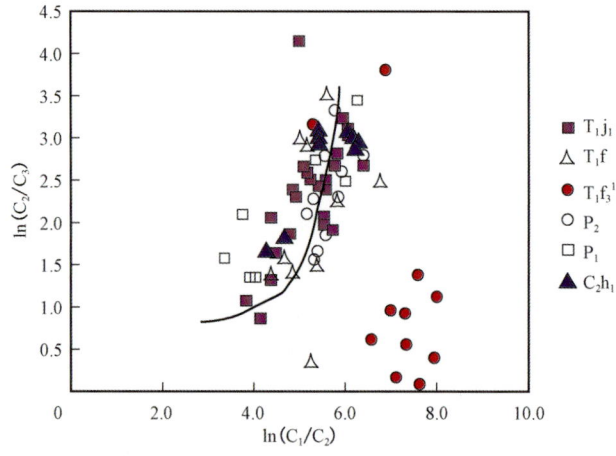

图 5-2　川东北地区各层系天然气 $\ln(C_1/C_2)$ 与 $\ln(C_2/C_3)$ 关系图

塔里木盆地台盆区各区块天然气 $\ln(C_1/C_2)$ 与 $\ln(C_2/C_3)$ 分布关系见图 5-3，可以看出塔里木盆地台盆区各地区天然气 $\ln(C_1/C_2)$ 与 $\ln(C_2/C_3)$ 的关系都没有典型原油裂解气的特征。总体来看，和田河地区与满东—英吉苏地区的天然气较为接近原油裂解气，$\ln(C_2/C_3)$ 变化略大于 $\ln(C_1/C_2)$。从 $\ln(C_1/C_2)$ 与 $\ln(C_2/C_3)$ 的关系来看塔北和塔中地区天然气比较接近于干酪根裂解气。

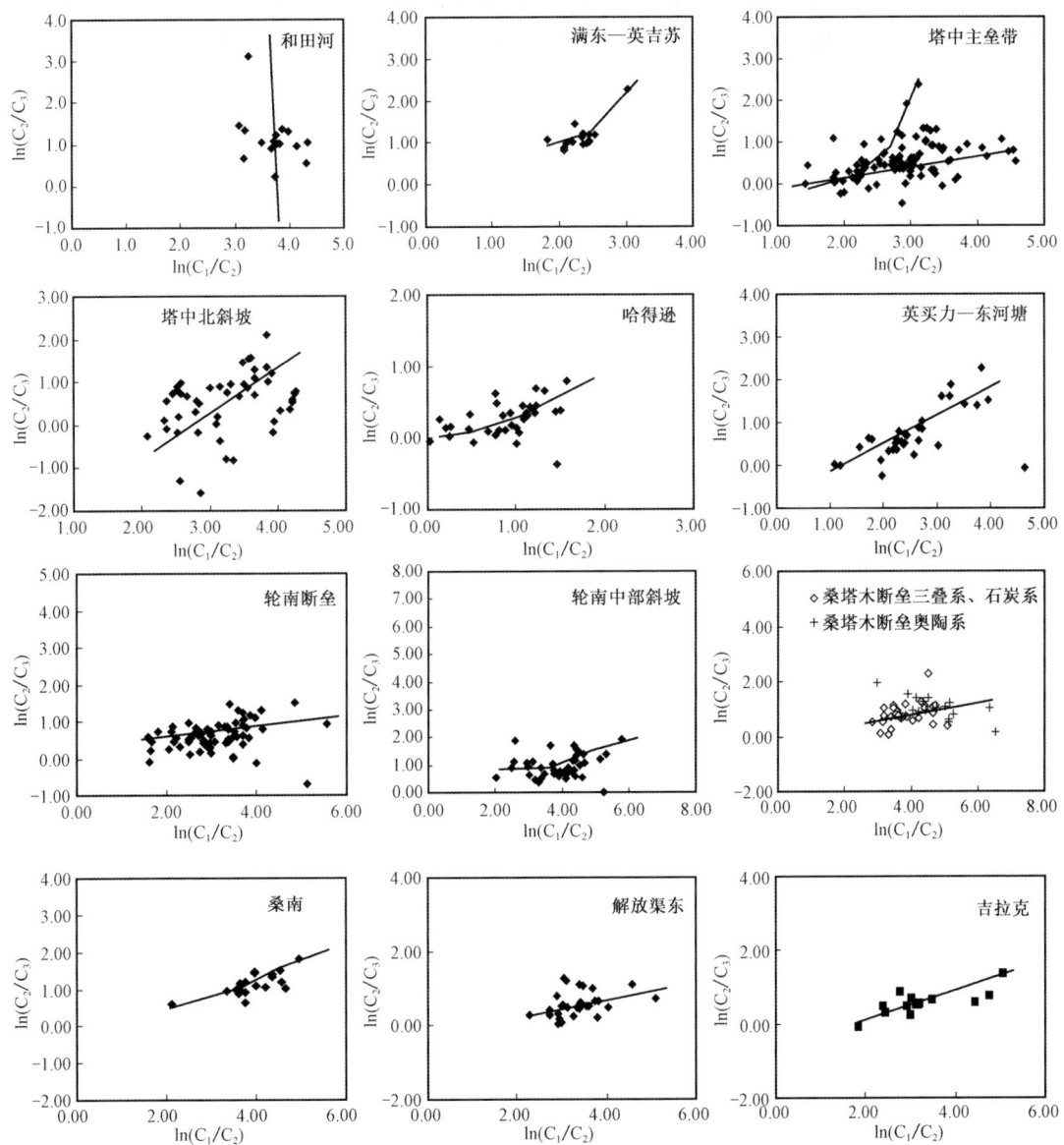

图 5-3 塔里木盆地台盆区各区块天然气 $\ln(C_1/C_2)$ 与 $\ln(C_2/C_3)$ 关系图

二、应用碳同位素值推测天然气形成温度，判识原油裂解程度

Schenk 等(1997)通过封闭体系的热解模拟，研究了不同类型原油裂解成气的动力学参

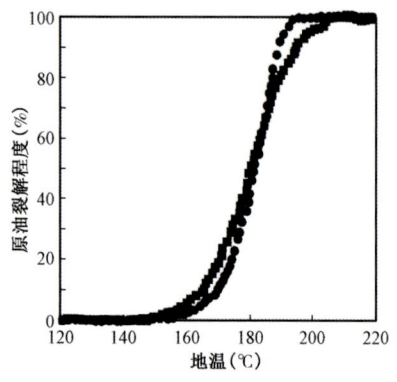

图 5-4 原油裂解程度与温度的关系
(Waples,2000)

数,得出了原油在地层温度小于 160℃ 的条件下不可能发生热裂解的结论。Waples(2000) 也通过封闭体系条件下的模拟实验,求取了原油发生裂解所需活化能的频率分布,原油发生裂解的平均活化能主要分布在 57~61kcal/mol。Waples 还以原油发生裂解的平均活化能分布主峰 59kcal/mol 作为研究对象,建立了不同地层温度条件下原油发生裂解的比率,当温度小于 160℃ 时,原油裂解量极小,而当温度达到 200℃ 时,原油则几乎全部裂解(图 5-4)。

M. A. Rooney(1995) 通过 Rayleigh 模型和 Burham 同位素动力学实验结果,推出根据甲烷、乙烷、丙烷碳同位素值计算油型气生成温度(图 5-5)。因此,通过天然气的同位素值可大致确定天然气生成时的温度,再根据天然气形成时的温度可以初步确定原油裂解程度。

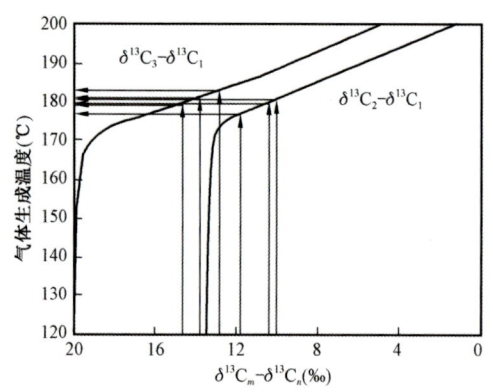
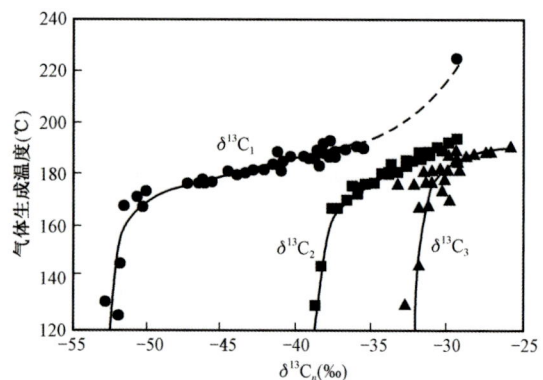

图 5-5 根据 $\delta^{13}C_1$、$\delta^{13}C_2$、$\delta^{13}C_3$ 推算天然气形成温度(M. A. Rooney,1995)

根据 Rooney 提出的应用天然气碳同位素和甲烷、乙烷、丙烷差值确定天然气藏形成的温度,进而根据 Waples 不同温度下油裂解程度的图版,对塔里木盆地台盆区天然气形成温度和类型进行判识,结果列于表 5-1 中。

表 5-1 塔里木盆地克拉通地区天然气形成温度及原油裂解程度

地区	温度(℃)			原油裂解程度(%)		
	$\delta^{13}C_1$ 计算	$\delta^{13}C_3 - \delta^{13}C_1$ 计算	$\delta^{13}C_2 - \delta^{13}C_1$ 计算	$\delta^{13}C_1$ 计算	$\delta^{13}C_3 - \delta^{13}C_1$ 计算	$\delta^{13}C_2 - \delta^{13}C_1$ 计算
和田河	187~195	192~212	192~205	72~89	89~100	82~100
塔中主垒带	160~180	180~191	120~200	9~60	0~90	36~80
塔中北斜坡西部	120~170	120~180	120~180	0~25	0~33	0~32
塔中中东部	180~190	180~200	180~190	40~70	36~70	50~90
满东—英吉苏	188~192	187~201	194~206	74~82	78~96	82~99

续表

地区	温度（℃）			原油裂解程度（%）		
	$\delta^{13}C_1$ 计算	$\delta^{13}C_3 - \delta^{13}C_1$ 计算	$\delta^{13}C_2 - \delta^{13}C_1$ 计算	$\delta^{13}C_1$ 计算	$\delta^{13}C_3 - \delta^{13}C_1$ 计算	$\delta^{13}C_2 - \delta^{13}C_1$ 计算
英买力—东河塘	172~183	180~189	120~180	23~50	50~90	0~70
轮南断垒带	185~220	187~211	186~213	65~100	72~100	70~100
轮南中部斜坡	188~200	196~210	191~211	74~96	91~100	82~100
桑塔木断垒	191~195	199~203	196~203	80~90	95~97	90~97
桑南	191~195	197~203	195~203	80~90	92~98	89~97
解放渠东	192~195	197~205	194~201	80~87	92~98	90~97
吉拉克	190~197	197~205	188~203	80~92	92~100	73~98
雅克拉	185~190	180~194	184~193	58~78	40~80	50~80

表 5-1 虽不能准确地反映天然气形成时的温度，但能反映大致趋势，如塔中北斜坡西部天然气形成温度低，为 120~170℃，表明基本未发生原油裂解气的反应，而英买力—东河塘、塔中主垒带、雅克拉等地区，天然气形成的温度较低，小于 190℃，正处于原油裂解气反应的初期，可以认为这些地方的天然气主要为干酪根裂解气，有部分原油裂解气的混入。应用天然气形成的温度对高成熟—过成熟阶段的干酪根与原油裂解气的判识则存在困难，如和田河、满东—英吉苏地区与桑塔木断垒、桑南地区，天然气形成的温度均较高，达到 190℃ 以上，原油裂解率达到 80% 以上，但是它们却分属于不同成因类型的天然气。

三、根据 $\delta^{13}C_i - \delta^{13}C_j$ 与 $\ln(C_i/C_j)$ 关系图版判识原油裂解气

Prinzhofer 等（1995）认为天然气碳同位素值受两种因素控制，即烃源岩性质及其生成和转化机理。对于大分子化合物，其生成过程产生的碳同位素分馏效应较小或几乎没有，因此，其碳同位素组成特征与其母源物差别较小或相似，如从干酪根到原油，其碳同位素分馏效应大约在 1‰~3‰。尹长河等（2000）对威远和资阳地区天然气甲烷碳同位素值的分析认为，资阳地区天然气甲烷碳同位素值轻于威远地区，认为威远气田天然气为干酪根裂解气，而资阳气藏天然气为油裂解气。然而，天然气的碳同位素分馏效应却在生成和次生过程中表现得较为明显，由于天然气碳同位素分馏既受烃源岩非均质性的影响，又或多或少地受到热演化的影响，因此，一般用天然气组分之间的碳同位素相对变化值（如 $\delta^{13}C_i - \delta^{13}C_j$），而不用其绝对值来解释天然气的生成和次生变化过程，对于天然气组成，同样用两种化合物的相对比值，并用对数形式表示，如 $\ln(C_i/C_j)$。以上两项参数，即 $(\delta^{13}C_i - \delta^{13}C_j)$ 与 $\ln(C_i/C_j)$ 的有机结合已被国内外学者常用来作为判识原油裂解气的重要参数。

Prinzhofer 等（1995）在 $\ln(C_2/C_3)$ 与 $\delta^{13}C_2 - \delta^{13}C_3$ 相关图上展示了安哥拉、加尼福尼亚和堪萨斯天然气样品的分布情况。干酪根初次裂解气，$\delta^{13}C_2 - \delta^{13}C_3$ 差值变化较大，$\ln(C_2/C_3)$ 值基本不变，而原油裂解气 $\delta^{13}C_2 - \delta^{13}C_3$ 差值变化小，$\ln(C_2/C_3)$ 值变化较大，直线接近水平，斜率为正值。这对参数应用的内涵是在减少母质影响的情况下，主要反映成熟度对干酪根裂解气和原油二次裂解气的影响。对干酪根裂解气而言，从不同碳数的大分子化合物中裂解形成天然气组分的范围较宽，体现出 $\delta^{13}C_2 - \delta^{13}C_3$ 差值较大；而原油二次裂解应在温度较高、温度变化范

围相对较小的情况下形成二次裂解气,因而 $\delta^{13}C_2 - \delta^{13}C_3$ 的变化范围也相对较小。王涵云等(1982)和 Chung 等(1988)的原油热模拟实验结果均印证了这一点。

应用这种关系对塔里木台盆区天然气的生成进行了研究。图 5-6 为塔里木盆地台盆区天然气 $\ln(C_2/C_3)$ 与 $\delta^{13}C_3 - \delta^{13}C_2$ 的关系式,可以看出,主要为干酪根裂解气的塔中北斜坡、英

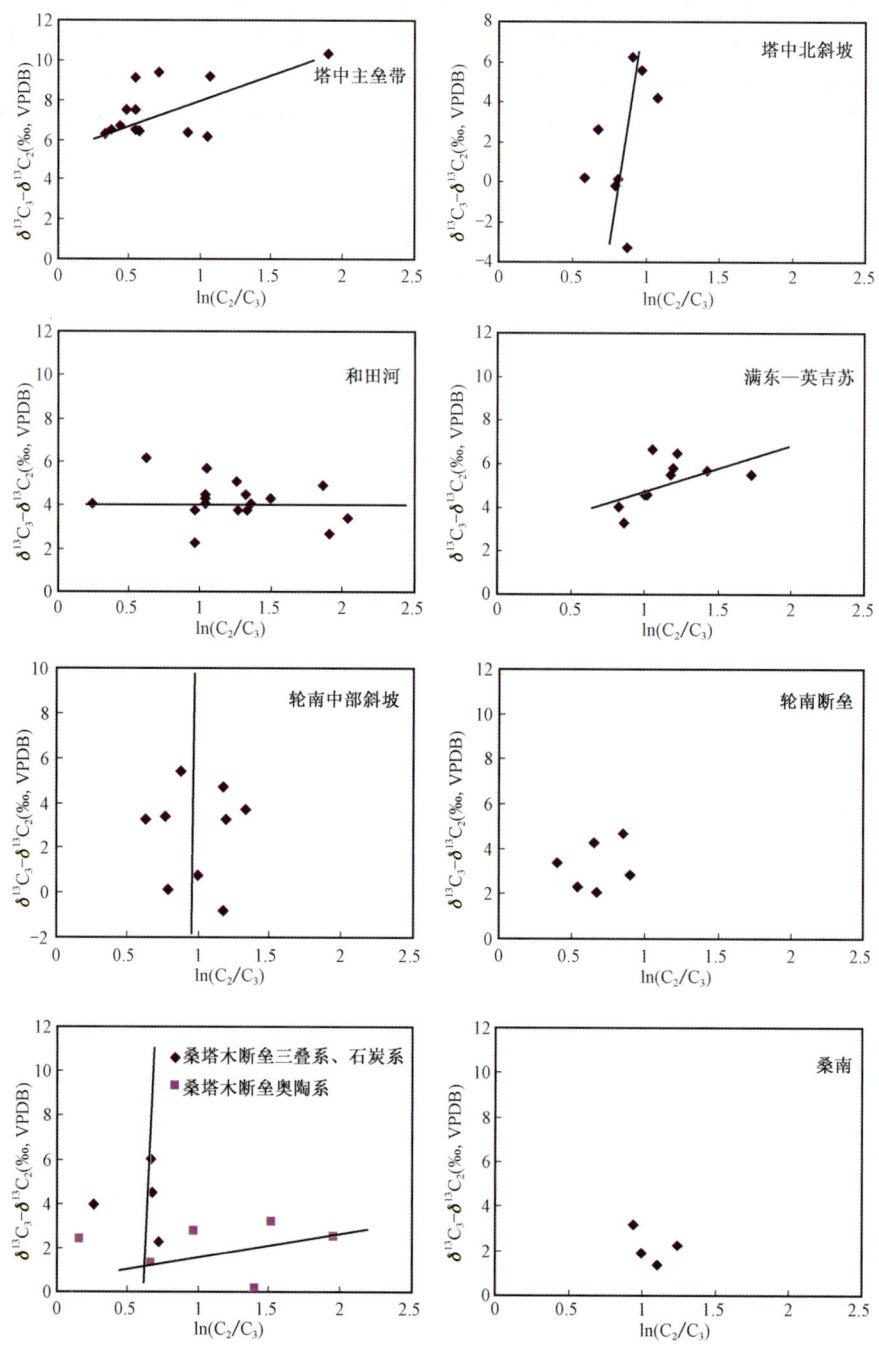

图 5-6　塔里木盆地台盆区天然气 $\ln(C_2/C_3)$ 与 $\delta^{13}C_3 - \delta^{13}C_2$ 关系图

买力—东河塘、轮南中部斜坡等地区，$\delta^{13}C_3 - \delta^{13}C_2$ 与 $\ln(C_2/C_3)$ 的关系中斜率较大，而主要为原油裂解气的和田河与满东—英吉苏地区 $\ln(C_2/C_3)$ 与 $\delta^{13}C_3 - \delta^{13}C_2$ 的关系中斜率则较小。从图中还看出，塔中主垒带上的天然气 $\ln(C_2/C_3)$ 与 $\delta^{13}C_3 - \delta^{13}C_2$ 的斜率较小，似乎为原油裂解气，但通过其他指数认为主要为混合气。应用天然气中 $\ln(C_2/C_3)$ 与 $\delta^{13}C_3 - \delta^{13}C_2$ 的关系式能大致确定干酪根与原油裂解气，但也存在一些偏差。同时该指标不利的因素是需要大量的天然气分析数据才能得出结论，对于未知的单个样品，不能进行有效的判识。

第二节 塔里木盆地台盆区两种裂解气轻烃判识

轻烃是天然气和原油之间的过渡化合物，含有丰富的化合物，因此，通过对典型干酪根和原油裂解气中轻烃的对比研究可以提供有关天然成气过程的信息。为此，开展了原油和烃源岩干酪根裂解气的轻烃生成热模拟实验研究，结合典型原油裂解气和干酪根裂解气的轻烃组成变化特点，提出原油裂解气和干酪根裂解气的识别新指标，并应用这些指标对塔里木盆地满东—英吉苏地区天然气的成气过程进行了判识。

一、样品及热模拟温度

（一）样品

天然气样品 10 个，分别取自塔里木盆地的和田河气田、桑塔木—桑南地区、满东—英吉苏地区；原油样品 1 个，取自塔中 45 井奥陶系；烃源岩样品 2 个，取自中—上奥陶统的塔中 201 井（泥灰岩，5238.5m，有机碳为 1.38%，R_o 为 1.1%）和乡 3 井（石灰岩，6148.3m，有机碳为 0.6%，R_o 为 1.5%）。

（二）热模拟温度

烃源岩样品热模拟温度为 350℃、450℃、550℃、650℃ 和 750℃，原油样品热模拟温度为 350℃、550℃、650℃ 和 750℃。

二、原油和干酪根实验热模拟裂解气轻烃组成对比

为了研究泥灰岩中干酪根裂解气的轻烃组成，对泥灰岩样品首先用三氯甲烷作为试剂进行索氏抽提，除去烃源岩中的可溶有机质，然后在开放体系下对泥灰岩进行热模拟，再对生成的天然气进行轻烃分析，由于样品是在开放条件下进行，生成的天然气主要是由烃源岩中有机质一次反应形成的（Behar 等，1991），因此，在开放体系下生成的烃源岩裂解气基本上代表了干酪根裂解气。原油热模拟实验条件与泥灰岩基本相似，但生成的天然气主要为有机质二次裂解产物，为原油裂解气。

（一）原油和干酪根热模拟裂解气轻烃组成差异

通过对塔中 45 井原油和塔中 201 井、乡 3 井泥灰岩热模拟裂解气的轻烃组成对比研究，发现原油裂解气和干酪根裂解气在甲基环己烷/环己烷、甲基环己烷/正庚烷和（2-甲基己烷+3-甲基己烷）/正己烷 3 项指标上存在明显的差异（图 5-7、图 5-8）。

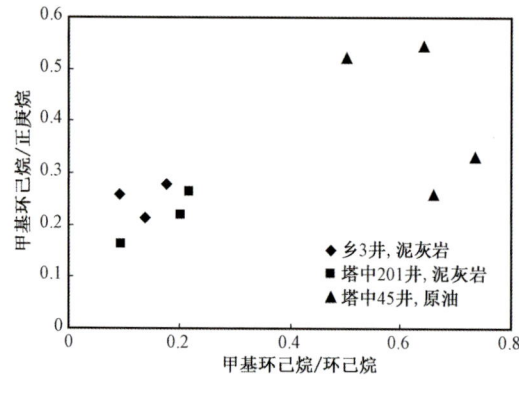

图5-7 原油和烃源岩热模拟裂解气的轻烃组成对比(一)

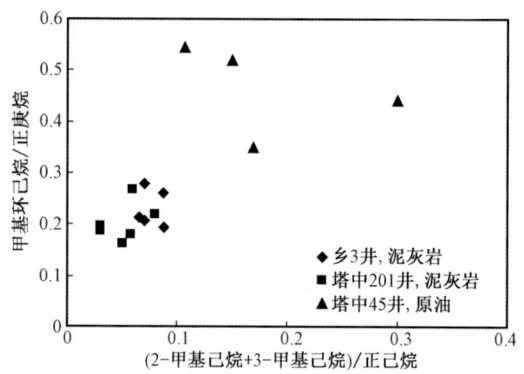

图5-8 原油和烃源岩热模拟裂解气的轻烃组成对比(二)

1. 甲基环己烷/环己烷

从图5-7可以看出,乡3井和塔中201井泥灰岩干酪根裂解气中甲基环己烷/环己烷值很低,一般小于0.2,而对于原油裂解气来说,甲基环己烷/环己烷值比较高,一般大于0.5,烃源岩和原油热模拟产物在甲基环己烷/环己烷上存在明显的差别,原油裂解气该比值一般较大,而干酪根裂解气该比值一般较小。

导致这种差异可能与轻烃的生成机理有关,对于同一种类型的化合物来说,带有支链的化合物自由能大于不含支链的化合物。甲基环己烷的自由能应大于环己烷。根据原油裂解气和干酪根裂解气的生成模式,原油裂解气大量生成的温度一般高于干酪根裂解气形成的温度,因此,在原油裂解气中,甲基环己烷的相对含量一般高于干酪根裂解气。

2. (2-甲基己烷+3-甲基己烷)/正己烷

在(2-甲基己烷+3-甲基己烷)/正己烷与甲基环己烷/正庚烷(图5-8)可以看出,(2-甲基己烷+3-甲基己烷)/正己烷指标也存在差异,原油裂解气中该指标一般比较高,而干酪根裂解气该指标一般比较低。

3. 甲基环己烷/正庚烷

甲基环己烷/正庚烷一般与类型有很大的关系,在腐殖型烃源岩中甲基环己烷的含量比较高,但是通过模拟实验研究,原油裂解气和干酪根裂解气在该项比值组成上也存在一些差异,烃源岩中干酪根裂解气甲基环己烷/正庚烷值较低,而原油裂解气该项比值一般较高。

从以上3项指标的分析结果来看,相对热稳定的化合物在干酪根裂解气中的相对含量较高。

因此,利用各种化合物的热稳定的差异性和热模拟实验结果,采用以上3项指标来判识干酪根和原油裂解气。

(二)典型实例

上述从模拟实验和轻烃的生成理论方面提出了干酪根和原油裂解气的判识指标,并对每个指标的干酪根和原油裂解气指标变化趋势进行了分析,以下主要从目前发现的典型原油裂解气和干酪根裂解气轻烃变化来分析这3项指标的可靠性(表5-2)。

表5-2 原油裂解气和干酪根裂解气轻烃判识指标表

气藏或气田	天然气类型	井号	甲基环己烷/环己烷	(2-甲基己烷+3-甲基己烷)/正己烷	甲基环己烷/正庚烷
川东飞仙关组	原油裂解气	铁山11	1.84	0.84	1.88
		铁山13	1.39	0.69	1.20
		紫2	1.69	0.83	1.80
和田河	原油裂解气	玛4	1.49	1.17	2.01
		玛402	1.30	0.54	1.01
桑塔木断裂带	干酪根裂解气	轮南22	0.37	0.21	0.93

四川盆地川东北地区是公认的典型原油裂解气藏,天然气轻烃分析结果表明,甲基环己烷/环己烷均大于1,分布在1.39~1.84,(2-甲基己烷+3-甲基己烷)/正己烷大于0.5,甲基环己烷/正庚烷分布在1.20~1.88,各项指标都非常高,表现出典型的原油裂解气特征。

和田河玛4井区天然气也认为是典型的原油裂解气,甲基环己烷/环己烷均大于1,(2-甲基己烷+3-甲基己烷)/正己烷分布在0.54~1.17,甲基环己烷/正庚烷分布在1.01~2.01,各项指标也很高,同样也表现出典型的原油裂解气特征。

关于典型干酪根裂解气的气藏目前报道的较少,桑塔木断裂带被认为是典型的干酪根裂解气,但该区天然气轻烃分析资料却很少,这为本次验证这3项指标可靠性带来了困难,但是从分析的结果来看,轮南22井气样甲基环己烷/环己烷、(2-甲基己烷+3-甲基己烷)/正己烷和甲基环己烷/正庚烷都比较低,说明干酪根裂解气这3项指标有可能很低。

根据对典型干酪根和原油裂解气的分析,结合热模拟分析结果,对这3项指标提出初步的原油裂解气和干酪根裂解气判识界限值,这些界限值如表5-3所示,原油裂解气甲基环己烷/环己烷大于1,(2-甲基己烷+3-甲基己烷)/正己烷大于0.5,甲基环己烷/正庚烷大于1.0,而干酪根裂解气则相反。

表5-3 干酪根和原油裂解气轻烃判识指标的界限值

类型	轻烃参数			形成地质条件	
	甲基环己烷/环己烷	(2-甲基己烷+3-甲基己烷)/正己烷	甲基环己烷/正庚烷	形成温度($℃$)	成熟度R_o(%)
原油裂解气	>1	>0.5	>1		
干酪根裂解气	<1	<0.5	<1	<160	<1.5

由于分析样品和解剖的气藏较少,这些界限值仅供参考,并有待于下一步验证和修正。

三、根据轻烃指标判识塔里木盆地台盆区干酪根和原油裂解气

根据上述提出的干酪根与原油裂解气的轻烃判识指标,对塔里木盆地克拉通地区天然气甲基环己烷/正庚烷与(2-甲基己烷+3-甲基己烷)/正己烷及甲基环己烷/正庚烷与甲基环己烷/环己烷关系进行分析,结果见图5-9、图5-10。

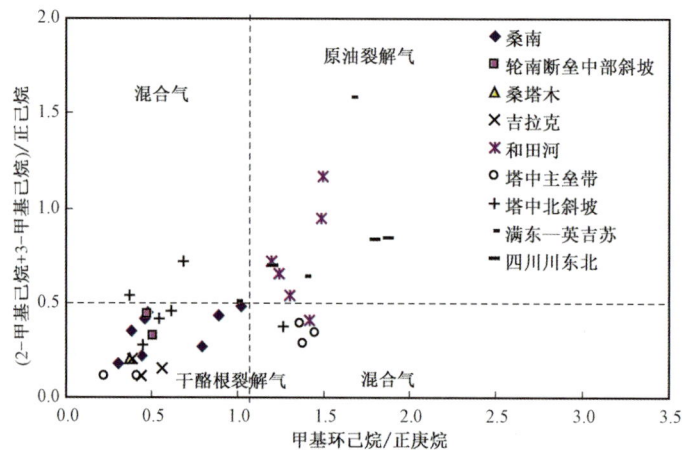

图5-9 塔里木盆地克拉通地区天然气甲基环己烷/正庚烷与
(2-甲基己烷+3-甲基己烷)/正己烷的关系

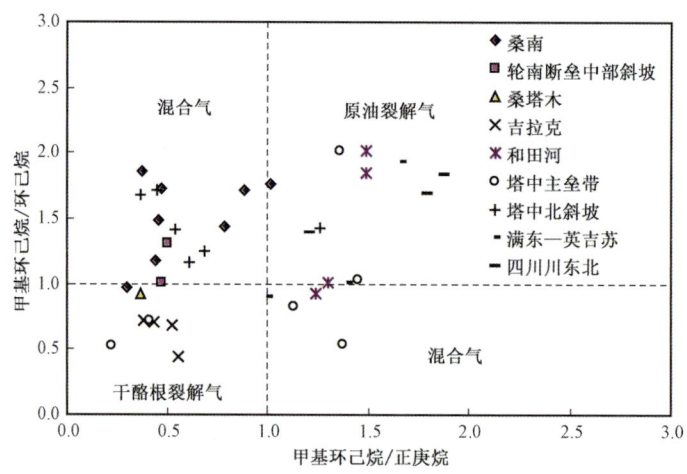

图5-10 塔里木盆地台盆区克拉通地区天然气甲基环己烷/正庚烷与
甲基环己烷/环己烷的关系

从图5-9中可知,和田河地区和满东—英吉苏地区与四川川东北地区天然气轻烃分布特征一致,主要为原油裂解气,而轮南断垒和桑南地区则主要为干酪根裂解气,塔中主垒带和塔中北斜坡天然气主要为干酪根裂解气,部分为混合气。

图5-10表现的天然气的轻烃特征与图5-9相似,和田河、满东—英吉苏地区的天然气与四川川东北地区天然气轻烃分布特征一致,主要为原油裂解气,塔中主垒带为干酪根裂解气

与原油裂解气的混合气,在吉拉克、桑塔木地区为干酪根裂解气,桑南、轮南断垒及塔中北斜坡则表现出混源的特征。

总体来说,和田河和满东—英吉苏地区天然气主要为原油裂解气,而塔北隆起天然气主要为干酪根裂解气,部分地区天然气表现出混合气的特征,塔中主垒带和塔中北斜坡天然气主要为干酪根裂解气,部分为混合气。

第三节　分散型原油裂解气和聚集型原油裂解气

天然气的成烃过程主要有干酪根直接裂解和原油裂解两种途径,而原油裂解气主要有两种:分散型和聚集型。对于分散型原油裂解气,由于液态烃以分散形式存在于烃源岩和输导层中,液态烃与具有催化性较强的矿物如蒙脱石等广泛接触,催化作用对烃类生成影响较大,原油裂解可能以催化裂解为主。而古油藏中原油以聚集形式存在,原油裂解成气以单纯的热裂解方式为主。为了弄清两种类型天然气成气特征,开展了可溶有机质热裂解和催化裂解产物对比实验,寻找差异性。

一、原油热裂解和热催化模拟实验

(一)原油热裂解和热催化裂解对比实验

模拟样品为塔里木盆地塔中15井奥陶系原油(4656~4673m井段),在封闭体系下开展热模拟实验,加热温度为550℃,分别开展3种情况下的热模拟实验:原油、原油+碳酸钙+碳酸镁、原油+蒙脱石。

模拟实验结果如表5-4所示。从表中可以看出,在原油未添加矿物催化剂的条件下,其热裂解产物主要以链烷烃为主,环烷烃及苯含量较少,仅占20.9%和7.5%;但在原油+碳酸钙+碳酸镁组合中,裂解气轻烃中环烷烃相对含量非常高,占51.7%,原油+蒙脱石组合中,热裂解产物中环烷烃含量也非常高,占48.5%,这些表明,催化裂解有利于环烷烃的生成。

表5-4　550℃时C_7轻烃相对含量组成　　　　　(单位:%)

实验系列	链烷烃	环烷烃	苯
原油	71.5	20.9	7.5
原油+碳酸钙+碳酸镁	47.1	51.7	11.2
原油+蒙脱石	41.2	48.5	10.3

(二)不同含量的催化剂对轻烃生成的影响系列实验

为了研究黏土矿物含量对原油裂解气轻烃组成的影响,开展了不同黏土含量的原油裂解气模拟实验,实验样品同样为塔中15井奥陶系原油,实验环境封闭体系,加热温度为550℃,实验系列分别为100%原油、50%原油、50%蒙脱石、20%原油、80%蒙脱石、5%原油、95%蒙脱石、1%原油、99%蒙脱石。

实验结果如表5-5所示,从表中可以看出,随着原油含量的相对降低和蒙脱石相对含量的增高,环烷烃、甲基环己烷和甲苯相对含量的变化具有非常好的规律性,在原油相对含量高的情况下,特别是原油占总量的20%以上时,环烷烃/(nC_6—nC_7)、甲基环己烷/nC_7和甲苯/nC_7都比很低,但在原油相对含量较低时,环烷烃/(nC_6—nC_7)、甲基环己烷/nC_7和甲苯/nC_7值迅速增高,表明催化剂相对含量的变化对原油裂解气轻烃的组成影响很大,因此,应用这些指标时可以鉴别分散型原油裂解气和聚集型原油裂解气。

表 5-5　原油在不同催化剂含量下热模拟轻烃组成对比

实验系列	环烷烃/(nC_6—nC_7)	甲基环己烷/nC_7	甲苯/nC_7
100%原油	1.14	0.43	0.37
50%原油,50%蒙脱石	0.85	0.44	0.34
20%原油,80%蒙脱石	0.83	0.44	0.51
5%原油,95%蒙脱石	9.32	3.38	1.26
1%原油,99%蒙脱石	18.14	3.48	3.41

二、分散可溶有机质裂解气特征

以上开展的可溶有机质热裂解和催化裂解产物对比实验,可以发现分散型原油裂解气以环烷烃、芳香烃含量相对较高,环烷烃/(nC_6—nC_7)、甲基环己烷/nC_7和甲苯/nC_7比值高为特点;而聚集型原油裂解气则以链烷烃含量高,环烷烃及苯含量较少,环烷烃/(nC_6—nC_7)、甲基环己烷/nC_7和甲苯/nC_7比值低为特点。

现在对于分散型可溶有机质裂解气的生成机制认识还不清楚,但目前普遍接受的是Mango(1991)年提出的过渡金属稳态催化机制。

Mango(1991、1996)认为在原油生成过程中,轻烃特定组分的恒定比例表明原油的生成机制主要特征为过渡金属稳定态的催化作用,而非热裂解作用。传统观点认为原油和天然气是热裂解产物的观点是不充分的。这是因为烃类具有很高的稳定性,事实上实验室中试图再现此反应过程的尝试也一直没有成功。过渡金属在有机沉积物中是普遍存在的。而且,在理论上,这些过渡金属在成岩过程的还原条件下,其催化活性越来越活跃,促进了轻烃(C_5—C_9)和天然气(C_1—C_4)的生成。虽然有足够的证据支持过渡金属的催化作用促进原油和天然气形成的观点,但是现在对其催化反应的本质以及催化反应模型仍然不清楚。

Mango(1991)提出了对过渡金属催化机制的认识。认为催化反应的主要过程包括了三元环、五元环、六元环的环化反应(图5-11)和C—C键、C—M(金属Metal)键的断裂[反应式(1)为β—消去反应;反应式(2)为氢解反应]。

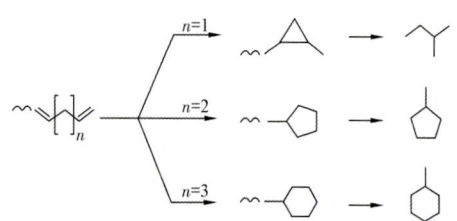

图 5-11　Mango(1991)提出的过渡金属稳态催化机制

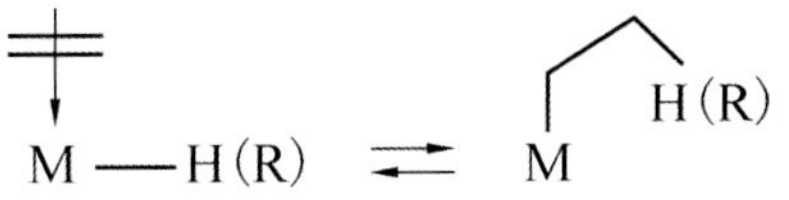

$$\text{M—H(R)} \rightleftharpoons \text{M} \cdots \text{H(R)} \tag{1}$$

$$\underset{\text{M}}{\overset{\text{R}}{|}} + H_2 \longrightarrow \underset{\text{M}}{\overset{\text{H}}{|}} + RH \tag{2}$$

在反应式(1)、(2)中,R 代表一个烷基基团,烷基或环烷基通过 σ 键与过渡金属 M 连接。

在实验室中,含有过渡金属,特别是 Ni、V、Ti、Co 等有活性的催化剂称为齐格勒—纳塔催化剂(Z—N 催化剂)。Z—N 催化剂在无水、厌氧的环境中被烷基铝还原,能够催化以上反应。

例如,Ni(Ⅱ)催化剂,被$(iC_4H_9)_2AlCl$ 还原,室温条件下,几分钟内便可将 1,4 - 己二烯通过三元环化反应生成 2 - 甲基 - 1,3 - 戊二烯,反应式如(3)所示。

$$\text{〜〜〜} \longrightarrow [\triangle] \longrightarrow \text{〜} \tag{3}$$

在反应式(4)中,用烷基铝还原的 Z - N、Zr 催化剂在78℃、7h 或烷基铝还原的 Ti 催化剂 65℃、4h 便能够使 1,5 - 己二烯通过五元环化反应生成 1,3 - 双取代环戊烷聚合物。

$$\text{〜〜〜} \longrightarrow \left(\bigpentagon\right)_n \tag{4}$$

在反应式(5)中用烷基铝还原的 Ti 催化剂、30℃、24h 就可将 1,6 - 庚二烯通过六元环化反应形成 1,3 - 双取代环己烷。

$$\text{〜〜〜〜} \longrightarrow \left(\bighexagon\right)_n \tag{5}$$

反应式(1)中 β - 消去反应在低碳数石蜡的过渡金属催化反应、聚合反应、加氢反应中是很独特的,其反应活化能很低。例如,用 Co 催化剂时,以上各步的反应活化能不超过 15kcal/mol。

此外,Mango(1991)对过渡金属催化机制的认识也为天然气中富含甲烷的现象提供了一个合理的动力学解释。

反应式(6)中,C—M(金属 Metal)键通常会发生氢解反应[反应式(2)]。Zr—R 键加氢,生成 CH_4,同时放出 10kcal/mol 热量。

$$Zr - CH_3 + H_3 \longrightarrow Zr - H + CH_4 \tag{6}$$

常规的 Z—N 催化剂催化石蜡的速率一般在 10^4 数量级上,可以促进石蜡按照反应(1)发生聚合反应。干酪根中石蜡的浓度通常很低,石蜡催化速率数量级为 1。底物石蜡附着在过渡金属的催化中心,从而只能通过反应(1)建立起能够相互转化的稳定态。

图 5 - 12 中的 4 个可以相互转化的中间产物,结合反应式(2)——不可逆的氢解反应,Mango 提出由长链正构烷烃氢解产生甲烷的催化循环。假设 M—CH_4 键的稳定性比 M—R

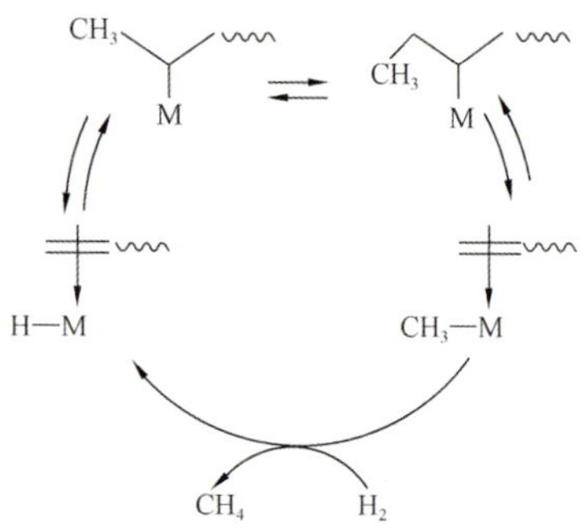

图 5-12 Mango(1991)提出的长链正构烷烃氢解产生甲烷的催化循环

(烷基)高,则 M—CH_4 的浓度就会明显较高,从而为天然气中富含甲烷的现象提供了一个合理的动力学解释。

雷怀彦等(1995)提出蒙脱石催化能使有机质的热解温度降低 50℃ 左右,催化的机理主要是黏土矿物的酸性催化作用。

蒙脱石是一种含水的层状铝硅酸盐矿物,同时含有不同种类的过渡金属。它的理论结构化学式为:

$$(1/2Ca, Na)_{0.7}(Al, Mg, Fe)_4(Si, Al)_8 O_{20}(OH)_4 \cdot nH_2O$$

化学成分为 SiO_2 为 65% ~ 70%,Al_2O_3 为 14% ~ 17%,Fe_2O_3 为 1% ~ 3%,MgO 为 2% ~ 3%,CaO 为 2% ~ 4%,K_2O 为 0.5% ~ 2%,Na_2O 为 0.5% ~ 2%,TiO_2 为 0.1% ~ 0.2%,H_2O 为 3% ~ 7%。

蒙脱石不仅具有较大的外表面和晶体边缘的活性位置吸附有机质,而且更主要的是有机分子可以进入蒙脱石层间,大大增强了蒙脱石矿物的吸附能力。黏土矿物比表面积高岭石为 $15m^2/g$,伊利石为 $90m^2/g$,蒙脱石为 $800m^2/g$,蒙脱石具有最大的吸附能力。

由此可见,分散型可溶有机质热催化裂解产物中环烷烃/(nC_6—nC_7)、甲基环己烷/nC_7 比值之所以偏高,是因为黏土矿物中普遍含有不同种类的过渡金属催化物,催化物催化链烷烃发生环化反应。而且蒙脱石具有较大的比表面积,吸附底物有机质的能力强。另外,分散型液态烃与黏土矿物接触的面积较聚集型液态烃大,催化强,更容易发生环化反应,使分散型液态烃上述指标偏高。

第六章 生物气轻烃地球化学特征及其成因

沉积有机质在低演化阶段形成的生物气—低熟气的研究和勘探成为油气地学研究的热点之一(Martini 等,1996;Lin 等,2004;Stadnitskaia,2008;徐永昌等,2008;张水昌等,2005;帅燕华等,2007)。关于低熟气和生物气地球化学研究大部分都集中在对天然气甲烷、乙烷的组成和同位素方面(刘文汇等,1996、1997;戴金星等,1993;徐永昌等,2005),但对生物气轻烃的分布及成因研究开展较少(肖芝华等,2006)。Hunt 等(1980)提出生物作用可能是近代沉积物中微量轻烃形成的原因,为此,他通过实验证明了自己的观点。Whelan 等(1982)在沉积时间较短(<400 年)、低温(<50℃)的沉积物中发现了轻烃,并认为这些轻烃是通过低温化学和生物化学反应生成的。Mango(2000)认为,尽管生物降解作用可以解释少量轻烃的形成,但却无法解释成熟的沉积物中高浓度轻烃的来源。虽然 Hunt 等(1980)和 Whelan 等(1982)均提出了多种理论来解释轻烃的形成机理,但并没有得到广泛认可。

随着现代实验分析技术的提高,使检测生物气、低熟气中轻烃化合物已成为可能。对我国已发现的柴达木盆地涩北1号气田、云南保山盆地保山气田,以及松辽盆地阿拉新气田、葡浅气藏和敖南气藏气样进行采样,测定天然气中组分及其碳、氢同位素和轻烃组成,分析生物气中轻烃的分布特征,探讨生物气轻烃的成因,对完善有机质演化过程中轻烃的生成演化序列及低演化阶段生物气和低熟气的成因鉴别具有重要的理论意义与应用价值。

第一节 生物气田形成的地质背景

保山气田位于西南地区云南省保山盆地(图6-1),该盆地为滇西境内的一个小型古近系—新近系盆地,面积约为245 km^2,沉积以上新统为主,最大沉积厚度在1700m 左右。保山盆地的烃源岩和储层均位于新近系羊邑组四段,泥质烃源岩厚度为323 ~520m,有机碳含量在0.21% ~2.44%,平均为1.06%,属于好烃源岩(徐永昌,2005),有机质类型以腐泥—腐殖混合型(II型)为主,部分为腐殖型(III型)。有机质成熟度(R_o)在0.31% ~0.45%,处于低演化阶段,有机质沉积环境主要为沼泽相弱氧化—弱还原环境,沉积介质均为淡水,但有咸水的介入。保山气田位于保山盆地西部坳陷,它是一个穹隆状新近系断背斜,含气面积平均为0.35 km^2,探明天然气地质储量为 $9.66 \times 10^8 m^3$(王嫩范,2004)。

涩北1号气田位于柴达木盆地东部三湖坳陷北斜坡,该坳陷是柴达木盆地第四纪沉积及沉降中心,区内目前已探明台南、涩北1号、涩北2号3个大气田,主要分布于第四系中—下更新统7个泉组。第四系暗色泥质岩、碳质泥岩是该区的烃源岩,有机碳含量平均为0.3%左右,其中滨湖沼泽相碳质泥岩有机碳含量平均为9.06%,最高可达18.99%,烃源岩有机质类型以陆源腐殖型(III型)为主;东部第四系2000m 以浅烃源岩镜质组反射率(R_o)均在0.2% ~0.47%(顾树松,1993),有机质仍未成熟。以干旱气候条件为主,水体含盐度较高。涩北1号气田位于三湖坳陷北斜坡,为同沉积背斜圈闭,埋深为410 ~1760m,面积约为46.7 km^2,探明天然气地质储量 $990.61 \times 10^8 m^3$。

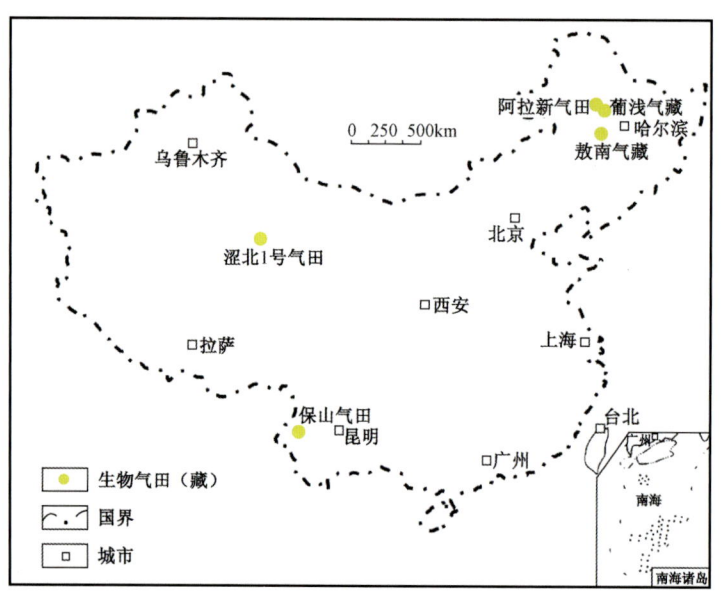

图 6-1 生物气田(藏)分布示意图

阿拉新、葡浅和敖南等气田(藏)位于松辽盆地北部浅层(埋深小于 1300m),目前已探明浅层天然气地质储量 $240 \times 10^8 m^3$。松辽盆地浅层具备形成大面积浅层生物气的物质基础,发育有机碳含量高、未成熟—低成熟、大面积分布的烃源岩,有机碳含量平均为 1.1%~2.6%,有机质类型主要为Ⅱ型,嫩江组二段烃源岩 R_o 小于 0.5%,以上烃源岩基本处于未成熟阶段。松辽盆地现今平均地温梯度为 3.8℃/100m 左右,浅部明水组及其上部地层的地温普遍低于 50℃。

第二节 生物气组分和同位素地球化学特征

一、生物气组分分布特征

5 个生物气田(藏)20 个天然气样品组分分析结果表明,除葡浅气藏甲烷含量较低外(42.6%~63.8%)(表 6-1),其他气田(藏)天然气组分中甲烷含量均很高,分布在 0.96%~99.9%,在烃类气体中,所有天然气干燥系数 $C_1/(C_1—C_5)$ 值在 0.94~1.0,为干气。在非烃气体组成中除葡浅气藏 CO_2 含量较高外(31.4%~52.8%),其他气田中 CO_2 含量均较低,小于 2.0%,另外,阿拉新气田非烃中 N_2 含量相比其他气田高,为 4.7%~9.2%。

二、生物气碳同位素分布特征

天然气碳同位素是判识天然气成因的重要参数之一。5 个气田(藏)天然气甲烷碳同位素均较轻,$\delta^{13}C_1$ 值分布在 -69.6‰~-54.2‰,其中,柴达木盆地的涩北 1 号气田甲烷碳同位素最轻,$\delta^{13}C_1$ 值为 -69.6‰~-66.6‰,其次是葡浅气藏和保山气田,$\delta^{13}C_1$ 值均小于 -60‰,最重的是敖南气藏,$\delta^{13}C_1$ 值为 -56.5‰~-54.2‰,阿拉新气田 $\delta^{13}C_1$ 值分布在 -59.1‰~-56.3‰(表 6-1)。

第六章 生物气轻烃地球化学特征及其成因

表 6-1 生物气气田(藏)天然气组分及其碳、氢同位素组成

盆地	气田(藏)	井号	井段(m)	层位	$\delta^{13}C$(‰,VPDB) CO_2	CH_4	C_2H_6	$C_2H_6-CH_4$	$\delta^2H_{C_1}$(‰,VSMOW)	天然气组分(%) CH_4	C_2H_6	C_3H_8	N_2	CO_2	$C_1/(C_1-C_5)$
保山盆地	保山气田	保1	595.0~599.6	N_2	—	-63.2	-47.7	15.5	-269.0	97.6	0.1	0.0	0.8	1.4	1.0
		保1-1	357.6~376.2	N_2	—	-63.2	-48.4	14.8	-254.0	97.0	0.1	0.0	0.8	2.0	1.00
		保1-3	507.0~579.4	N_2	—	-63.8	-48.3	15.5	-261.0	98.3	0.1	0.0	0.8	0.7	1.00
		保2	456.0~478.0	N_2	—	-63.9	-48.4	15.5	-253.0	97.4	0.1	0.0	1.0	1.5	1.00
		保2-2	536.4~547.0	N_2	—	-62.4	-48.3	14.1	-259.0	98.7	0.1	0.0	0.8	0.4	1.00
柴达木盆地	涩北1号气田	涩4-15	1447.8~1456.4	Q	—	-67.8	-46.4	21.4	-228.2	99.7	0.1	0.0	0.0	0.1	1.00
		涩3-23	—	Q	—	-67.6	-44.8	22.8	-231.3	99.9	0.1	0.0	0.0	0.0	1.00
		新涩4-3	—	Q	—	-68.4	-47.8	20.6	-230.3	99.5	0.1	0.0	0.2	0.3	1.00
		涩3-21	1225.0~1245.5	Q	—	-66.6	-45.8	20.8	-234.3	99.5	0.1	0.0	0.1	0.0	1.00
		涩深15	1349.2~1369.8	Q	—	-68.0	-47.4	20.6	-230.0	99.8	0.1	0.0	0.1	0.0	1.00
		涩深13	1048.0~1082.0	Q	—	-69.6	-44.7	24.9	-228.4	99.8	0.1	0.0	0.1	0.0	1.00
	阿拉新气田	杜V-3	781.2~792.4	K_2y	0.8	-57.6	-46.2	11.4	-241.0	93.9	0.1	0.0	5.9	0.1	1.00
		杜6	737.0~746.0	K_2y	-1.9	-59.1	-46.7	12.4	-234.0	90.6	0.0	0.0	9.2	0.1	1.00
		杜603	872.3~972.5	K_2y	-3.9	-58.5	-51.3	7.2	-240.0	91.7	0.0	0.0	8.0	0.1	1.00
		杜II-2	761.7~783.9	K_2y	-2.7	-56.3	-44.2	12.1	-240.0	94.8	0.3	0.1	4.7	0.2	1.00
松辽盆地	葡浅气藏	葡浅5-61	251.3~260.3	K_2n	3.2	-61.7	-35.6	26.1	-266.0	42.6	1.6	0.6	0.9	52.8	0.96
		葡浅6-更61	264.2~275.2	K_2n	2.7	-60.0	-37.4	22.6	-271.0	63.8	1.2	0.0	3.3	31.4	0.98
	敖南气藏	敖7	491.8~496.2	K_2n	—	-54.8	-38.7	16.1	-242.0	97.2	0.3	0.0	2.4	0.0	1.00
		敖浅1	769.6~774.8	K_2n	—	-54.2	-37.3	16.9	-243.0	97.4	0.4	0.0	2.0	0.1	1.00
		茂702	630.2~644.2	K_2n	—	-56.5	-42.2	14.3	-240.0	96.8	0.3	0.0	2.9	0.0	1.00

乙烷碳同位素也较轻，$\delta^{13}C_2$ 值分布在 −51.3‰~−35.6‰，保山气田、涩北气田和阿拉新气田 $\delta^{13}C_2$ 值小于 −44.2‰，而葡浅气藏和敖南气藏乙烷碳同位素较重，$\delta^{13}C_2$ 值分布在 −42.2‰~−35.6‰。甲烷、乙烷碳同位素差值最大的是葡浅气藏，$\delta^{13}C_2 - \delta^{13}C_1$ 值为 26.1‰~33.4‰，其次是涩北1号气田，最小的是阿拉新气田，$\delta^{13}C_2 - \delta^{13}C_1$ 值为 7.2‰~12.4‰。

阿拉新气藏和葡浅气藏 CO_2 碳同位素很重，$\delta^{13}C_{CO_2}$ 值为 −3.9‰~3.2‰，与沉积碳酸盐岩热变质形成的 CO_2 碳同位素相近，另外，根据 ГуцалоЛ. К. 等（1981）提出的 CO_2—CH_4 共生体系的 CO_2 成因分类图，阿拉新气藏和葡浅气藏天然气落到生物成因 CH_4 和 CO_2 共存体系的范围内，同位素较重的 CO_2 可能是由微生物作用生成的。

根据研究，生物气甲烷碳同位素判识标准有两种：一是 $\delta^{13}C_1 < -60‰$（徐永昌，2005；ГуцалоЛ. К. 等，1981）；二是 Rice(1981) 和戴金星等(1993) 认为生物气 $\delta^{13}C_1 < -55‰$。阿拉新气田 $\delta^{13}C_1$ 值分布在 −60‰~−55‰，结合 CO_2 同位素的分布特征显示其为生物成因，因此，如按后一种标准，5 个气田（藏）中天然气均为生物气。

三、生物气氢同位素分布特征

天然气氢同位素见表 6 - 1，甲烷氢同位素比较轻，$\delta^2H_{C_1}$ 分布在 −271.0‰~−228.2‰，平均为 −246.4‰。其中，葡浅气藏和保山气田天然气氢同位素最轻，$\delta^2H_{C_1}$ 值分别为 −271.0‰ 和 −269.0‰，而涩北1号气田天然气甲烷氢同位素最重，$\delta^2H_{C_1}$ 平均为 −230.4‰，阿拉新气田和敖南气藏天然气氢同位素比值介于两者之间，均值分别为 −238.8‰ 和 −241.7‰。

不同生物气藏中氢同位素变化与生物气形成途径和沉积时的水介质有关。乙酸发酵生物化学作用形成的生物气具有较重的碳同位素和较轻的氢同位素组成特征。CO_2 还原生物化学作用形成的生物气碳同位素较轻，而氢同位素较重（Whiticar 等，1986），根据 Whiticar 等（1999）提出的模式对 5 个气田（藏）的生物气成因进行了研究，柴达木盆地涩北1号气田生物气为 CO_2 还原生物化学作用形成，而保山气田、阿拉新、葡浅和敖南气田生物气主要落在乙酸发酵和 CO_2 还原成气作用的过渡区（图 6 - 2），为两种作用的混合成因。

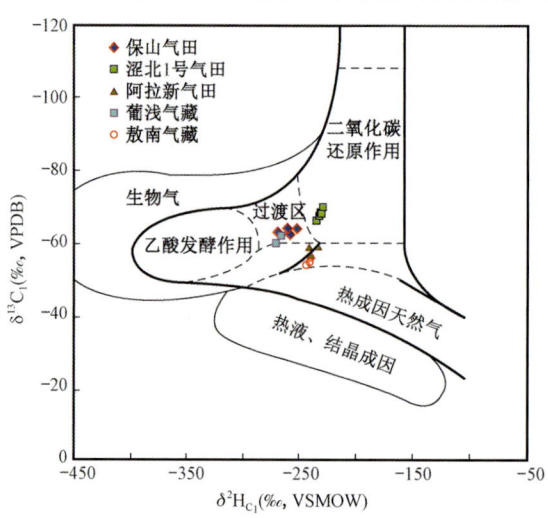

图 6 - 2　生物气田天然气成气作用模式图
底图图版据 Whiticar，1999

第三节 生物气轻烃地球化学特征

5个气田(藏)天然气轻烃分布如表6-2、图6-3、图6-4所示。生物气轻烃组成具有如下特点。

表6-2 生物气田天然气 C_6—C_7 轻烃各类化合物组成

盆地	气田(藏)	井号	轻烃中各类化合物含量(%)			
			正构烷烃	异构烷烃	环烷烃	芳香烃
保山盆地	保山	保1	13.7	40.7	42.8	2.9
		保1-1	6.1	40.2	50.7	3.0
		保1-3	7.8	44.3	45.1	2.7
		保2	5.1	22.0	71.4	1.4
		保2-2	9.7	40.9	47.5	1.9
		平均	8.5	37.6	51.5	2.4
柴达木盆地	涩北1号	涩深4-15	23.5	41.3	24.7	10.5
		涩3-23	31.7	45.5	8.4	14.4
		新涩4-3	22.6	45.6	23.1	8.7
		涩3-21	25.0	42.4	21.7	10.9
		涩深15	28.4	47.2	8.8	15.6
		涩深13	21.4	49.9	16.4	12.3
		平均	25.4	45.3	17.2	12.1
松辽盆地	葡浅	葡浅6-更61	6.9	57.8	32.8	2.5
		葡浅5-61	10.8	64.0	21.3	3.9
		平均	8.8	60.9	27.1	3.2
	阿拉新	杜V-3	15.3	32.9	49.7	2.1
		杜6	28.0	31.0	30.9	10.1
		杜603	18.7	35.4	44.1	1.8
		杜Ⅱ-2	17.0	27.9	51.7	3.4
		平均	19.7	31.8	44.1	4.4
	敖南	敖7	20.7	32.8	46.5	0.0
		敖浅1	8.1	24.3	65.5	2.1
		茂702	20.0	32.3	47.7	0.0
		平均	16.3	29.8	53.2	0.7

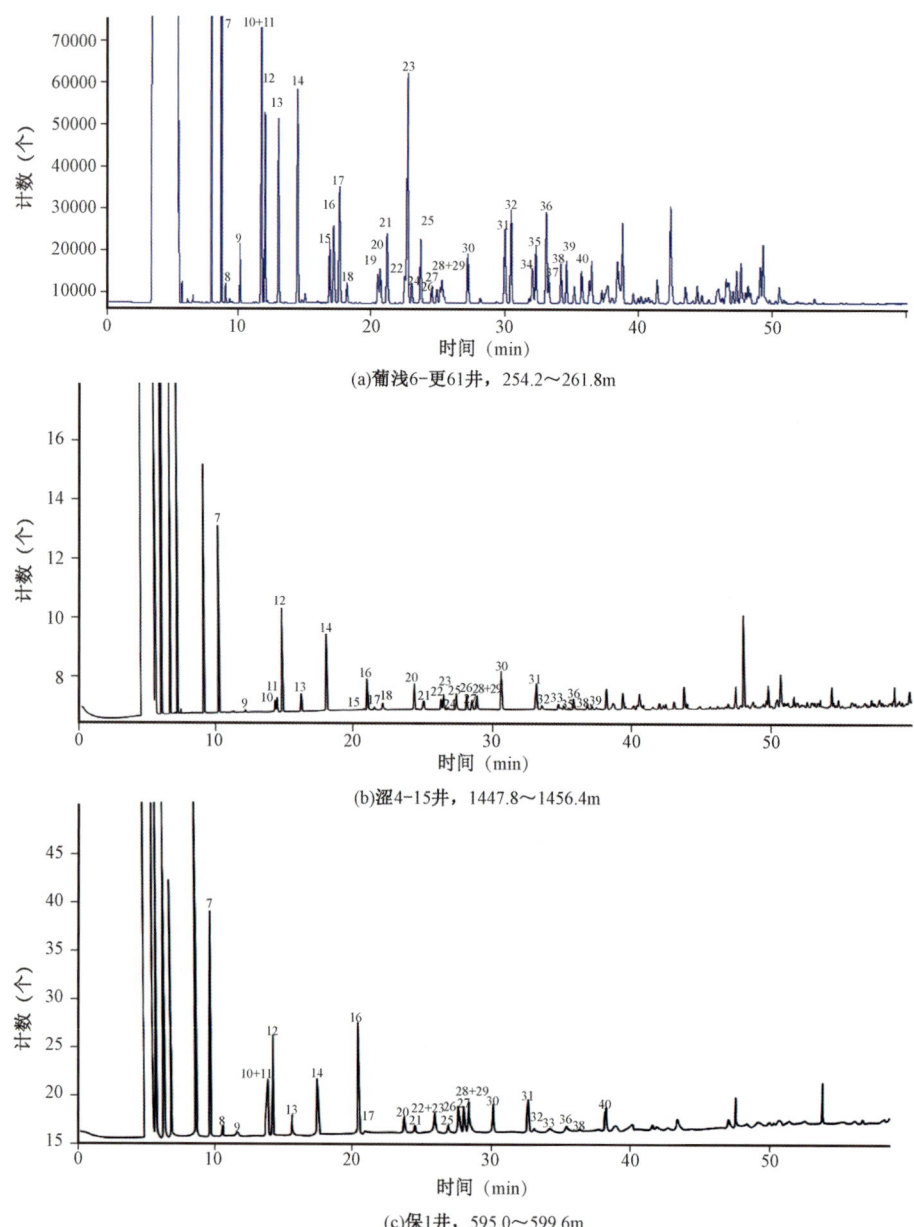

图6-3 葡浅、涩北1号和保山生物气田(藏)天然气轻烃分布色谱图

7—异戊烷;8—正戊烷;9—2,2-二甲基丁烷;10—环戊烷;11—2,3-二甲基丁烷;12—2-甲基戊烷;13—3-甲基戊烷;14—正己烷;15—2,2-二甲基戊烷;16—甲基环戊烷;17—2,4-二甲基戊烷;18—2,2,3-三甲基丁烷;19—苯;20—3,3-二甲基戊烷;21—环己烷;22—2-甲基己烷;23—2,3-二甲基戊烷;24—1,1-二甲基环戊烷;25—3-甲基己烷;26—1,顺-3-二甲基环戊烷;27—1,反-3-二甲基环戊烷;28—3-乙基戊烷;29—1,反-2-二甲基环戊烷;30—正庚烷;31—甲基环己烷;32—2,2-二甲基己烷;33—乙基环戊烷;34—2,5-二甲基己烷;35—2,4-二甲基己烷;36—1,反-2,顺-4-三甲基环戊烷;37—3,3-二甲基环己烷;38—1,反-2,顺-3-三甲基环戊烷;39—2,3,4-三甲基戊烷;40—甲苯

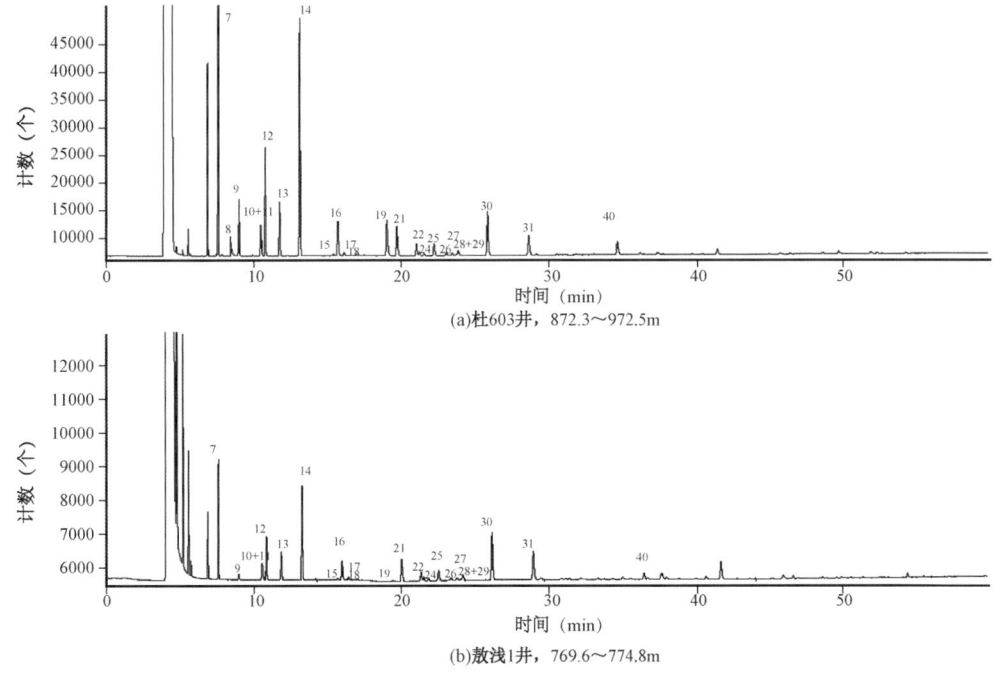

图 6-4 阿拉新气田和敖南气藏天然气轻烃分布色谱图

7—异戊烷;8—正戊烷;9—2,2-二甲基丁烷;10—环戊烷;11—2,3-二甲基丁烷;12—2-甲基戊烷;13—3-甲基戊烷;14—正己烷;15—2,2-二甲基戊烷;16—甲基环戊烷;17—2,4-二甲基戊烷;18—2,2,3-三甲基丁烷;19—苯;20—3,3-二甲基戊烷;21—环己烷;22—2-甲基己烷;23—2,3-二甲基戊烷;24—1,1-二甲基环戊烷;25—3-甲基己烷;26—1,顺-3-二甲基环戊烷;27—1,反-3-二甲基环戊烷;28—3-乙基戊烷;29—1,反-2-二甲基环戊烷;30—正庚烷;31—甲基环己烷;32—2,2-二甲基己烷;33—乙基环戊烷;34—2,5-二甲基己烷;35—2,4-二甲基己烷;36—1,反-2,顺-4-三甲基环戊烷;37—3,3-二甲基环己烷;38—1,反-2,顺-3-三甲基环戊烷;39—2,3,4-三甲基戊烷;40—甲苯

一、在 $\delta^{13}C_1$ 小于 $-60‰$ 的生物气中异构烷烃含量很高

C_6—C_7 轻烃中的正构烷烃、异构烷烃、环烷烃和芳香烃等各类化合物相对含量分析结果表明,生物气轻烃中的异构烷烃含量分布范围较广,分布在 22.0%~64.0%。在 $\delta^{13}C_1$ 小于 $-60‰$ 的保山气田、涩北 1 号气田和葡浅气藏中,异构烷烃含量很高,分布在 22%~64.0%,其中,松辽盆地葡浅气藏异构烷烃含量最高,在轻烃色谱图中(图 6-3a),以 2,3-二甲基戊烷为主峰,异构化合物如 2-甲基戊烷、3-甲基戊烷和 2,4-二甲基戊烷含量也很高,在 C_6—C_7 轻烃组成中,异构烷烃含量占 57.8%~64.0%,平均为 60.9%。柴达木盆地涩北 1 号气田在 C_6—C_7 轻烃分布中,以 2-甲基戊烷为主峰(图 6-3b),异构烷烃为 41.3%~49.9%,平均为 45.3%。

二、在 $\delta^{13}C_1$ 大于 $-60‰$ 的阿拉新气田和敖南气藏中环烷烃含量较高

松辽盆地浅层阿拉新气田和敖南气藏天然气 $\delta^{13}C_1$ 值均大于 $-60‰$,这些气田天然气轻烃组成主要以环烷烃为主,在 C_6—C_7 轻烃色谱图中(图 6-4),阿拉新气田和敖南气藏虽以正己烷为主峰,但甲基环戊烷、环己烷和甲基环己烷等化合物含量也较高。在阿拉新气田,环烷烃

含量占 30.9% ~ 51.7%,平均为 44.1%,敖南气藏为 46.5% ~ 65.5%,平均为 53.2%。另外,在这两个气田中,环烷烃含量最高,其次是异构烷烃(阿拉新气田平均为 31.8%,敖南气藏为 29.8%)。

三、保山气田异构烷烃和环烷烃含量均较高

保山气田天然气轻烃分布气相色谱见图 6-3,在 C_6—C_7 轻烃分布中,以甲基环戊烷为主峰,在正构烷烃、异构烷烃、环烷烃和芳香烃 4 类化合物中(表 6-2),环烷烃和异构烷烃含量均较高,环烷烃含量占 42.8% ~ 71.4%,平均为 51.5%,异构烷烃含量占 22.0% ~ 44.3%,平均为 37.6%,而正构烷烃和芳香烃含量均较低,平均为 8.5% 和 2.4%。

第四节 生物气轻烃成因

由于生物气中轻烃的含量较低,只要有一部分外源的混入将会改变原始轻烃的面貌,因此,在讨论生物气轻烃的成因时,轻烃和甲烷的同源性是需要考虑的一个重要问题。保山盆地最大沉积厚度为 1700m 左右,烃源岩有机质成熟度(R_o)小于 0.4%,且基底无生气条件,没有外源混入的可能。涩北 1 号气田气样分布在 1048.0 ~ 1456.4m 的范围,且该区砂泥交互频繁,在断层不发育的涩北地区,如有从深部运移上来轻烃混入,从深部到浅部由于运移分馏作用影响轻烃组成分布将具有规律性变化,但从表 6-1 可以看出,在 400m 深度范围内轻烃组成不存在这种规律性变化。在 3 个盆地中最有可能发生生物气与热成因气混合的气田(藏)是松辽盆地北部的 3 个生物气田(藏)。松辽盆地北部中浅层烃源岩有机质类型为生油潜力较高的 II 型干酪根,这类烃源岩生成的轻烃正构烷烃含量应较高,表 6-3 列出了盆地北部热成因天然气 C_6—C_7 轻烃各类化合物分布,热成因天然气轻烃组成正构烷烃含量很高,基本大于 40%,而此次研究的 3 个气田(藏)正构烷烃相对含量均较低,与热成因天然气轻烃组成存在明显的差别,说明生物气中轻烃来源于热成因天然气的可能性较小。从以上分析结果认为这 5 个生物气田甲烷和轻烃之间应具有同源性。

表 6-3 松辽盆地北部生物气和热成因气 C_6—C_7 轻烃各类化合物组成对比表

类型	井号	埋深(m)	层位	$\delta^{13}C_1$ (‰, VPDB)	轻烃中各类化合物含量(%)			
					正构烷烃	异构烷烃	环烷烃	芳香烃
生物气	葡浅 6-更 61	251.3 ~ 260.3	K_1n	-61.7	6.9	57.8	32.8	2.5
	葡浅 5-61	264.2 ~ 275.2	K_1n	-60.0	10.8	64.0	21.3	3.9
	杜V-3	781.2 ~ 792.4	K_1y	-57.6	15.3	32.9	49.7	2.1
	杜6	737.0 ~ 746.0	K_1y	-59.1	28.0	31.0	30.9	10.1
	杜603	872.3 ~ 972.5	K_1y	-58.5	18.7	35.4	44.1	1.8
	杜II-2	761.7 ~ 783.9	K_1y	-56.3	17.0	27.9	51.7	3.4
	敖7	491.8 ~ 496.2	K_1n	-54.8	20.7	32.8	46.5	0.0
	敖浅1	769.6 ~ 774.8	K_1n	-54.2	8.1	24.3	65.5	2.1
	茂702	630.2 ~ 644.2	K_1n	-56.5	20.0	32.3	47.7	0.0

续表

类型	井号	埋深(m)	层位	$\delta^{13}C_1$(‰, VPDB)	轻烃中各类化合物含量(%)			
					正构烷烃	异构烷烃	环烷烃	芳香烃
热成因气	大72-76	1565.6~1572.8	K_1n	-49.8	49.4	26.0	23.3	1.3
	碧38-30	1455.9~1466.9	K_1y	-50.5	45.8	30.4	22.0	1.8
	碧26-34	1442.4~1460.3	K_1y	-49.3	44.6	29.8	25.5	0.0
	敖250-78	1118.8~1125.3	K_1y	-43.4	46.2	31.5	21.8	0.5
	长501	573.7~591.1	K_1q	-31.3	40.2	23.6	27.2	9.0

因此,此次在5个生物气田(藏)天然气轻烃详细分析的基础上,开展轻烃的成因研究,并认为生物气轻烃生成主要有微生物作用和催化作用。

一、微生物作用

微生物作用是轻烃生成的一个重要途径。在现代沉积物中检测到一些 C_1—C_8 轻烃化合物(Hunt,1975;Hunt 等,1980;Whelan 等,1982;Schaefer,1983),并且在低温(<30℃)的细粒沉积物中烃类浓度的变化与岩性有关,说明这些轻烃是在微生作用过程中原地生成的。Hunt 等(1980)根据实验室内对天然萜类所作的细菌培养实验,首次报道由微生物活动可以产生 C_4—C_7 轻烃,Whelan 等(1982)在沉积时间较短(<400年)、低温(<50℃)的沉积物中发现了轻烃,并认为这些轻烃是通过低温化学和生物化学反应生成的。因此,毋庸置疑,微生物作用可以生成轻烃。

5个生物气田(藏)烃源岩埋藏均较浅,有机质经历的地温较低(一般低于50~60℃),有机质类型以Ⅱ—Ⅲ型为主,对应的干酪根 R_o 小于0.5%,在这种地质条件下,早期埋藏阶段沉积中有大量微生物存在,该阶段的化学反应以生物化学作用为主,微生物通过生物化学作用改造其周围的沉积有机质,可以将其分解为简单分子,如甲烷、二氧化碳和轻烃等。

通过对5个生物气田(藏)天然气轻烃组成分析,认为涩北1号气田、保山气田和葡浅气藏天然气轻烃可能是由微生物降解有机质形成的,主要有3个方面的证据。

(1)生物气轻烃中具有高含量的异构烷烃,并与 $\delta^{13}C_1$ 值呈负相关关系。

异构烷烃的成因与微生物作用有密切的关系。Kaneda(1977)指出在细菌类脂物中,2-甲基羧酸和3-甲基羧酸相当普遍,Hartgers 等(1994)认为异构烷烃的来源主要与微生物降解作用有关,微生物体中含有这类结构的烷烃、酸和醇。因此,微生物作用形成的轻烃具有一个重要的特点是异构烷烃含量高,王铁冠等(1995)对板桥原油轻烃研究发现,轻烃中异构烷烃含量很高,而芳香烃和环烷烃含量很低,认为与细菌降解有机质成因有关。5个生物气田(藏)天然气轻烃中异构烷烃含量均较高,特别是在保山气田、涩北1号气田和葡浅气藏,异构烷烃含量大多高于40%,并且,异构烷烃含量的分布与生物气 $\delta^{13}C_1$ 值呈明显的负相关性(图6-5)。

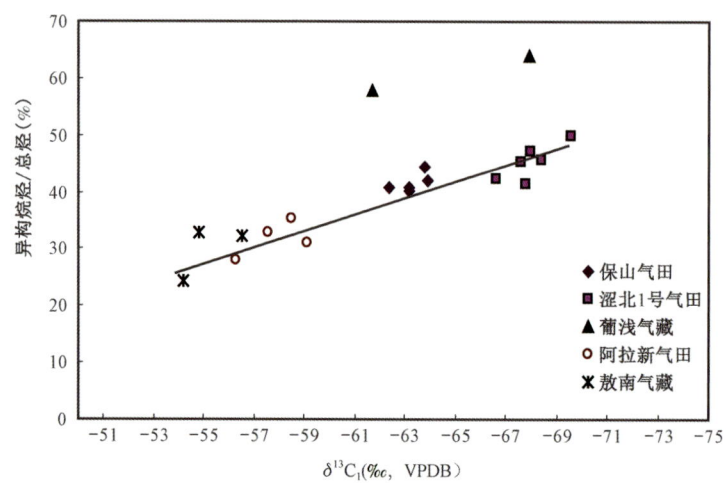

图 6-5 生物气 C_6—C_7 异构烷烃含量与 $\delta^{13}C_1$ 值之间的关系

异构烷烃含量与 $\delta^{13}C_1$ 值之间的相关关系：① $y = -1.31x - 43.1$，$R^2 = 0.9$（不含葡浅气藏）；
② $y = -1.51x - 51.6$，$R^2 = 0.6$（含葡浅气藏）

生物气碳同位素分馏与有机质经微生物作用的地温有很大关系，随着地温增高，$\delta^{13}C_1$ 值逐渐增加。在松辽盆地浅层烃源岩有机质类型基本相似，但由于葡浅气藏分布区烃源岩埋藏浅，地温较低，微生物作用较强，生物气甲烷碳同位素较轻，同时，由于微生物作用生成的轻烃中异构烷烃含量较高。而阿拉新气田和敖南气藏由于埋藏较深，地温增高，形成的生物气富集 ^{13}C，$\delta^{13}C_1$ 值增加，尽管仍然存在微生物作用，但由于地温逐渐增高，有机质经热作用或低温催化作用加强，使得与催化成因有关的环烷烃等化合物含量增加，从而使异构烷烃的相对含量降低。异构烷烃和 $\delta^{13}C_1$ 值之间的负相关性说明微生物作用对轻烃中异构烷烃生成具有重要影响，在葡浅气藏、保山气田和涩北 1 号气田异构烷烃较高，甲烷碳同位素较轻，同时也具有甲烷氢同位素也较轻的分布特征（表 6-1），涩北 1 号气田由于该区高地层水矿化度对氢同位素的影响，分布具有异常。另外，也注意到葡浅气藏由于异构烷烃含量很高而偏离与其他气田（藏）样品组成的相关关系，而且前述该气藏在天然气乙烷含量和 CO_2 含量等方面与其他气田（藏）之间存在显著差异，表明葡浅气藏在天然气来源的复杂性有待进一步研究。但是，从甲烷碳、氢同位素和异常高含量的异构烷烃分布等总体分析，葡浅气藏烃类气体主要由微生物成因是比较认可的。

(2) 轻烃分布具有 2,2-二甲基丁烷和 2-甲基戊烷优势。

微生物降解作用形成的轻烃在异构烷烃分布中具有 2,2-二甲基丁烷和 2-甲基戊烷优势。Hunt（1980）根据实验室内对发呢醇、β-胡萝卜素等在金属罐和浆液瓶中模拟结果表明，在产物中检测到 2,2-二甲基丁烷和 2-甲基戊烷等甲基烷烃，在保山气田、涩北 1 号气田和葡浅气藏天然气 C_6 异构烷烃分布中，2,2-二甲基丁烷和 2-甲基戊烷相对含量很高，占 40%～82%，平均为 67%，而在阿拉新气田和敖南气藏中，这些异构烷烃含量相对较低，一般小于 40%，不同气田天然气轻烃异构烷烃组成的这种差异可能反映了保山气田、涩北 1 号气田和葡浅气藏天然气轻烃成因可能与微生物降解作用有很大关系。

（3）含有一定量的苯和甲苯化合物。

一般认为轻烃的苯和甲苯主要来源于腐殖型有机质或有机质在高温演化阶段的热解产物，在5个生物气田天然气中均检测出一定量的苯和甲苯化合物，显然，在这些气田（藏）分布区这些化合物与热演化作用和有机质类型之间并无成因关系。但Hunt等（1980）在厌氧环境中对β-胡萝卜素开展实验研究检测出甲苯等化合物，在对处于瓦尔维斯湾的强还原环境的现代海洋沉积物中轻烃分布研究证实，甲苯占表层沉积物C_4—C_7轻烃含量的70%，说明甲苯是厌氧生物的降解产物，各气田生物气轻烃中的苯和甲苯含量分布如表6-3所示，在生物气中均检测到苯和甲苯，通过对涩北1号气田浅层沉积物热解析方式测定的轻烃色谱图如图6-6所示，在C_6和C_7轻烃中苯和甲苯含量非常高，占85%，浅层沉积物中吸附有大量的轻芳香烃。根据实验，有机质在119℃下加热15min都没有甲苯生成（Thompson，1979），涩北气田地温梯度为3.78℃/100m，在埋深1500m处的地温为67.5℃，通过有机质热降解作用形成轻烃的可能性不大。

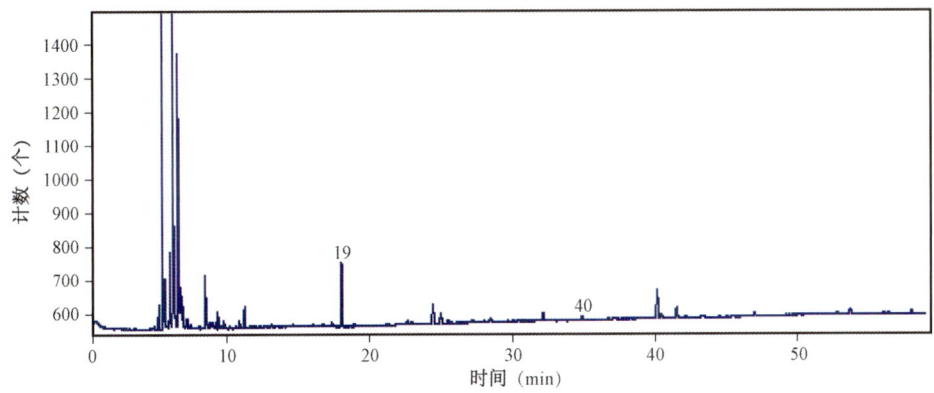

图6-6 柴达木盆地东部涩23井549m处灰色泥岩热解吸气的轻烃色谱图（100℃）

通过以上分析，认为保山气田、涩北1号气田和葡浅气藏高含量的异构烷烃可能反映生物气轻烃生成主要为微生物降解作用。

二、催化成因

催化作用是轻烃形成的一个主要机理。关于轻烃的催化成因主要有两种：一种是Mango（1992）认为过渡金属是形成轻烃的催化剂，石蜡和氢由干酪根分解而来，在催化剂作用下C—C键断裂和重组而形成轻烃。轻烃的另一种催化裂解成因是路易斯酸做催化剂，使得长链烷烃裂解成大量的低分子异构烷烃，Kissin等（1990）研究表明，黏土有机质的复合物在缓慢加热条件下会脱酸，形成烷烃、环烷烃和芳香烃，一般认为中温（<125℃）下以催化裂解为主，高温下则以热裂解（自由基断裂）为主。

表6-2中保山气田、阿拉新气田和敖南气藏轻烃中环烷烃含量很高，分别占51.5%、44.1%和53.2%。关于环烷烃来源，Thompson（1983）认为环烷烃是由重的多环先驱物热降解

形成的,但也有人认为通过多环先驱物在地质温度下很难降解成环烷烃,环断裂需要很高的活化能。胆甾烷在热降解条件下可以将烷基完全断裂(4周时间,330℃),但只生成少量的环烷烃,在较高的温度下可能生成少量的环烷烃。但是,从前面3个气田发育盆地的地质—地球化学特征分析,烃源岩成熟度R_o均小于0.5%,经历的地温小于50℃,显然这些地区不具有多环先驱物热降解形成的温度条件。高环烷烃的来源可能与腐殖型烃源岩有关,在煤成烃轻烃中环烷烃的含量非常高(Hu等,2008),然而,与生物气伴生的轻烃中高含量环烷烃分布并非与烃源岩有机质类型有相关关系,如在三湖地区烃源岩有机质类型以陆源腐殖型为主,但轻烃中的环烷烃相对含量并不高,但是,在敖南气藏和阿拉新气田分布区,烃源岩有机质类型主要为Ⅱ型,但天然气轻烃中的环烷烃含量反而更高。

因此,认为生物气轻烃中较高含量环烷烃成因与催化作用有关。根据Mango(1994)研究,在还原条件下过渡金属是轻烃生成的良好催化剂,催化作用经过3-,5-和6-环状化合中间体,在Zr和Ti等过渡金属的催化下,有利于1,3-二取代基环戊烷环状化合物形成,在Ti等过渡金属的催化作用下有助于1,3-二取代基环己烷环状化合物形成。Mango(1992)通过对正十八烷和胆甾烷模拟后证实在无催化剂下胆甾烷在热降解条件下可以将烷基完全断裂,胆甾烷只生成少量的环烷烃,但在催化作用下可以生成丰富的环烷烃。图6-7为C_6—C_7轻烃中环烷烃含量与$\delta^{13}C_1$值关系,两者之间具有正相关关系,随着$\delta^{13}C_1$值的增加,环烷烃含量增高,这可能是在低温条件下,由于催化作用,使得生成的轻烃中环烷烃含量增高。

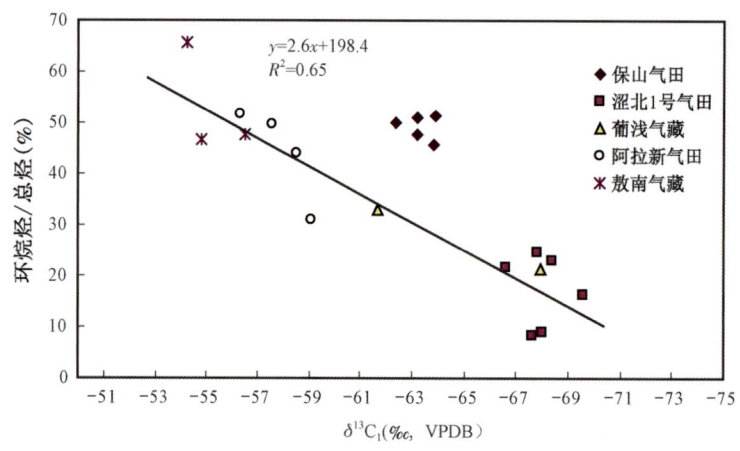

图6-7 生物气C_6—C_7环烷烃含量与$\delta^{13}C_1$值之间的关系

三、成因意义

生物气轻烃成因及分布的研究可以深化对有机质在低温演化阶段轻烃生成机理,完善有机质在成气过程中轻烃生成演化序列,同时为低温演化阶段天然气成因研究提供依据。

(一)完善轻烃生成演化序列

轻烃生成有多种机理,如热裂解作用、催化作用(过渡金属催化和酸性黏土催化)和微生物作用。在不同演化阶段,轻烃生成的机理有差异,对轻烃在高温阶段热裂解和热催化裂解的研究很多,但对在 R_o 小于 0.5% 的地质条件下轻烃生成及分布研究很少,通过对低温演化阶段天然气轻烃的生成及分布研究可以为完善地质演化过程轻烃生成的演化序列提供重要的依据。

在低温演化生物气生成阶段,轻烃的生成主要以微生物作用和催化作用为主。在低温条件下,由于细菌作用活跃,轻烃生成以微生物作用为主,表现出异构烷烃含量高的特点,如涩北1号气田和葡浅气藏,而随着地温增加,轻烃生成逐渐过渡到以过渡金属催化作用为主,表现出环烷烃含量高的特点,如阿拉新气田和敖南气藏。微生物作用最有利的地温为 35~45℃,R_o 小于 0.3%,而催化作用主要发生在地温为 50~85℃,R_o 为 0.3%~0.6%(刘树根等,1998)。保山气田天然气异构烷烃和环烷烃均较高,轻烃生成可能主要由微生物和催化共同作用的结果,保山盆地烃源岩成熟度 R_o 为 0.31%~0.45%,地温梯度为 3.3℃/100m(顾树松等,1993),烃源层地温分布在 44~56℃,正处于微生物作用为主和催化作用为主的过渡阶段,刘树根等(1998)和徐永昌等(1999)均提到保山气田生物气有催化过渡带气的贡献,这些均说明保山气田生物气轻烃生成可能主要由微生物和催化共同作用的。因此,通过对与生物气轻烃组成研究,可以完善轻烃生成的演化序列,为轻烃在油气地质研究中发挥更重要的作用提供理论基础。

(二)深化低温演化阶段天然气成因的认识

研究低温演化阶段天然气轻烃的生成及分布特征可以进一步深化认识天然气成因类型,在低温演化阶段,天然气轻烃分布不受有机质类型影响,主要受微生物作用和低温催化作用影响。在低温演化阶段,天然气成因类型主要有生物气和热催化过渡带气(现称为低熟气)(徐永昌等,2008),严格鉴别这两种成因天然气类型目前存在一定的难度。

低温演化阶段天然气轻烃的生成和分布研究虽然不能完全解决生物气和低熟气的鉴别问题,但对识别这两种成因天然气绝对有价值。在 $\delta^{13}C_1$ 值小于 -60‰ 的涩北1号气田和葡浅气藏,天然气甲烷碳同位素很轻,与微生物作用有关的异构烷烃含量很高,反映天然气成因以微生物作用为主,而在 $\delta^{13}C_1$ 值大于 -60‰ 的阿拉新气田和敖南气藏,与催化作用有关的环烷烃含量很高,反映这些气田天然气除微生物作用之外,还有热催化过渡带气的混合。保山气田天然气轻烃中的环烷烃含量很高,可能有低温热催化过渡带气的混合,这一观点在刘树根等(1998)和徐永昌等(1999)的著作中已有论述。因此,通过轻烃成因和分布的研究可以为判识低温演化阶段天然气来源提供依据。

第七章 煤成气和油型气地球化学特征及成因鉴别

第一节 煤成气轻烃地球化学特征

近几年来,我国发现了一大批煤成气大气田,使得煤成气大气田在我国天然气工业发展中占有举足轻重的地位,关于煤成气成因的轻烃鉴别研究已取得了一些进展,本书对鄂尔多斯、塔里木、四川、松辽、准噶尔等盆地发现的煤成气气田进行采样,系统分析我国煤成气 C_5—C_7 轻烃组分和碳同位素组成特征。

一、煤成气轻烃组分组成特征

对我国陆上主要含气盆地(鄂尔多斯、塔里木、松辽、准噶尔和四川等盆地)23 个典型煤成气气田采集 205 个天然气样品开展了轻烃组成分析,煤成气轻烃组成特征如下。

(一)C_7 轻烃各类化合物具有甲基环己烷分布优势

23 个典型煤成气田代表性样品的煤成气轻烃组成如表 7-1 所示。在 C_6—C_7 链烷烃、环烷烃和芳香烃组成中,以链烷烃为主,分布在 25.1%~93.2%,平均为 51.8%;其次是环烷烃,分布在 6.6%~61.0%,平均为 35.8%;芳香烃含量最低,分布在 0.1%~33.7%,平均为 12.4%。

表 7-1 部分煤成气田天然气轻烃组成分布表

盆地	气田	井号	层位	C_6—C_7(%)			C_7 化合物含量(%)		
				链烷烃	环烷烃	芳香烃	正庚烷	二甲基环戊烷	甲基环己烷
鄂尔多斯盆地	中部气田	陕8	马五	65.0	32.2	2.8	24.3	12.9	62.8
		陕81	马五	69.9	28.6	1.5	27.4	10.9	61.6
		陕84	马五	36.7	49.0	14.3	17.5	16.2	66.2
		陕88	马五	64.5	34.0	1.5	24.5	7.8	67.7
		陕参1	马五	63.3	33.2	3.6	17.0	9.3	73.6
	苏里格气田	苏1	山1	61.8	33.8	4.4	12.2	10.3	77.6
		苏36-13	盒8	52.9	44.7	2.4	12.4	19.4	68.2
		桃6	盒8	49.5	46.3	4.2	10.7	19.2	70.1
		苏6	盒8	52.9	42.6	4.5	11.9	19.1	69.0
		苏8	盒8	39.7	50.0	10.3	11.2	15.6	73.3

续表

盆地	气田	井号	层位	C_6—C_7(%)			C_7 化合物含量(%)		
				链烷烃	环烷烃	芳香烃	正庚烷	二甲基环戊烷	甲基环己烷
鄂尔多斯盆地	榆林气田	榆24-13	山2	48.3	41.2	10.6	18.5	10.7	70.8
		榆26-12	山2	39.0	49.5	11.5	17.2	10.3	72.5
		榆27-11	山2	52.6	39.2	8.2	17.4	19.0	63.6
		榆27-11	山2	54.5	37.3	8.2	18.6	13.2	68.1
		榆28-12	山2	32.2	56.7	11.1	17.7	7.7	74.6
	大牛地气田	D13	山2	51.3	42.7	6.0	18.7	17.2	64.1
		D24	盒1	49.3	46.1	4.5	14.5	24.0	61.4
		D25	盒1	46.3	40.5	13.2	20.5	18.4	61.2
		DK4	盒3	52.4	38.7	8.9	33.2	12.8	54.0
		DK9	盒1	46.7	46.2	7.1	23.7	17.9	58.4
四川盆地	中坝气田	中16	须二	28.7	55.3	16.0	18.3	10.2	71.5
		中19	须二	48.6	42.9	8.5	18.8	10.0	71.2
		中34	须二	36.8	51.0	12.1	18.4	12.4	69.1
		中36	须二	27.4	57.1	15.5	17.8	10.5	71.7
		中44	须二	29.7	55.6	14.7	18.2	11.2	70.6
	观音场气田	音10	须六	56.7	32.8	10.5	34.1	11.0	54.9
		音17	须六	57.8	32.9	9.3	32.5	13.0	54.6
		音27	须四	58.4	31.6	10.0	33.8	11.9	54.2
	充西气田	西20	须四	45.6	44.3	10.2	15.9	19.6	64.5
		西35-1	须二	68.6	25.2	6.0	24.2	20.2	55.6
		西72	须四	26.2	61.0	12.8	12.3	15.6	72.2
	邛西气田	QX14	须二	34.1	36.5	29.4	20.2	17.7	62.1
		QX16	须二	39.5	40.8	19.7	31.1	20.4	48.5
		QX3	须二	25.1	43.9	31.0	10.5	19.6	69.9
		QX4	须二	29.1	43.0	27.9	10.9	20.6	68.5
		QX6	须二	28.7	39.4	31.9	14.4	17.6	68.0
	包浅气藏	包27	须二	39.1	51.3	9.6	22.3	17.6	60.0
		包浅1	须二	44.1	51.8	4.1	13.1	16.1	70.8
		包浅4	须四	47.0	36.0	17.0	32.4	10.3	57.3

续表

盆地	气田	井号	层位	C_6—C_7(%)			C_7 化合物含量(%)		
				链烷烃	环烷烃	芳香烃	正庚烷	二甲基环戊烷	甲基环己烷
四川盆地	八角场气田	角33	须二	46.0	46.3	7.7	15.8	15.5	68.8
		角47	须二	39.4	48.4	12.2	15.5	8.5	76.0
	金华镇气田	金17	须四	33.7	52.3	14.0	10.8	20.0	69.2
		金17	须四	36.0	50.0	14.0	11.7	13.6	74.8
	合川气田	女103	须二	67.1	27.8	5.2	20.6	22.7	56.7
		潼南1	须二、须四	71.2	23.4	5.4	26.7	24.3	49.0
	平落坝气田	平落13	J_2s	67.4	26.4	6.2	31.7	8.7	59.6
		平落2	须二	41.3	31.5	27.2	18.5	14.0	67.4
	遂南气田	遂37	须二、须四	40.3	47.5	12.2	23.5	14.4	62.2
		遂56	须二	69.5	25.1	5.4	23.0	24.2	52.8
塔里木盆地	迪那气田	迪那201		44.1	22.2	33.7	27.8	18.9	53.3
		迪那201		45.0	21.2	33.7	29.8	13.1	57.1
		迪那22		43.5	25.0	31.5	32.0	14.6	53.3
	克拉2气田	克拉201		68.1	30.7	1.3	7.2	31.5	61.4
		克拉202		85.2	14.2	0.6	12.5	34.2	53.4
	克孜气田	克孜1		82.2	17.6	0.2	14.3	38.7	47.0
	依南气田	依南2		80.8	18.9	0.3	13.6	41.9	44.5
		依南2c		91.4	8.4	0.2	16.3	39.8	43.9
		依南4		84.6	15.3	0.1	15.3	34.2	50.5
	牙哈凝析气田	牙哈3		57.4	19.6	23.0	34.7	15.6	49.7
		YH23-1-H1		54.8	25.1	20.1	36.1	15.1	48.8
		YH23-2-14		51.7	26.1	22.2	36.2	13.4	50.4
		YH303		54.0	24.7	21.2	35.8	15.2	49.0
	羊塔克气田	羊塔101		47.1	27.2	25.7	34.5	14.6	50.9
		YT1T		47.3	19.7	33.1	40.5	14.4	45.1
松辽盆地	汪家屯气田	汪深1		93.2	6.6	0.2	18.0	9.3	72.6
		卫深5		59.7	32.8	7.6	9.5	8.9	81.6
	五站气田	五206		70.3	29.5	0.2	20.1	18.3	61.6
		五501		42.1	33.5	24.4	37.3	0.0	62.7
		五深1		71.4	26.2	2.3	30.5	16.3	53.3
准噶尔盆地	呼图壁气田	呼2	紫泥泉子组	57.5	25.7	16.8	30.3	20.1	49.6
		呼001	紫泥泉子组	42.4	31.1	26.5	29.4	11.2	59.4
		呼2005	紫泥泉子组	47.3	28.1	24.6	30.3	12.4	57.4
		呼2006	紫泥泉子组	49.3	35.0	15.7	34.3	14.5	51.2
		呼002	紫泥泉子组	41.2	32.1	26.7	28.3	16.7	55.0

C_7 轻烃化合物包括正庚烷、甲基环己烷、二甲基环戊烷、甲苯和各个异构烷烃等多个化合物。图 7-1 为克拉 2、苏里格和榆林气田煤成气轻烃色谱图,在 C_7 轻烃各类化合物分布中,甲基环己烷为主峰,含量具有明显优势。在甲基环己烷、二甲基环戊烷和正庚烷组成三角图(图 7-2)中,取自塔里木、鄂尔多斯、四川、准噶尔和松辽等盆地 205 个煤成气样品中有 95% 的样品甲基环己烷含量大于 50%,分布在 43.9%～81.6%,平均为 61.5%;其次是正庚烷,分布在 7.2%～40.5%,平均为 21.9%;二甲基环戊烷含量最低,分布在 0.0～41.9%,平均为 16.6%。因此,在 C_7 轻烃化合物相对组成中甲基环己烷分布优势是煤成气轻烃组成的一个主要特征。

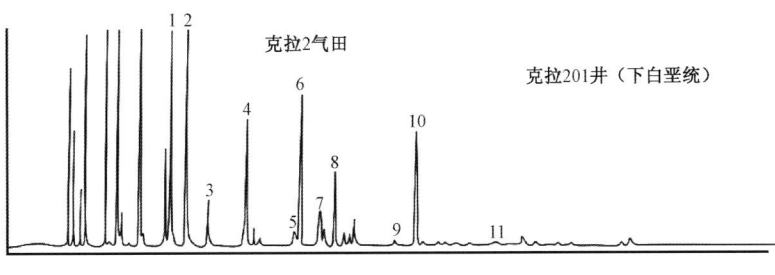

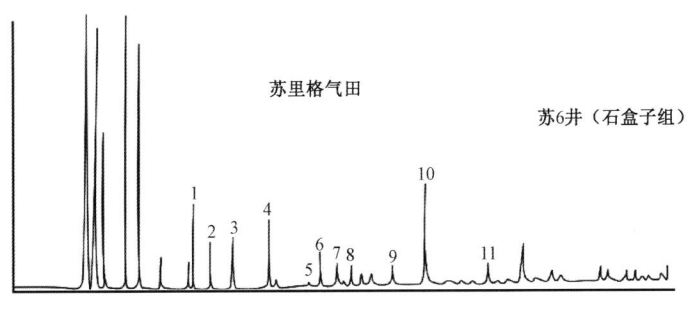

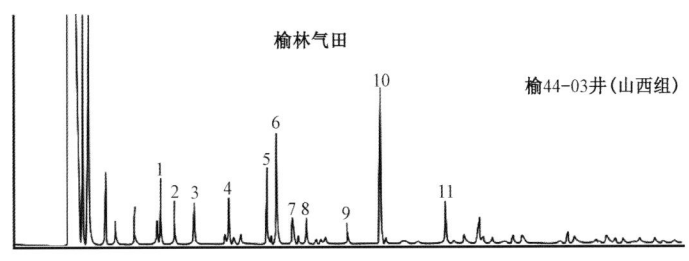

图 7-1 主要煤成气田天然气轻烃色谱图
1—2-甲基戊烷;2—3-甲基戊烷;3—正己烷;4—甲基环戊烷;5—苯;
6—环己烷;7—2-甲基己烷;8—3-甲基己烷;9—正庚烷;10—甲基环己烷;11—甲苯

在煤成气各气田轻烃 C_6—C_7 组成中,环烷烃含量变化很大,在中坝气田最高,相对含量分布在 42.9%～57.1%;而在塔里木盆地的库车坳陷含气系统各气田轻烃环烷烃含量相对较低,一般都小于 30%。在正庚烷、二甲基环戊烷和甲基环己烷相对组成中,甲基环己烷在 3 个化合物中相对含量是最高的。在各气田中中坝气田甲基环己烷含量最高,分布在 69.1%～71.7%;在塔里木盆地库车坳陷含气系统中,甲基环己烷含量相对其他盆地较低,分布在 43.9%～61.4%。

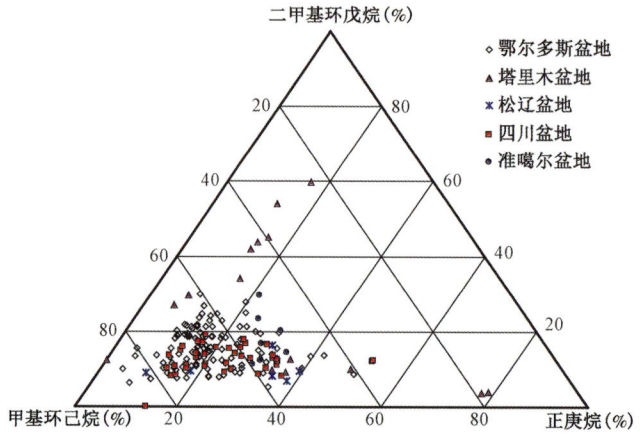

(a)甲基环己烷、二甲基戊烷和正庚烷含量组成三角图

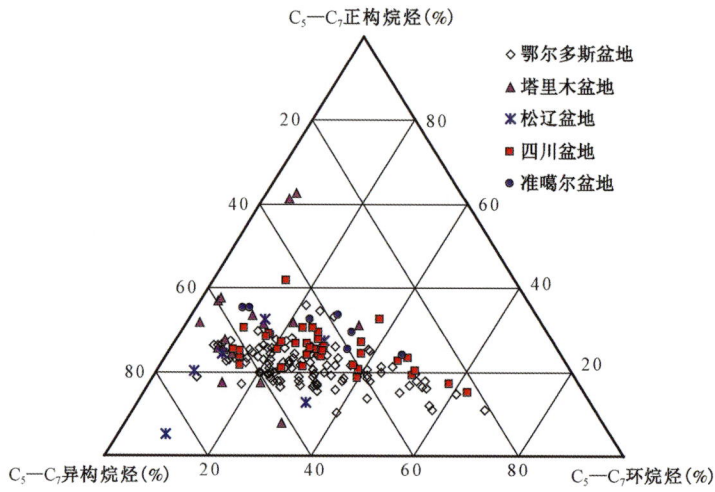

(b)C_5—C_7正构烷烃、异构烷烃、环烷烃含量组成三角图

图 7-2 煤成气轻烃组成三角图

关于环烷烃的成因目前也有不同的观点。Leythaeuser(1979)指出来源于腐泥型母质的轻烃组成中富含正构烷烃,而来源于腐殖型母质的轻烃组成中则富含异构烷烃和芳香烃;Snowdon(1982)认为富含环烷烃的凝析油也是陆源母质的重要特征;Thompson(1979、1982、1987)曾分别提出苯/正己烷、庚烷值、甲苯/正庚烷等参数与烃源岩干酪根类型有关。由于甲基环己烷主要来自高等植物的木质素、纤维素和糖类等,其热力学性质比较稳定,反映陆源母质类型的良好参数;各种结构的二甲基戊烷主要来自水生生物的甾类和萜类化合物中的环状类脂化合物;正构直链烃正庚烷的母源较复杂,主要来自细菌和藻类,也可来自高等植物的链状类脂体。因此,胡惕麟(1990)等提出甲基环己烷指数(系指烃中六元环烃甲基环己烷、五环烃各构型的二甲基戊烷和乙基环戊烷与直链烃正庚烷三端元组成的三元图)和环己烷指数等可以正确地、清晰地反映出烃源岩不同的母质属性和类型特征。煤成气轻烃分布最显著的特征是甲基环己烷优势分布。

甲基环己烷可能来源于烷基环己烷(Hoeven 等,1966;Dong 等,1993)和 w-环己烷烷基酸(DeRosa 等,1971;Deinhard 等,1987),但是沉积物中这些先驱物含量很低,解释石油中环烷烃来源是有问题的(Kissin,1990)。Kissin 提出烯烃裂解是石油中环烷烃的来源,但是 Burnham 等(1997)指出在石油裂解过程中烯烃很快裂解,对主要裂解产物没有显著影响,因此,石油裂解主要受原始结构控制。在不同结构类型中轻烃的异构体数量是一定的,如 C_7 环戊烷包含一定比例的6个异构体。胆甾烷通过侧链裂解生成2-甲基烷烃,但在轻烃中见不到其他骨架异构体(Mango,1990)。除此之外,多环烷烃比开链烷烃的热稳定性强,胆甾烷只生成微量的单环烷烃。因此,轻烃中主要成分环烷烃可能不是先驱物多环烷烃的热降解产物(Kissin,1990;Mango,1990)。在石油裂解中酸性黏土矿物是催化剂,在后生作用中其作用已得到实验证明(Goldstein,1983;Kissin,1987、1990),Mango 等(1994)认为黏土矿物催化在高分子烃类生成中可能有很大的可能性,但在天然气生成中的作用值得怀疑,Mango(1991)提出了对过渡金属催化机制的认识。通过过渡金属的催化作用可以形成三元环、五元环、六元环轻烃化合物。

过渡金属(Ti、V、Cr、Mn、Fe、Co 和 Ni)在有机沉积物中普遍存在(Yen,1975),在成岩作用的还原条件下催化活性增强(Mango,1992),含有过渡金属催化剂的烃源岩可以将氢和烯烃转化为天然气,在分子和同位素组成上与天然气相似(Mango 等,1994)。纯的不同金属化合物能生成同样的产物和与沉积岩同等的催化活性(Mango,1996)。金属氧化物(V、Co、Fe 和 Ni)活化性很强,不受空气、水、CO 和 CO_2 影响。NiO 可以将长链的正构烯烃转化为短链的正构烷烃和天然气,在地质体中活化的过渡金属是存在的,在100℃生油窗范围内 NiO 含量在 1ppm 就可以生成天然气,石油中 Ni 含量比较高,平均为 10ppm(Hunt,1996),烃源岩和储层中的石油含有足够的 Ni 有助于天然气的生成,其他的金属氧化物如 V_2O_3、Co_3O_4 和 Fe_3O_4 存在于石油的重烃部分,氧化铁是沉积岩中常见的矿物。

(二)在 C_6—C_7 轻烃组成中富含异构烷烃或环烷烃,但正构烷烃含量较低

图7-3为取自煤成气 C_6—C_7 正构烷烃、异构烷烃和环烷烃含量组成,煤成气轻烃组成中正构烷烃含量较低,在205个煤成气样品中96%的 C_6—C_7 正构烷烃含量小于40%,煤成气中异构烷烃和环烷烃含量较高,分布范围广,异构烷烃含量分布在20%~80%,环烷烃含量分布在5%~70%,从轻烃的分布来看,源于腐殖型母质的轻烃组成中则富含异构烷烃或环烷烃,但正构烷烃含量较低。

Tissot 等(1984)认为2-甲基烷烃和3-甲基烷烃来源于异构和反异构烷烃,但这些先驱物同样很难解释轻烃中异构烷烃的含量(Mango,1990)。Mango 等(1987)提出了轻烃的生成演化途径,2-甲基己烷和3-单甲基己烷是存在于干酪根中的母体化合物,通过金属催化作用,形成2,3-二甲基己烷和2,4-二甲基戊烷主要来源于母体化合物,在同类油气中 C_7 异构烷烃 K_1 值[$(2-MC_6+2,3-DMC_5)/(3-MC_6+2,4-DMC_5)$]分布具有不变性,但不同来源的原油 K_1 值有差别。

由图7-4可以看出,$2-MC_6+2,3-DMC_5$ 和 $3-MC_6+2,4-DMC_5$ 之间具有良好的线性关系,关系式为 $y=0.9177x$,相关系数 $R^2=0.9463$,K_1 值分布在1.1附近,与 Mango(1987)提出的同类油气 K_1 值分布具有稳定性认识相一致。

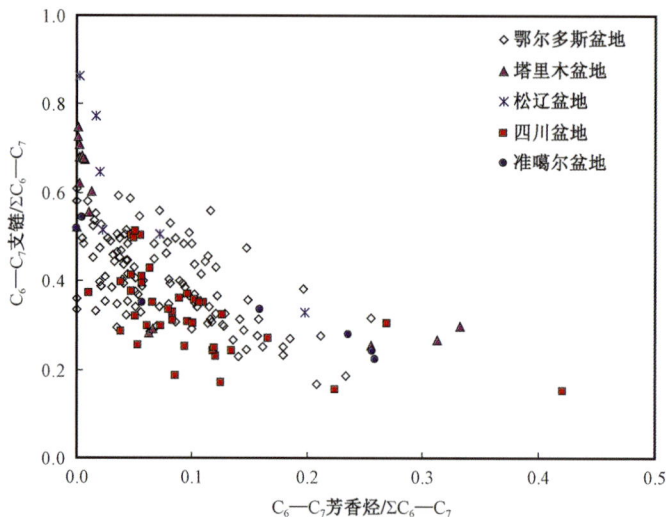

图 7-3　天然气 $C_6—C_7$ 中芳香烃和异构烷烃含量变化关系

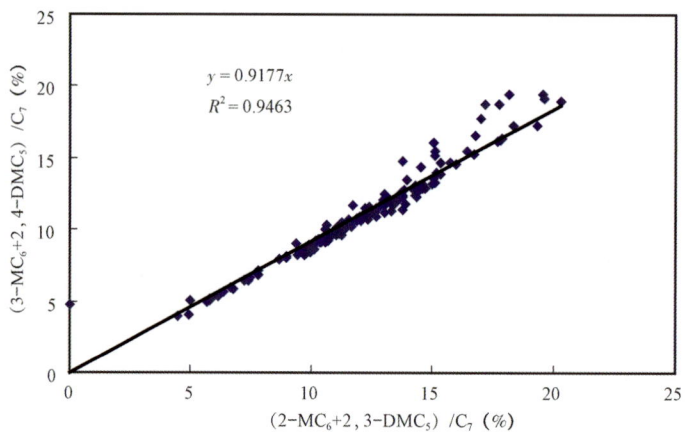

图 7-4　主要煤成气轻烃 $2-MC_6+2,3-DMC_5$ 和 $3-MC_6+2,4-DMC_5$ 分布关系

（三）在 $C_6—C_7$ 轻烃中煤成气苯和甲苯含量变化大

油气中轻芳香烃含量变化的影响因素很多，与成因有关的主要有母质类型和成熟度两种控制作用。一般认为，煤成气轻烃中的苯和甲苯含量较油型气高（陈海树，1987；胡惕麟等，1990；蒋助生等，2000；李剑等，2001、2003；Hunt 等，1980）。陈海树（1987）对四川盆地煤成气和油型气苯和甲苯含量测定后认为，煤成气中苯和甲苯含量平均比油型气分别高 2.2 倍和 3.7 倍，因此，轻烃中苯和甲苯含量常被用来作为煤成气和油型气的鉴别指标（戴金星，1993）。Tissot 和 Welte（1984）指出干酪根中芳香烃化合物含量随埋深增加而增高，在 2500~4500m 达到最大并提出热化学作用是轻芳香烃形成的重要机理。Kissin（1998）指出芳香烃的分布受原油成熟度和温度的控制，主要来源于高分子的先驱物，干酪根中饱和的烷基类和类异戊烯类通

过自由基裂解（radical cracking）形成烯烃并进一步裂解成二烯烃,通过环化作用形成环状二烯类化合物,最后芳构化形成轻芳香烃。因此,天然气轻烃苯和甲苯含量分布的影响因素是比较复杂的。

我国主要煤成气田轻烃中芳香烃含量分布在 0.1%~33.7%,平均为 12.4%,总体来看,芳香烃在轻烃中含量不是很高。从各气田来看,芳香烃含量最高的是迪那气田,分布在 31.5%~33.7%;其次是邛西气田和呼图壁气田,芳香烃含量分别为 19.7%~31.9% 和 15.7%~26.7%。大部分气田煤成气轻烃中苯和甲苯含量都很低,小于 10%。

根据陈海树等(1987)研究结果,煤成气轻烃中芳香烃含量一般比较高,但从各煤成气田轻烃中芳香烃含量分布来看,实际情况并非如此。控制天然气轻烃中芳香烃含量的主要因素可能是成熟作用。成因类型相似的天然气甲烷碳同位素分布与成熟度有很大的关系,并且碳同位素比值随着天然气成熟度的增加逐渐变重(Stahl 等,1975)。从四川盆地须家河组煤成气分布来看,邛西气田天然气甲烷碳同位素分布在 -33.7‰~-30.5‰,平均为 -32.1‰,而除中坝气田甲烷碳同位素值分布在 -36.2‰~-34.0‰外,其他气田甲烷碳同位素都比较轻,分布在 -43.8‰~-37.2‰(表 7-2),明显轻于邛西气田,反映这些气田天然气成熟度要小于邛西气田。这些气田天然气大部分都是就近来源,原地烃源岩成熟度在某种程度上也反映了天然气的成熟度,邛西气田原地烃源岩成熟度 R_o 值分布在 2.0%~2.5%,处于过成熟阶段;而分布在川西的中坝气田和川中、川南的其他气田原地烃源岩成熟度 R_o 值分布在 0.9%~1.5%,处于成熟—高成熟阶段,明显低于邛西气田烃源岩的成熟度。

表 7-2 四川盆地须家河组天然气中 C_6—C_7 各类化合物含量分布

气田	层位	$\delta^{13}C_1$ (‰)	C_6—C_7 链烷烃 (%)	C_6—C_7 环烷烃 (%)	C_6—C_7 芳香烃 (%)	原地烃源岩成熟度 R_o(%)
邛西气田	须二	-33.7~-30.5/-32.1	21.2~34.9/26.4	35.7~48.7/42.3	26.5~38.9/31.3	2.0
中坝气田	须二	-36.2~-34.0/-35.3	42.4~53.4/47.2	41.2~52.1/44.9	0.4~12.1/7.9	0.9
八角场气田	须二	-40.0~-39.5/39.8	38.6~46.8/42.7	45.5~49.2/45.5	7.7~12.2/9.9	1.3
观音场气田	须四、须六	-40.2~-38.5/-39.2	55.6~57.4/56.6	32.6~33.9/33.4	9.3~10.5/9.9	1.1
界石场气田	须六	-39.2	54.3	38.7	7.0	1.1
荷包场、丹凤场气田	须二	-40.2~-37.2/-39.1	30.9~69.6/51.6	25.4~60.1/41.5	4.1~11.2/6.9	1.0
遂南气田	须二、须四	-42.5~-42.4/42.5	61.5~70.0/65.8	24.6~32.5/28.5	5.4~6.0/5.7	1.2
莲深、充深气田	须二、须四、须六	-43.8~-39.5/-41.3	45.8~69.2/52.2	24.8~48.1/40.3	3.9~10.6/7.6	1.2
龙女寺气田	须二	-39.9	67.8	27.1	5.2	1.1
金华镇气田	须四	-38.9	34.9	51.2	14.0	1.2
潼南气田	须二、须四	-41.8	71.8	22.8	5.4	1.1

天然气中 C_6—C_7 轻烃中芳香烃含量与甲烷碳同位素比值之间的关系如图 7-5 所示,从图中可以看出,除中坝气田外,天然气轻烃中芳香烃的含量与甲烷碳同位素值之间呈正相关关系,随着甲烷碳同位素变重,芳香烃含量逐渐增加,进一步说明成熟度对轻烃中芳香烃含量具有重要的控制作用。中坝气田天然气轻烃中芳香烃含量较低,偏离这种正相关关系,这可能与蒸发分馏作用有关。中坝气田为凝析气田,在井口采样时气液分离,由于蒸发分馏作用原油中的苯和甲苯相对含量增加(Thompson,1987),相应地天然气中苯和甲苯含量降低,致使中坝气田天然气轻烃中芳香烃含量偏离正常的线性关系。

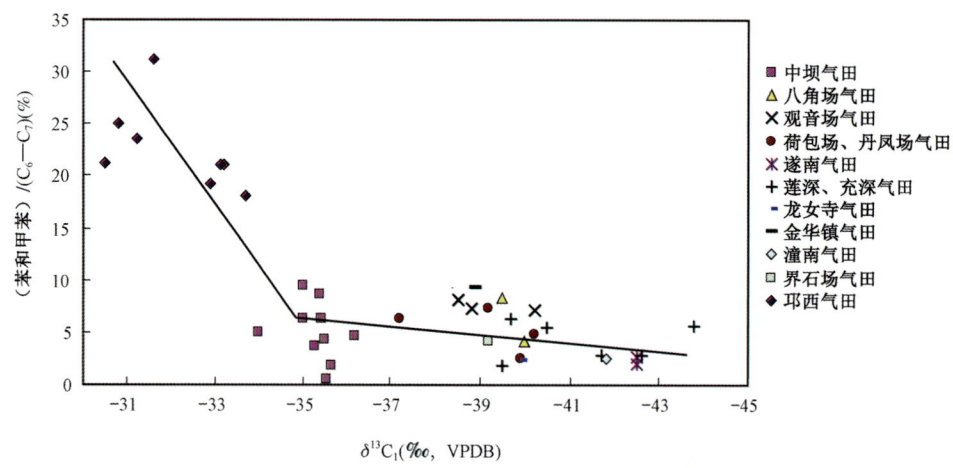

图 7-5 各气田须家河组天然气 C_6—C_7 轻烃中芳香烃含量与甲烷碳同位素的分布关系

成熟度对轻烃中芳香烃含量影响并不是呈简单的线性正相关关系。胡国艺等(2010)通过对煤热解生成的轻烃定量分析后指出,在成熟阶段($R_o < 1.7\%$),煤系烃源岩生成的天然气轻烃中芳香烃含量比较低,与成熟度之间没有正相关关系;而在 $R_o > 1.7\%$ 之后,链烷烃和环烷烃含量很低,轻烃中芳香烃含量增长很快,并占有较高的比例。对须家河组不同成熟度的天然气轻烃中芳香烃含量进行了分析,结果显示,在成熟度 R_o 值大于 2.0% 的邛西气田芳香烃含量最高,而在原地烃源岩成熟度 R_o 值小于 1.3% 的各气田中,轻烃中芳香烃含量都很低。

通过以上分析可知,成熟度是轻烃中芳香烃含量高的主要控制因素,四川盆地来源于须家河组气田芳香烃含量低的煤成气广泛分布,因此,在利用芳香烃含量判识天然气成因类型时应慎重。

二、煤成气轻烃单体烃碳同位素组成特征

轻烃单体烃碳同位素在油气成因、后生作用等研究中具有重要的作用(Chung 等,1988;Hu 等,2008;George 等,2002;Whiticar 等,1999)。中国主要含油气盆地煤成气轻烃苯、甲苯、环己烷和甲基环己烷碳同位素分布如表 7-3 所示。

表7-3 主要盆地煤成气轻烃苯、甲苯、环己烷和甲基环己烷碳同位素分布

盆地	井号	层位	$\delta^{13}C(‰,VPDB)$			
			苯	甲苯	环己烷	甲基环己烷
塔里木盆地	牙哈701E	E	−24.8	−21.0	—	—
	羊塔101		−22.9	—	−22.0	−22.2
	牙哈701E	E	−21.5	−22.4	—	—
	乌参1		−23.8	−24.1	—	−24.4
	柯412	N	−24.1	−22.1	−23.0	−21.9
	柯333	N	−24.3	—	−25.8	−25.9
	平均		−23.6	−22.4	−23.6	−23.6
松辽盆地	升66	K	−18.2	—	—	−24.8
	宋18	K	−22.2	—	—	−26.4
	卫深501	K	—	−24.0	−16.2	−18.7
	芳深5	K	—	—	−18.0	−20.4
	升深1	K	−18.6	−21.8	−19.8	−21.1
	五深1	K	—	—	−25.6	−25.4
	平均		−19.7	−22.9	−19.9	−22.8
四川盆地	中20	T_3x_3	−24.4	−23.1	−23.5	−24.0
	中16	T_3x_2	−22.2	−22.5	−22.8	−22.7
	中19	T_3x_2	−21.8	−22.6	−21.7	−22.4
	中4	T_3x_2	−21.9	−22.6	−22.0	−22.2
	中63	T_3x_2	−21.8	−22.5	−22.0	−22.5
	中2	T_3x_2	−21.5	−21.4	−21.9	−22.4
	中34	T_3x_2	−21.3	−22.5	−21.9	−21.7
	中36	T_3x_2	—	—	−22.1	−21.0
	中44	T_3x_2	−22.4	−22.5	−22.0	−22.1
	平均		−22.2	−22.5	−22.2	−22.3
鄂尔多斯盆地	陕58	O_1	−17.1	−17.2	—	−31.0
	陕98	O_1	−16.3	−17.3		−21.3
	陕45	O_1	−16.9	−20.4		−22.4
	陕2	O_1	−18.0	−19.2		−22.5
	林1	O_1	−16.6	−18.3		−21.3
	陕74	O_1	−16.5	−17.6		−20.8
	陕52	O_1	−15.2	−16.0		−20.8

续表

盆地	井号	层位	$\delta^{13}C$(‰,VPDB)			
			苯	甲苯	环己烷	甲基环己烷
鄂尔多斯盆地	陕184	O_1	−17.3	−19.1	—	−21.8
	陕61	O_1	−18.2	−17.7	—	−23.6
	陕11	O_1	−21.0	−20.1	—	−20.4
	陕37	O_1	−17.2	−17.7	—	−21.6
	陕181	O_1	−16.5	−19.1	—	−21.3
	陕21	O_1	−20.1	−26.6	—	−26.2
	林1	O_1	−26.4	−17.2	—	−21.0
	陕2	O_1	−18.0	−19.2	−22.0	—
	陕17	O_1	−18.0	—	−22.2	—
	陕17	O_1	−17.9	−17.5	−21.8	—
	陕84	O_1	−17.6	−17.6	−23.0	—
	陕5	O_1	−17.6	−19.7	−22.1	—
	陕5	O_1	−17.6	−19.7	—	−24.0
	陕76	O_1	−17.6	−18.6	−20.3	—
	陕184	O_1	−17.3	−19.1	—	—
	林2	O_1	−17.2	−18.8	−22.1	—
	陕30	O_1	−17.1	−16.8	−19.7	—
	陕45	O_1	−16.9	−20.4	−22.2	—
	林1	O_1	−16.6	−18.3	−20.1	—
	陕5	O_1	−16.4	−21.7	−24.2	—
	陕参1	O_1	−16.4	−16.3	−21.6	—
	陕30	O_1	−16.2	−20.8	−19.2	—
	陕62	O_1	−16.0	−16.9	−20.7	—
	陕12	O_1	−15.7	−18.0	—	—
	苏1	P_1sh	−20.2	−19.0	—	−22.4
	苏8	P_1sh	−20.5	−19.0	—	−22.4
	任11	P_1sh	−21.0	−20.1	−25.4	—
	陕205	P_1s	−19.1	−20.8	−23.3	—
	镇川5	P_1x	−18.8	−23.7	—	−20.4
	铺1	C_3t	−18.6	−23.7	—	−20.4
	陕67	P_1s	−17.8	−16.9	−21.5	—
	陕116	P_1s	−16.2	−18.0	−22.6	22.3
	平均		−17.8	−19.1	−21.9	−20.2

续表

盆地	井号	层位	$\delta^{13}C(‰, VPDB)$			
			苯	甲苯	环己烷	甲基环己烷
准噶尔盆地	呼001	$E_{1-2}z$	-21.0	-19.5	-23.2	-21.5
	呼002	E_2z	-21.4	-17.9	-23.5	-21.8
	呼2005	$E_{2-3}z$	-21.7	-19.3	-22.6	-21.8
	呼2	$E_{1-2}z$	-20.3	-18.5	-21.5	-21.1
	呼2006	$E_{1-2}z$	-20.6	-19.1	-22.8	-21.9
	呼004	$E_{1-2}z$	-21.0	-18.2	-23.1	-21.5
	呼003	$E_{1-2}z$	-21.2	-19.3	-22.7	-22.1
	平均		-21.0	-18.8	-22.8	-21.7

(一) 轻烃单体烃碳同位素重

煤成气轻烃单体烃碳同位素分布如图7-6所示，鄂尔多斯、塔里木、松辽、准噶尔和四川各盆地煤成气苯、甲苯、环己烷和甲基环己烷碳同位素重，$\delta^{13}C_{苯}$分布在-24.4‰~-16.2‰，平均为-20.9‰；$\delta^{13}C_{甲苯}$分布在-24.1‰~-16.9‰，平均为-20.4‰；$\delta^{13}C_{环己烷}$分布在-25.8‰~-16.2‰，平均为-21.9‰；$\delta^{13}C_{甲基环己烷}$分布在-25.9‰~-18.7‰，平均为-22.0‰。

Chung等（1998）对Beryl油田不同成因类型原油轻烃单体烃碳同位素研究后认为，母质类型对轻烃碳同位素影响较大，来源于海相烃源岩原油轻烃碳同位素最轻，而来源于煤系烃源岩原油碳同位素重，两者之间相差6‰，但在同类原油之间轻烃碳同位素相差只有2‰（这种差别原因可能主要是成熟度作用）。另外，生物降解作用和TSR都可以造成残留化合物碳同位素变重（George等，2002；Whiticar等，1999），但在埋藏深的砂岩储层中这两种作用可能都不存在，因此，煤成气轻烃碳同位素重可能主要是由于母质差异导致的结果。

(二) 苯和甲苯碳同位素较环己烷和甲基环己烷碳同位素重

从图7-6可以看出芳香烃中的苯和甲苯碳同位素比值平均分别为-20.9‰和-20.4‰，环己烷和甲基环己烷碳同位素比值平均分别为-21.9‰和-22.0‰，芳香烃化合物碳同位素比环烷烃重。

环己烷、甲基环己烷一般都比苯、甲苯碳同位素轻，这可能主要是由于这些化合物来源于有机质中不同组成部分。煤系有机质化学组成比较复杂，环烷烃来源可能与有机质中支链烷烃有关，而苯和甲苯来源与带支链的苯环化合物有关，苯环位上碳的碳同位素比链状结构碳的碳同位素重，且不同碳位碳同位素组成也不同（Galimov，2006），导致天然气轻烃中环己烷、甲基环己烷碳同位素比苯和甲苯轻。

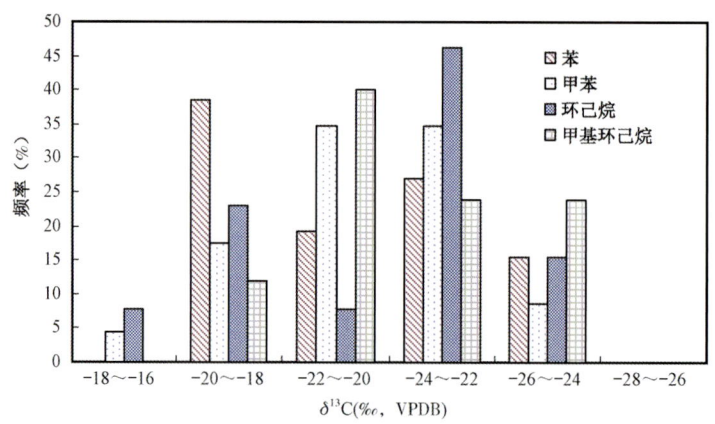

图 7-6 天然气中苯、甲苯、环己烷和甲基环己烷碳同位素频率分布图

第二节 油型气轻烃地球化学特征

一、油型气轻烃组分组成特征

(一) C_6—C_7 链烷烃、环烷烃和芳香烃相对组成

C_6—C_7 轻烃组成的相对含量变化受有机质类型影响较大,因此,常用来判识不同成因类型天然气,源于腐泥型母质的轻烃组分中富含链烷烃,源于腐殖型母质的轻烃组分中则富含环烷烃和芳香烃(Leythaeuser,1979;Dai 等,1992;Snowdon,1982)。塔里木盆地和四川盆地油型气天然气轻烃组成主要以链烷烃为主(表 7-4),占 20.1%~93.7%,平均为 49.7%;环烷烃含量也较高,分布在 5.4%~79.9%,平均为 42.6%;芳香烃含量较低,分布在 0~43.4%,大部分低于 15.0%,个别高于 20.0%,平均为 7.6%。

塔里木盆地和四川盆地油型气在 C_6—C_7 轻烃组成上也存在明显差别(图 7-7),塔里木盆地天然气 C_6—C_7 轻烃中链烷烃含量明显高于四川盆地油型气,塔里木盆地链烷烃含量一般大于 40.0%,平均为 70.1%;而四川盆地油型气链烷烃含量分布在 20.1%~63.7%,平均为 38.4%。另外,台盆区不同地区天然气轻烃中链烷烃含量也存在差别,如和田河气田天然气轻烃中链烷烃含量较塔中地区低。轻烃组成的另一个差异是:四川盆地天然气轻烃中环烷烃含量较高,分布在 34.7%~78.5%,平均为 53.2%,比链烷烃含量高;塔里木盆地天然气轻烃中环烷烃分布在 5.4%~40.6%,平均为 23.4%,比链烷烃含量低。

导致上述结果的主要原因可能是天然气成熟度的差异,塔里木盆地天然气成熟度较四川盆地油型气低,使得塔里木盆地天然气轻烃具有链烷烃含量高、环烷烃含量低的特点。

表7-4 塔里木盆地和四川盆地天然气轻烃组成分布

盆地	地区或气田	井号	层位	C_6—C_7(%) 链烷烃	环烷烃	芳香烃	C_7(%) 二甲基环戊烷	正庚烷	甲基环己烷
塔里木盆地	轮南、桑塔木	轮南22	O	93.6	5.9	0.5	8.5	38.2	53.3
		轮南2-3-4	T_{II}	87.8	11.7	0.5	11.2	59.0	29.9
		轮古13	O	87.5	10.1	2.4	5.4	73.0	21.6
		轮古18	O	80.6	12.5	6.9	6.3	64.9	28.7
	塔中	塔中4-17-7	C_{II}	93.7	5.4	0.9	8.7	38.7	52.6
		塔中6	C_{III}	46.5	38.0	15.5	10.0	36.7	53.2
		塔中111	S	85.5	14.4	0.1	11.3	57.4	31.3
		塔中451	O	81.8	12.3	5.9	8.8	40.3	50.8
		塔中162	O	45.4	47.2	7.4	14.4	64.9	23.7
	塔东	英南2	J	84.9	14.8	0.3	7.4	34.7	57.9
		英东2	∈	46.4	40.6	12.9	5.8	56.7	37.5
		满东1	S	61.3	31.8	6.9	7.7	46.2	46.2
	和田河	玛4	O	46.1	40.1	13.8	7.7	37.1	55.2
		玛2	C	56.8	33.7	9.5	6.7	34.9	58.3
		玛4	O	66.5	24.9	8.7	8.0	37.0	55.0
	吉拉克	吉102	T_{II}	57.8	31.7	10.5	7.4	43.9	48.7
	平均			70.1	23.4	6.4	8.5	47.7	44.0
四川盆地	磨溪	磨108	T_2l	36.5	63.5	0.0	5.8	6.8	87.4
		磨56	T_2l	32.4	67.6	0.0	15.1	9.4	75.6
	潼南	潼6	T_1j	21.5	78.5	0.0	5.1	8.9	86.0
	同福场	同福1	T_1j	43.9	53.0	3.1	15.3	15.6	69.0
		同福7	T_1j_2	63.7	34.7	1.6	18.0	28.1	53.9
	双庙	双庙1	T_1j	56.0	44.0	0.0	19.5	17.0	63.5
		双庙1	T_1f	31.8	58.7	9.4	15.6	12.5	71.9
	普光	普光7	T_1f_2	55.5	38.3	6.1	11.1	26.5	62.4
		普光7	T_1f_1	47.3	43.6	9.2	6.1	26.8	67.1
		普光6	T_1f	38.0	62.0	0.0	15.2	11.8	73.0
		普光6	P_2ch	32.6	40.1	27.3	13.3	18.7	68.0
		普光5	P_2ch	30.2	69.8	0.0	12.2	11.2	76.0
		普光5	P_1m	24.3	48.2	27.5	13.0	15.9	71.1
	丹凤场	丹7	P_2ch	48.7	41.2	10.1	16.8	27.8	55.4
		丹14	P_2ch	45.0	42.3	12.7	14.7	28.0	57.3
	界石场	界14	P_2ch	36.1	55.9	8.0	14.4	19.1	66.5
	王家场	王家1	P_2ch	20.1	79.9	0.0	9.3	5.5	85.1

续表

盆地	地区或气田	井号	层位	C_6—C_7(%)			C_7(%)		
				链烷烃	环烷烃	芳香烃	二甲基环戊烷	正庚烷	甲基环己烷
四川盆地	荷包场	包4	P_2ch	34.7	56.2	9.1	3.8	16.6	79.6
		包37	P_1m	41.3	51.0	7.7	14.6	20.9	64.5
		包31	P_1m	44.3	48.3	7.4	16.3	22.7	61.0
		包42	P_1m	40.7	49.7	9.6	15.2	23.0	61.8
		包46	P_1m	43.1	54.7	2.2	16.3	18.0	65.7
		包42	P_1m	37.0	63.0	0.0	13.0	11.5	75.5
		包41	P_1m	38.6	51.4	10.0	7.2	17.6	75.2
	观音场	音33	P_1m	35.5	55.2	9.2	14.8	20.0	65.2
		音22	P_1m	23.5	65.5	10.9	13.4	14.9	71.7
		音6	P_1m	36.7	53.9	9.4	14.6	20.4	65.0
		音28	P_1m	36.9	56.3	6.8	14.8	19.2	65.9
	矿山梁	矿1	P_1m	39.0	17.6	43.4	0.0	27.1	72.9
	平均			38.4	53.2	8.3	12.6	18.0	69.4
平均				49.7	42.6	7.6	11.1	28.6	60.4

(二)正庚烷、甲基环己烷和二甲基环戊烷相对含量

塔里木盆地和四川盆地油型气 C_7 中主要化合物正庚烷、甲基环己烷和二甲基环戊烷组成如表7-4和图7-8所示。甲基环己烷含量最高,分布在21.6%~87.4%,平均为60.4%;其次是正庚烷,分布在5.5%~73.0%,平均为28.6%;二甲基环戊烷含量最低,分布在0~19.5%。

正庚烷主要来源于藻类和细菌,对成熟度比较灵敏(廖永胜,1989;胡惕麟等,1990;戴金星等,1992),塔里木盆地 C_7 轻烃化合物中正庚烷含量分布在34.7%~73.0%,平均为47.7%,反映天然气主要来源于海相烃源岩中腐泥型有机质,而四川盆地海相油型气中正庚烷含量分布在5.5%~28.1%,平均为18.0%,比塔里木盆地低,反映四川盆地天然气成熟度高。甲基环己烷一般认为来源于高等植物木质素、纤维素和醣类等,热力学性质相对稳定,是反映陆源母质类型的良好参数,它的大量存在是煤成气的一个特点。但是,在四川盆地海相油型气轻烃组成中,甲基环己烷含量比较高,一般大于50.0%,平均为69.4%;塔里木盆地甲基环己烷含量较低的天然气主要分布在塔中和塔北地区,较高的主要分布在和田河气田和塔东地区。

二、油型气轻烃单体碳同位素组成特征

(一)油型气轻烃中苯和甲苯碳同位素值分布

轻烃单体烃中苯和甲苯碳同位素值变化相对比较稳定,与有机质类型关系较大,成熟度的影响相对较小。

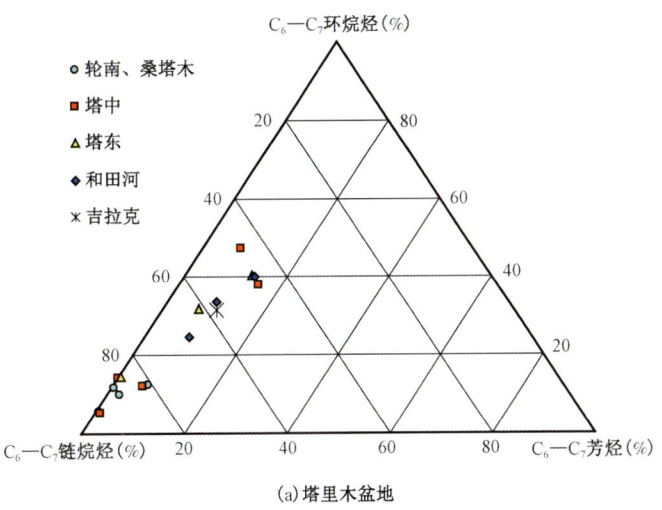

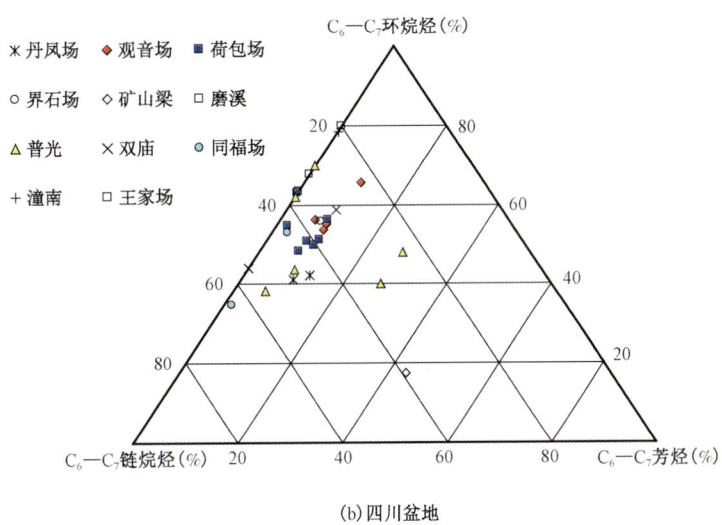

图7-7 塔里木盆地和四川盆地油型气 C_6—C_7 轻烃各类化合物含量组成三角图

天然气轻烃单体烃中苯和甲苯碳同位素值测定受其含量的影响,当天然气中苯和甲苯含量较低时,实验测定的碳同位素值精度将受到影响,可靠性较差。因此,在所测定的25个气样中,只有13个样品甲苯和甲苯含量较高,测得的碳同位素值比较可靠。

图7-9为塔里木盆地台盆区天然气轻烃中苯和甲苯碳同位素值分布,可以看出,苯碳同位素值分布在 -28.6‰~-23.7‰。在塔中地区,天然气苯碳同位素分布范围广,碳同位素既有重的(> -26‰),又有轻的,最轻为 -28.6‰,反映该区天然气来源的复杂性;在吉南地区和和田河气田天然气中苯碳同位素都比较重,一般都大于 -27‰。

甲苯碳同位素值分布在 -29.5‰~-23.7‰,一般情况下,甲苯和苯碳同位素值之间具有良好的线性关系。在塔中地区,天然气甲苯碳同位素值变化大,最大的为 -23.7‰,最

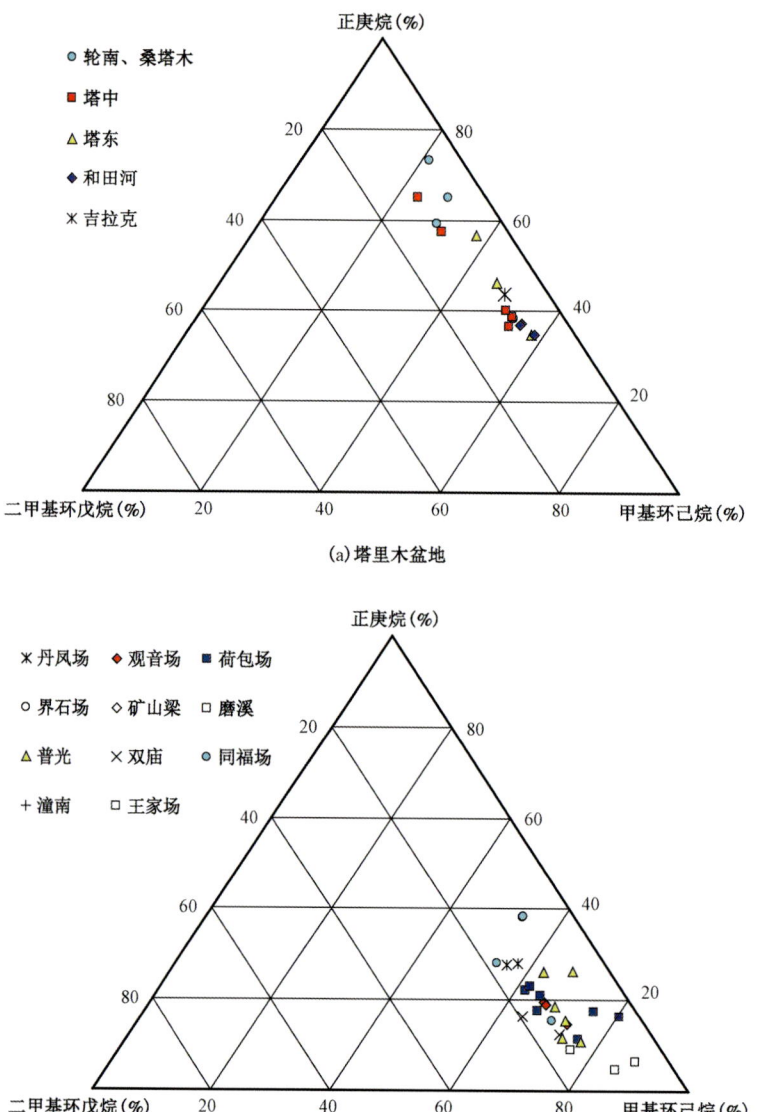

图 7-8 塔里木盆地和四川盆地油型气正庚烷(nC_7)、甲基环己烷(MCC_6)
和二甲基环戊烷($\Sigma DMCC_5$)相对含量组成三角图

小的为 -29.5‰;在于和田河气田和吉南地区,天然气轻烃中甲苯碳同位素一般都大于 -26‰。

(二)油型气轻烃中环己烷和甲基环己烷碳同位素分布

塔里木盆地台盆区天然气中环己烷和甲基环己烷碳同位素分布如图 7-10 所示,从图中可看出台盆区天然气中环己烷和甲基环己烷碳同位素值明显轻于前陆区,一般都小于 -26‰,可见海相、陆相油型气和煤成气在天然气碳同位素组成方面具有明显的差别。

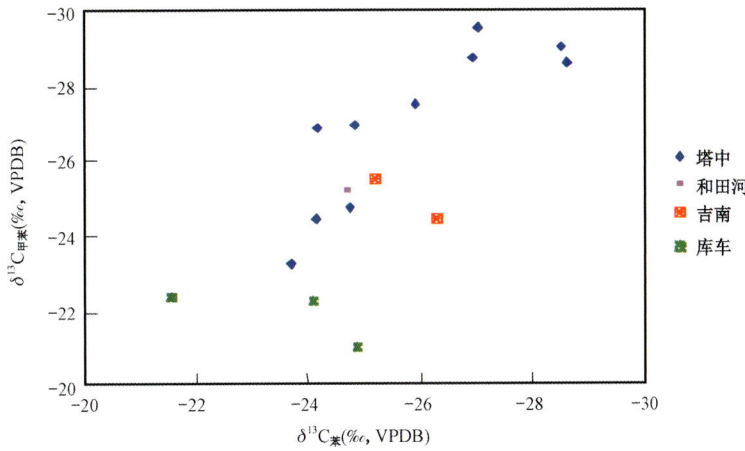

图 7-9 天然气苯和甲苯碳同位素值关系图

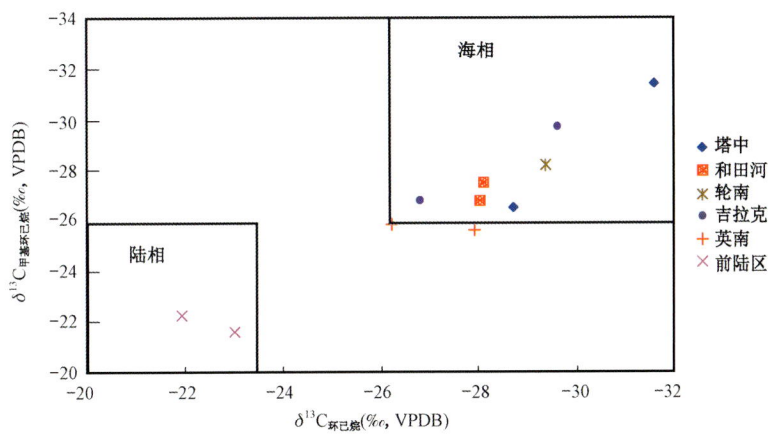

图 7-10 天然气环己烷和甲基环己烷碳同位素值关系图

第三节 煤成气和油型气成因鉴别

煤成气和油型气成因鉴别对天然气的勘探和天然气理论研究有着非常重要的指导意义。目前,主要采用天然气组分及其同位素、轻烃及凝析油和储层沥青中的生物标志化合物等多种方法来鉴别煤成气和油型气。轻烃是天然气重要组成之一,蕴涵着极其重要和丰富的地球化学信息,利用轻烃地球化学指标不仅可以用来确定天然气的成熟度、识别气藏遭受水洗或生物降解作用、示踪天然气来源,还可以划分天然气成因类型。戴金星等系统研究和阐述了采用 C_7 轻烃系统组成三角图、C_6—C_7 芳香烃和支链烷烃组合、天然气中苯和甲苯含量、C_5—C_7 脂肪族组成三角图、甲基环己烷指数、烷芳指数—石蜡指数及凝析油碳同位素和其组分碳同位素等来鉴别煤成气和油型气。蒋助生等(2000)、李剑等(2003)针对单体烃碳同位素进行气—源对比和成因分析,并提出一些天然气成因划分指标。

目前,天然气成因类型判识的轻烃指标应用和研究方兴未艾。然而,鉴于以前许多指标的提出都是基于个别的一个盆地或地区,不同盆地和地区地质背景的差异往往导致其并不完全适用于其他盆地或地区,而且许多轻烃地球化学指标意义本身还具有不成熟性和多解性,因此,某些轻烃指标的意义还需要在以后的实践应用中进一步地验证、修改和完善。

在鄂尔多斯、四川、柴达木、塔里木等4个主要盆地共采集205个天然气样品,对全部样品天然气轻烃组成和53个样品轻烃单体烃碳同位素进行了实验分析,为煤成气和油型气轻烃鉴别指标的提出或完善提供了丰富的资料基础。

借鉴前人提出的天然气成因轻烃鉴别指标,对这4个盆地的天然气进行了成因类型划分,发现天然气轻烃中单体烃(苯、甲苯、环己烷和甲基环己烷)碳同位素比值、C_7轻烃系列(正庚烷、甲基环己烷、二甲基环戊烷、C_5—C_7正构烷烃、异构烷烃、环烷烃)与天然气成因类型之间具有密切关系,较其他轻烃指标能更好地将两种类型的天然气区分开来,在此基础上进一步精确了鉴别天然气成因类型的轻烃指标值范围,使天然气成因类型鉴别效果更加明显。

一、环烷烃和芳香烃单体烃碳同位素指标

(一)$\delta^{13}C_{苯}$和$\delta^{13}C_{甲苯}$

大量研究表明,轻烃在天然气组分中含量虽低,但其组分分布特征及碳同位素组成对天然气成因具有重要的标志意义。蒋助生等(2000)认为天然气轻烃中苯和甲苯碳同位素主要受母质类型的影响,热演化作用和运移效应对其影响较小,因此可以用来反映有机质类型。李剑等(2003)认为模拟产物中甲苯的碳同位素与烃源岩的有机质类型有关,通过对天然气和烃源岩中苯和甲苯碳同位素的研究可以确定气源。

塔里木盆地和鄂尔多斯盆地天然气中苯和甲苯碳同位素的变化规律性也非常明显(图7-11),在塔里木盆地台盆区海相油型气中$\delta^{13}C_{苯}$值一般低于-24‰,$\delta^{13}C_{甲苯}$小于-23‰,而以库车坳陷、鄂尔多斯盆地古生界煤成气中苯和甲苯碳同位素都比较重,$\delta^{13}C_{苯}$高于-24‰,$\delta^{13}C_{甲苯}$大于-23‰。

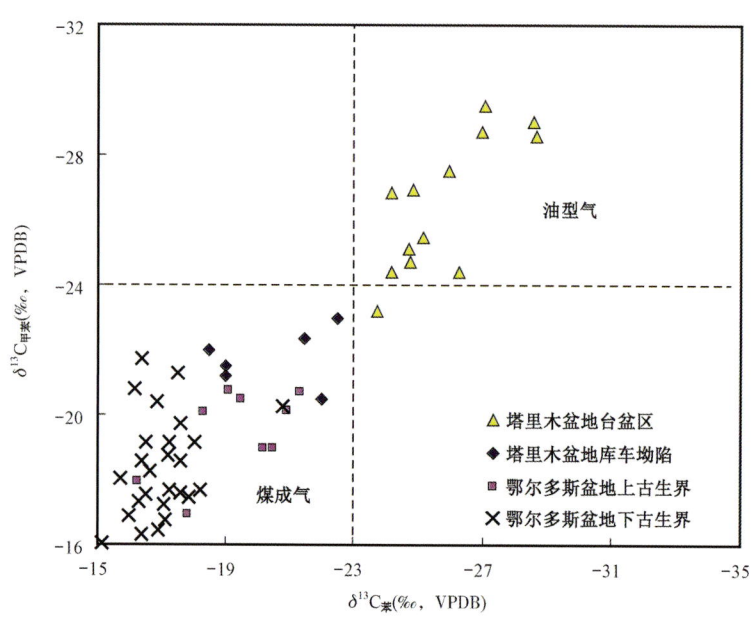

图7-11 天然气轻烃中$\delta^{13}C_{苯}$和$\delta^{13}C_{甲苯}$分布图

利用天然气中 C_1—C_4 碳同位素序列同样可以判识天然气的成因类型。甲烷碳同位素受天然气成熟度的影响较大，侧重于反映演化程度。相对于甲烷来说，乙烷碳同位素虽然也受天然气成熟度的影响，但与天然气成因类型的关系更密切。通常认为 $\delta^{13}C_2$ 大于 $-27‰$ 为煤成气，介于 $-29‰\sim-27‰$ 为混合气，小于 $-29‰$ 则为油型气。

由塔里木盆地和鄂尔多斯盆地天然气 $\delta^{13}C_{苯}$ 和 $\delta^{13}C_{甲苯}$ 与 $\delta^{13}C_2$ 关系图（图 7-12）可以看出，随着天然气中乙烷碳同位素变重，苯和甲苯碳同位素也变重，当天然气 $\delta^{13}C_2$ 值大于 $-27‰$ 时，塔里木盆地库车坳陷煤成气、鄂尔多斯上古生界煤成气的 $\delta^{13}C_{苯}$ 大于 $-24‰$，$\delta^{13}C_{甲苯}$ 大于 $-23‰$，说明 $\delta^{13}C_{苯}$、$\delta^{13}C_{甲苯}$ 与 $\delta^{13}C_2$ 一样能够非常好地判识天然气的成因类型，再次印证了 $\delta^{13}C_{苯}$ 和 $\delta^{13}C_{甲苯}$ 指标的适用性与有效性。

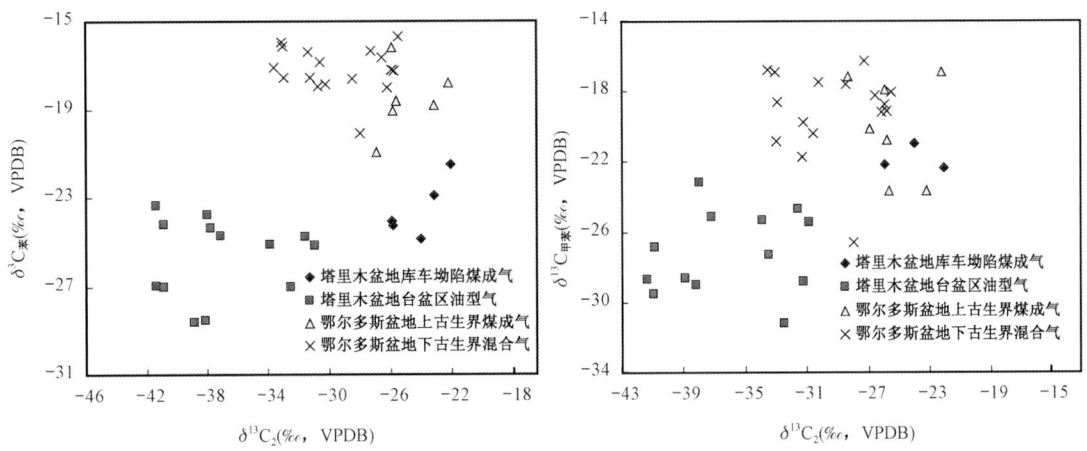

图 7-12 天然气 $\delta^{13}C_{苯}$ 和 $\delta^{13}C_{甲苯}$ 与 $\delta^{13}C_2$ 分布关系

鄂尔多斯盆地下古生界天然气 $\delta^{13}C_2$ 分布在 $-34‰\sim-25‰$，从 $\delta^{13}C_2$ 分布来看，下古生界天然气既有煤成气又有油型气，表现出混合气的组成特征。但 $\delta^{13}C_{苯}$ 和 $\delta^{13}C_{甲苯}$ 基本大于 $-23‰$，从天然气苯和甲苯碳同位素组成分析，天然气主要来源于上古生界煤成气，结果与根据 $\delta^{13}C_2$ 判识天然气成因类型不完全一致，这可能主要与该区煤成气和油型气的混合有关。

从塔里木盆地、鄂尔多斯盆地煤成气和油型气中苯和甲苯碳同位素分布来看，应用 $\delta^{13}C_{苯}$ 和 $\delta^{13}C_{甲苯}$ 能够较好地区分不同成因类型的天然气，油型气碳同位素偏轻，煤成气偏重。$\delta^{13}C_{苯}=-24‰$ 和 $\delta^{13}C_{甲苯}=-23‰$ 可以作为判识煤成气和油型气的界限值。

（二）$\delta^{13}C_{环己烷}$ 和 $\delta^{13}C_{甲基环己烷}$

环己烷和甲基环己烷是天然气轻烃环烷烃中两个主要的化合物，因其具有环状结构，相对于链烷烃来说，稳定性较好。根据热模拟实验，烃源岩模拟产物中环己烷和甲基环己烷碳同位素随着热模拟温度的增加变化较小，但在不同类型烃源岩之间差别较大，表明环己烷和甲基环己烷碳同位素值变化与有机质类型之间有很好的相关性，可以用来鉴别天然气成因类型。

塔里木盆地和鄂尔多斯盆地天然气中环己烷和甲基环己烷碳同位素变化如图 7-13 所示，从环己烷和甲基环己烷碳同位素值分布可以明显地将天然气分为两类，塔里木盆地台盆区

油型气 $\delta^{13}C_{环己烷}$ 小于 -25‰，$\delta^{13}C_{甲基环己烷}$ 小于 -25‰，而以鄂尔多斯盆地古生界和塔里木盆地库车坳陷为主的煤成气 $\delta^{13}C_{环己烷}$ 值和 $\delta^{13}C_{甲基环己烷}$ 均大于 -24‰。两者差别明显，类似于天然气轻烃中苯和甲苯碳同位素分布特征。

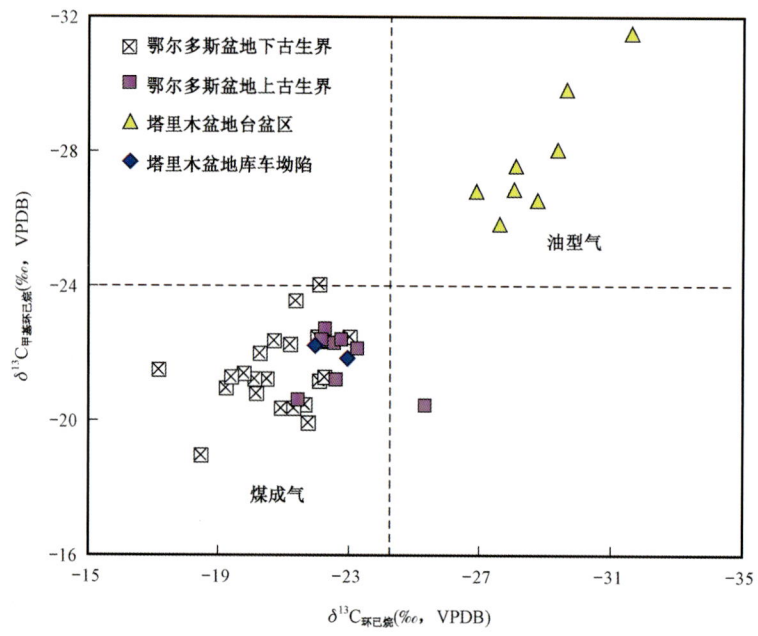

图 7-13　天然气 $\delta^{13}C_{环己烷}$ 和 $\delta^{13}C_{甲基环己烷}$ 分布图

天然气轻烃中环己烷和甲基环己烷碳同位素值与乙烷碳同位素值之间的关系如图 7-14 所示。天然气 $\delta^{13}C_2$ 越大，$\delta^{13}C_{环己烷}$ 和 $\delta^{13}C_{甲基环己烷}$ 越高，煤成气 $\delta^{13}C_2$ 大于 -27‰，其 $\delta^{13}C_{环己烷}$ 和 $\delta^{13}C_{甲基环己烷}$ 一般表现出大于 -24‰ 的分布特征。

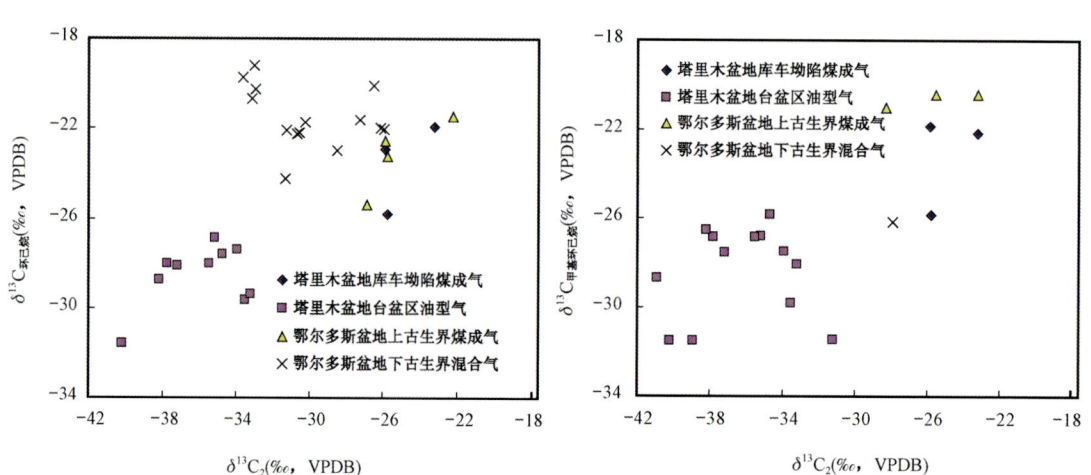

图 7-14　天然气 $\delta^{13}C_{环己烷}$ 和 $\delta^{13}C_{甲基环己烷}$ 与 $\delta^{13}C_2$ 分布关系

从典型煤成气和油型气 $\delta^{13}C_{环己烷}$ 和 $\delta^{13}C_{甲基环己烷}$ 显著差异及 $\delta^{13}C_2$ 值{与 $\delta^{13}C_{环己烷}$、$\delta^{13}C_{甲基环己烷}$ 关系来看,煤成气一般具有 $\delta^{13}C_{环己烷}$ > -24‰ 和 $\delta^{13}C_{甲基环己烷}$ > -24‰ 的分布特征,而油型气则相反。因此,$\delta^{13}C_{环己烷}$ = -24‰ 和 $\delta^{13}C_{甲基环己烷}$ = -24‰ 可作为判识煤成气和油型气的界限值。

二、C_7 轻烃组分指标

应用轻烃组成判识天然气成因类型的指标很多,如甲基环己烷指数、C_6—C_7 支链烷烃含量、苯/甲苯值及苯和甲苯含量等,对前人提出的 10 余种轻烃组成指标进行详细分析,认为以下两种指标组合在判识天然气成因类型方面具有较好的应用效果。

(一)C_7 轻烃正庚烷、甲基环庚烷、二甲基环戊烷相对含量

天然气中 C_7 轻烃化合物中甲基环己烷,主要来源于腐殖型母质—高等植物木质素、纤维素和糖类等,热力学性质相对稳定,是反映陆源母质类型的良好参数,它的大量存在是煤成气中轻烃的一个重要特征;各种结构的二甲基环戊烷(∑DMCP)主要来自水生生物甾族类化合物和萜类化合物中的环状类脂体,它的大量出现是油型气轻烃的一个特点;正庚烷(nC_7)的母源较复杂,主要来自细菌和藻类,也可来自高等植物的链状类脂体。这些不同结构的环状和链状类脂体均是富氢结构的腐泥型母质(Ⅰ型和Ⅱ型干酪根)的主要组成物,相对含量受成熟度的影响。因此,利用 C_7 轻烃化合物组成三角图可以较好地识别不同成因类型天然气来源。

在 nC_7、MCC_6、$\sum DMCC_5$ 组成三角图中(图 7-15),油型气和煤成气 $\sum DMCC_5$ 相对含量分布范围基本相同,油型气的 $\sum DMCC_5$ 含量并没有表现出预料中高含量的特点,这可能是由于不同地区天然气的成熟度差异及混源作用等因素的影响,说明它在应用中受影响因素较多,不能有效地判识天然气的成因类型;油型气轻烃组成中相对富含直链烷烃,nC_7 含量最低 30%,最高可达 80%,环烷烃含量相对较低,MCC_6 含量大多小于 50%,与胡惕麟等(1990)提出的油型气 MCC_6 含量小于 50% ± 2% 的标准一致。然而,图中同时存在一些油型气的样品,其 MCC_6 含量为 50%~70%,因此,建议拓宽鉴别油型气的甲基环己烷指数(I_{MCV_6})范围,I_{MCH} 小于 70% 为油型气;煤成气轻烃组成则相对富集 MCC_6,一般大于 50%,这与胡惕麟等(1990)提出的煤成气甲基环己烷大于 50% ± 2% 的研究结果一致,nC_7 含量相对较低,小于 35%。

综合分析后认为,在 C_7 轻烃化合物指标中,nC_7 相对含量和 MCC_6 相对含量受影响因素少,能够较好地反映天然气的成因类型。因此,提出 nC_7 相对含量大于 30%,MCC_6 相对含量小于 70%,为油型气;nC_7 相对含量小于 35%,MCC_6 相对含量大于 50%,为煤成气。

(二)C_5—C_7 正构烷烃、异构烷烃、环烷烃相对含量

脂肪族组成即某一碳数烃类中直链烃(正构烷)、支链烃(异构烷)和环烃(五元环和六元环烷)组成的归一百分含量,一般常用正、异、环烷烃三端元组成的三元图式表示。不同沉积

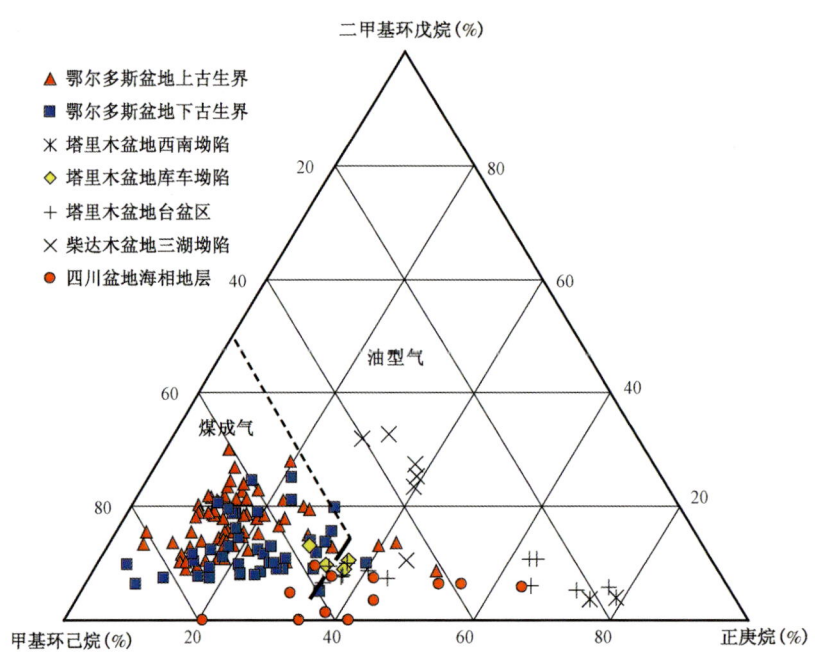

图 7-15 正庚烷、甲基环己烷、二甲基环戊烷组成三角图

环境、不同母质类型的烃源岩及其生成的天然气,具有不同的脂肪族组成特征。源于腐泥型母质的轻烃中富含正构烷烃,而源于腐殖型母质的轻烃组成中则富含异构烷烃和芳香烃,富含环烷烃的轻烃也是陆源母质的重要特征。鉴于不同母质生成的天然气中轻烃组成的差异,可以用来鉴别天然气成因类型。

在 C_5—C_7 正构烷烃、异构烷烃、环烷烃组成三角图(图 7-16),两种不同成因的天然气组成差别明显。油型气分布的区域 C_5—C_7 正构烷烃相对含量都大于 30%,而煤成气区 C_5—C_7 正构烷烃相对含量小于 30%。

因此,可以将 C_5—C_7 正构烷烃相对含量大于 30% 的区域划为油型气,而 C_5—C_7 正构烷烃相对含量都小于 30% 的区域为煤成气。

三、C_8 轻烃组分指标

目前,对 C_8 和 C_8 以上的轻烃化合物研究相对较少,在此重点对 C_8 轻烃进行系统分析,提出煤成气鉴别 C_8 轻烃指标。

(一)样品基本地球化学参数

采集的天然气样品主要分布于塔里木、鄂尔多斯和四川等盆地。

烃源岩样品主要取自塔里木、四川、鄂尔多斯和沁水等盆地。样品的地球化学信息见表 7-5。

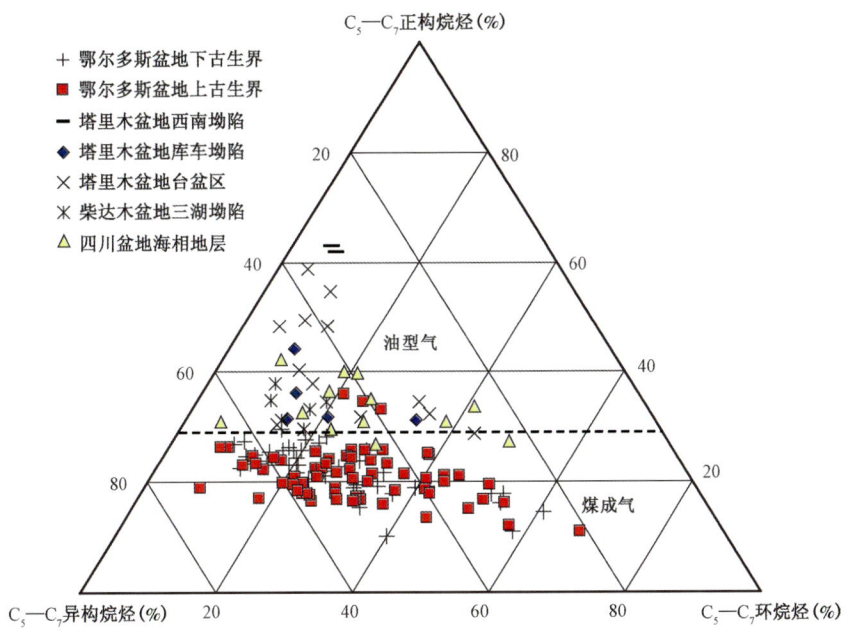

图 7-16 C_5—C_7 正构烷烃、异构烷烃、环烷烃组成三角图

表 7-5 烃源岩地球化学基础数据表

井号	埋深(m)	层位	R_o(%)	T_{max}(℃)	S_1 (mg/g)	S_2 (mg/g)	TOC (%)	岩性
NP288	3230.50		1.58		—	—	0.750	泥岩
NP1-4	3387.90		1.51		—	—	0.970	泥岩
NP280	3504.0		1.60		—	—	0.610	泥岩
NP5-81	4605.75	Es_{2-3}	1.44		—	—	0.370	泥岩
古城2	2842.00	O_1			0.08	0.08	0.426	泥岩
迪北102	4984.60	J_1a		469	0.53	1.10	0.848	泥岩
英东2	3994.70	O		466	0.06	0.12	0.115	泥岩
乌达	露头	C_3t		463	4.75	110.76	63.000	煤
澄城	露头	C_3b		517	0.15	1.01	33.180	煤
威201	1512.00	志留系龙马溪组		598	0.02	0.30	2.010	泥岩
宁201	2480.10	志留系龙马溪组		590	0.02	0.07	1.430	泥岩

(二)不同类型烃源岩吸附气 C_8 轻烃组成差异

1. 腐泥型烃源岩吸附气 C_8 轻烃组成特征

以南堡凹陷沙河街组和四川盆地寒武系烃源岩为例,研究了腐泥型烃源岩吸附气 C_8 轻烃的组成特征。南堡凹陷 NP288 井沙三段烃源岩 C_8 轻烃分布如图 7-17 和表 7-6 所示,从图中可以看出,在 C_8 轻烃组成中,正辛烷含量最高,除此之外,顺-1,3-二甲基环己烷和 2-甲

基庚烷含量也比较高,在 C_8 轻烃组成中,2-甲基庚烷占 13.12%,顺-1,3-二甲基环己烷占 15.5%,并且 2-甲基庚烷/顺-1,3-二甲基环己烷比值较高,一般大于 0.5。

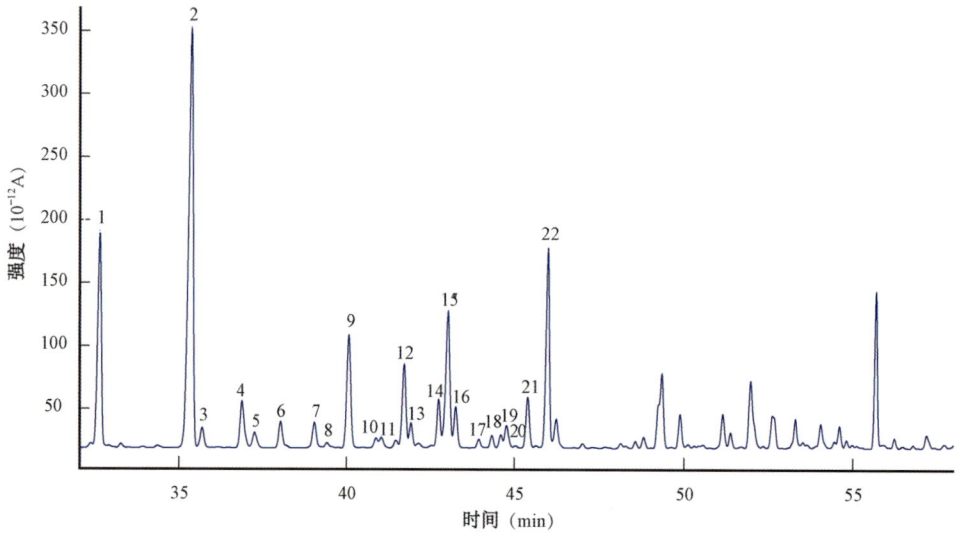

图 7-17　南堡凹陷 NP288 井沙三段烃源岩 C_8 轻烃色谱图

1—正庚烷;2—甲基环己烷;3—2,2-二甲基己烷;4—乙基戊烷+2,5-二甲基己烷;5—2,4-二甲基戊烷;6—1 反,顺-1,2,4-三甲基环戊烷+3,3-二甲基己烷;7—1 反,顺-1,2,3-三甲基环戊烷;8—2,3,4-三甲基戊烷;9—甲苯;10—2,3-二甲基己烷;11—2-甲基-3-乙基戊烷;12—2-甲基庚烷;13—4-甲基庚烷;14—3-甲基庚烷;15—顺-1,3-二甲基环己烷;16—反-1,4-二甲基环己烷;17—2,2,4,4-四甲基戊烷;18—1-甲基,反-3-乙基环戊挖;19—1-甲基,顺-3-乙基环戊烷;20—1-甲基,反-2-乙级环戊烷;21—反-1,2-二甲基己烷;22—正辛烷

在正构烷烃、异构烷烃和环烷烃组成中,环烷烃含量最高,其次为异构烷烃,正构烷烃含量最低。

表 7-6　不同母质类型烃源岩 C_8 轻烃组成分布

井号	岩性	正构烷烃 C_8(%)	异构烷烃 C_8(%)	环烷烃 C_8(%)	2-甲基庚烷 C_8(%)	顺-1,3-二甲基环己烷 C_8(%)	2-甲基庚烷/顺-1,3-二甲基环己烷
NP280	泥岩	28.45	35.04	36.51	13.12	15.50	0.85
NP288	泥岩	23.72	29.41	46.88	8.91	17.52	0.51
NP3-27	泥岩	28.63	38.80	32.57	10.21	15.63	0.65
NP5-81	泥岩	14.01	51.92	34.08	6.80	7.89	0.86
安平	泥岩	27.84	25.65	46.52	11.68	11.90	0.98
威 201	泥岩	19.48	46.08	34.45	15.23	14.46	1.07
澄城(10)	煤	26.09	19.36	54.55	3.48	8.71	0.40
乌达(9)	煤	37.66	27.93	34.42	1.08	3.90	0.28

2. 腐殖型烃源岩吸附气 C_8 轻烃组成特征

为了研究腐殖型烃源岩吸附气 C_8 轻烃组成特征,选取了鄂尔多斯盆地乌达和澄城野外露头剖面太原组、本溪组煤样为研究对象,对这两个样品吸附气轻烃组成进行了测定,吸附气 C_8 轻烃组成如图7-18和表7-6所示,在C_8轻烃组成中,也是以正辛烷含量最高,其次是顺-1,3-二甲基环己烷和2-甲基庚烷,2-甲基庚烷/顺-1,3-二甲基环己烷比值较高,一般大于0.5。

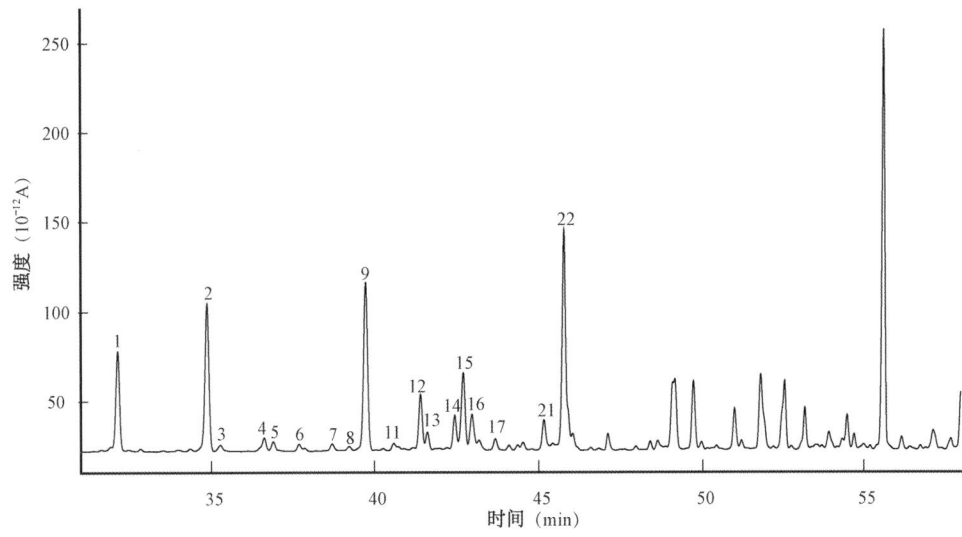

图7-18 鄂尔多斯盆地乌达剖面太原组煤C_8轻烃色谱图

(图注同图7-17)

在C_8正构烷烃、异构烷烃和环烷烃组成中,环烷烃含量最高,其次为正构烷烃,异构烷烃含量最低。

通过对比分析,腐泥型烃源岩和腐殖型烃源岩吸附气C_8轻烃组成既存在相似性,也存在较大的差异。相似性表现在各类化合物组成中以正辛烷含量最高,其次是顺-1,3-二甲基环己烷和2-甲基庚烷,在组分组成中以环烷烃为主。差异性表现在腐泥型烃源岩吸附气中2-甲基庚烷/顺-1,3-二甲基环己烷比值相对较高,一般高于0.5,在组分组成中异构烷烃高于正构烷烃,而对于腐殖型烃源岩来说,2-甲基庚烷/顺-1,3-二甲基环己烷比值相对较低,一般小于0.5,在组分组成中,异构烷烃含量小于正构烷烃。

(三)煤成气和油型气C_8轻烃组成差异

1. 煤成气C_8轻烃组成特征

鄂尔多斯盆地上古生界天然气为典型的煤成气,对鄂尔多斯盆地苏里格、大牛地、榆林和靖边上古生界等4个气田16个样品C_8轻烃组成进行了系统分析,结果如图7-19和表7-7所示,在C_8各化合物组成中,顺-1,3-二甲基环己烷含量最高,次为正辛烷,2-甲基庚烷含量明显低于顺-1,3-二甲基环己烷,根据表7-7,在4个煤成气田中,煤成气C_8轻烃2-甲基庚烷/顺-1,3-二甲基环己烷比值均小于0.5。

在C_8正构烷烃、异构烷烃和环烷烃各类化合物组分组成中,煤成气具有环烷烃含量最高的分布特点,分布在41.55%~64.12%,平均为54.43%;其次是异构烷烃,含量分布在26.77%~46.10%,平均为33.50%;正构烷烃含量最低,分布在7.57%~21.15%,平均为12.07%。组分组成的分布特征与腐殖型烃源岩之间存在一些差异。

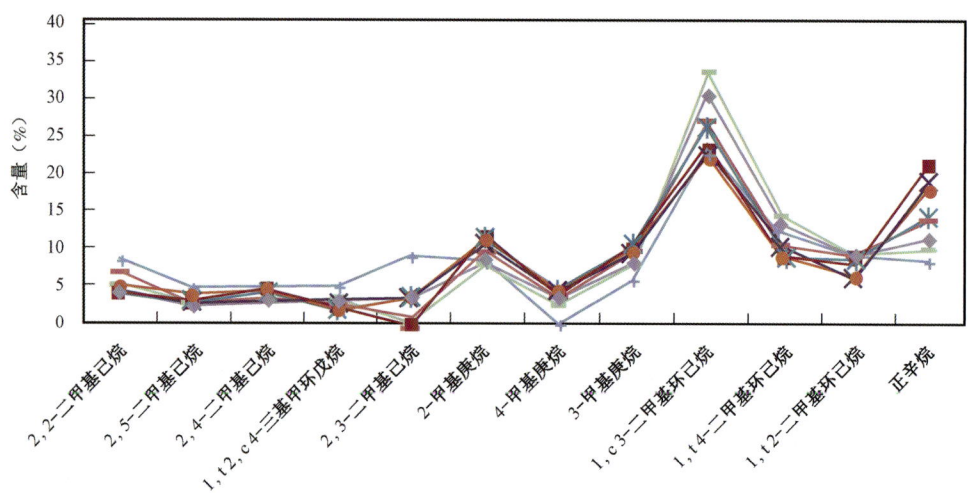

图 7-19　鄂尔多斯盆地上古生界煤成气 C_8 轻烃色谱图

2. 油型气 C_8 轻烃组成特征

塔里木盆地台盆区天然气主要为油型气,对和田河、塔中、塔东和塔北的轮古、轮南—吉拉克地区 16 个天然气 C_8 轻烃进行分析,结果如图 7-20 和表 7-7 所示,在 C_8 各化合物组成中,与煤成气相比,油型气轻烃组成具有如下特点:① 正辛烷含量最高,图 7-20 显示在 C_8 轻烃组成中正辛烷含量最高,超过 20%;② 2-甲基庚烷与顺-1,3-二甲基环己烷比值相对于油型气来说比较高,根据表 7-7,在 5 个油型气田中,油型气 C_8 轻烃 2-甲基庚烷/顺-1,3-二甲基环己烷比值分布在 0.87~3.18,明显高于煤成气;③ 在油型气 C_8 正构烷烃、异构烷烃和环烷烃各类化合物组分组成中异构烷烃含量最高,分布在 31.12%~65.11%,平均为 43.74%,环烷烃含量分布在 17.52%~35.88%,平均为 29.81%,正构烷烃含量分布在 1.43%~48.09%,平均为 26.45%,正构烷烃含量虽比环烷烃稍低,但差别不大,与煤成气相比,正构烷烃的含量相对要高很多。

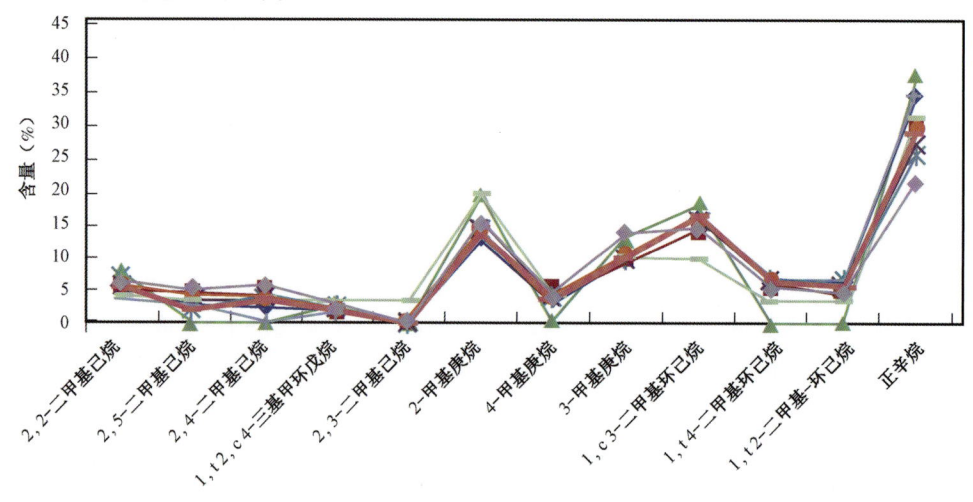

图 7-20　塔里木盆地台盆区主要气田(区)油型气 C_8 轻烃色谱图

表7-7 部分煤成气和油型气田天然气 C_8 轻烃组成分布

成因类型	气田或区块	井号	C_8 中各类化合物含量(%)			2-甲基庚烷 C_8(%)	顺-1,3-二甲基环己烷 C_8(%)	2-甲基庚烷/顺-1,3-二甲基环己烷
			正构烷烃	异构烷烃	环烷烃			
煤成气	大牛地	DP1	21.15	37.30	41.55	11.67	23.11	0.50
		D13	17.82	36.16	46.02	9.73	21.78	0.45
		DK22	13.32	37.45	49.23	10.34	24.48	0.42
		D25	16.72	39.71	43.57	10.47	20.95	0.50
	苏里格	苏33-18	7.57	36.23	56.20	7.45	20.65	0.36
		苏40-16	13.51	36.14	50.35	9.62	26.62	0.36
		苏6	9.12	26.77	64.12	7.06	30.68	0.23
		苏8	10.34	29.89	59.77	7.61	28.27	0.27
		苏1	13.86	35.20	50.95	10.00	28.43	0.35
		苏40-16	7.84	29.17	63.00	7.10	31.99	0.22
	榆林	榆17	12.37	46.10	41.53	10.74	24.57	0.44
		榆36-9	13.24	28.58	58.18	7.27	28.76	0.25
		榆35-8	9.48	33.56	56.96	7.92	31.44	0.25
	靖边	陕211	10.01	40.34	49.65	9.38	24.77	0.38
		陕231	15.54	32.52	51.94	10.77	30.32	0.36
		陕143	9.46	34.61	55.94	8.25	30.48	0.27
油型气	和田河	玛4	28.36	38.71	32.93	12.79	13.84	0.92
		玛2	33.61	31.12	35.28	12.02	15.60	0.77
		玛4	28.09	37.82	34.09	13.46	15.52	0.87
	塔中	TZ6	25.88	40.82	33.30	13.22	14.40	0.92
		TZ451	24.58	40.16	35.26	13.90	15.69	0.89
		塔中111	20.86	50.18	28.96	20.92	11.77	1.78
	轮古	轮古16	20.33	48.09	31.59	14.67	13.61	1.08
		LG19	42.32	38.96	18.72	18.52	6.35	2.92
		LG100-4	48.28	34.20	17.52	16.58	5.21	3.18
		LG100-6	9.55	54.57	35.88	22.59	10.70	2.11
	塔东	英南2	16.10	56.94	26.96	16.29	12.17	1.34
		满东1	24.31	47.12	28.57	19.49	10.26	1.90
		英东2	1.43	65.11	33.46	23.79	9.10	2.61
	轮南—吉拉克	轮南59	34.12	35.98	29.90	12.08	13.70	0.88
		LN22	28.56	40.81	30.62	12.76	13.75	0.93
		吉102	36.79	39.29	23.93	18.88	17.67	1.07

(四)煤成气和油型气鉴别 C_8 轻烃指标

通过对不同类型烃源岩吸附气和不同成因类型天然气 C_8 轻烃组成分析,两种成因类型天然气在 C_8 轻烃各类化合物组分组成和2-甲基庚烷与顺-1,3-二甲基环己烷相对含量有很大的差别,根据这种差异提出鉴别煤成气和油型气 C_8 轻烃两项指标。

1. 2-甲基庚烷/顺-1,3-二甲基环己烷

从图7-21看出,在 $\delta^{13}C_2$ 大于 -28‰ 的煤成气中,2-甲基庚烷与顺-1,3-二甲基环己烷一般小于0.5,在 $\delta^{13}C_2$ 小于 -28‰ 的油型气中,2-甲基庚烷与顺-1,3-二甲基环己烷一般都大于0.5,这种差异性在不同有机质类型烃源岩吸附气 C_8 轻烃组成中也得到证实,腐泥型烃源岩2-甲基庚烷与顺-1,3-二甲基环己烷一般都大于0.5,腐殖型烃源岩该比值一般小于0.5。

另外,从表7-7还可以看出,从大牛地、苏里格、榆林至靖边气田,天然气成熟度是逐渐增高,但是2-甲基庚烷与顺-1,3-二甲基环己烷比值与天然气成熟度之间没有一定的相关性,因此,成熟度对2-甲基庚烷与顺-1,3-二甲基环己烷比值影响可能比较小。

因此,认为2-甲基庚烷/顺-1,3-二甲基环己烷可以作为煤成气与油型气鉴别的指标,当该比值小于0.5时为煤成气,大于0.5时为油型气。

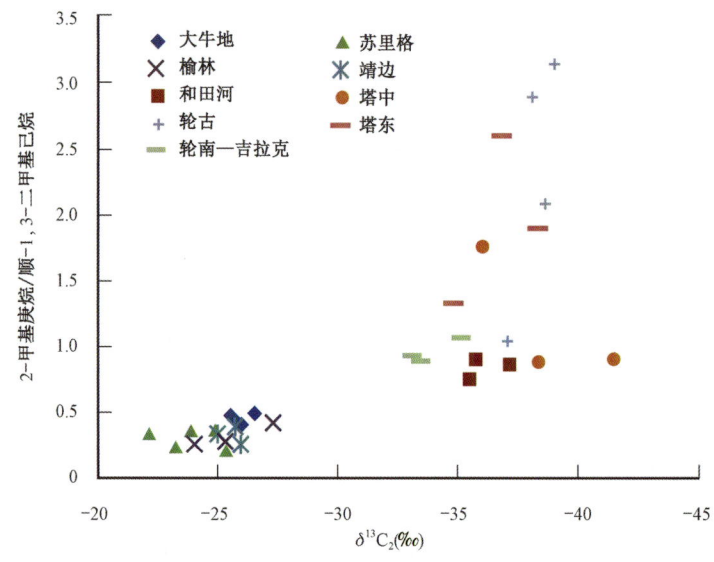

图7-21 煤成气和油型气 $\delta^{13}C_2$ 与2-甲基庚烷/顺-1,3-二甲基环己烷比值对比

2. 正构烷烃、异构烷烃和环烷烃相对组成

煤成气和油型气及不同类型烃源岩吸附气 C_8 轻烃各类化合物组成存在较大的差异,因此,根据差异可以提出不同成因类型天然气鉴别的组分组成指标。图7-22为煤成气和油型气 C_8 正构烷烃、异构烷烃和环烷烃相对含量组成分布图。从图中可以看出,煤成气中环烷烃含量很高,一般大于40%,而油型气中异构烷烃含量较高,正构烷烃、异构烷烃和环烷烃三角图可以区别煤成气和油型气。

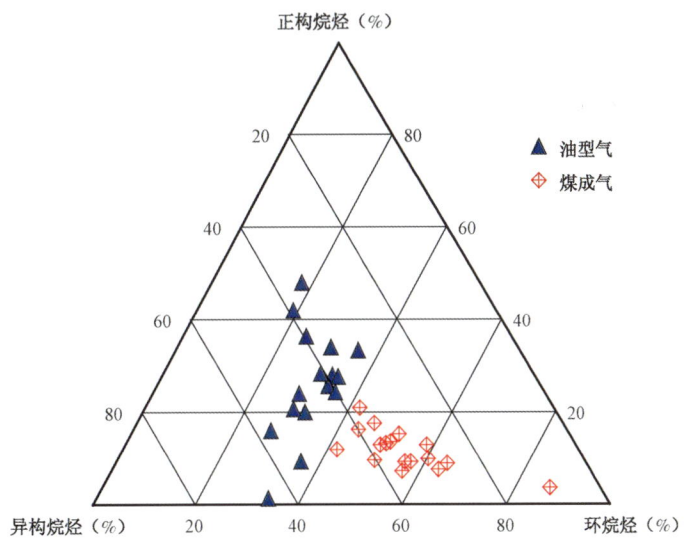

图 7-22　煤成气和油型气 C_8 正构烷烃、异构烷烃和环烷烃相对组成三角图

四、与天然气伴生的凝析油 C_6—C_{13} 轻馏分鉴别指标

与天然气伴生的凝析油中的生物标志物和轻烃等也常常被用来进行天然气成因研究。这里对不同成因类型天然气中伴生的凝析油 C_6—C_{13} 轻馏分进行详细的分析，筛选天然气成因鉴别指标。

(一) 凝析油 C_6—C_{13} 检测结果

凝析油 C_6—C_{13} 的全二维气相色谱—FID 检测器实验分析结果如图 7-23 和图 7-24 所示。凝析油中化合物非常丰富，根据分子结构不同分为 9 大类，分别为正构烷烃、异构烷烃、正烷基环戊烷、正烷基环己烷、单环烷烃、单环芳香烃、环烷烃取代苯、双环芳香烃等，共计检测出 198 个化合物（表 7-8）。

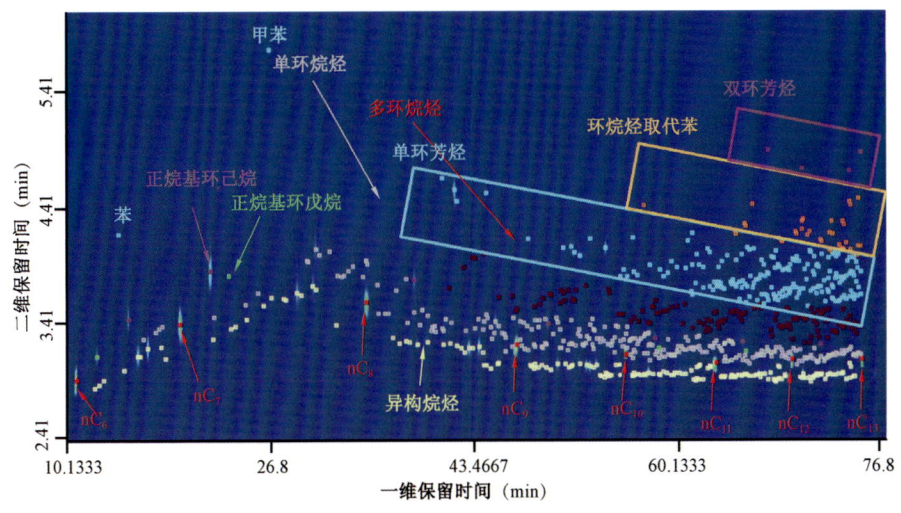

图 7-23　凝析油 nC_6—nC_{13} 各类化合物分布

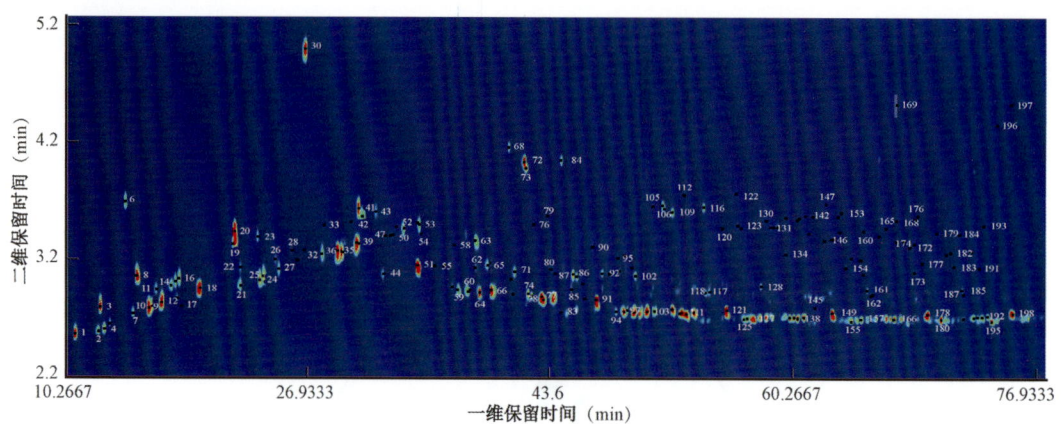

图 7-24 凝析油 nC_6—nC_{13} 范围内 198 个化合物分布

表 7-8 凝析油 nC_6—nC_{13} 范围内 198 个化合物分布表

序号	化合物	序号	化合物	序号	化合物	序号	化合物
1	正己烷	16	反-1,2-二甲基环戊烷	31	2,3,3-三甲基戊烷	46	1顺-乙基-3-甲基环戊烷
2	2,2-二甲基戊烷	17	2,2,4-三甲基戊烷	32	2,3-二甲基己烷	47	1反-乙基-2-甲基环戊烷
3	甲基环戊烷	18	正庚烷	33	1,1,2-三甲基环戊烷	48	2,2,4-三甲基己烷
4	2,4-二甲基戊烷	19	顺-1,2-二甲基环戊烷	34	2-甲基-3-乙基戊烷	49	1-乙基-1-甲基环戊烷
5	2,2,3-三甲基丁烷	20	甲基环己烷	35	2-甲基庚烷	50	反-1,2-二甲基环己烷
6	苯	21	2,2-二甲基己烷	36	4-甲基庚烷	51	辛烷
7	3,3-二甲基戊烷	22	1,1,3-三甲基环戊烷	37	3,4-二甲基己烷	52	1,2,3-三甲基环戊烷,顺-1,2,顺-1,3-
8	环己烷	23	乙基环戊烷	38	顺,顺-1,2,4-三甲基环戊烷	53	顺-1,4-二甲基环己烷
9	2-甲基己烷	24	2,5-二甲基己烷	39	3-甲基庚烷	54	反-1,3-二甲基环己烷
10	2,3-二甲基戊烷	25	2,4-二甲基己烷	40	3-乙基己烷	55	C_4H_9-环戊烷
11	1,1-二甲基环戊烷	26	反,顺-1,2,4-三甲基环戊烷	41	顺-1,3-二甲基环己烷	56	C_3H_7-环己烷
12	3-甲基己烷	27	3,3-二甲基己烷	42	反-1,4-二甲基环己烷	57	2,3,5-三甲基己烷
13	顺-1,3-二甲基环戊烷	28	反,顺-1,2,3-三甲基环戊烷	43	1,1-二甲基环己烷	58	顺-1,2-二甲基环己烷
14	反-1,3-二甲基环戊烷	29	2,3,4-三甲基戊烷	44	2,2,5-三甲基己烷	59	2,2-二甲基庚烷
15	3-乙基戊烷	30	甲苯	45	1反-乙基-3-甲基环戊烷	60	2,4-二甲基庚烷

续表

序号	化合物	序号	化合物	序号	化合物	序号	化合物
61	4,4-二甲基庚烷	84	o-二甲苯	107	1-乙基-4-甲基苯	130	1-甲基-3-正丙基苯
62	1,3,5-三甲基环己烷	85	C_4H_9-环己烷	108	5-甲基壬烷	131	1-甲基-4-正丙基苯
63	乙基环己烷	86	C_4H_9-环己烷	109	1,3,5-三甲基苯	132	1,3-二甲基-5-乙基苯
64	2,6-二甲基庚烷	87	乙基-甲基环己烷	110	4-甲基壬烷	133	1,2-二甲基-5-乙基苯
65	1,1,3-三甲基环己烷	88	顺-1-乙基-3-甲基环己烷	111	2-甲基壬烷	134	反式-十氢化萘
66	2,5-二甲基庚烷	89	异丁基环戊烷	112	1-乙基-2-甲基苯	135	1-甲基-2-正丙基苯
67	顺,反,反-1,2,4-三甲基环己烷	90	$C_{10}H_{20}$环烷烃	113	3-乙基辛烷	136	5-甲基癸烷
68	乙基苯	91	正壬烷	114	3-甲基壬烷	137	4-甲基癸烷
69	C_3H_7-环己烷	92	反-1-乙基-3-甲基-环己烷	115	顺-1-甲基-4-异丙基环己烷	138	2-甲基癸
70	2,3,4-三甲基己烷	93	1-乙基-1-甲基环己烷	116	1,2,4-三甲基苯	139	1,4-二甲基-2-乙基苯
71	顺,顺-1,3,5-三甲基环戊烷	94	2,3,6-三甲基庚烷	117	1-甲基-3-C_3-环己烷	140	1,3-二甲基-4-乙基苯
72	间-二甲苯m-二甲苯	95	反式-六氢茚	118	异丁基环己烷	141	3-甲基-癸烷
73	对-二甲苯p-二甲苯	96	异丙基环己烷	119	C_4H_9-环己烷	142	1,2-二甲基-4-乙-苯
74	2,3-二甲基庚烷	97	2,2-二甲基辛烷	120	异丁基苯	143	1,3-二甲基-2-乙基苯
75	3,4-二甲基庚烷	98	顺式-六氢茚	121	正癸烷	144	金刚烷
76	八氢并环成二烯	99	2,4-二甲基辛烷	122	1,2,3-三甲基苯	145	1-甲基-2-正丁基环己烷
77	4-甲基辛烷	100	1-乙基-2-甲基环己烷	123	1-甲基-3-异丙基、苯	146	1-甲基-丁基苯
78	2-甲基辛烷	101	2,7-二甲基辛烷	124	1-甲基-4-异丙基苯	147	1,2-二甲基-3-乙基苯
79	C_8H_{16}环烷烃	102	正丙基环己烷	125	$C_{11}H_{24}$异构烷烃 C_{11}-烷烃	148	1-甲基-3-正丙基苯
80	1,2,3-三甲基环己烷	103	2,6-二甲基辛烷	126	二甲基壬烷	149	正十一烷
81	3-乙基庚烷	104	3-甲基-5-乙基-庚烷	127	2,6-二甲基壬烷	150	1-甲基金刚烷
82	1,1,4-三甲基环己烷	105	正丙基苯	128	正丁基环己烷	151	1,2,4,5-四甲基苯
83	2,4,6-三甲基庚烷	106	1-乙基-3-甲基苯	129	二甲基壬烷	152	二甲基-C_3-苯

续表

序号	化合物	序号	化合物	序号	化合物	序号	化合物
153	1,2,3,5-四甲基苯	165	C_5-苯	177	1,3,6-三甲基金刚烷	189	5-甲基十二烷
154	甲基十氢化萘	166	C_{12}-烷烃	178	正十二烷	190	4-甲基十二烷
155	C_{12}-烷烃	167	C_5-苯	179	1,2-二甲基金刚烷	191	1-乙基-3,5-二甲基金刚烷
156	1,3-二甲基金刚烷	168	2-甲基金刚烷	180	2,6-二甲基十一烷	192	2-甲基十二烷
157	C_{12}-烷烃	169	萘	181	1,3,4-三甲基金刚烷,顺式	193	2-乙基金刚烷
158	甲基十氢化萘	170	3-甲基-十一烷	182	1,3,4-三甲基金刚烷,反式	194	3-甲基十二烷
159	1-乙基金刚烷	171	C_6-苯	183	1,2,5,7-四甲基金刚烷	195	2,6,10-三甲基-十一烷
160	1-乙基-2-丙基苯	172	顺-1,4-二甲基金刚烷	184	1-乙基金刚烷	196	2-甲基萘
161	正戊基环己烷	173	二甲基十氢化萘	185	正己基环己烷	197	1-甲基萘
162	正己基环戊烷	174	反-1,4-二甲基金刚烷	186	6-甲基十二烷	198	正十三烷
163	1,3,5,7-四甲基金刚烷	175	C_6H_{13}-苯	187	正庚基环戊烷		
164	正戊基苯	176	二甲基-四氢化萘	188	1-乙基-3-甲基-金刚烷		

(二)不同成因类型凝析油 C_6—C_{13} 各类化合物组成分布特征

四川盆地须家河组凝析油主要是由煤系烃源岩在"生油窗"阶段生成的,其成因与Ⅲ型有机质有关。塔里木盆地塔中地区奥陶系凝析油主要是与该地区海相原油在高温阶段裂解成因有关;而南堡凹陷奥陶系及沙三段深层凝析油与该地区的陆相原油裂解成因有关。

不同地区凝析油 nC_6—nC_{13} 范围内各类化合物组分含量分布如表7-9和图7-25所示。从图表中可以看出,不同成因类型凝析油各类化合物组成存在较大的差异。在四川盆地须家河组凝析油正构烷烃、异构烷烃、环烷烃和芳香烃组成中,异构烷烃含量非常高,超过50%,其次是正构烷烃和环烷烃,而芳香烃含量并不高,小于10%。塔里木盆地塔中地区凝析油成熟度很高,在各类化合物组成中正构烷烃含量最高,分布在39.45%~42.47%;其次是异构烷烃,其含量占28.79%~32.50%;环烷烃含量分布在15.32%~17.42%;芳香烃含量虽然最低,分布在8.81%~15.70%;但与四川盆地须家河组相比,明显偏高。南堡凹陷凝析油也主要是原油裂解形成的结果,其凝析油各类化合物组成分布关系与塔里木盆地塔中地区凝析油相似,均遵循由正构烷烃至芳香烃,其含量逐渐降低的变化关系。

各类化合物组成的差异可能与凝析油的成因关系密切,与煤系有关的凝析油异构烷烃含量很高,而与原油裂解有关的凝析油正构烷烃含量较高。

表7-9 凝析油 nC_6—nC_{13} 范围内各类化合物组成及部分化合物比值分布

地区	井号	层位	各类化合物占 C_6—C_{13} 含量(%)				2,5-二甲基庚烷/m-二甲苯	1,2,4-三甲基苯/5-甲基壬烷
			芳香烃	正构烷烃	异构烷烃	环烷烃		
四川盆地	HC106	须家河组	21.74	50.44	21.18	6.64	1.38	0.25
	HC-001-30-X1		27.37	56.65	10.84	5.14	1.81	0.20
塔里木盆地	ZG111	奥陶系	39.45	30.76	15.91	13.89	0.20	3.75
	ZG11		40.19	28.79	15.32	15.70|0.17	4.57	—
	ZG13		42.47	32.05	15.50	9.98	0.36	2.38
	ZG15-2		40.42	32.14	16.76	10.68	0.31	2.90
	ZG26		41.27	32.50	17.42	8.81	0.41	2.36
	ZG162-1		40.19	32.02	16.52	11.27	0.25	3.13
南堡凹陷	NP13-X1190	沙三段	33.92	26.18	28.02	11.88	0.21	2.09
	PG2	奥陶系	38.40	26.07	18.15	17.38	0.16	3.43
	NP36-3602	沙三段	33.86	23.80	28.55	13.79	0.10	3.13
	NP5-10	沙三段	32.51	19.47	16.59	31.42	0.09	6.90

(三)不同成因类型凝析油鉴别指标

1. 芳香烃/环烷烃与正构烷烃/异构烷烃

不同成因凝析油在正构烷烃、异构烷烃、环烷烃和芳香烃相对组成中存在很大的差异,因此,根据这种差异性可以提出不同成因类型凝析油的鉴别指标。

图7-26为不同成因类型凝析油 C_6—C_{13} 芳香烃/环烷烃与正构烷烃/异构烷烃对比图,从图中可以看出,与煤系成因有关的凝析油正构烷烃/异构烷烃和芳香烃/环烷烃比值较低,正构烷烃/异构烷烃比值一般小于1.0,芳香烃/环烷烃小于0.5;而与原油在高温裂解条件下形成的凝析油具有正构烷烃/异构烷烃和芳香烃/环烷烃比值相对较高,正构烷烃/异构烷烃比值一般大于1.0,芳香烃/环烷烃大于0.5。因此,这两项指标可以区分不同成因类型凝析油。

2. 2,5-二甲基庚烷/m-二甲苯与1,2,4-三甲基苯/5-甲基壬烷

不同成因凝析油在2,5-二甲基庚烷/m-二甲苯与1,2,4-三甲基苯/5-甲基壬烷也存在很大差别(表7-9和图7-27)。四川盆地须家河组凝析油中2,5-二甲基庚烷高于m-二甲苯,2,5-二甲基庚烷/m-二甲苯比值大于1.0,但1,2,4-三甲基苯/5-甲基壬烷比值较低,小于0.5;塔里木盆地塔中地区和南堡凹陷凝析油2,5-二甲基庚烷/m-二甲苯比值比较低,分布在0.09~0.41,远低于须家河组凝析油,但1,2,4-三甲基苯/5-甲基壬烷比值较高,分布在2.09~6.90,远高于四川盆地须家河组凝析油。在图7-27中,这两种成因类型凝析油在不同的分布区域内,因此,采用这两项指标可以识别不同成因类型凝析油。

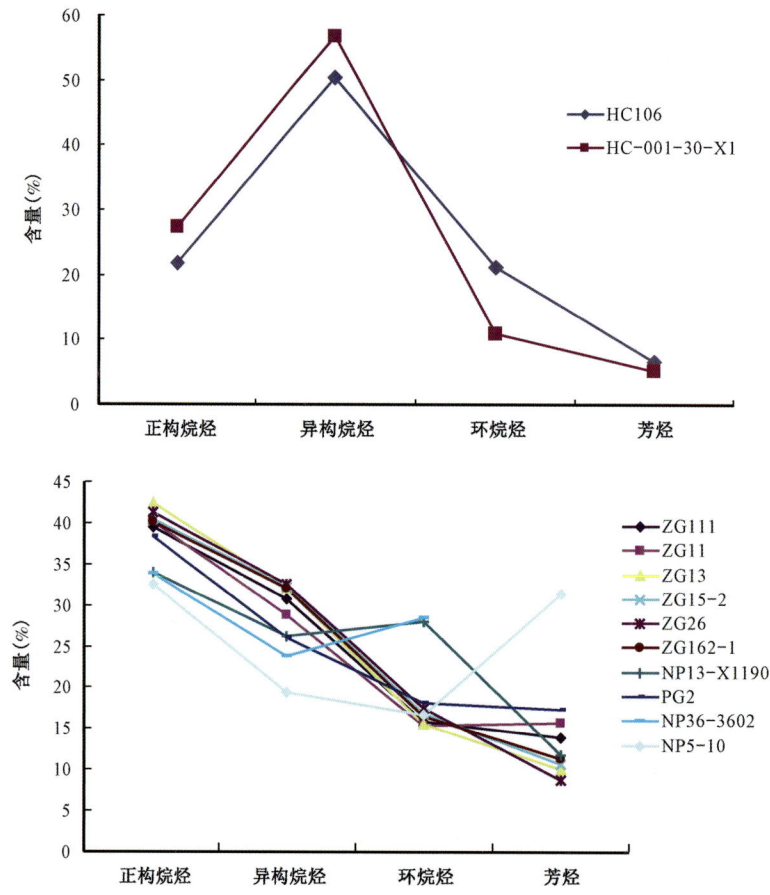

图 7-25　凝析油 nC_6—nC_{13} 范围内各类化合物组成分布图

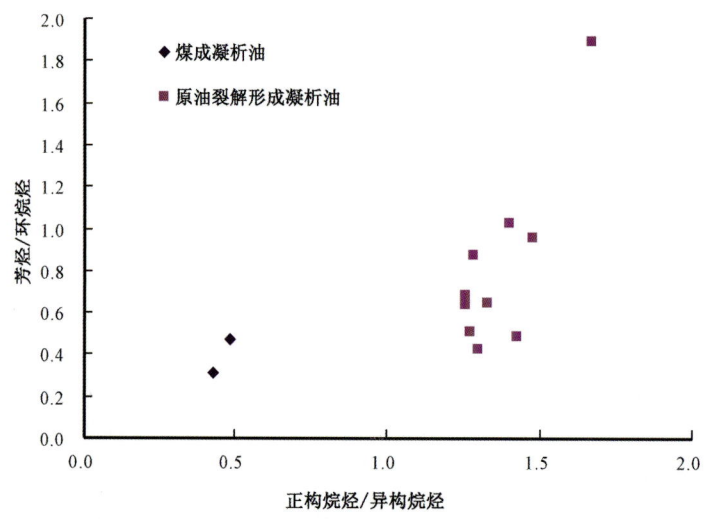

图 7-26　不同成因类型凝析油 C_6—C_{13} 芳香烃/环烷烃与正构烷烃/异构烷烃对比图

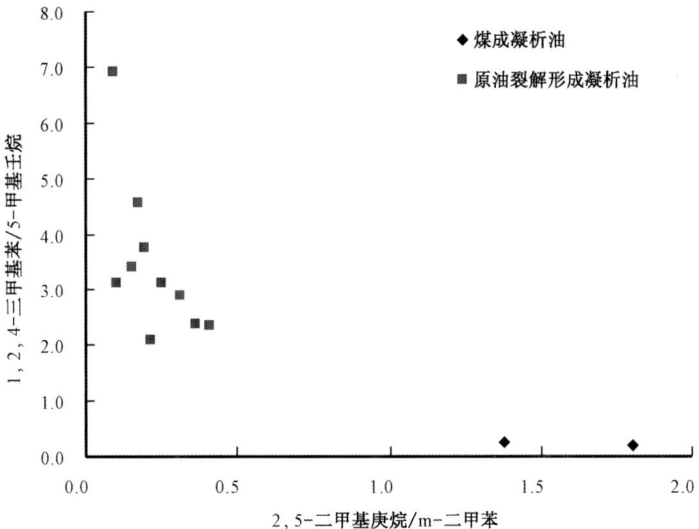

图 7-27　不同成因类型凝析油 2,5 - 二甲基庚烷/m - 二甲苯与
1,2,4 - 三甲基苯/5 - 甲基壬烷比值分布

第八章 鄂尔多斯盆地典型大气田天然气轻烃地球化学特征及应用

第一节 苏里格气田天然气轻烃地球化学特征及应用

一、地质概况

鄂尔多斯盆地是一个稳定沉降、坳陷迁移、扭动明显的多旋回克拉通盆地。根据盆地基底性质、现今构造形态及特征,鄂尔多斯盆地可划分为伊盟隆起、渭北隆起、晋西挠褶带、伊陕斜坡、天环坳陷及西缘逆冲带6个二级构造单元(杨俊杰等,1996,杨华等,2012)。鄂尔多斯盆地早古生代主要沉积一套陆表海环境下的碳酸盐岩,其后受加里东构造影响,在早奥陶世末发生沉积间断形成了奥陶系风化壳。自晚石炭世开始,由于华北海和祁连海的进入使晚石炭世本溪期盆地不同区域分别发育三角洲、潮坪、潟湖、障壁岛和陆棚沉积体系;早二叠世太原期则发育曲流河三角洲、陆表海沉积体系;山西期发育近海湖泊—网状河三角洲沉积体系。即鄂尔多斯盆地上古生界以陆相碎屑岩和煤系沉积为主,下部有部分海陆交互相,为双层沉积结构(Dai 等,2005)。其中上古生界的烃源岩为本溪期、太原期海相沉积的碳酸盐岩和滨海平原的煤系地层及山西期的三角洲沼泽相煤系地层;上古生界储层为同期发育的三角洲平原河道、三角洲前缘河口沙坝、海相滨岸沙坝、潮道砂体;上古生界良好的盖层为晚二叠世早期广泛沉积的上石盒子组河漫湖泊泥岩(何自新等,2003)。

苏里格气田位于鄂尔多斯盆地陕北斜坡北部中带(图8-1),勘探范围约 $2 \times 10^4 km^2$,是我国陆上目前已发现储量规模最大的气区,2011 年产天然气 $137 \times 10^8 m^3$(Yang 等,2012)。苏里格气田上古生界自下而上发育了石炭系本溪组、二叠系太原组、山西组3套海相—海陆过渡相—陆相的碳酸盐岩烃源岩和煤系烃源岩,煤系烃源岩包括暗色泥岩和煤,有机质丰度较高,煤有机碳含量为 18.38%~78.21%,平均为 52.75%,暗色泥岩有机碳含量为 0.52%~7.91%,平均 2.71%,有机质类型为腐殖型,以生气为主(张文忠等,2009)。本溪组—太原组发育薄层石灰岩,总体上表现为西南部厚度较大,厚度可达到 20~40m,其余地区厚度一般在 3~9m。

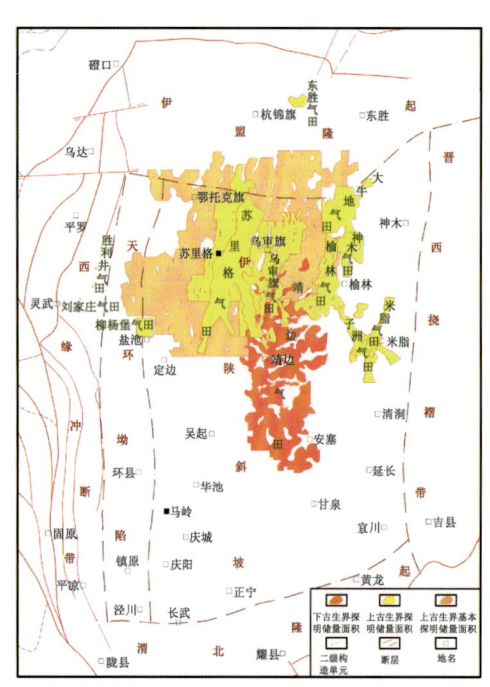

图 8-1 鄂尔多斯盆地气田分布图
(杨华等,2012 修改)

二、天然气地球化学特征

(一)组分特征

如表 8-1 所示,烃类组分是苏里格气田上古生界天然气的主要成分,C_1—C_4 烃类气体组分含量为 85.66%~98.02%,平均值为 96.80%,并以甲烷为主,C_2—C_3 烷烃气含量相对低,甲烷含量 79.99%~93.16%,平均值为 90.38%,乙烷、丙烷和丁烷含量顺序减少。干燥系数 $[C_1/(C_1—C_4)]$ 大部分大于 0.90,平均值为 0.93,若以干燥系数小于 0.95 为湿气来判断,则苏里格气田上古生界天然气则以"湿气"为主,"干气"为辅。

非烃组分主要为 He、H_2、N_2、CO_2,并以 N_2 和 CO_2 为主,基本不含 H_2S 气体。CO_2 含量分布范围为 0~2.58%,平均为 1.08%,N_2 含量分布范围变化较大,为 0.57%~13.97%,平均为 1.63%。

(二)碳同位素组成

苏里格气田上古生界天然气的碳同位素分析数据见表 8-2,具有以下特征。

1. 碳同位素具有煤成气特点

如图 8-2 所示,烷烃气碳同位素较重,$\delta^{13}C_1$ 值分布在 -35.7‰~-28.7‰,平均值为 -32.6‰;$\delta^{13}C_2$ 值分布在 -25.3‰~-22.1‰,平均值为 -23.7‰;$\delta^{13}C_3$ 值分布在 -26.8‰~-22.3‰,平均值为 -24.0‰;$\delta^{13}C_4$ 值分布在 -24.8‰~-20.7‰,平均值为 -23.0‰。只有苏南 9-61 井的碳同位素分布较为特殊,$\delta^{13}C_1$、$\delta^{13}C_2$、$\delta^{13}C_3$、$\delta^{13}C_4$ 值分别为 -32.3‰、-20.4‰、-17.7‰、-18.5‰,甲烷碳同位素受烃源岩热演化程度的影响较大,但乙烷碳同位素具有较强的原始母质继承性,受烃源岩热演化程度影响远小于甲烷碳同位素组成,因此乙烷碳同位素组成是区别煤成气和油型气最常用的有效指标。

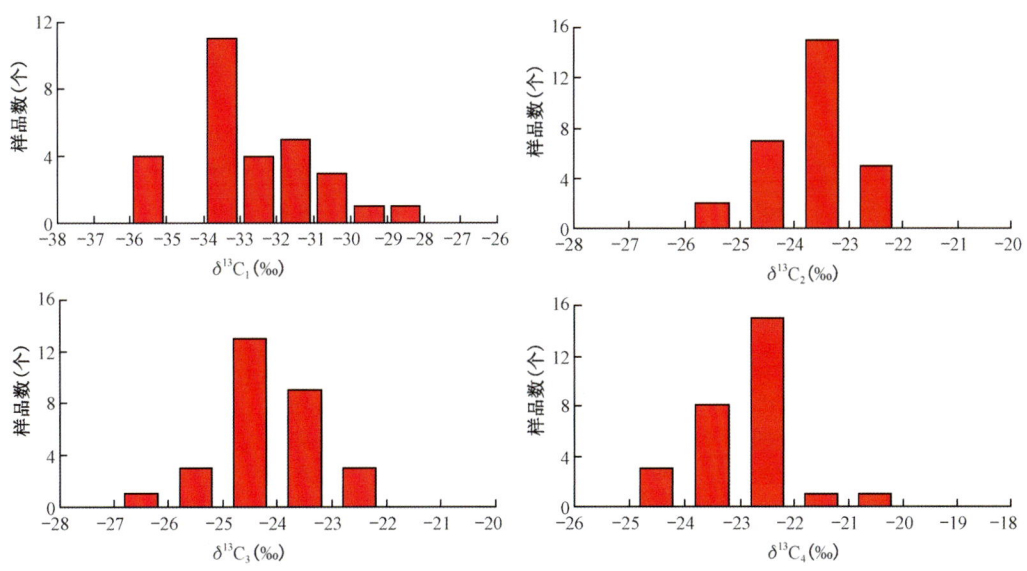

图 8-2 苏里格气田天然气 C_1—C_4 碳同位素分布直方图

研究认为,在中国 $\delta^{13}C_2$ 值大于 $-27.5‰$(Dai 等,2005)或 $-29‰$(Galimov,2006),$\delta^{13}C_3$ 值大于 $-25.5‰$ 或 $-27‰$ 的天然气是煤成气,由上述数据可见,苏里格气田上古生界天然气碳同位素具有煤成气特征。Liu 等(2009)研究认为,鄂尔多斯盆地中部气田天然气有油型气和煤成气混源的特征,其 $\delta^{13}C_2$ 值分布在 $-37.5‰\sim-22.2‰$,但大多数气样分布在 $-32‰\sim-26‰$,平均为 $-29.4‰$,明显轻于苏里格气田上古生界致密砂岩气的 $\delta^{13}C_2$ 值,这也说明鄂尔多斯盆地煤成气与混合气的碳同位素分布是有明显区别的。

2. 出现碳同位素序列部分倒转现象

有机成因的烷烃气碳、氢同位素具有随碳数递增 $\delta^{13}C$ 值递增的特征($\delta^{13}C_1 < \delta^{13}C_2 < \delta^{13}C_3 < \delta^{13}C_4$),当排列出现混乱时称为碳同位素倒转,当出现 $\delta^{13}C_2 > \delta^{13}C_3$ 或 $\delta^{13}C_3 > \delta^{13}C_4$ 时称为碳同位素序列部分倒转(Dai 等,2004),苏里格气田天然气的碳同位素出现碳同位素序列部分倒转现象(图 8-3),发生 $\delta^{13}C_2 > \delta^{13}C_3$ 倒转的占 60%,发生 $\delta^{13}C_3 > \delta^{13}C_4$ 倒转的占 26%,说明 $\delta^{13}C_2 > \delta^{13}C_3$ 是其碳同位素分布的主要特征。前人研究认为,造成苏里格气田天然气碳同位素倒转的原因是煤系不同源或同源不同期煤成气混合的结果(Dai 等,2005)。

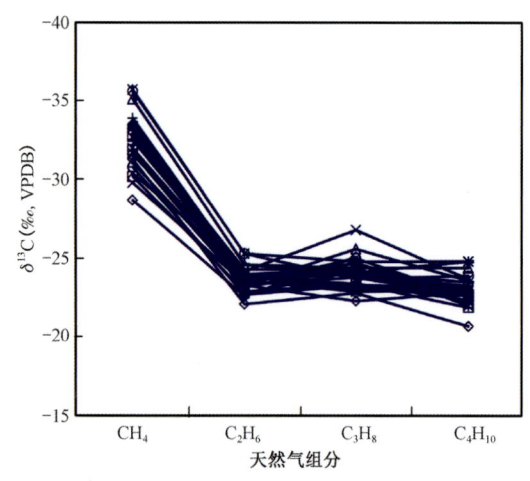

图 8-3 苏里格气田天然气主要组分碳同位素连线图

表 8-1 鄂尔多斯盆地上古生界天然气组分特征

井号	层位	天然气主要组分(%)							干燥系数
		CH_4	C_2H_6	C_3H_8	iC_4H_{10}	nC_4H_{10}	CO_2	N_2	
苏 21	P_1s,P_2x	92.39	4.48	0.83	0.13	0.14	0.99	0.68	0.94
苏 53	P_1s,P_2x	86.05	8.36	2.17	0.37	0.44	1.13	0.72	0.88
苏 75	P_2x	92.47	3.92	0.66	0.11	0.11	1.30	1.10	0.95
苏 76	P_1s,P_2x	86.41	8.37	2.33	0.39	0.51	0.13	1.21	0.88
苏 95	P_2x	92.24	3.95	0.66	0.11	0.11	1.64	1.00	0.95
苏 139	P_1s,P_2x	93.16	3.05	0.51	0.07	0.07	1.31	1.45	0.96
苏 336	P_1s,P_2x	90.20	1.40	0.15	0.02	0.01	0.00	8.06	0.97
苏 14-0-31	P_1s,P_2x	93.00	4.05	0.65	0.11	0.10	1.20	0.59	0.95
苏 48-2-86	P_1s	92.85	4.00	0.63	0.11	0.11	1.44	0.57	0.95
苏 48-14-76	P_1s,P_2x	92.73	3.48	0.65	0.13	0.11	1.47	1.14	0.95
苏 48-15-68	P_2x	92.79	3.28	0.61	0.11	0.12	1.70	1.07	0.96
苏 53-78-46H	P_1s,P_2x	89.82	6.21	1.24	0.20	0.24	0.93	0.87	0.92
苏 75-64-5X	P_2x	89.45	6.36	1.26	0.22	0.24	0.13	0.93	0.92
苏 76-1-4	P_2x	90.38	6.03	1.18	0.21	0.22	0.82	0.71	0.92
苏 77-2-5	P_2x	89.90	5.53	1.24	0.24	0.27	1.46	0.70	0.93
苏 77-6-8	P_2x	89.90	5.80	1.24	0.22	0.24	0.60	0.79	0.92

续表

井号	层位	天然气主要组分(%)							干燥系数
		CH_4	C_2H_6	C_3H_8	iC_4H_{10}	nC_4H_{10}	CO_2	N_2	
苏120-52-82	P_1s, P_2x	91.64	3.69	0.64	0.11	0.10	2.58	0.93	0.95
苏11-18-36	P_2x	90.16	5.50	1.15	0.21	0.21	1.47	0.94	0.93
苏75-70-5x		90.70	5.19	1.02	0.18	0.18	1.48	0.93	0.93
苏55		88.96	7.07	1.47	0.22	0.27	0.68	0.88	0.91
苏76-15-18		85.63	8.18	2.56	0.47	0.64	0.41	1.29	0.88
苏77-4-6	P_2x	90.95	5.10	1.14	0.21	0.24	0.21	0.93	0.93
苏14-8-45	P_2x	92.97	3.93	0.74	0.13	0.13	1.10	0.77	0.95
苏14-18-36	P_1s	93.08	3.92	0.73	0.13	0.14	1.13	0.66	0.95
苏14-11-09	P_2x	92.52	3.78	0.75	0.16	0.17	1.18	1.10	0.95
苏48-13-79C3		92.82	3.33	0.61	0.12	0.12	1.55	1.18	0.96
苏120-42-84	P_2x	91.15	4.19	0.79	0.15	0.14	2.25	1.04	0.95
苏南9-61		88.28	5.49	1.16	0.74	0.23	1.47	1.77	0.92
苏南3-45		79.77	4.53	0.96	0.23	0.17	0.04	13.93	0.93
召61	P_1s	88.98	6.83	1.53	0.31	0.37	0.55	0.85	0.91
榆85	P_2x	93.83	2.83	0.39	0.06	0.06	1.22	1.48	0.97
米37-13	P_1s	94.19	3.77	0.53	0.11	0.09	0.71	0.39	0.95
榆30	P_1s	94.10	3.14	0.48	0.07	0.08	1.62	0.38	0.96
洲35-28	P_1s	94.81	2.97	0.44	0.06	0.07	1.2	0.37	0.96
榆69	P_1s	94.93	2.85	0.4	0.06	0.06	1.27	0.35	0.97
米38-13A	P_1s	94.53	3.04	0.45	0.08	0.07	1.34	0.37	0.96
洲21-24	P_1s	94.22	3.12	0.48	0.08	0.07	1.58	0.32	0.96
榆45	P_1s	94.17	3.12	0.48	0.08	0.08	1.58	0.36	0.96
米40-13	P_1s	94.45	2.99	0.45	0.07	0.07	1.52	0.32	0.96
洲25-38	P_1s	94.67	2.87	0.42	0.06	0.07	1.40	0.38	0.97

表8-2 鄂尔多斯盆地上古生界天然气碳氢同位素特征

井号	层位	$\delta^{13}C$(‰, VPDB)				δ^2H(‰, VSMOW)		
		CH_4	C_2H_6	C_3H_8	C_4H_{10}	CH_4	C_2H_6	C_3H_8
苏21	P_1s, P_2x	-33.4	-23.4	-23.8	-22.7	-178	-154	-148
苏53	P_1s, P_2x	-35.6	-25.3	-23.7	-23.9	-186	-152	-145
苏75	P_2x	-33.2	-23.8	-23.4	-22.4	-178	-150	-142
苏76	P_1s, P_2x	-35.1	-24.6	-24.4	-24.4	-187	-152	-146
苏95	P_2x	-32.5	-23.9	-24.0	-22.7	-177	-154	-145
苏139	P_1s, P_2x	-30.4	-24.2	-26.8	-23.7	-176	-165	-165
苏336	P_1s, P_2x	-28.7	-22.6	-25.1	—	-173	-156	-153
苏14-0-31	P_1s, P_2x	-32.0	-23.8	-24.7	-22.0	-180	-155	-157

续表

井号	层位	$\delta^{13}C$(‰,VPDB)				δ^2H(‰,VSMOW)		
		CH_4	C_2H_6	C_3H_8	C_4H_{10}	CH_4	C_2H_6	C_3H_8
苏48-2-86	P_1s	-31.7	-23.2	-24.3	-22.3	-174	-159	-155
苏48-14-76	P_1s,P_2x	-33.5	-22.8	-24.2	-22.2	-176	-159	-156
苏48-15-68	P_2x	-29.8	-23.4	-25.0	-22.6	-179	-157	-157
苏53-78-46H	P_1s,P_2x	-33.9	-23.9	-23.0	-23.2	-182	-152	-141
苏75-64-5X	P_2x	-33.5	-24.0	-23.3	-22.8	-183	-154	-144
苏76-1-4	P_2x	-32.7	-23.6	-22.9	-23.0	-182	-155	-150
苏77-2-5	P_2x	-30.8	-22.7	-23.3	-22.9	-178	-155	-149
苏77-6-8	P_2x	-33.6	-23.9	-24.1	-23.5	-185	-152	-150
苏120-52-82	P_1s,P_2x	-31.1	-23.3	-25.6	-23.6	-176	-163	-164
苏11-18-36	P_2x	-33.0	-23.3	-22.3	-22.9	-180	-152	-152
苏75-70-5x		-32.8	-23.6	-23.1	-22.7	-180	-153	-155
苏55		-35.1	-24.6	-24.1	-24.8	-186	-151	-158
苏76-15-18		-35.7	-25.3	-24.8	-24.8	-189	-151	-152
苏77-4-6	P_2x	-33.5	-23.7	-24.0	-23.3	-182	-148	-151
苏14-8-45	P_2x	-33.2	-24.3	-24.3	-23.0	-172	-157	-150
苏14-18-36	P_1s	-33.4	-24.0	-24.3	-22.8	-174	-157	-157
苏14-11-09	P_2x	-31.6	-24.0	-24.2	-22.6	-172	-154	-158
苏48-13-79C3		-30.2	-22.9	-23.4	-21.9	-171	-158	-153
苏120-42-84	P_2x	-31.9	-23.6	-24.7	-22.7	-174	-152	-158
苏南9-61		-32.3	-20.4	-17.7	-18.5	-174	-148	-140
苏南3-45		-31.3	-22.1	-22.8	-20.7	-172	-153	-154
召61	P_1s	-33.2	-23.5	-23.3	-23.2	-178	-146	-139
米37-13	P_1s	-33.0	-23.2	-22.4	-21.1	-166	-143	-130
榆30	P_1s	-33.1	-23.0	-23.4	-21.7	-167	-148	-139
洲35-28	P_1s	-32.5	-25.7	-23.6	-23.3	-165	-151	-142
榆69	P_1s	-32.8	-26.3	-24.1	-21.7	-163	-149	-136
米38-13A	P_1s	-33.1	-25.0	-22.8	-22.0	-165	-142	-126
洲21-24	P_1s	-32.7	-25.0	-23.2	-22.2	-167	-150	-140
榆45	P_1s	-33.2	-25.2	-23.1	-22.5	-167	-151	-140
米40-13	P_1s	-32.8	-25.3	-23.3	-22.4	-167	-154	-140
洲25-38	P_1s	-32.6	-25.7	-23.3	-22.9	-169	-152	-139

(三)轻烃组成特征

从轻烃谱图(图8-4)可以看出苏里格气田天然气轻烃组成具有以下特征。

1. 甲基环己烷分布优势,而且环烷烃和异构烷烃的含量相对较高

谱图中甲基环己烷均为主峰,C_7轻烃系统(正庚烷、甲基环己烷和二甲基环戊烷)中甲基环己烷的含量为44%~68%,平均为59%;C_6—C_7轻烃化合物中,环烷烃含量分布在22%~48%之间,平均值为36%;C_5—C_7化合物中异构烷烃所占比例的平均值为53%。

2. 有一定含量的苯和甲苯

从图8-4可以看出,芳香烃化合物苯和甲苯在谱图上都有显示,芳香烃在C_6—C_7化合物中所占比例为1.71%~9.35%;苯占C_6化合物含量的1.7%~9.0%,平均为5%;甲苯占C_7化合物含量的1.5%~11.1%,平均为6.5%。

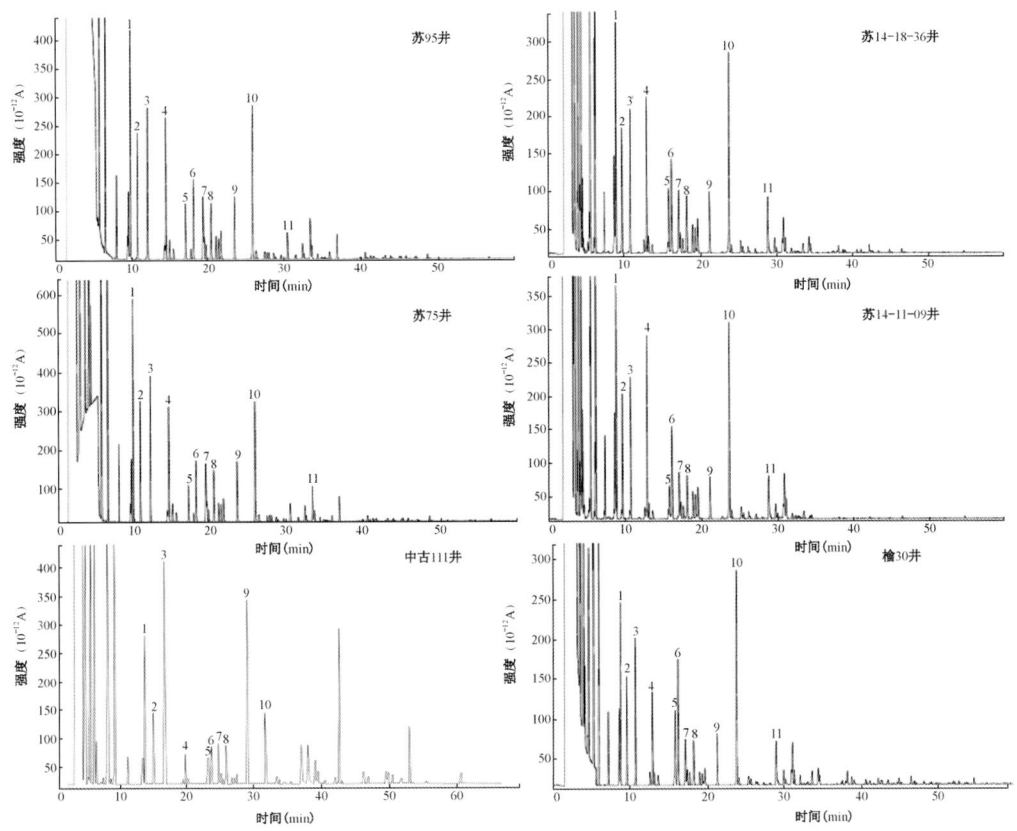

图8-4　苏里格气田天然气轻烃谱图

中古111井谱图来自吴小奇博士后出站报告

1—2-甲基戊烷;2—3-甲基戊烷;3—正己烷;4—甲基环戊烷;5—苯;6—环己烷;
7—2-甲基己烷;8—3-甲基己烷;9—正庚烷;10—甲基环己烷;11—甲苯

3. 与煤成气气样谱图相似

图8-4包括了塔里木盆地塔中地区中古111井奥陶系天然气与鄂尔多斯盆地东部子洲气田榆30井山2段天然气轻烃谱图,两者与本次气样的实验分析条件相同,其中古111井为典型油型气,其正庚烷含量明显高于甲基环己烷,有一定含量的苯和甲苯,而榆30井天然气为煤成气,由谱图可见,苏里格气田天然气与榆30井的煤成气轻烃谱图相似,甲基环己烷含量远远高于正庚烷,但与中古111井的油型气轻烃谱图有着明显区别。

三、轻烃分析在苏里格气田的应用

地球化学中对各种谱图和指标的分析主要是为了解决地质问题,以下利用天然气轻烃分析并结合碳同位素的分析来阐述苏里格天然气的气源、运移问题。

(一)苏里格气田上古生界天然气为煤成气

前人根据碳、氢同位素研究认为苏里格气田上古生界天然气以煤成气为主,并混有来自下古生界的油型气,主要烃源岩为上古生界石炭系—二叠系煤系烃源岩,也可能有石灰岩的贡献。通过对所取气样的轻烃分析认为,苏里格气田上古生界天然气为来自煤系的典型煤成气,没有混源气的特征。

1. C_7轻烃系统化合物相对含量

C_7轻烃系统化合物包括正庚烷(nC_7)、甲基环己烷(MCC_6)和二甲基环戊烷($DMCC_5$)。其中正庚烷主要来自藻类和细菌,是良好的成熟度指标;甲基环己烷主要来自高等植物木质素、纤维素等,是反映陆源母质类型的良好参数;二甲基环戊烷主要来自水生生物的类脂化合物,是油型气轻烃的一个特点(Chung,1998;Whiticar,1999)。图8-5为苏里格气田上古生界致密砂岩气的C_7轻烃系统化合物相对含量三角图,从图中可以看出,所有样品均分布于左下角,即甲基环己烷含量占优势,分布在44.50%~68.78%,平均为59.71%;正庚烷含量为11.43%~25.61%,平均为18.19%;二甲基环戊烷含量为14.31%~31.13%,平均为22.09%,意味着天然气类型以腐殖型母质为主。结合前文与鄂尔多斯东部气田和塔里木塔中地区天然气的谱图对比,苏里格气田上古生界天然气的C_7轻烃系统三角图分布特征与东部气田的煤成气相似,而与塔中地区的油型气有明显差别。Hu等(2008)对中国173块煤成气样分析,发现92%的气样中甲基环己烷体积分数大于50%,因此,认为在C_7轻烃系统组成中,甲基环己烷分布优势是煤成气轻烃组成的一个主要特征。

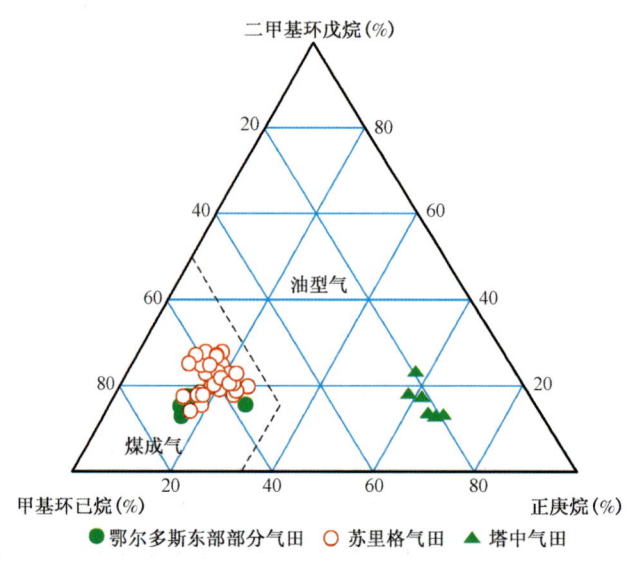

图8-5 C_7轻烃系统三角图

2. C_5—C_7轻烃化合物相对含量

C_5—C_7脂肪族组成三角图常用来判识不同类型天然气,图8-6是苏里格气田天然气的

C_5—C_7 正构烷烃、异构烷烃和环烷烃相对含量三角图,苏里格气田上古生界致密砂岩气样品富含异构烷烃和环烷烃,异构烷烃含量为 36.86%~62.00%,平均为 53.00%,环烷烃含量(平均值为 27%)高于正构烷烃(平均值为 21%)。而且 C_6—C_7 化合物的正构烷烃、异构烷烃、环烷烃和芳香烃也表现出了类似特征,异构烷烃在 C_6—C_7 化合物所占比例为 17.0%~54.3%,环烷烃为 22.0%~48.7%,芳香烃为 1.71%~9.35%,正构烷烃为 4.6%~18.2%。研究认为源于腐殖型母质的轻烃组分中富含异构烷烃和芳香烃(Leythaeuser 等,1979),来源于陆源母质的凝析物其轻烃组分富含环烷烃(Snmowdon 等,1982)。说明苏里格气田天然气主要来源于腐殖型母质。虽然 Kissin(1990)和 Mango(1990)认为在轻烃生成过程中酸性黏土矿物或过渡金属的催化作用可以形成环烷烃,但是结合前面的碳同位素分析认为这些气样有明显的煤成气特征,说明母质类型应该是造成环烷烃含量差异的主要原因。

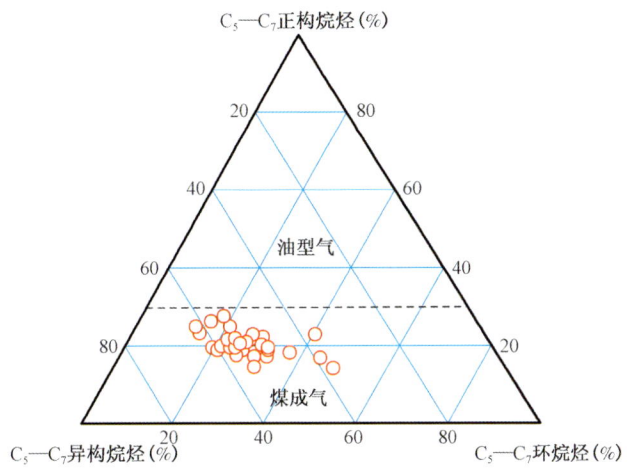

图 8-6 苏里格气田天然气 C_5—C_7 轻烃化合物三角图

3. Mango 轻烃参数和正、异庚烷值

Mango 提出,同源母质的原油(气)具有基本一致的 K_1 值[K_1 = (2 - MC_6 + 2,3 - DMC_5)/(3 - MC_6 + 2,4 - DMC_5)],而不同类型原油(气)K_1 值则有差别(Mango,1987、1997、2000)。苏里格气田上古生界天然气的 K_1 值基本都分布在 1.1 左右,而且 2 - MC_6 + 2,3DMC_5 与 3 - MC_6 + 2,4 - DMC_5 相关图上表现线性特征(图 8-7),说明天然气呈现同源特征。

Thompson(1979、1983)根据原油随着成熟度增高烷基化程度也增高的事实,提出了异庚烷值[(2 - 甲基己烷 + 3 - 甲基己烷)/(顺 -1,3 - + 反 -1,3 - + 反 -1,2 -)环戊烷]和庚烷值来区别原油的来源和成熟度。原油样品的正、异庚烷值与其烃源岩的干酪根类型有关,其中脂肪族曲线代表腐泥型母质,芳香族曲线代表腐殖型母质。根据图 8-8 可以看出,苏里格气田上古生界的气样都分布于芳香族曲线附近,说明其母质来源主要为腐殖型。

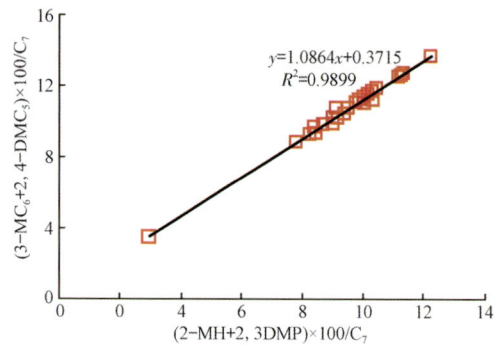
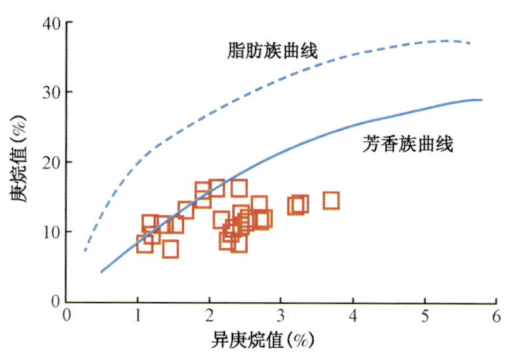

图8-7 天然气轻烃$(3-MC_6+2,4-DMC_5)\times 100/C_7$与$(2-MC_6+2,3-DMC_5)\times 100/C_7$关系

图8-8 天然气轻烃庚烷值、异庚烷值与Thompson图版对比

综上所述,苏里格气田上古生界天然气属于煤成气,并没有表现出混有油型气的特点,其来源于石炭系—二叠系煤系地层。上述结论也符合致密砂岩气的特点,邹才能等(2009)指出致密砂岩气烃源岩具有广覆式分布持续生烃特征,而石炭系—二叠系的煤系烃源岩正可以特供这种"全天候"供气的条件(Dai等,2012)。世界上很多大型致密砂岩大气田也具有煤成气特征,如美国落基山盆地群中的致密砂岩气主要来自白垩系煤层和煤系有机碳含量丰富的Ⅲ型干酪根泥质岩(C. W. Spencer,1987)。

(二)苏里格气田上古生界天然气为近源运聚产物

苏里格气田是我国致密砂岩气广泛分布的区域,前人对苏里格气田天然气的运移问题进行研究,主要有3种观点,即由南向北;由北向南;短距离运移,就近成藏(胡国艺等,2010;刘全有等,2007;曹锋等,2011)。认为苏里格气田天然气主要为短距离运聚成藏。

图8-9为苏里格气田上古生界反映天然气运移的轻烃参数平面分布图,(a)~(d)分别为苏里格西2区和西1区芳香烃/(C_6—C_7)化合物以及苯/正己烷平面分布图,从图中可以看出,西2区气样的芳香烃/(C_6—C_7)化合物比值较高,分布在5.78~9.35,相比之下,西1区的芳香烃/(C_6—C_7)化合物比值分布范围较广,从2.23~8.43皆有分布。芳香烃的吸附性较强,随运移距离的增加,芳香烃含量将逐渐降低;而且,地层水的溶解作用也会使天然气中苯和甲苯含量减少,在C_6化合物中,苯的溶解度可达到1740×10^{-6} mg/L,所以天然气中芳香烃含量的变化可以用来判断天然气的运移路径,但是,天然气母源和热演化程度也会影响天然气中芳香烃的体积分数(Hunt,1984;Tissot等,1984;George等,2002)。Thompson(1979、1983)根据原油随着成熟度增高烷基化程度也增高的事实,提出了异庚烷值和庚烷值来区别原油的成熟度,从图8-9左方的正庚烷—异庚烷分布图可以看出,西2区气样为高成熟阶段的天然气,而西1区天然气气样成熟度有相对较大的差异,这和芳香烃的分布有较好的对应关系,也就是说,成熟度较高的西2区天然气具有较高含量的芳香烃,而成熟度分布范围较大的西1区天然气芳香烃含量差别也较大,说明成熟度对芳香烃的含量有影响。另外,可以反映油气运移的轻烃参数如苯/正己烷、甲苯/nC_7(图8-9)因受成熟度不同的影响在西1区和西2区的变化趋势与芳香烃/(C_6—C_7)化合物的变化趋势类似。同时,结合苏里格西区的含水地层的分布特征来看,产水区主要发育在西区的西北部,但是西2区的气样芳香烃含量变化并不明显,说明天然气侧向运移不明显,所以地层的吸附和溶解作用对其的影响较小。

第八章 鄂尔多斯盆地典型大气田天然气轻烃地球化学特征及应用

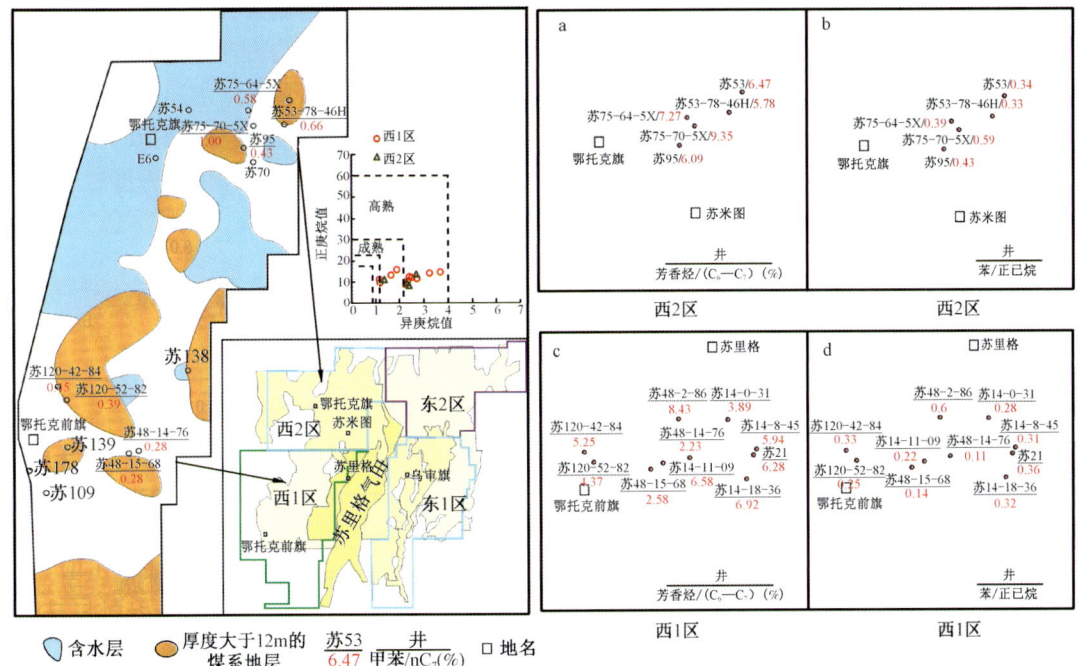

图 8-9 部分样品甲苯/nC_7、芳香烃/(C_6—C_7)化合物、苯/正己烷及庚烷值—异庚烷值分布图

纵观所采气样轻烃参数分布可以发现(图 8-10),芳香烃在 C_6—C_7 化合物中所占比例为 1.71%~9.35%,主要分布在 4%~8%;苯/正己烷分布在 0.09~0.60;苯/环己烷分布在 0.18~0.67;甲苯/正庚烷大部分分布在 1.0 以下;甲苯/甲基环己烷分布在 0.06~0.30,虽然局部地区的轻烃参数分布会有差异,但是总体来说这些参数的分异较小,不具备长距离运移所导致的轻烃参数分异较大的特征。图 8-9 中天然气基本都分布在厚度大于 12m 的煤层附近,也说明苏里格上古生界致密砂岩气有近源运聚的特征。

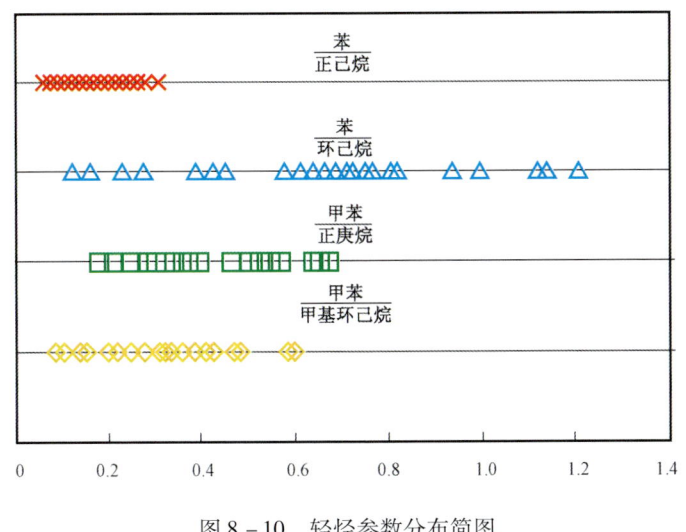

图 8-10 轻烃参数分布简图

致密砂岩储层及构造平缓不利于致密砂岩气长距离运移。苏里格大气区主要产层均为低孔、低渗储层，孔隙度小于 8% 的约占 61.3%，渗透率小于 0.5mD 的约占 82.9%、小于 0.4mD 的约占 78.1%、小于 0.3mD 的约占 70.1%。而且，苏里格气田构造平缓，断层不发育，这些都不利于苏里格气田上古生界致密砂岩气沿构造上倾方向大规模运移。曹锋等（2011）也通过苏里格致密砂岩气的地球化学、储层地质和古构造背景证据，认为其天然气主要为近源运聚的产物。

第二节 榆林气田天然气成因及来源

一、地质背景

榆林气田位于鄂尔多斯盆地伊陕斜坡的东北部（图 8 - 11），具有东北高西南低和构造平缓（地层倾角为 1°左右）的特点，气田呈南北向长条状分布，主力气层段为下二叠统山西组。榆林气田发育于石炭系—二叠系煤系中，以大型岩性圈闭为主，烃源岩为煤系，储集岩为石英砂岩。榆林气田位于三角洲平原和三角洲前缘过渡部位，具有砂泥互层多、煤层层数多、纵向上封闭能力强等特点，有利于天然气生成、运移和聚集，在纵向上可以形成多个含气系统（戴金星等，2003）。

烃源岩类型为煤、泥岩和石灰岩，其中煤和泥岩是主力烃源岩。煤层厚度为 10~18m，有机碳含量为 70%~85%，显微组分主要为镜质组和惰质组；暗色泥岩厚度为100~120m，有机碳含量为 2.1%~2.3%。煤和泥岩干酪根类型为腐殖型，主要生气。石灰岩烃源岩厚度为 16~20m，但有机质丰度较高，TOC 为 0.3%~5.0%，平均值达 1.4%。该区煤、泥岩和石灰岩烃源岩 R_o 为 1.6%~2.0%，处于高成熟阶段（戴金星等，2003；钟宁宁等，2002）。

山西组砂岩储层厚度为 5~25m，单层厚度为 2~15m（图 8 - 11），岩石类型主要为中—粗粒石英砂岩及岩屑质石英砂岩，其中石英砂岩占主力储层厚度的 93.4%。孔隙类型以粒间孔为主，其次有溶孔、晶间孔及少量微裂缝。砂岩孔隙度主要为 2%~8%，渗透率主要为 0.01~1mD，储层具有低孔、低渗特征，为致密岩性砂岩大气田（付金华等，2005；武明辉等，2006）。

气藏上覆石盒子组为滨浅湖沉积，泥岩厚度为 70~100m，为良好的区域盖层（图 8 - 11）。分流河道在侧向上与泛滥盆地、分流间湾粉砂质、泥质沉积共生。在形成西倾单斜后，原先分布于分流河道砂体一侧的泥岩和粉砂岩就处于上倾方向，形成上倾封堵，另一侧的泥岩和粉砂岩则位于分流河道砂体的下倾方向，形成下倾方向封闭，最终表现出原生岩性圈闭特征，这种圈闭主要受沉积相带分异控制。榆林气田分布受近南北向延伸的带状砂体控制（戴金星等，2003）。

榆林气田分布区烃源岩在三叠纪进入成熟阶段，晚侏罗世—早白垩世进入高成熟阶段，这一时期烃源岩持续埋深，并受盆地热事件影响，天然气大量生成，早白垩世末是上古生界天然气运移聚集的关键时期。砂岩储层位于上、下烃源岩之间，形成源储互层关系，这种源储互层关系在榆林气田稳定分布（图 8 - 11），有利于天然气向储层中运移聚集（付金华等，2005）。

第八章 鄂尔多斯盆地典型大气田天然气轻烃地球化学特征及应用

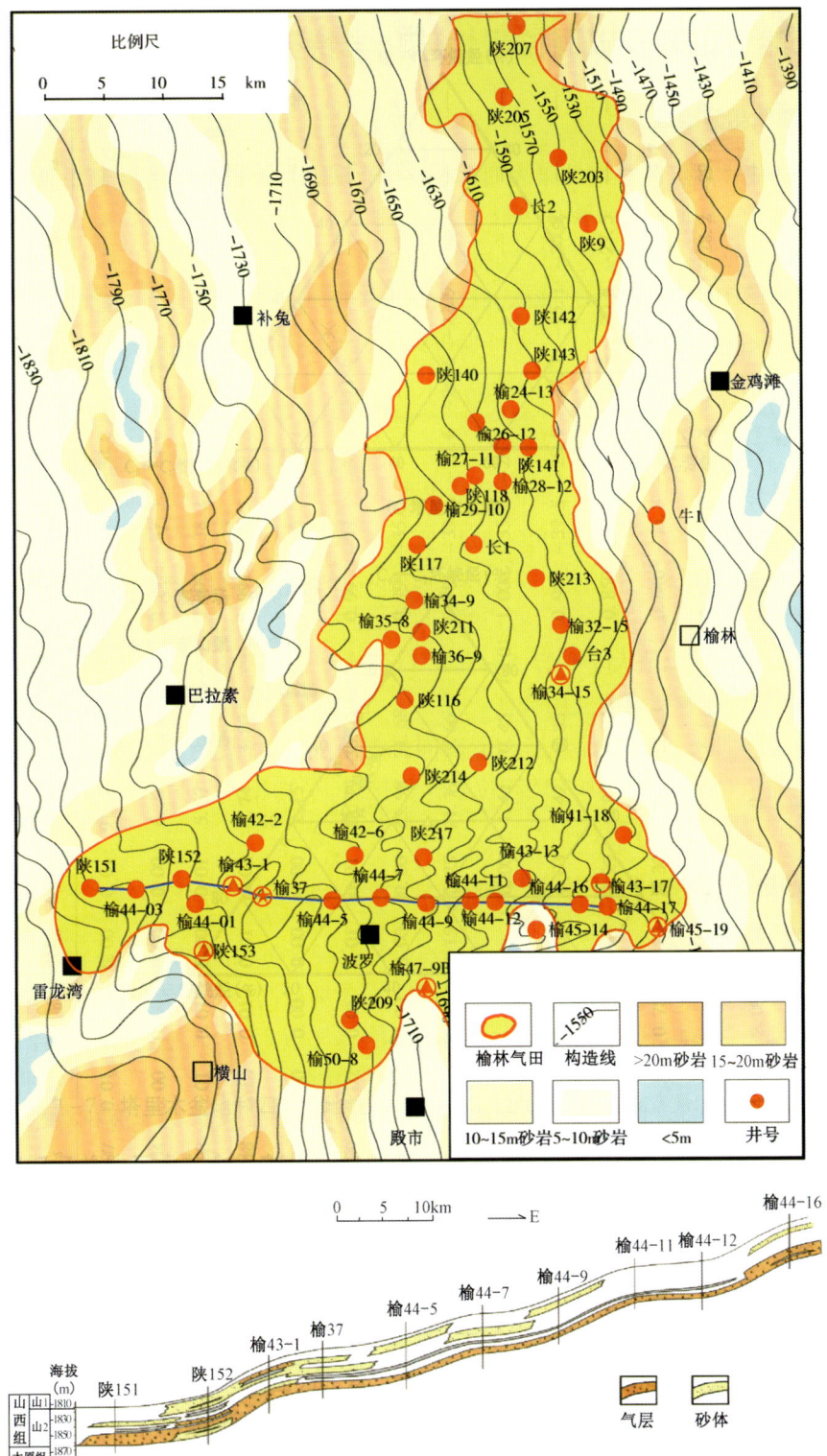

图 8-11 榆林气田分布范围（上）及东西向气藏剖面（下）图（戴金星等，2014）

二、天然气组分及碳同位素地球化学特征

(一)天然气组分组成

25个天然气样品组分分析结果表明(表8-3),天然气组分组成比较简单,以烃类气体为主,甲烷含量很高,而非烃气体含量很低,二氧化碳小于2%,平均为1.37%,氮气为0.18%~0.75%,平均为0.23%。在烃类气体组成中,甲烷含量很高,重烃气含量较低,甲烷占全组分的91.93%~94.41%,平均为92.88%,其次是乙烷,含量为3.09%~4.70%,平均为4.17%,烃类气体的干燥系数较高,$C_1/(C_1—C_5)$为0.93~0.96,平均为0.94,属于干气,组成分析表明榆林气田天然气具有高成熟煤成气的特点。

(二)天然气碳同位素组成

25个气样$C_1—C_5$组分碳同位素测定结果见表8-3,烷烃气碳同位素均较重,$\delta^{13}C_1$值为-35.3‰~-29.8‰,平均为-32.4‰;$\delta^{13}C_2$值为-26.3‰~-23.5‰,平均为-24.8‰;$\delta^{13}C_3$值为-25.2‰~-21.1‰,平均为-23.0‰;iC_4、nC_4、iC_5和nC_5碳同位素都比较重,且比值都比较接近,平均值分别为-21.6‰、-21.9‰、-22.0‰和-20.6‰。从碳同位素组成来看,戴金星等(2005)指出$\delta^{13}C_2$值大于-27.5‰和$\delta^{13}C_3$值大于-25.5‰天然气为煤成气,由此可见,榆林气田天然气具有典型煤成气的特征。

从表8-3和图8-12看出,在各组分碳同位素组成中,甲烷与乙烷碳同位素比值相差较大,平均相差约7.6‰;乙烷与丙烷碳同位素比值接近,平均相差仅为1.8‰;丙烷、丁烷、戊烷之间相差更小,仅为1.0‰左右。

三、天然气轻烃地球化学特征

榆林气田天然气轻烃组成一个显著的特点是环烷烃含量很高,图8-13为榆54井天然气轻烃色谱图,可以看出,在C_6和C_7各化合物分布中,含量最高的是甲基环己烷,环己烷含量也较高,而正构烷烃含量相对较低。表8-4列出了榆林气田25个天然气各类化合物的相对含量组成,在$C_6—C_7$链烷烃、环烷烃和芳香烃相对含量组成中,链烷烃和环烷烃含量相当,平均含量分别为44.3%和44.6%,芳香烃含量最低,平均为11.1%。在C_7主要化合物相对组成中甲基环己烷含量最高,分布在65.8%~80.9%,平均为71.6%,而正庚烷和二甲基环戊烷相对含量均较低,平均含量分别为15.7%和12.7%,根据Hu等(2008)研究结果天然气轻烃组成具有典型煤成气的特征。

四、天然气成因类型

天然气组成和碳同位素常被用于判识天然气成因类型,鉴于榆林气田是否有海相石灰岩烃源岩生成天然气混合问题,采用天然气组分同位素结合含量较低的轻烃进行综合对比。

第八章 鄂尔多斯盆地典型大气田天然气轻烃地球化学特征及应用

表 8-3 榆林气田天然气组分和同位素组成数据表

井号	埋深(m)	天然气主要组分(%)									$C_1/$ $(C_1—C_5)$	$\delta^{13}C$(‰, VPDB)							R_o(%)[1]	R_o(%)[2]
		N_2	CO_2	CH_4	C_2H_6	C_3H_8	iC_4H_{10}	nC_4H_{10}	iC_5H_{12}	nC_5H_{12}		CO_2	CH_4	C_2H_6	C_3H_8	iC_4H_{10}	nC_4H_{10}	iC_5H_{12}	nC_5H_{12}		
榆32-15	2785.00	0.18	1.72	92.22	4.20	1.09	0.23	0.20	0.06	0.04	0.94	-4.8	-33.0	-25.6	-23.3	-22.3	-22.4	-22.5	-20.8	1.3	1.2
榆34-15	2802.20	0.23	1.27	92.63	4.36	1.00	0.18	0.17	0.06	0.03	0.94	-4.0	-35.3	-24.7	-21.8	-21.0	-21.4	-21.5	-20.1	0.9	0.9
台3		0.23	1.20	92.63	4.44	0.99	0.19	0.17	0.06	0.03	0.96	-4.6	-34.5	-24.1	-21.6	-20.6	-21.0	-21.3	-19.9	1.0	1.0
榆44-03	2933.60	0.33	1.93	94.27	3.09	0.16	0.07	0.07	0.03	0.01	0.96	-4.6	-31.8	-23.4	-23.0	-18.5	-20.4	-19.0	-18.8	1.5	1.4
榆44-01		0.75	0.50	94.41	3.81	0.19	0.12	0.12	0.04	0.02	0.96	-9.1	-31.2	-24.4	-23.0	-22.7	-24.0	-22.8	-21.3	1.7	1.4
榆42-2	2916.60	0.29	1.65	94.03	3.28	0.52	0.08	0.07	0.02	0.01	0.96	-4.2	-31.0	-25.5	-24.1	-22.3	-22.8	-22.2	-20.9	1.7	1.5
榆42-6	2889.30	0.24	2.00	92.75	3.69	0.85	0.18	0.16	0.05	0.01	0.95	-4.1	-31.3	-25.5	-23.7	-22.0	-22.8	-23.0	-22.2	1.7	1.4
陕209		0.26	1.51	92.26	4.41	1.01	0.19	0.18	0.06	0.03	0.94	-4.0	-32.8	-24.5	-22.2	-20.7	-21.1	-21.4	-19.8	1.3	1.2
榆50-8	2989.00	0.26	1.32	92.68	4.31	0.93	0.17	0.16	0.06	0.03	0.94	-4.8	-33.6	-24.4	-22.3	-21.0	-21.4	-21.8	-20.8	1.1	1.1
榆47-9B	2826.35	0.32	0.97	92.29	4.82	1.06	0.19	0.17	0.06	0.03	0.94	-7.2	-30.3	-23.5	-21.1	-20.4	-20.8	-21.3	-19.9	1.9	1.6
榆44-12		0.27	1.37	93.26	4.01	0.74	0.12	0.12	0.04	0.03	0.95	-4.1	-32.1	-25.2	-23.1	-21.5	-22.0	-22.0	-20.7	1.5	1.3
榆46-9A	2814.00	0.26	1.39	92.55	4.44	0.92	0.15	0.15	0.05	0.03	0.94	-4.2	-32.8	-25.3	-23.3	-20.5	-20.9	-21.3	-20.1	1.3	1.2
陕217	2785.70	0.25	1.73	93.36	3.75	0.64	0.14	0.10	0.03	0.02	0.95	-1.1	-32.5	-23.6	-24.4	-22.2	-22.3	-22.4	-20.7	1.4	1.3
陕211	2919.70	0.27	1.14	93.36	4.05	0.79	0.12	0.13	0.05	0.02	0.95	-6.6	-33.0	-25.2	-23.4	-20.9	-21.9	-21.1	-19.8	1.3	1.2
榆36-9	2927.40	0.24	0.64	93.97	4.05	0.78	0.12	0.11	0.03	0.02	0.95	/	-32.4	-25.1	-23.4	-22.2	-22.3	-22.4	-21.0	1.4	1.3
榆29-10	2931.00	0.26	1.28	92.20	4.61	1.06	0.20	0.20	0.07	0.04	0.94	-5.6	-33.4	-24.3	-23.0	-22.6	-22.3	-22.7	-21.2	1.2	1.2
榆26-12	2844.90	0.19	1.83	92.74	3.80	0.91	0.19	0.17	0.06	0.04	0.95	-4.7	-32.5	-25.9	-24.0	-22.6	-22.3	-21.7	-20.2	1.4	1.3
陕141	2816.90	0.23	1.69	92.55	4.20	0.89	0.15	0.16	0.05	0.03	0.94	-4.4	-33.3	-25.8	-23.9	-23.0	-22.9	-22.7	-21.1	1.2	1.2
榆27-11	2785.70	0.24	1.64	92.47	4.24	0.91	0.16	0.17	0.06	0.04	0.94	-7.4	-29.8	-25.2	-23.7	-23.1	-22.5	-23.0	-21.4	2.1	1.7
榆28-12	2859.90	0.22	1.63	92.66	4.21	0.84	0.14	0.15	0.05	0.03	0.94	-4.2	-33.2	-26.3	-23.8	-22.6	-22.8	-22.8	-21.4	1.2	1.2
陕118	2889.80	0.22	1.46	92.60	4.32	0.93	0.16	0.16	0.05	0.03	0.94	-4.7	-30.4	-24.8	-22.5	-22.5	-22.2	-22.6	-21.0	1.9	1.6
榆43-17		0.23	1.04	92.98	4.40	0.90	0.15	0.15	0.05	0.03	0.94	-4.4	-30.2	-24.4	-22.3	-21.5	-21.8	-22.1	-20.5	1.9	1.6
榆45-14		0.18	1.36	91.93	4.70	1.16	0.22	0.21	0.08	0.05	0.93	-2.3	-34.3	-23.9	-22.0	-21.3	-20.8	-21.5	-19.9	1.0	1.1
榆45-19	2683.20	0.23	1.03	92.74	4.50	0.98	0.17	0.17	0.06	0.03	0.94	-4.7	-31.6	-24.2	-21.9	-21.3	-21.7	-22.1	-20.6	1.6	1.4
榆41-18	2713.80	0.23	0.97	92.47	4.60	1.08	0.22	0.20	0.08	0.04	0.94	-5.3	-33.6	-24.2	-22.0	-20.9	-21.2	-22.1	-20.3	1.1	1.1
平均		0.26	1.37	92.88	4.17	0.85	0.16	0.15	0.05	0.03	0.94	-4.8	-32.4	-24.8	-23.0	-21.6	-21.9	-22.0	-20.6	1.3	1.2

[1] 根据戴金星等提出的 $\delta_{13}C_1 = 14.12 \times \lg R_o - 34.39$ 关系式计算结果;
[2] 根据刘文汇提出的 $\delta_{13}C_1 = 22.42 \times \lg R_o - 34.8$ 关系式计算结果。

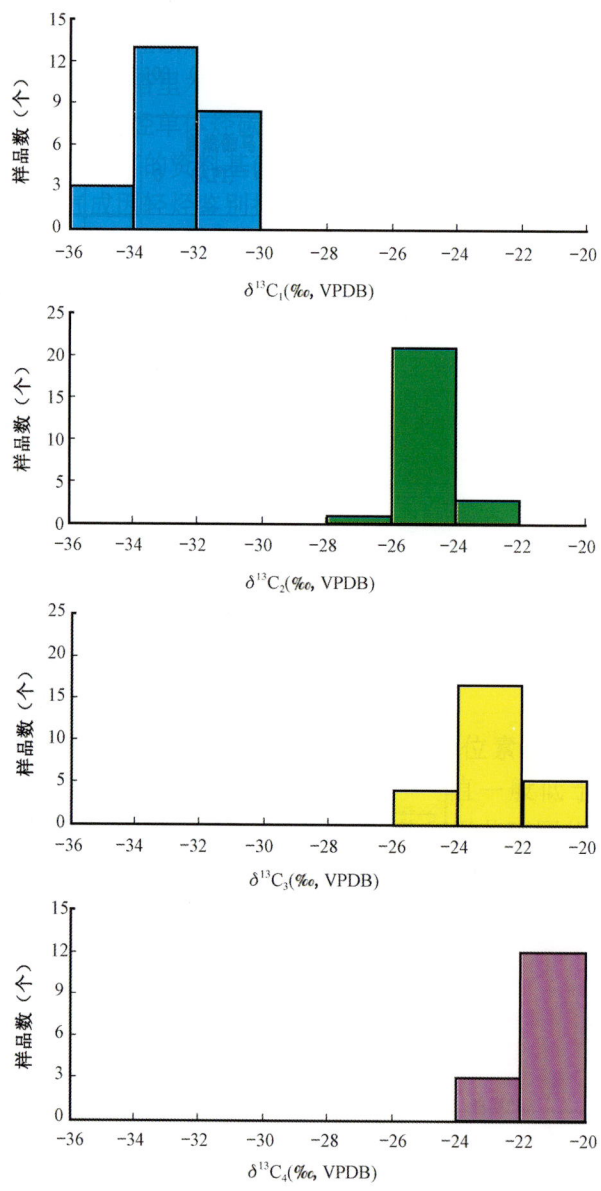

图 8-12 榆林气田天然气 C_1—C_4 碳同位素频率分布图

（一）根据碳同位素判识天然气成因类型

根据 Dai 等（1992）提出的 $\delta^{13}C_1$—$\delta^{13}C_2$—$\delta^{13}C_3$ 不同成因有机烷烃气的鉴别方法对榆林气田天然气成因类型进行判识，戴金星等将天然气成因类型划分为煤成气、油型气、煤成气和油型气混合气、生物气和碳同位素系列混合倒转区，根据榆林气田天然气 $\delta^{13}C_1$—$\delta^{13}C_2$—$\delta^{13}C_3$ 值分布关系，天然气均位于Ⅰ区和Ⅳ区煤成气范围内（图 8-14），认为该气藏天然气为典型的煤成气。

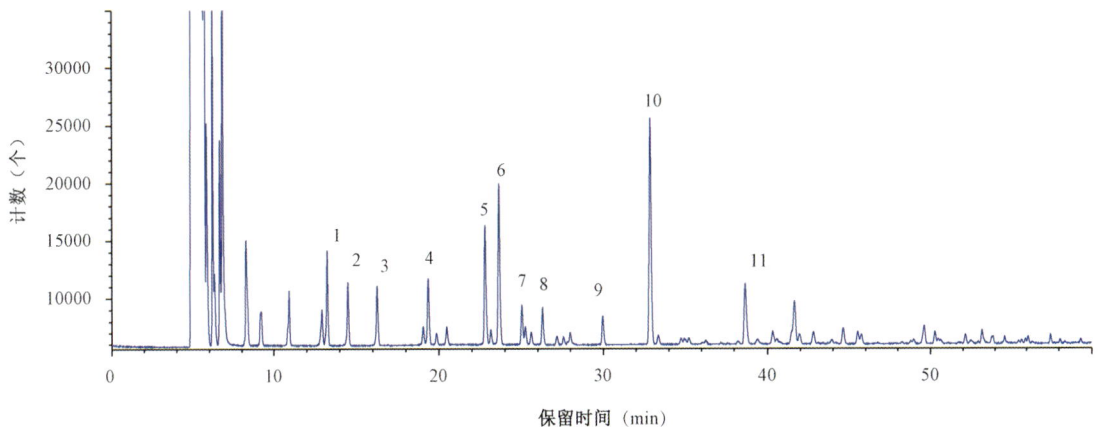

图 8-13　榆林气田榆 54 井天然气轻烃色谱图

1—2-甲基戊烷;2—3-甲基戊烷;3—正己烷;4—甲基环戊烷;5—苯;6—环己烷;
7—2-甲基己烷;8—3-甲基己烷;9—正庚烷;10—甲基环己烷;11—甲苯

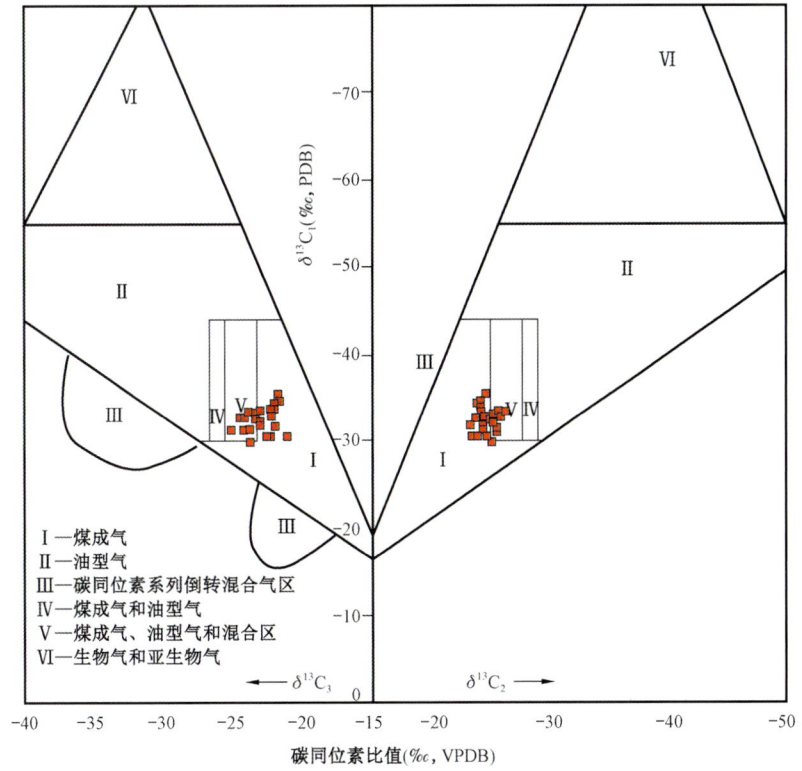

图 8-14　$\delta^{13}C_1$—$\delta^{13}C_2$—$\delta^{13}C_3$ 关系判识榆林气田天然气成因类型

表 8-4　榆林气田天然气轻烃各类化合物相对含量分布

井号	C_6—C_7各类化合物相对组成(%)			C_7主要化合物相对组成(%)		
	芳香烃	环烷烃	链烷烃	正庚烷	二甲基环戊烷	甲基环己烷
榆32-15	12.1	52.5	35.4	14.8	14.3	70.8
榆34-15	11.2	27.6	61.2	18.8	15.4	65.8
台3	8.4	44.9	46.7	17.1	13.1	69.8
榆44-03	19.6	36.5	43.9	9.4	9.7	80.9
榆41-01	3.3	52.9	43.8	10.9	20.1	69.0
榆42-2	3.9	44.5	51.6	11.8	17.3	70.9
榆42-6	7.5	59.6	32.9	14.4	5.4	80.2
陕209	11.7	39.8	48.6	16.4	16.1	67.5
榆50-8	10.8	41.5	47.7	15.9	17.7	66.4
榆47-9B	11.5	41.6	46.9	16.0	11.2	72.8
榆44-12	11.7	41.6	46.7	15.2	10.2	74.6
榆46-9A	11.2	48.7	40.1	15.2	15.8	69.0
陕217	10.4	47.3	42.3	12.9	13.5	73.6
陕211	12.2	47.7	40.1	16.8	12.8	70.4
榆36-9	10.3	28.0	61.7	15.2	13.2	71.6
榆29-10	11.5	53.9	34.6	16.0	13.6	70.4
榆26-12	11.1	47.7	41.2	17.2	10.3	72.5
陕141	12.5	48.9	38.6	16.3	9.7	74.0
榆27-11	11.9	45.7	42.4	17.3	8.7	74.0
榆28-12	10.5	53.7	35.9	17.7	7.7	74.6
陕118	8.6	37.2	54.2	18.2	11.8	70.0
榆43-17	11.7	44.5	43.8	16.5	10.1	73.4
榆45-14	14.3	38.8	46.9	17.3	16.9	65.8
榆45-19	15.5	44.1	40.4	17.5	10.1	72.4
榆41-18	12.9	46.0	41.1	16.9	12.7	70.4
平均	11.1	44.6	44.3	15.7	12.7	71.6

天然气组分碳同位素随着分子中碳数增大 $\delta^{13}C$ 逐渐变重(戴金星等,1989;徐永昌等,1994;张士亚等,1994),并逐渐接近母源碳同位素。鄂尔多斯盆地石炭系—二叠系煤、泥岩干酪根和石灰岩干酪根 $\delta^{13}C$ 值均值分别为 -23‰、-23‰和 -26‰(钟宁宁等,2002;夏新宇,2000)(图 8-15)。榆林气田天然气 $\delta^{13}C_1$ 值平均为 -32.4‰,与煤和泥岩干酪根 $\delta^{13}C$ 相差 9.4‰,与石灰岩相差 6.4‰;$\delta^{13}C_2$ 值与煤和泥岩干酪根 $\delta^{13}C$ 相差 -2‰,比石灰岩干酪根 $\delta^{13}C$ 重 1‰;而与煤和泥岩干酪根最接近的是丙烷碳同位素,$\delta^{13}C_3$ 分布在 -25.2‰ ~ -21.1‰,平均为 -23.0‰,与煤和泥岩干酪根 $\delta^{13}C$ -23‰非常接近。从天然气组分和烃源岩干酪根碳同位素组成对比分析,丙烷及丁烷碳同位素与其母源煤和干酪根碳同位素相似,因此,丙烷和丁烷碳同位素具有更好的母源指示作用。

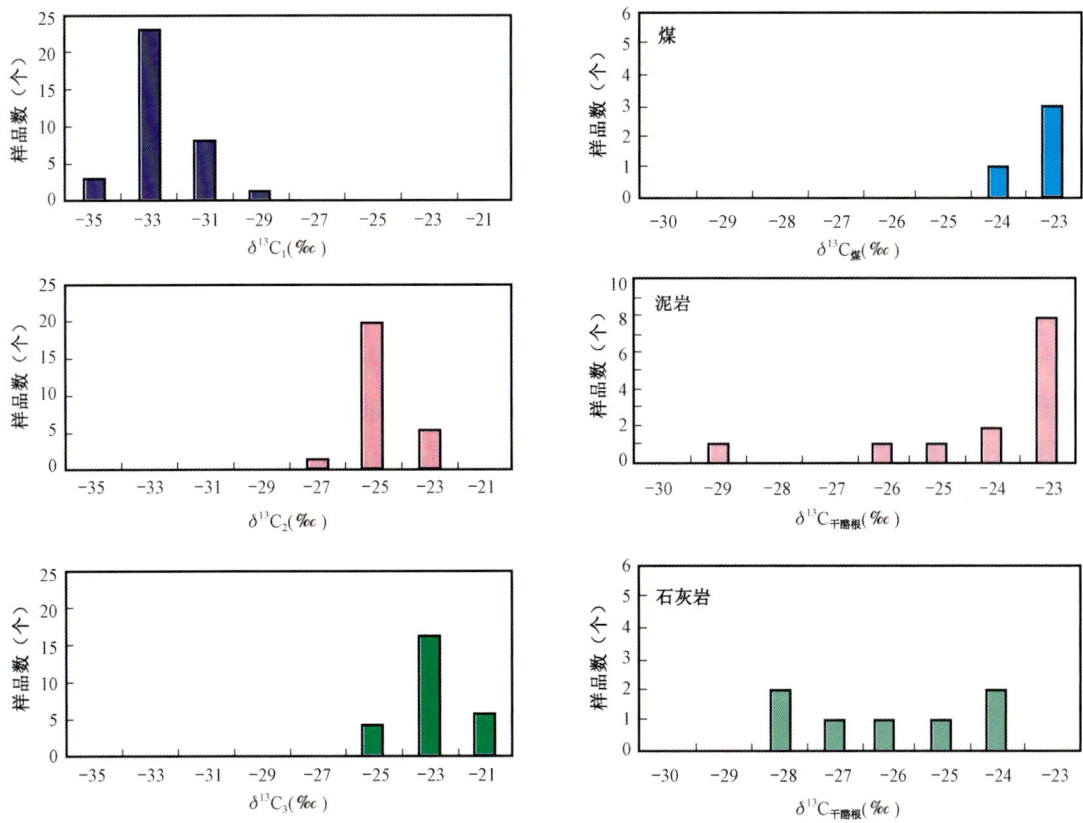

图 8-15 天然气组分碳同位素与烃源岩干酪根碳同位素对比图

(二)根据天然气轻烃组成判识成因类型

Hu 等(2008)在我国主要含气盆地天然气轻烃分析的基础上认为正庚烷和二甲基环己烷、甲基环己烷组合以及 C_5—C_7 正构烷烃、异构烷烃、环烷烃组合指标判识煤成气和油型气具有更好的可信性,并提出了煤成气 C_5—C_7 正构烷烃相对含量小于 30% 和正庚烷(nC_7)相对含量小于 35%,甲基环己烷(MCH)相对百分含量大于 50%。

选用这两个指标对榆林气田天然气成因进行了判识,在正庚烷和二甲基环己烷(ΣDMCP)、甲基环戊烷相对百分含量组成的三角图中(图 8-16),天然气轻烃中甲基环己烷相对百分含量很高,大于 60%,高于 50% 的煤成气判识界限值,甲基环己烷主要来源于腐殖型母质—高等植物木质素、纤维素和糖类等,热力学性质相对稳定,是反映陆源母质类型的良好参数,它的大量存在是煤成气中轻烃的一个重要特征,而主要来自水生生物甾族类化合物和萜类化合物中的环状类脂体二甲基环戊烷和主要来自细菌和藻类及来自高等植物的链状类脂体的正庚烷相对百分含量均较低,小于 20%。

不同沉积环境、不同母质类型的烃源岩及其生成的天然气,具有不同的脂肪族组成特征,鉴于这种差异可以用来鉴别天然气成因类型。榆林气田天然气轻烃组成中源于腐泥型母质的 C_5—C_7 正构烷烃相对百分含量很低,小于 30%,而源于陆源腐殖型母质中则富含异构烷烃和

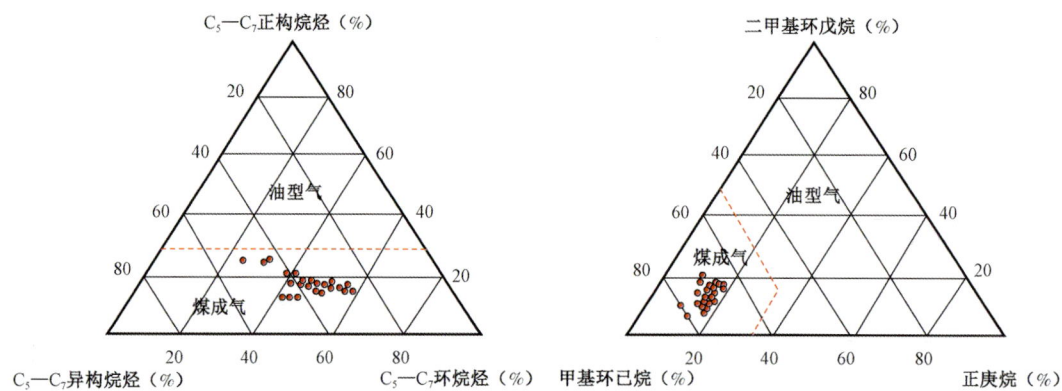

图 8-16　榆林气田天然气轻烃组成及成因分类图(Hu 等,2008)

环烷烃,在该气田天然气中其相对百分含量比较高,C_5—C_7环烷烃和异构烷烃相对百分含量均分布在 20%~60%,进一步说明该气田天然气主要来源于煤系烃源岩。

天然气 C_1—C_3 组分碳同位素比值和 C_5—C_7 轻烃组成均表明,榆林气田天然气成因类型为煤成气。在煤成气和油型气混合成因的天然气中,在成熟度相似的情况下,天然气中重组分一般表现出油型气的特征,而轻组分表现出煤成气的特征(戴金星等,2001),在榆林气田存在两种有机质类型的烃源岩,假如有海相灰岩生成的天然气混入,在天然气重烃(C_5—C_7)组成上将会表现出油型气的特征,但结果表明,天然气轻烃组成表现出典型的煤成气特点,推测海相灰岩对榆林气田气源贡献比例非常低。

五、天然气来源

榆林气田天然气成因类型主要为煤成气,气田煤系烃源岩成熟度 R_o 值为 1.6%~2.0%,处于大量生气阶段,与砂体交互的煤系烃源岩生成的天然气具有就近成藏的有利条件,为榆林气田形成提供了物质基础,但除此之外是否还有其他地区天然气输入是个值得关注的问题。这里主要从天然气 $\delta^{13}C_1$ 与 R_o 之间的关系和煤系烃源岩生气碳同位素特征研究榆林气田的气源问题。

(一)$\delta^{13}C_1$ 与 R_o 值关系

天然气甲烷 $\delta^{13}C_1$ 与相应的烃源岩 R_o 值之间存在相关关系(戴金星等,1985;Stahl,1975;徐永昌,1985;刘文汇,1999),榆林气田储层处于煤系烃源岩上下,烃源岩生成的天然气与气田中天然气甲烷碳同位素如相近,反映天然气主要为近源,如相差很大,可能由其他地区天然气运移混入。在各种 $\delta^{13}C_1$—R_o 值关系式中,Stahl 关系式以中欧北海的地质背景为基础,盆地具有沉降—抬升—沉降的二次成气特征,属高温演化阶段瞬间成气,徐永昌等关系式主要是体现低温演化阶段的煤成气甲烷碳同位素分馏特征。戴金星等和刘文汇关系式,基本反映中生界及以下高温演化阶段连续演化的煤成气特征。榆林气田经历了构造沉降,在晚侏罗世—早白垩世由于构造热事件烃源岩快速熟化进入高温演化阶段并大量生气后开始抬升,其生气过程类似于戴金星等和刘文汇关系式的地质模式,因此,选择戴金星等和刘文汇关系式研究计算榆林气田天然气成熟度。根据各气样天然气甲烷碳同位素值利用戴金星和刘文汇关系式计算

的 R_o 值如表 8-3。由戴金星等关系式计算的榆林气田天然气对应的成熟度 R_o 值分布在 0.9%~2.1%,变化范围很大,平均为 1.3%,根据刘文汇关系式计算的天然气成熟度 R_o 值分布在 0.9%~1.7%,平均为 1.2%,比现今榆林气田烃源岩成熟度低。

(二) 碳同位素动力学特征

碳同位素动力学模拟研究就是在生烃动力学研究的基础上模拟天然气在地质条件下形成过程中碳同位素的分馏规律,可以定量描述天然气形成、运移和聚集历史过程 (Tang Y 等, 1996、2000;Cramer B 等,2001)。利用盆地的热史资料 (冉启贵等,1998) 和 GOR—Isotope kinetics 专用软件典型煤烃源岩生气动力学和碳同位素动力学参数对榆林气田分布区烃源岩生成甲烷碳同位素动力学进行了计算,结果如图 8-17 所示,大量生气期在晚侏罗世—早白垩世,现今成熟度 R_o 值在 1.8% 左右,甲烷、乙烷和丙烷碳同位素演化曲线表明,在 R_o 达到 1.8% 时,天然气 C_1—C_3 组分 $\delta^{13}C$ 值均比现在的气藏中的天然气碳同位素轻,说明原地烃源岩生成的天然气碳同位素比气田天然气轻。

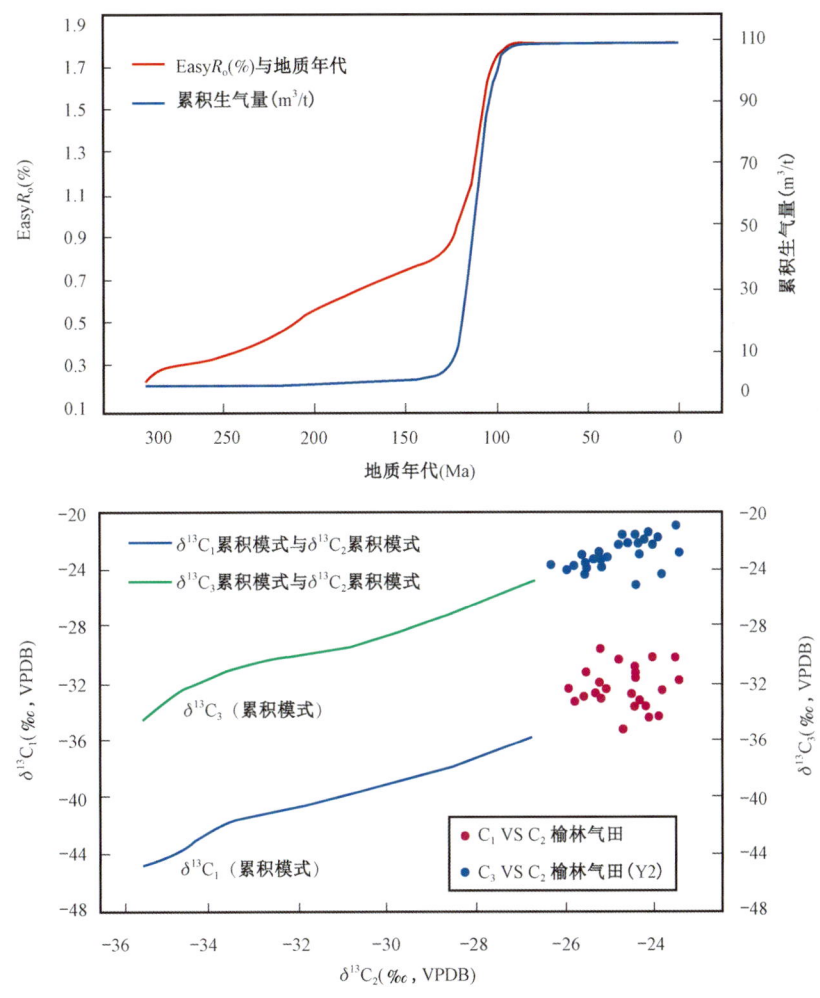

图 8-17 榆林气田分布区烃源岩生气演化史及其同位素演化曲线图

通过榆林气田天然气 $\delta^{13}C_1$ 与 R_o 值关系及烃源岩生气碳同位素动力学研究表明，榆林气田天然气碳同位素比原地烃源岩生成天然气重，说明榆林气田除原地烃源岩生成的天然气贡献之外，还捕获了较远地区高成熟烃源岩生成的天然气。根据石炭系—二叠系煤系烃源岩有机质成熟度的分布（甘华军等，2007），气田南部和西南部成熟度很高，可能混入了南部和西南部经过较长距离运移的天然气。原地烃源岩和较远地区高温演化烃源岩生成天然气的双重贡献为榆林气田的形成提供了丰富的物质基础，与煤系烃源岩交互的岩性气藏形成中具有良好的近源供气条件，但远源天然气的运移充注更有利于气藏富集，从而形成岩性大气田。

第三节 靖边气田天然气轻烃地球化学特征及气源

靖边气田位于鄂尔多斯盆地中部，是鄂尔多斯盆地下古生界发现的最大气田，天然气探明储量 $6910.05\times10^8m^3$，探明面积约为 $10096.96km^2$。靖边气田是以下古生界含气层系为主，是上、下古生界两套含气层系叠合发育区，该气田储层主要为奥陶系风化壳（O_1m_5）白云岩、奥陶系盐下（马五^{6}膏盐岩以下地层）白云岩和二叠系山西组（P_1s）、下石盒子组（P_1x）砂岩。山西组含气砂层和煤系相互交错，研究认为山西组和下石盒子组气藏天然气主要来源于二叠系煤系地层，煤和煤系泥岩是该气田的主要烃源岩（Dai 等，2005；胡国艺等，2010）。但是，关于靖边气田下古生界气源问题有不同的观点，部分学者认为主要是油型气（徐雁前等，1996；陈安定等，2002；金强等，2013），另外，也有一些学者提出下古生界天然气来源于奥陶系 I—II 型有机质和石炭系—二叠系煤系有机质混合气（李贤庆等，2003；程付启等，2007），戴金星等（2000）认为下古生界天然气主要来源于石炭系—二叠系煤系，因此，关于靖边气田奥陶系气源问题还是存在很大的争议。

石炭系—二叠系煤系烃源岩和奥陶系海相石灰岩是靖边气田两套可能的烃源岩，石炭系—二叠系烃源岩主要是倾气型，气田范围内烃源岩 R_o 分布在 1.8% ~ 2.6%。奥陶系主要在氧化、海相的沉积环境中沉积，有机碳整体较低，分布在 0.04% ~ 1.81%，平均有机碳含量为 0.24%（Dai 等，2005）。但近年来在盆地东部膏盐湖环境发育区存在有效烃源岩分布，在东部膏岩湖环境沉积的马家沟组烃源岩 TOC 平均为 0.32%，26.9% 的样品 TOC > 0.4%（刘丹等，2016）。奥陶系烃源岩沥青 R_o 分布在 2.07% ~ 2.68%，与上覆的石炭系—二叠系烃源岩的成熟度接近，整体处于过成熟阶段（Dai 等，2005）。上二叠统石千峰组和上石盒子组湖相泥岩在盆地广泛分布，为山西组和上石盒子组气藏的区域性盖层，石炭系本溪组铝土质泥岩、钙质泥岩和砂质泥岩平均厚度约为 12m，最厚可达 22m，为奥陶系马五段风化壳气藏的盖层。

一、奥陶系马家沟组天然气地球化学特征

（一）天然气组分特征

从天然气组成特征来看（表 8-5），靖边气田下古生界天然气整体以烃类气体为主，并以甲烷为主，CH_4 含量为 51.66% ~ 95.04%，平均为 89.88%，下古生界气干燥系数 $[C_1/(C_1—C_5)]$ 介于 0.911 ~ 1.000，平均为 0.988，绝大多数样品干燥系数大于 0.998，以干气为主。为了进行对比，这 7 井天然气干燥系数分布在 0.927 ~ 0.991，平均为 0.963，下古生界天然气干燥系数为 0.911 ~ 1.000，平均为 0.987，整体上，下古生界天然气较上古生界天然气更干，而且同一口井也是下古生界天然气甲烷含量更高、干燥系数更大。

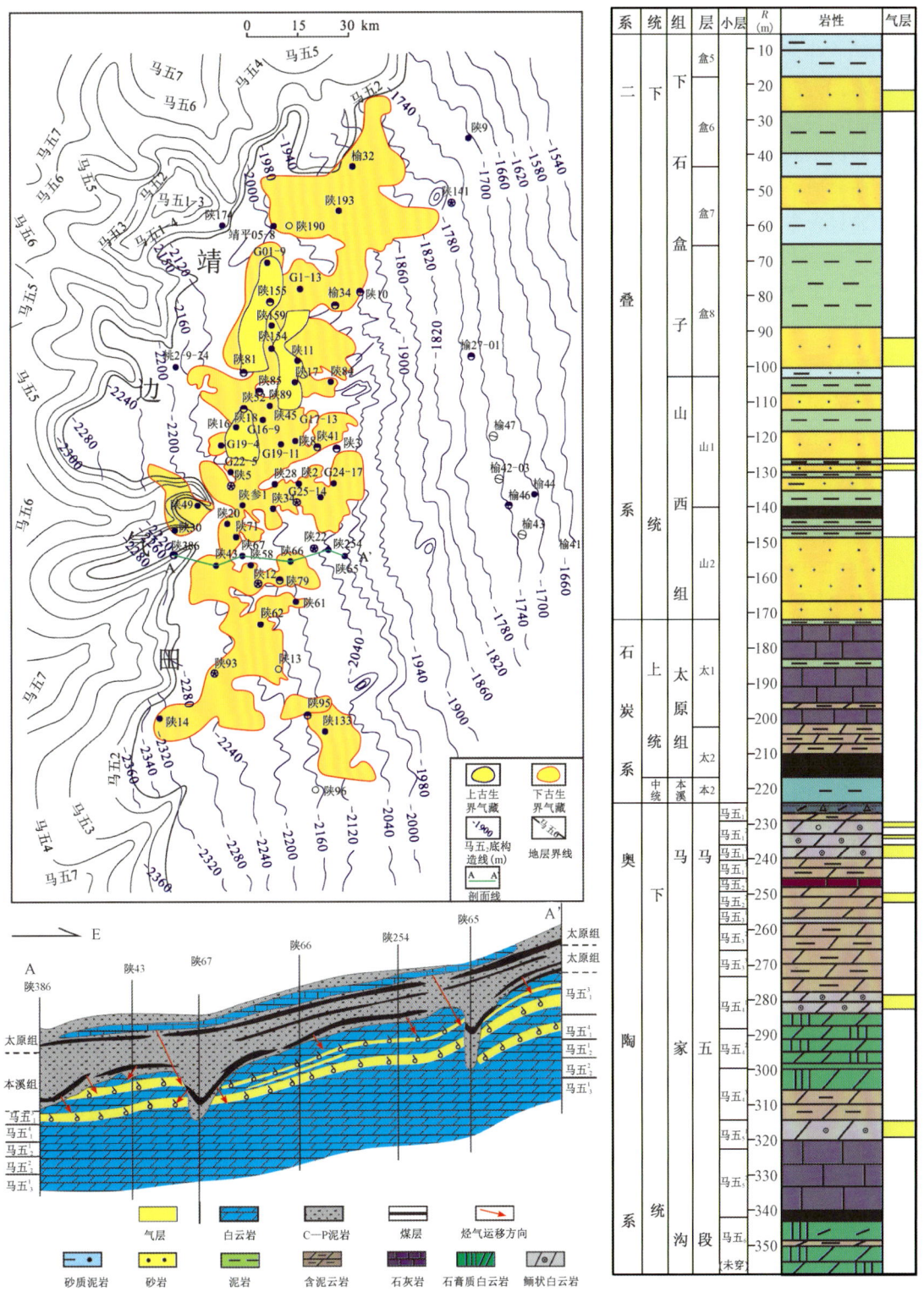

图 8-18 靖边气田平面分布图（上）、横剖面图（下）和综合柱状图（右）（据戴金星，2014）

鄂尔多斯盆地下古生界天然气中非烃气体组分主要为 N_2、CO_2，部分样品还含有较高含量 H_2S，下古生界样品 CO_2 含量为 $0\sim8.69\%$，平均为 4.37%；N_2 含量为 $0.15\%\sim47.80\%$，平均为 1.94%；下古生界 H_2S 含量差距很大，大部分样品未检测 H_2S，但检测到 H_2S 的 3 口井：桃 38 井、统 58 井、靳探 1 井 H_2S 含量均较高，大于 10%，且从层位来看，这 3 口井样品均位于马五$_6$ 膏岩层以下的盐下储层，也即高含 H_2S 的天然气主要位于盐下，这点在后文会做出解释。鄂尔多斯盆地上古生界天然气中非烃气体也以 N_2、CO_2 为主，但相对于下古生界，上古生界天然气中非烃含量更低，而且均不含 H_2S。

表 8-5 鄂尔多斯盆地古生界天然气组分分布

井号	层位	天然气主要组分（%）										
		CH_4	C_2H_6	C_3H_8	iC_4H_{10}	nC_4H_{10}	iC_5H_{12}	nC_5H_{12}	C_{5+}	N_2	CO_2	H_2S
G25-016	马五$_2$	91.84	0.34	0.07	0.00	0.00	0.00	0.00	0.00	0.15	7.57	—
G29-024	马五$_5$	94.04	0.34	0.02	0.00	0.00	0.00	0.00	0.00	0.91	4.63	—
G30-023	马五$_5$	93.71	0.32	0.02	0.00	0.00	0.00	0.00	0.00	0.74	5.17	—
G30-023A	马五$_5$	94.10	0.36	0.03	0.00	0.00	0.00	0.00	0.00	0.93	4.53	—
G32-21	盒8、山1	94.31	1.14	0.14	0.02	0.02	0.01	0.00	0.00	0.70	3.62	—
G34-023	马五$_5$	92.64	0.20	0.01	0.00	0.00	0.00	0.00	0.00	0.44	6.65	—
G34-024C2	马五$_5$	92.43	0.21	0.01	0.00	0.00	0.00	0.00	0.00	0.49	6.82	—
G34-024C4	马五$_5$	92.30	0.22	0.01	0.00	0.00	0.00	0.00	0.00	0.44	6.99	—
G34-025	马五$_5$	92.67	0.33	0.03	0.00	0.00	0.00	0.00	0.00	0.35	6.53	—
G34-025A	马五$_5$	92.01	0.31	0.03	0.00	0.00	0.00	0.00	0.00	0.27	7.34	—
G35-026	马五$_5$	93.10	0.50	0.05	0.00	0.00	0.00	0.00	0.00	0.48	5.82	—
G37-023	马五$_4$	92.67	0.24	0.01	0.00	0.00	0.00	0.00	0.00	0.80	6.21	—
G67-10	马五$_1$	92.12	0.44	0.03	0.00	0.00	0.00	0.00	0.00	0.35	7.02	—
G68-8	马五$_1$	91.41	0.33	0.04	0.00	0.00	0.00	0.00	0.00	0.41	7.77	—
G69-9	马五$_1$	91.16	0.31	0.03	0.00	0.00	0.00	0.00	0.00	0.48	7.98	—
G69-9C3	盒8	94.95	0.72	0.09	0.00	0.01	0.00	0.00	0.00	0.85	3.31	—
G69-9C4	盒8	95.54	0.84	0.00	0.01	0.01	0.00	0.00	0.00	0.79	2.64	—
G71-13	马五$_1$	93.65	0.32	0.01	0.00	0.00	0.00	0.00	0.00	0.54	5.42	—
JN57-9H1	马五$_1$	91.79	0.33	0.04	0.00	0.00	0.00	0.00	0.00	0.37	7.43	—
JN57-9H2	马五$_1$	91.64	0.32	0.04	0.00	0.00	0.00	0.00	0.00	0.36	7.61	—
JN57-9H3	马五$_1$	91.51	0.32	0.04	0.00	0.00	0.00	0.00	0.00	0.50	7.60	—
苏292	马五$_5$	91.98	0.31	0.03	0.00	0.00	0.00	0.00	0.00	0.43	7.21	—
苏345	马五$_5$	92.50	0.21	0.01	0.00	0.00	0.00	0.00	0.00	0.48	6.76	—
桃38	马五$_2^2$+马五$_3^1$	93.70	0.68	0.11	0.01	0.01	0.00	0.00	0.02	0.37	5.06	—
桃38	马五$_8$、马五$_{10}$	97.86	0.02	—	—	—	—	—	—	1.61	0.50	—
统58	马五$_7$	83.21	0.06	—	—	—	—	—	—	1.03	2.23	13.47
紫探1	马五$_5$	89.52	0.34	0.05	0.00	0.00	0.00	0.00	0.00	1.28	8.69	—
双7-11C1	马五$_1^1$+马五$_2^2$	90.91	4.95	1.11	0.18	0.30	0.12	0.09	0.30	0.22	1.81	—
双7-11C3	马五$_2^1$	93.04	3.34	0.63	0.13	0.17	0.05	0.27	0.21	2.06	—	
双7-11	盒6+山1	93.09	4.09	0.86	0.17	0.18	0.09	0.05	0.25	0.63	0.53	—

续表

井号	层位	天然气主要组分(%)										
		CH_4	C_2H_6	C_3H_8	iC_4H_{10}	nC_4H_{10}	iC_5H_{12}	nC_5H_{12}	C_{5+}	N_2	CO_2	H_2S
双8-12	盒8+山1+太2	94.43	2.63	0.41	0.09	0.10	0.06	0.03	0.10	0.17	1.97	—
双8-12C1	马五$_2^2$+马五$_4^1$	92.37	3.96	0.76	0.17	0.14	0.07	0.03	0.15	0.29	2.03	
双8-17C2	马五$_5$	90.08	6.14	1.58	0.30	0.34	0.14	0.08	0.26	0.49	0.53	
双8-17C3	盒8+山1^2	92.08	4.18	0.86	0.19	0.18	0.09	0.05	0.26	0.26	1.82	
双8-17C1	山西+石盒子	90.92	4.94	1.16	0.24	0.26	0.13	0.07	0.37	0.52	1.37	
双133	马五$_{1+2}$	94.63	2.13	0.30	0.09	0.07	0.05	0.02	0.20	0.54	1.96	
靳探1	马五$_7$、马五$_9$	72.06	0.00	0.00	0.00	0.00	0.00			2.15	2.21	23.58
双118	马五$_{1+2}$	95.04	1.56	0.18	0.03	0.09				0.33	2.74	
统74	马五$_7$	89.77	0.77	0.10	0.04	0.02				8.42	0.83	
靳探1	马五$_{13}$	51.66	0.42	0.10	0.01	0.01	0.00			47.8	0.00	
桃38	马五$_7$、马五$_9$	87.45	0.02	—	—	—	0.00			1.44	0.45	10.01

(二)天然气碳、氢同位素组成

表8-6是鄂尔多斯盆地古生界天然气样品的碳同位素数据表,40个古生界样品甲烷碳同位素值为-39.5‰~-27.2‰,平均为-34.3‰;乙烷碳同位素为-37.5‰~-12.5‰,平均为-29.6‰;丙烷碳同位素为-32.2‰~-15.1‰,平均为-27.5‰;丁烷碳同位素为-16.8~-28.0‰,平均为-23.4‰。相对来讲,甲烷碳同位素受成熟度影响大,因此常用来指示不同热演化程度,而乙烷则具有较强的母质继承性,受成熟度影响远远小于甲烷碳同位素,因此常用$\delta^{13}C_2$来判别天然气母质来源。不同学者提出各种区分油型气和煤成气的$\delta^{13}C_2$指标,鉴别两类气的界限主要为-29‰~-27.5‰。鄂尔多斯盆地下古生界天然气一个极为典型的现象为:其同位素分布范围很广,甲烷碳同位素分布范围广的原因很好解释,主要是由于取样位置遍布全盆,东部神木地区到中部靖边一带,成熟度跨度大,因此天然气甲烷碳同位素差别较大;而乙烷碳同位素分布广的原因则更为复杂,首先从母质来源的角度来讲,以$\delta^{13}C_2=-28‰$为界,鄂尔多斯盆地下古生界有些天然气样品的$\delta^{13}C_2$表现为油型气特征,有些则表现为煤成气特征;其次从$\delta^{13}C_2$值来看,最轻的-37.5‰甚至轻于甲烷碳同位素,这么轻的乙烷碳同位素在类似鄂尔多斯盆地这么高成熟度的其他盆地油型气中也十分少见;而最重的-12.5‰,如此重的乙烷碳同位素在煤成气中也并不多见。由如此异常的乙烷碳同位素分布规律可见,鄂尔多斯盆地下古生界天然气不仅来源多样,而且经历了次生作用,这方面的讨论后文会提到。

表8-6 鄂尔多斯盆地古生界天然气碳同位素数据表

井号	层位	$\delta^{13}C(‰,VPDB)$					
		CH_4	C_2H_6	C_3H_8	iC_4H_{10}	nC_4H_{10}	CO_2
G25-016	马五$_2$	-31.7	—	—	—	—	—
G29-024	马五$_5$	-33.7	—	—	—	—	—
G30-023	马五$_5$	-33.6	—	—	—	—	—
G30-023A	马五$_5$	-33.7	-27.1	-24.3	—	—	1.7

续表

井号	层位	$\delta^{13}C$(‰, VPDB)					
		CH_4	C_2H_6	C_3H_8	iC_4H_{10}	nC_4H_{10}	CO_2
G32-21	盒8、山1	-30.7	-26.2	-27.1	—	—	-4.2
G34-023	马五$_5$	-33.9	-31.2	-28.2	—	—	1.5
G34-024C2	马五$_5$	-33.9	-29.7	-27.3	—	—	-4.1
G34-024C4	马五$_5$	-33.7	-30.1	-27.8	—	—	2.6
G34-025	马五$_5$	-33.6	-28.1	-27.4	—	—	-0.8
G34-025A	马五$_5$	-33.3	—	—	—	—	—
G35-026	马五$_5$	-33.0	-30.9	-30.9	—	—	2.9
G37-023	马五$_4$	-33.4	-28.8	-29.6	—	—	-2.4
G67-10	马五$_1$	-30.7	—	—	—	—	—
G68-8	马五$_1$	-31.7	—	—	—	—	—
G69-9	马五$_1$	-32.1	-33.5	-29.4	—	—	-0.7
G69-9C3	盒8	-27.6	-29.3	-30.0	—	—	-9.2
G69-9C4	盒8	-27.2	-28.4	-29.6	—	—	-5.3
G71-13	马五$_1$	-32.5	-37.5	-32.2	—	—	-1.9
JN57-9H1	马五$_1$	-31.8	—	—	—	—	—
JN57-9H2	马五$_1$	-32.0	—	—	—	—	—
JN57-9H3	马五$_1$	-32.9	-34.3	-27.5	—	—	10.9
苏292	马五5	-33.5	-29.1	—	—	—	2.7
苏345	马五$_5$	-34.3	-29.9	-27.8	—	—	2.3
桃38	马五$_2^2$+马五$_3^1$	-35.1	-27.4	-26.3	—	—	1.6
桃38	马五$_8$、马五$_{10}$	-37.1	-33.5	-27.2	—	—	-3.3
统58	马五$_7$	-33.4	-12.5	-22.4	—	—	3.1
紫探1	马五$_5$	-36.1	-32.4	-29.6	—	—	0.5
双7-11C1	马五$_2^1$+马五$_2^2$	-39.4	-35.7	-30.5	-28.9	-27.5	—
双7-11C3	马五$_2^1$	-38.6	-36.0	-30.2	-27.1	-26.4	—
双7-11	盒6+山1	-36.7	-24.7	-23.1	-22.7	-22.3	—
双8-12	盒8+山1+太2	-37.3	-33.4	-31.4	-24.7	-26.4	-12.3
双8-12C1	马五$_2^2$+马五$_4^1$	-35.8	-23.3	-22.1	-21.6	-21.2	—
双8-17C2	马五$_5$	-37.4	-24.8	-23.9	-23.4	-23.2	—
双8-17C3	盒8+山1^2	-36.6	-25.6	-23.4	-22.4	-22.4	—
双8-17C1	山西组+石盒子组	-37.5	-22.8	-22.8	-22.4	-22.3	-1.2
靳探1	马五$_7$、马五$_9$	-36.0	-23.1	—	—	—	—
双118	马五$_{1+2}$	-35.5	-32.4	-30.0	-23.0	-25.3	—
统74	马五$_7$	-39.5	-29.9	-21.7	-15.1	-20.2	—
靳探1	马五$_4^3$	-33.9	-32.2	-28.8	—	—	—
桃38	马五$_7$、马五$_9$	-35.8	-26.5	—	—	—	—

根据戴金星提出的 $\delta^{13}C_1$—$\delta^{13}C_2$—$\delta^{13}C_3$ 烷烃气类型鉴别图版,也可以明显看出鄂尔多斯盆地下古生界天然气的来源及成因的多样性。由图 8-19 可知,鄂尔多斯盆地下古生界气可明显分为 3 类:第一类是甲烷、乙烷碳同位素都比较重的煤成气,即图中红色方块代表的样品;第二类是图中蓝色三角形代表的样品,这类样品乙烷碳同位素小于 -28‰,表现出油型气的特征,而这类气又可细分为两类,一个亚类是落入图中Ⅱ区的典型油型气,还有一个亚类是落入图中Ⅳ区的混合气;第三类样品则为甲烷、乙烷碳同位素发生倒转的倒转气,如图中黄色圆圈所示。上古生界天然气则大部分为煤成气,此外还有少数几个样品由于碳同位素倒转落入空白区域而无法鉴别其成因来源。

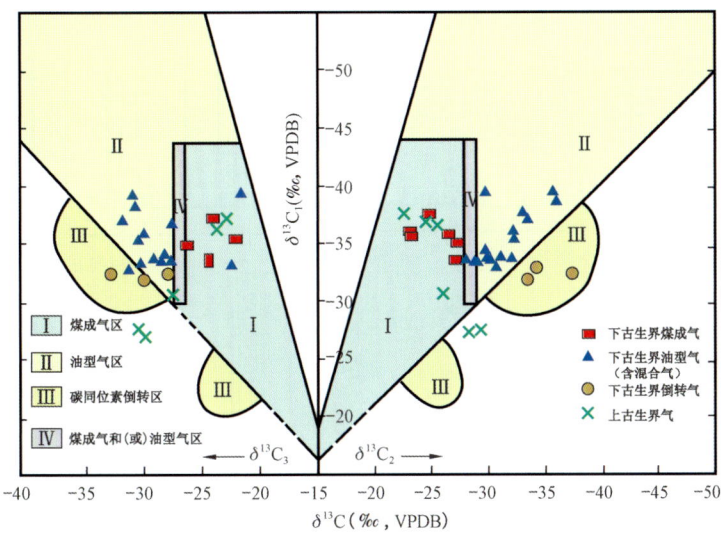

图 8-19 $\delta^{13}C_1$—$\delta^{13}C_2$—$\delta^{13}C_3$ 烷烃气类型鉴别图版

(三)天然气轻烃组成特征

从轻烃谱图(图 8-20),可将鄂尔多斯盆地下古生界天然气轻烃组成分为两类,分别具有如下特征:

(1)以靖南 57-9H3、双 8-12C1 为代表的下古生界气,均具有甲基环己烷优势,轻烃谱图中甲基环己烷为主峰,C_7 轻烃组分中甲基环己烷含量为 61% ~85%,平均为 72%,正庚烷含量为 3% ~18%,平均为 10%,二甲基环戊烷含量为 18% ~30%,平均为 20%;C_6—C_7 轻烃化合物中,环烷烃含量为 33% ~49%,平均为 42%;C_5—C_7 轻烃化合物中,异构烷烃所占比例为 30% ~58%,平均为 40%。

具有一定含量的甲苯和苯,苯和甲苯均在谱图中有较高比例,其中苯占 C_6 化合物含量的 3% ~41%,平均为 25%;甲苯占 C_7 化合物含量的 6% ~54%,平均为 30%;芳香烃在 C_6—C_7 化合物中所占比例为 5% ~46%,平均为 27%。

该类气与典型的煤成气谱图类似,图中为鄂尔多斯盆地上古生界苏里格气田苏 95 井和塔里木盆地塔中地区奥陶系古 111 井天然气的轻烃谱图,其中苏 95 井天然气为典型煤成气,古 111 井天然气为油型气。由谱图对比可见,靖南 57-9H3 井和双 8-12C1 井天然气轻烃谱图

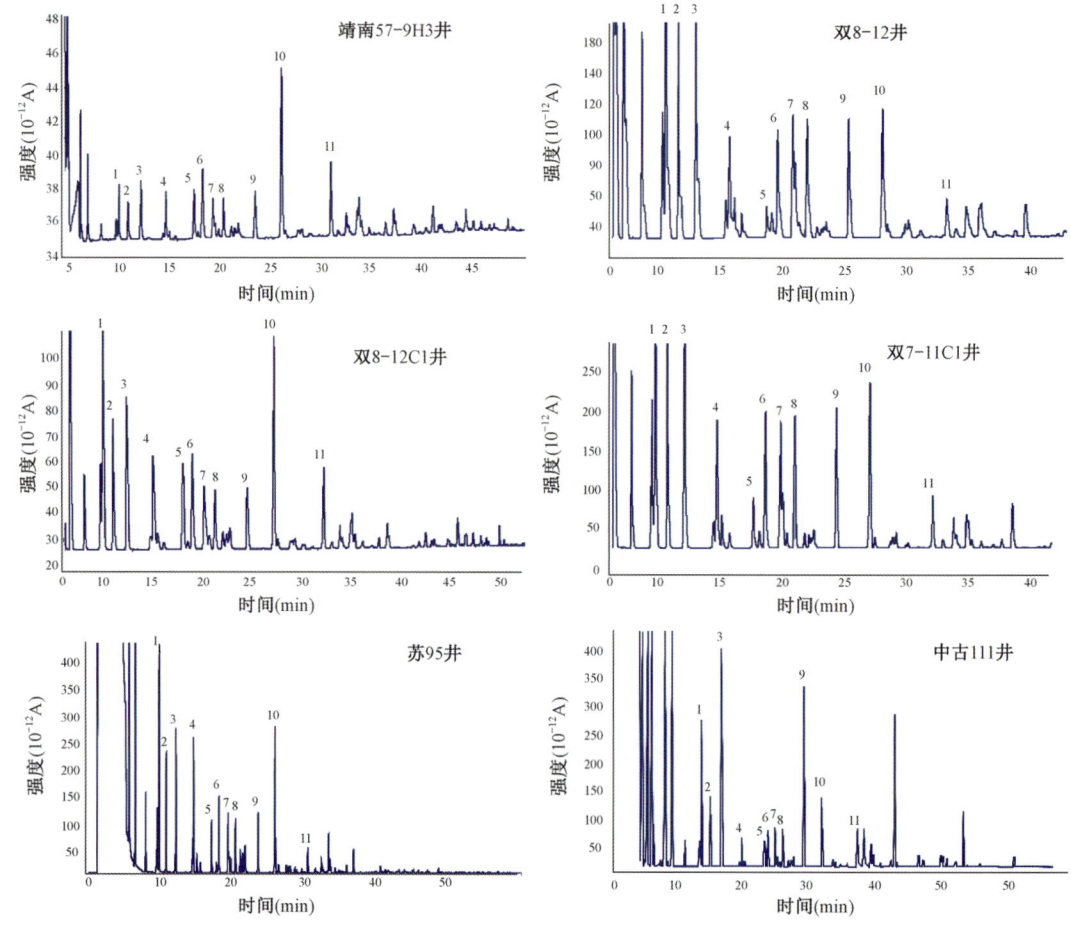

图 8-20 鄂尔多斯盆地下古生界天然气轻烃谱图

图中仅标注了典型轻烃化合物，苏 95 井和中古 111 井轻烃分析实验条件同本次研究，其中苏 95 井谱图来自于聪博士毕业论文(2014)，中古 111 井谱图来自吴小奇博士后出站报告(2012)

1—2-甲基戊烷；2—3-甲基戊烷；3—正己烷；4—甲基环戊烷；5—苯；6—环己烷；
7—2-甲基己烷；8—3-甲基己烷；9—正庚烷；10—甲基环己烷；11—甲苯

与苏 95 井相似，均表现为甲基环己烷优势，且甲基环己烷含量远高于正庚烷，因此，鄂尔多斯盆地下古生界第一类气均为明显的煤成气。

(2)以双 8-12 井，双 7-11C1 井、双 7-11C3 井为代表的下古生界气，(图中仅以双 8-12 井、双 7-11C1 井为例进行说明)具有正庚烷优势，轻烃谱图中正庚烷峰值均较高，C_7 轻烃组分中甲基环己烷含量为 46%~47%，正庚烷含量为 32%~38%，平均为 35%；二甲基环戊烷含量为 15%~20%，平均为 17%；C_6—C_7 轻烃化合物中，正构烷烃含量平均为 20%，C_5—C_7 轻烃化合物中，正构烷烃所占比例为 27%~31%，平均为 28%。

该类气苯和甲苯含量均较低，其中苯占 C_6 化合物含量的 2%~3%；甲苯占 C_7 化合物含量的 5%~6%；芳香烃在 C_6—C_7 化合物中所占比例为 4%~5%。

该类气与典型的油型气谱图类似，由谱图对比可见，双 8-12 井、双 7-11C1 井天然气轻烃谱图与古 111 井相似，虽不表现为明显的正庚烷优势，但正庚烷含量仅略低于甲基环己烷含量,与上古生代煤成气相比,鄂尔多斯盆地下古生界第二类气表现为油型气趋势。

(四)天然气轻烃碳同位素特征

对24个气样(5个取自山西组,19个取自奥陶系马五段风化壳)轻烃单体碳同位素进行了分析,考虑到部分化合物含量低和共溢出等因素,只获得了8个化合物的碳同位素值,虽然每个样品之间或各化合物之间存在微小的差异,但所测得化合物碳同位素都较重,$\delta^{13}C$值分布在 $-25.4‰ \sim -15.7‰$,特别是苯和甲苯,碳同位素非常重,$\delta^{13}C$值分布在 $-21.0‰ \sim -16.0‰$ 和 $-20.8‰ \sim -16.3‰$(表8-7)。

表8-7 靖边气田天然气轻烃单体碳同位素分布

井号	地层	$\delta^{13}C(‰,VPDB)$							
		3-甲基戊烷	正己烷	苯	环己烷	3-甲基己烷	正庚烷	甲基环己烷	甲苯
陕118	P_1s	-20.1	-20.8	-16.5	-19.4	—	—	-21.3	-19.1
陕121	P_1s	-25.4	-23.8	-21.0	-25.4	-24.2	-23.8	-20.4	-20.1
陕130	P_1s	-21.6	-20.7	-17.1	-19.7	—	-17.7	-21.4	-16.8
陕205	P_1s	-24.4	-22.2	-19.1	-23.3	-23.8	-23.4	-22.1	-20.8
陕209	P_1s	-22.3	-22.7	-17.6	-22.1	-21.8	-24.4	-24.0	-19.7
均值		-22.8	-22.1	-18.3	-22.0	-23.3	-22.8	-21.8	-19.3
林2	O_1m_5	-23.4	-22.2	-17.2	-22.1	-21.2	-20.7	-21.2	-18.8
陕参1	O_1m_5	-21.9	-20.3	-16.4	-21.6	-18.9	-18.9	-20.5	-16.3
陕116	O_1m_5	-23.6	-21.4	-16.2	-22.6	-24.6	-21.5	-22.3	-18.0
陕12	O_1m_5	-22.4	-19.9	-16.4	—	—	-18.7	-21.5	-18.6
陕17	O_1m_5	-21.5	-20.7	-17.9	-21.8	-19.0	-19.9	-19.9	-17.5
陕184	O_1m_5	-22.7	-19.9	-17.3	—	—	-18.5	-21.8	-19.1
陕2	O_1m_5	-23.6	-22.5	-18.0	-22.0	-24.0	-23.3	-22.5	-19.2
陕37	O_1m_5	-24.6	-22.1	-17.2	—	-21.1	-21.3	-21.7	-17.7
陕45	O_1m_5	-23.3	-22.2	-16.9	-22.2	—	-22.0	-22.4	-20.4
陕52	O_1m_5	-19.6	-18.6	—	-18.5	—	-19.0	—	—
陕58	O_1m_5	-22.0	-20.4	-17.1	-21.8	-19.4	-19.5	-21.0	-17.2
陕6	O_1m_5	-21.6	-19.3	-17.8	-21.5	—	-18.6	-20.6	-16.9
陕61	O_1m_5	-21.9	-21.8	-18.2	-21.3	-22.2	-19.9	-23.6	-17.7
陕62	O_1m_5	-21.2	-18.6	-16.0	-20.7	7.8	-19.3	-22.4	-16.9
陕71	O_1m_5	-19.2	-19.2	-16.5	-20.2	-17.7	-18.7	-20.8	-17.6
陕76	O_1m_5	—	-20.0	-17.7	-20.3	—	—	-22.0	-18.6
陕84	O_1m_5	-24.3	-21.8	-17.6	-23.0	-23.0	-21.9	-22.5	-17.6
陕88	O_1m_5	-22.7	-21.8	-16.9	-21.2	-21.2	-21.5	-22.3	-16.5
陕98	O_1m_5	-23.5	-22.1	-16.3	-20.5	—	—	-21.3	-17.3
均值		-22.4	-20.8	-17.1	-21.3	-20.7	-20.0	-22.1	-17.9

(五)轻烃特征及应用

根据轻烃组成及单体碳同位素对靖边气田奥陶系马家沟组气藏天然气成因进行了判识。

1. C_7轻烃系列化合物相对含量

C_7轻烃系列化合物包括甲基环己烷、正庚烷和二甲基环戊烷,其中甲基环己烷来自高等植物纤维素、木质素等,能够很好地反映母质类型,高的甲基环己烷含量是陆源母质来源的代表性特征。正庚烷主要来自藻类和细菌,高含量的正庚烷是海相母质来源的特征;二甲基环戊烷主要来自水生生物类脂物,油型气轻烃也具有较高的二甲基环戊烷含量(Chung 等,1998)。图 8-21 为鄂尔多斯盆地古生界天然气 C_7 轻烃系列化合物相对含量三角图,可见,鄂尔多斯盆地上古生界所有样品和西部下古生界天然气中碳同位素表现为煤成气特征的样品,轻烃组分均分布在三角图的左下角,而上文提到的下古生界乙烷碳同位素表现为油型气特征的样品中,只有 3 个(双 8-12 井、双 7-11C1 井、双 7-11C3 井)位于油型气区域,其他的均落在左下角的煤成气区域。

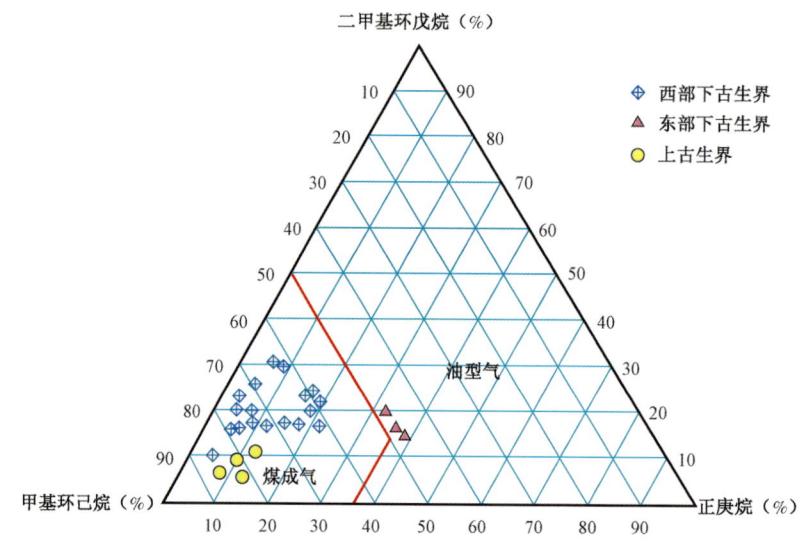

图 8-21 鄂尔多斯盆地古生界天然气 C_7 轻烃系列化合物三角图

2. C_5—C_7轻烃化合物相对含量

不同沉积环境或者来源于不同母质类型烃源岩所生成的天然气,其轻烃组分具有不同的脂肪族组成特征。C_5—C_7 轻烃组分中,正构烷烃、异构烷烃和环烷烃相对含量组合可用于鉴别煤成气和油型气,胡国艺等(2007)在我国主要含气盆地天然气轻烃分析的基础上,提出了煤成气 C_5—C_7 正构烷烃相对含量小于 30% 的特征。因此可根据 C_5—C_7 轻烃组分三角图鉴别天然气母质类型。由图 8-22 可知,鄂尔多斯盆地西部下古生界气和鄂尔多斯盆地上古生界天然气均落在图下方煤成气区,而上文提到的 3 口鄂尔多斯盆地东部下古生界气井(双 8-12 井、双 7-11C1 井、双 7-11C3 井),C_5—C_7 正构烷烃相对含量则均较其他样品高,表现出油型气的特征,进一步说明了东部这3口井天然气源于腐泥型母质烃源岩,而鄂尔多斯盆地下古生界其他气则均来源于腐殖型母质烃源岩。

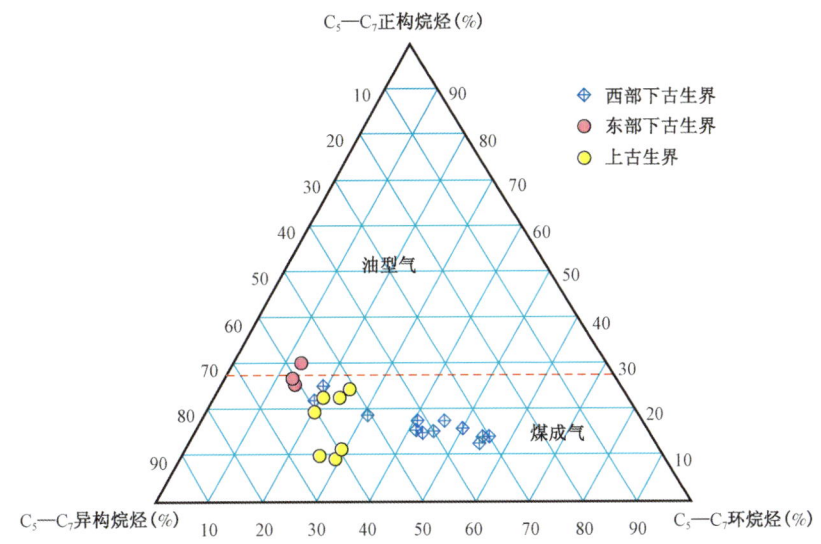

图8-22　鄂尔多斯盆地古生界天然气 C_5—C_7 轻烃化合物组成三角图

3. Mango 轻烃参数

Mango(1987)提出的 C_7 轻烃参数常被用来进行油气分类和成因判识(ten Haven,1996;Chung 等,1998)。Mango(1990、1997)提出庚烷的4个异构体[2-甲基己烷(2-MC_6)、3-甲基己烷(3-MC_6)、2,3-二甲基戊烷(2,3-DMC_5)和2,4-二甲基戊烷(2,4-DMC_5)]可以指示不同的含油气系统(ten Haven,1996)。

由图8-23可知,鄂尔多斯盆地上古生界煤成气在图中落入同一条曲线上,即具有相同的 K_1 值,说明上古生界气均来自煤系烃源岩母源;同样地,以上讨论中轻烃参数表现为典型油型气特征的3个样品也具有相同的 K_1 值,表明其来自相同的母源;然而,其余的下古生界天然气在图中分布则较为零散,并未落入一条直线,这些样品 K_1 值为0.52~1.69,相差最高可达1.17,表明下古生界气源的多源性,造成这一现象的原因可能是下古生界气为混源成因气。

4. 庚烷值、异庚烷值

Thompson根据原油的烷基化程度随成熟度增高的原理提出了庚烷值和异庚烷值来划分原油来源和成熟度。样品的庚烷值和异庚烷值分别由烃源岩的母质类型决定,腐殖型母质具有较高的异庚烷值,而腐泥型母质具有较高的庚烷值,因此可由二者比值确定干酪根母质类型,图中芳香族曲线代表腐殖型母质,脂肪族曲线代表腐泥型母质。根据图8-24,鄂尔多斯盆地上古生界全部样品和下古生界第一类样品均落入芳香族曲线,表明其主要为煤成气来源;而上文提到的表现典型油型气特征的第二类气,虽然未落入脂肪族曲线中,但仍表现出与其他下古生界气不同源的特征。

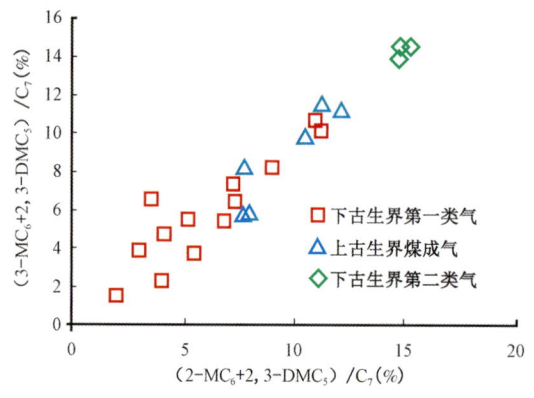
图 8-23 鄂尔多斯盆地古生界天然气 [(2-甲基己烷+2,3-二甲基戊烷)/C_7 化合物 (($2-MC_6$+$2,3DMC_6$)/C_7)] 与(3-甲基己烷+2,4-二甲基戊烷)/C_7 化合物 [($3-MC_6$+$2,4DMC_6$)/C_7)] 关系图

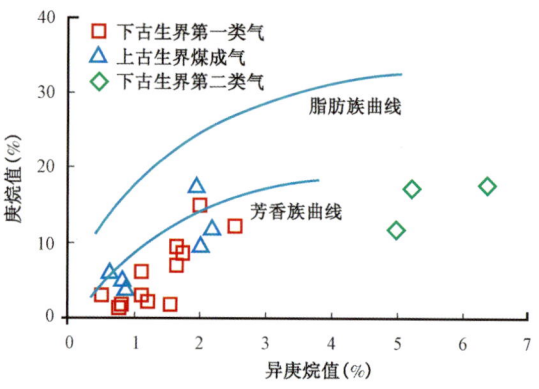
图 8-24 鄂尔多斯盆地古生界天然气庚烷值、异庚烷值与 Thompson 图版对比

那么,造成这种乙烷碳同位素与轻烃判别出现不符合的原因是什么呢?根据分析发现,轻烃特征表现为油型气特征的 3 个样品(双 8-12 井、双 7-11C1 井、双 7-11C3 井)具有一个共同特征,即乙烷碳同位素较轻的同时,甲烷碳同位素亦较轻,同时这 3 个样品层位上均分布于远离上古生界煤系烃源岩的膏盐盐下储层,上古生界煤成气无法经过如此远距离运移到这类储层中。由表 8-6 可知,鄂尔多斯盆地下古生界 $\delta^{13}C_2$ < -28‰ 的样品,绝大多数 $\delta^{13}C_1$ > -35‰,即具有与上古生界煤成气类似的 $\delta^{13}C_1$ 值;然而,双 8-12 井、双 7-11C1 井、双 7-11C3 井这几口井的 $\delta^{13}C_1$ 则均小于 -35‰,远较上古生界煤成气及下古生界其他天然气样品的 $\delta^{13}C_1$ 轻。也就是说,下古生界典型的油型气 $\delta^{13}C_1$ 值必须小于 -35‰,即只有具有较轻的 $\delta^{13}C_1$ 和 $\delta^{13}C_2$ 其轻烃组分才表现油型气特征。

初步分析造成这种现象的原因可能是,鄂尔多斯盆地下古生界天然气为高熟气,其中甲烷含量占绝对优势,而乙烷含量极低,那么,若下古生界气为来自上古生界的煤成气时,因为其原始的乙烷含量极低,其中只要混入少量的下古生界油型气,则其 $\delta^{13}C_2$ 就会变轻,从而表现出油型气的乙烷碳同位素特征,然而其 $\delta^{13}C_1$ 仍然保持煤成气的特征。这也就是说,下古生界样品中,单一来源于下古生界腐泥型烃源岩的油型气,应当具有较轻的 $\delta^{13}C_1$,同时轻烃组分也表现油型气特征;而那些 $\delta^{13}C_1$ 较重、$\delta^{13}C_2$ 较轻、轻烃组分亦表现煤成气特征的下古生界天然气,则为上古生界煤系来源的煤成气混入少量下古生界油型气造成的。

5. C_6—C_7 单体烃碳同位素

C_6—C_7 单个化合物碳同位素比值可以用于鉴别油气成因和来源(Rooney 等,1995、1998)。奥陶系马五段天然气轻烃富集 ^{13}C,$\delta^{13}C$ 值分布在 -25.4‰ ~ -16.3‰,随着成熟度的增加,碳同位素逐渐变重,由于成熟度的增加,$\delta^{13}C$ 值可以达到 2‰ 的变化幅度,Rooney 等(1998)发现轻烃中正构烷烃和异构烷烃 $\delta^{13}C$ 值随着成熟度的增加变重可达 3‰,但是,甲基环己烷、甲基环己烷和甲苯的 $\delta^{13}C$ 值几乎保持不变。假如靖边气田奥陶系马五段天然气来源于海相腐泥型有机质,其轻烃单体碳同位素一般小于 -28‰(Chung 等,1998;Whiticar 等,1999),但奥陶系马五段天然气轻烃碳同位素很重,超过由成熟度引起的3‰的差异,说明该气田天然气可能主要与煤系来源有关或遭受TSR次生变化的影响。

TSR作用可以使残留的轻烃化合物碳同位素变重(Rooney,1995;Whiticar等,1999)。Cai等(2005)提出奥陶系马五段天然气经历TSR作用。Rooney(1995)指出TSR作用对正构和支链化合物碳同位素影响大于环烷烃和芳香烃。但是,对于奥陶系马五段天然气来说,正构和支链化合物的碳同位素轻于苯和甲苯碳同位素超过3‰~6‰(表8-7),因此,推测靖边气田TSR不是马五段天然气轻烃富集^{13}C的主要因素,天然气来源可能是导致奥陶系马五段天然气轻烃富集^{13}C的重要原因。马五段与山西组天然气轻烃碳同位素相近(图8-25),并且都很重,表明其来源相似;且从此次所取样品层位分布来看(表8-7),均位于奥陶系马家沟组顶部风化壳储层中,储层与上古生界煤系烃源岩直接接触,表明其均与上古生界煤系烃源岩有关。

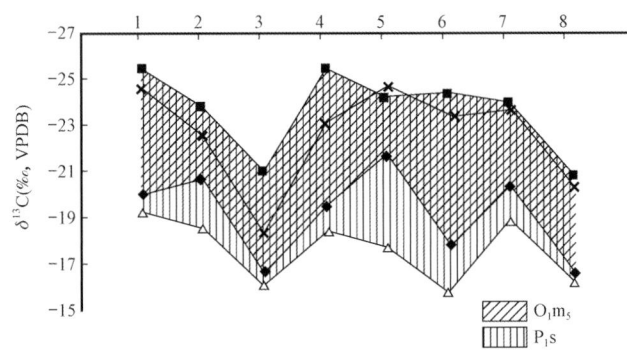

图8-25 靖边气田奥陶系马五段和山西组天然气轻烃单体碳同位素对比
1—3-甲基戊烷;2—正己烷;3—苯;4—环己烷;5—3-甲基己烷;6—正庚烷;7—甲基环己烷;8—甲苯

以上分析结果表明,无论是轻烃组成还是轻烃单体碳同位素比值,均表现出靖边气田奥陶系马家沟组天然气来源的复杂性。其中奥陶系风化壳储层中天然气与上古生界山西组、下石盒子组天然气来源相似,均来源于上古生界煤系烃源岩;只有那些距离上古生界煤系烃源岩距离较远的奥陶系盐下储层中的天然气为下古生界自生自储的油型气。

二、靖边南部天然气负碳同位素系列及成因

天然气碳同位素可用来判别天然气成因、来源及成熟度。对于热成因气,其干酪根裂解过程中^{12}C—^{12}C键优先于^{13}C—^{13}C键裂解,造成同位素动力学分馏效应(Tang等,2000),因此生成的天然气具有两种演化趋势:①随着组分碳数增加碳同位素变重,即具有正碳同位素系列($\delta^{13}C_1 < \delta^{13}C_2 < \delta^{13}C_3 < \delta^{13}C_4$);②随着成熟度的增加每种组分均逐渐富集^{13}C,从而使得碳同位素值($\delta^{13}C_n$)随成熟度升高逐渐变重(Stahl等,1975)。然而,近年来,越来越多的国内外高过成熟页岩气表现出不同于正常热成因气的地球化学特征,主要表现在:①具有负碳同位素系列($\delta^{13}C_1 > \delta^{13}C_2 > \delta^{13}C_3 > \delta^{13}C_4$);②随着天然气湿度减小(成熟度增加)乙烷、丙烷碳同位素变轻(Zumberge等,2012)。也就是说,天然气在$R_o > 2.0\%$以后可能表现出与早期不同的同位素分馏特征。

早期,负碳同位素系列被认为主要来源于无机成因(Jenden等,1988;戴金星等,2008)。然而近年来随着页岩气的不断勘探,学者们经过研究得出了更多解释:①不同烃源岩或相同烃源岩不同成熟阶段产气的混合;②氧化还原反应过程中的瑞利分馏(Burruss等,2010);③湿气二次裂解(Xia等,2013);④高温下水和有机质反应(Tang等,2010)。

近年来,鄂尔多斯盆地靖边南部地区古生界所产气均表现出同位素部分倒转($\delta^{13}C_1 > \delta^{13}C_2 < \delta^{13}C_3$)或完全倒转($\delta^{13}C_1 > \delta^{13}C_2 > \delta^{13}C_3$)现象,该区古生界天然气主要来自上古生界石炭系—二叠系煤系烃源岩,烃源岩成熟度均大于2.6%(图8-26)。以往虽在高成熟—过成熟的腐泥型页岩气中发现负碳同位素系列,但在腐殖型煤系烃源岩发育层系这类负碳同位素系列则十分少见,仅在松辽盆地白垩系营城组发现无机成因气(Ni 等,2009)。鄂尔多斯盆地古生界天然气负碳同位素系列成因如何?是无机成因气,还是煤成气在高成熟—过成熟阶段特殊的演化机制造成的呢?此次应用鄂尔多斯盆地大量地球化学数据,结合以往学者对负碳同位素系列的解释,重点探讨高成熟—过成熟阶段煤成气同位素倒转的成因。

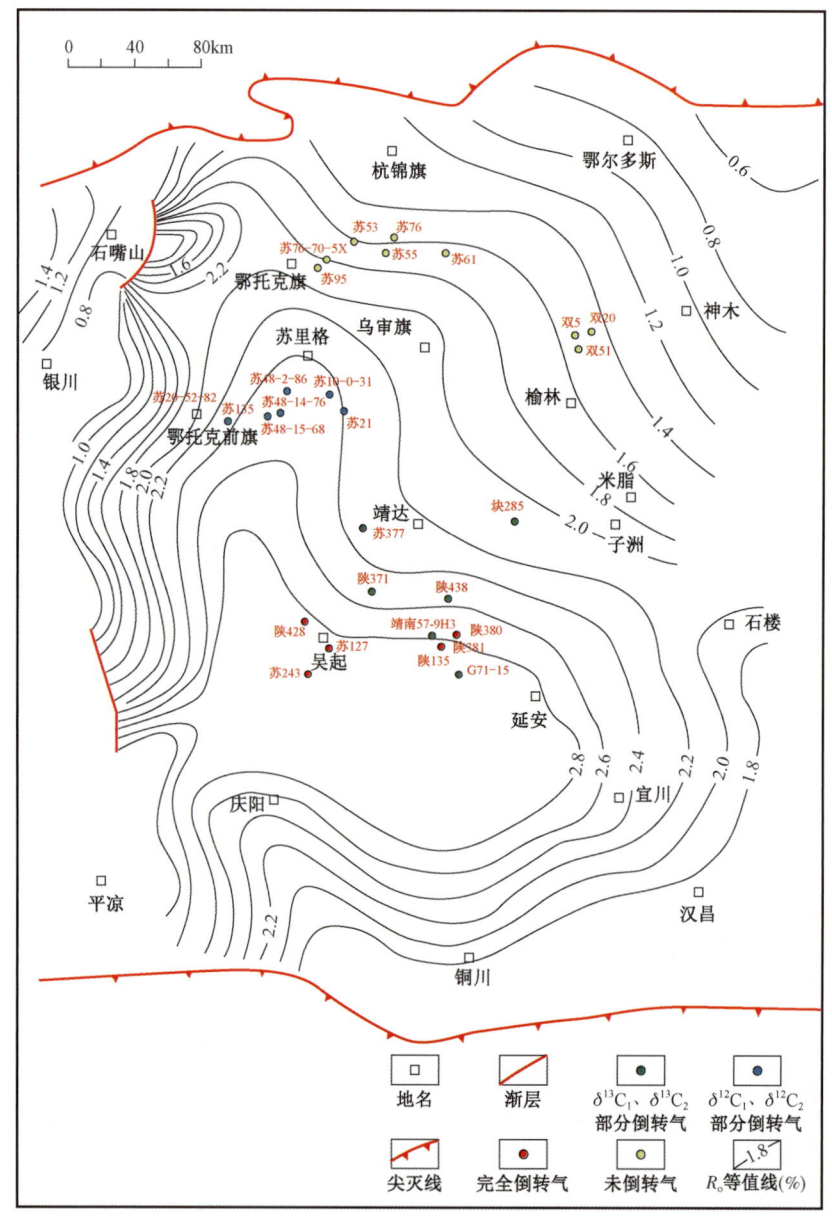

图8-26 鄂尔多斯盆地气田分布及上古生界烃源岩成熟度等值线图(据戴金星等,2014)

鄂尔多斯盆地具有上、下古生界两套含气系统，盆地绝大多数气田如苏里格、大牛地、榆林等气田产层位于上古生界，仅靖边气田在下古生界具有产层。近年来，随着勘探领域的扩展，鄂尔多斯盆地靖边南部区块进行了大量的勘探，其中有些井目的层为上古生界，有些井产层为下古生界。鄂尔多斯盆地上古生界气均来源于上古生界煤系烃源岩，下古生界天然气来源则比较复杂，但较为一致的认识是，其主要为上古生界煤成气与下古生界油型气的混合成因气。

（一）地球化学特征

鄂尔多斯盆地靖边南部古生界天然气以烷烃气为主，其中甲烷含量为 55.54% ~ 96.09%，平均为 89.76%，干燥系数 $[C_1/(C_1—C_5)]$ 极高，为 0.99 ~ 1.00，均为干气。天然气中非烃组分主要为 N_2、CO_2，N_2 含量为 0 ~ 32.68%，平均为 5.23%，CO_2 含量为 0.56% ~ 31.54%，平均为 4.38%（表 8-8）。

由碳同位素特征来看，靖边南部上古生界天然气甲烷碳同位素为 -24.1‰ ~ -33.6‰，平均为 -28.0‰，较苏里格、神木气田 $\delta^{13}C_1$ 重，乙烷、丙烷碳同位素平均值分别为 -31.7‰ 和 -30.6‰，均较盆地其他气田轻；下古生界天然气甲烷、乙烷、丙烷碳同位素平均值分别为 -32.6‰、-35.8‰ 和 -29.9‰，总体而言，靖边南部下古生界 $\delta^{13}C_1$、$\delta^{13}C_2$、$\delta^{13}C_3$ 均较上古生界轻，这可能与下古生界天然气中油型气混入有关。

靖边气田南部天然气碳同位素的一个重要特征为表现出倒转现象。图 8-27 中靖边南部下古生界天然气均表现为 $\delta^{13}C_1 > \delta^{13}C_2 < \delta^{13}C_3$ 的部分倒转，上古生界天然气有些表现为 $\delta^{13}C_1 > \delta^{13}C_2 < \delta^{13}C_3$ 的部分倒转，有些则表现为 $\delta^{13}C_1 > \delta^{13}C_2 > \delta^{13}C_3$ 的完全倒转，同时，从表 8-8 及图 8-26 可见，发生部分倒转的天然气井与发生完全倒转的天然气井分布位置均有很好的规律性，即上古生界及下古生界发生部分倒转的天然气井均位于 $R_o < 2.8\%$ 的范围内，而发生完全倒转的上古生界气井均分布于 $R_o > 2.8\%$ 的区域，受该思路的启示，将鄂尔多斯盆地位于其他成熟度范围气田的上古生界天然气碳同位素系列特征绘于图 8-27。由图可见，成熟度最低的神木气田上古生界天然气均表现为正碳同位素系列，成熟度为 2.2% ~ 2.6% 的苏里格气田表现为 $\delta^{13}C_3$ 轻于 $\delta^{13}C_2$ 的部分倒转。简单地说，就是从鄂尔多斯盆地北部低熟区（神木），到中部高熟区（苏里格），再到南部过成熟区（R_o 为 2.6% ~ 2.8% 的靖边南部），最后到 $R_o > 2.8\%$ 的靖边南部地区，上古生界天然气依次表现为正碳同位素系列—乙烷、丙烷碳同位素部分倒转—甲烷、乙烷碳同位素部分倒转—碳同位素完全倒转，这种同位素系列与成熟度之间良好的对应关系指示，靖边南部古生界天然气可能是由于高温作用造成的。

（二）天然气来源

由于 $\delta^{13}C_2$ 稳定性，其常被用来鉴别天然气母质来源，鄂尔多斯盆地大牛地、苏里格、榆林、子洲等气田上古生界天然气 $\delta^{13}C_2$ 均重于 -28‰，为煤成气（图 8-28）；而靖边南部上古生界及下古生界天然气由于其异常轻的 $\delta^{13}C_2$ 而落入鉴别图版的倒转区域。这表明天然气在过成熟阶段 $\delta^{13}C_2$ 值可能由热解作用之外的其他因素控制，故而天然气来源已无法通过 $\delta^{13}C_2$ 鉴别。相对来讲，靖边南部天然气 $\delta^{13}C_1$ 则受过成熟作用影响较小，因而基于 $\delta^{13}C_1—C_1/(C_2—C_3)$ 鉴别图（图 8-28）对天然气母源进行判别，靖边南部上古生界天然气母质类型为 Ⅲ 型干酪根，与上古生界天然气主要来自石炭系—二叠系煤系的结论一致；下古生界天然气为 Ⅱ—Ⅲ 型干酪根生成的混合成因气，这与下古生界天然气中混入少量油型气有关。

表 8-8 靖边南部古生界天然气组分及碳同位素分布

类型	井号	层位	深度(m)	天然气主要组分(%)									$\delta^{13}C$(‰, VPDB)			数据来源
				CH_4	C_2H_6	C_3H_8	iC_4H_{10}	nC_4H_{10}	iC_5H_{12}	nC_5H_{12}	C_{5+}	N_2	CO_2	CH_4	C_2H_6	C_3H_8	
上古生界完全倒转气	G69-9C3	盒8	—	94.95	0.72	0.09	0.00	0.01	0.00	0.00	0.00	0.85	3.31	-27.6	-29.3	-30.0	本书
	G69-9C4	盒8	—	95.54	0.84	0.09	0.01	0.01	0.00	0.00	0.00	0.79	2.64	-27.2	-28.4	-29.6	
	陕381	盒8	3344.00~3386.00	92.37	1.12	0.15	0.02	0.02	0.01	0.00	0.01	5.20	1.06	-26.4	-27.4	-29.4	长庆地化数据库
	苏353	山1,盒8	3497.50~3535.00	93.12	1.11	0.17	0.02	0.02	0.01	0.00	0.01	3.69	1.86	-24.1	-25.6	-28.7	
	苏222	山1	3795.00~3832.00	93.01	0.95	0.17	0.01	0.02	0.01	0.00	0.01	4.41	1.42	-27.2	-28.6	-30.4	
	陕380	盒8	3306.00~3309.00	90.58	0.94	0.13	0.01	0.01	0.01	0.00	0.01	7.18	1.13	-24.5	-28.3	-29.3	
	陕135	盒8	3377.50~3380.50	95.80	0.99	0.13	0.01	0.03	0.01	0.00	0.00	1.88	1.15	-25.9	-29.0	-30.1	
	苏243	盒8下	4038.00~4042.00	92.81	0.80	0.14	0.01	0.01	0.01	0.00	0.00	5.51	0.56	-26.2	-28.9	-30.6	
	陕428	山1	3927.00~3945.00	90.20	0.67	0.11	0.01	0.02	0.00	0.00	0.02	5.79	3.21	-28.1	-29.2	-29.3	
	苏127	盒8	3899.00~3903.00	94.46	0.63	0.10	0.00	0.02	0.00	0.00	0.02	3.59	1.20	-29.0	-33.7	-34.1	
	陕429	山2	3146.00~3149.00	93.52	0.46	0.04	0.00	0.00	0.00	0.00	0.00	3.25	2.72	-28.8	-34.2	-35.5	
上古生界部分倒转气	陕281	盒8—山2	3522.00~3633.00	79.55	0.97	0.16	0.02	0.02	0.01	0.01	0.02	18.06	1.30	-31.3	-35.5	-32.9	长庆地化数据库
	陕285	本溪组	3150.00~3153.00	94.85	1.25	0.14	0.02	0.02	0.00	0.00	0.01	0.26	3.37	-33.6	-33.9	-33.0	
	陕438	本溪组	3525.00~3548.00	93.02	1.06	0.14	0.02	0.02	0.01	0.00	0.01	1.11	4.62	-30.3	-36.7	-36.3	
	陕303	盒8	3093.00~3096.00	88.47	0.90	0.20	0.02	0.02	0.01	0.00	0.00	8.36	2.02	-27.7	-31.8	-29.3	
	陕437	盒8	3452.50~3455.00	80.74	0.76	0.20	0.01	0.01	0.01	0.00	0.00	16.02	2.25	-28.8	-31.8	-30.1	
	陕292	山2	3363.00~3366.00	86.13	0.77	0.22	0.01	0.01	0.01	0.00	0.00	11.86	0.99	-26.8	-31.2	-29.3	
	陕316	盒8下	3217.00~3221.00	93.21	0.72	0.19	0.01	0.01	0.01	0.00	0.01	3.10	2.74	-27.9	-32.6	-29.6	

续表

类型	井号	层位	深度(m)	天然气主要组分(%)												$\delta^{13}C(‰, VPDB)$			数据来源
				CH_4	C_2H_6	C_3H_8	iC_4H_{10}	nC_4H_{10}	iC_5H_{12}	nC_5H_{12}	C_{5+}	N_2	CO_2	CH_4	C_2H_6	C_3H_8	
上古生界部分倒转气	陕340	盒8下	3046.00~3098.00	66.02	0.47	0.09	0.01	0.01	0.00	0.00	0.01	32.68	0.71	-26.9	-32.2	-29.7	长庆地化数据库
	陕339	山2	3527.00~3530.00	93.31	0.59	0.10	0.02	0.02	0.01	0.01	0.00	2.58	3.34	-29.1	-34.2	—	
	陕341	山2	3188.00~3191.00	93.77	0.44	0.09	0.01	0.02	0.01	0.01	0.00	2.55	3.09	-28.0	-35.7	—	
	陕441	盒8	3266.00~3270.00	95.13	0.47	0.05	0.00	0.00	0.00	0.00	0.01	1.68	2.66	-27.0	-31.5	-28.7	
	陕383	盒8	3160.00~3180.00	89.97	0.41	0.05	0.00	0.00	0.00	0.00	0.02	5.31	4.26	-27.4	-32.0	-29.6	
	陕383	山1	3214.00~3240.50	92.71	0.41	0.05	0.00	0.00	0.00	0.00	0.00	3.67	3.15	-27.5	-32.2	-29.8	
	陕441	山2	3389.00~3392.00	92.78	0.33	0.03	0.00	0.00	0.00	0.00	0.00	3.16	3.67	-27.0	-31.5	-28.7	
	陕429	山2,本溪组	3232.00~3235.00	93.42	0.36	0.02	0.00	0.00	0.00	0.00	0.00	2.86	3.34	-29.8	-35.7	-30.5	
	陕371	盒8,山1	3921.00~3925.00,4005.00~4009.00	93.33	0.22	0.02	0.00	0.00	0.00	0.00	0.00	1.82	4.61	-32.5	-34.3	-30.1	
	陕340	本溪组	3186.00~3188.00	77.56	0.17	0.00	0.00	0.00	0.00	0.00	0.00	21.05	1.21	-28.8	-32.0	-31.2	
下古生界部分倒转气	陕339	马五$_3^1$	3606.00~3610.00	93.51	0.72	0.13	0.02	0.02	0.00	0.01	0.01	2.12	3.43	-31.6	-37.3	-29.4	
	陕430	马五$_4^1$	3959.00~3968.00	55.54	0.27	0.05	0.00	0.00	0.00	0.00	0.01	12.58	31.54	-31.2	-32.7	-26.2	
	陕323	马五$_4^1$	3895.00~3899.00	91.14	0.40	0.06	0.01	0.01	0.01	0.00	0.00	2.43	5.93	-33.4	-35.9	-30.1	
	陕438	马五$_2^1$,马五$_1^1$	3486.00~3489.00,3479.00~3482.00	94.92	0.41	0.03	0.00	0.00	0.00	0.00	0.00	0.63	3.99	-31.7	-37.8	-33.3	
	陕265	马五$_1^2$	3450.00~3453.00	96.09	0.38	0.06	0.00	0.01	0.00	0.00	0.00	0.25	4.26	-31.0	-37.3	-32.8	
	陕430	马五5	3994.00~3998.00	79.63	0.29	0.04	0.00	0.00	0.00	0.00	0.01	13.78	6.25	-32.2	-33.8	-27.4	
	陕434	马五$_{1+2}$	3558.00~3583.00	92.74	0.35	0.03	0.00	0.00	0.00	0.00	0.01	2.77	4.07	-31.6	-35.8	-30.6	

续表

类型	井号	层位	深度(m)	天然气主要组分(%)										$\delta^{13}C$(‰, VPDB)			数据来源
				CH_4	C_2H_6	C_3H_8	iC_4H_{10}	nC_4H_{10}	iC_5H_{12}	nC_5H_{12}	C_{5+}	N_2	CO_2	CH_4	C_2H_6	C_3H_8	
下古生界部分倒转气	陕441	马五$_1^2$、马五$_1^3$	3486.00~3489.00、3479.00~3482.00	85.03	0.21	0.04	0.02	0.03	0.02	0.01	0.00	0.00	14.65	-32.2	-36.8	-29.7	本书
	陕373	马五$_3$、马五$_4^1$、马五$_4^2$	4003.00~4028.00	92.36	0.30	0.03	0.00	0.00	0.00	0.00	0.00	1.37	5.93	-32.7	-33.6	-25.6	
	陕322	马五$_7$	3965.00~3967.00	85.01	0.25	0.03	0.01	0.01	0.00	0.00	0.00	12.63	2.07	-34.0	-37.9	-33.4	
	苏222	马五$_5$	4000.50~4004.00	92.26	0.27	0.03	0.00	0.00	0.00	0.00	0.00	1.76	5.67	-32.7	-34.2	-30.0	
	陕377	马五$_1$、马五$_2$	3305.00~3308.00、3318.00~3322.00	95.86	0.27	0.03	0.00	0.00	0.00	0.00	0.00	1.05	2.80	-32.9	-36.5	—	
	苏222	马五$_4^1$	3942.00~3946.00	90.87	0.24	0.03	0.00	0.00	0.00	0.00	0.00	4.04	4.82	-31.8	-33.6	-29.6	
	陕323	马五$_5$	3936.00~3940.00	93.29	0.25	0.02	0.00	0.00	0.00	0.00	0.00	0.00	6.44	-34.4	-36.3	-31.3	
	苏127	马五$_4$	4072.00~4079.00	84.28	0.19	0.01	0.00	0.00	0.00	0.00	0.00	8.11	7.41	-32.7	-35.7	-30.6	
	苏379	马五$_6$	3810.00~3813.00	89.40	0.05	0.00	0.00	0.00	0.00	0.00	0.00	2.57	7.98	-36.5	-39.4	—	
	靖南57-9H3	马五$_1$	—	91.51	0.32	0.04	0.00	0.00	0.00	0.00	0.00	0.50	7.60	-32.9	-34.3	-27.5	
	G71-13	马五$_1$	—	93.65	0.32	0.01	0.00	0.00	0.00	0.00	0.00	0.54	5.42	-32.5	-37.5	-32.2	
	G69-9	马五$_1$	—	91.16	0.31	0.03	0.00	0.00	0.00	0.00	0.00	0.48	7.98	-32.1	-33.5	-29.4	

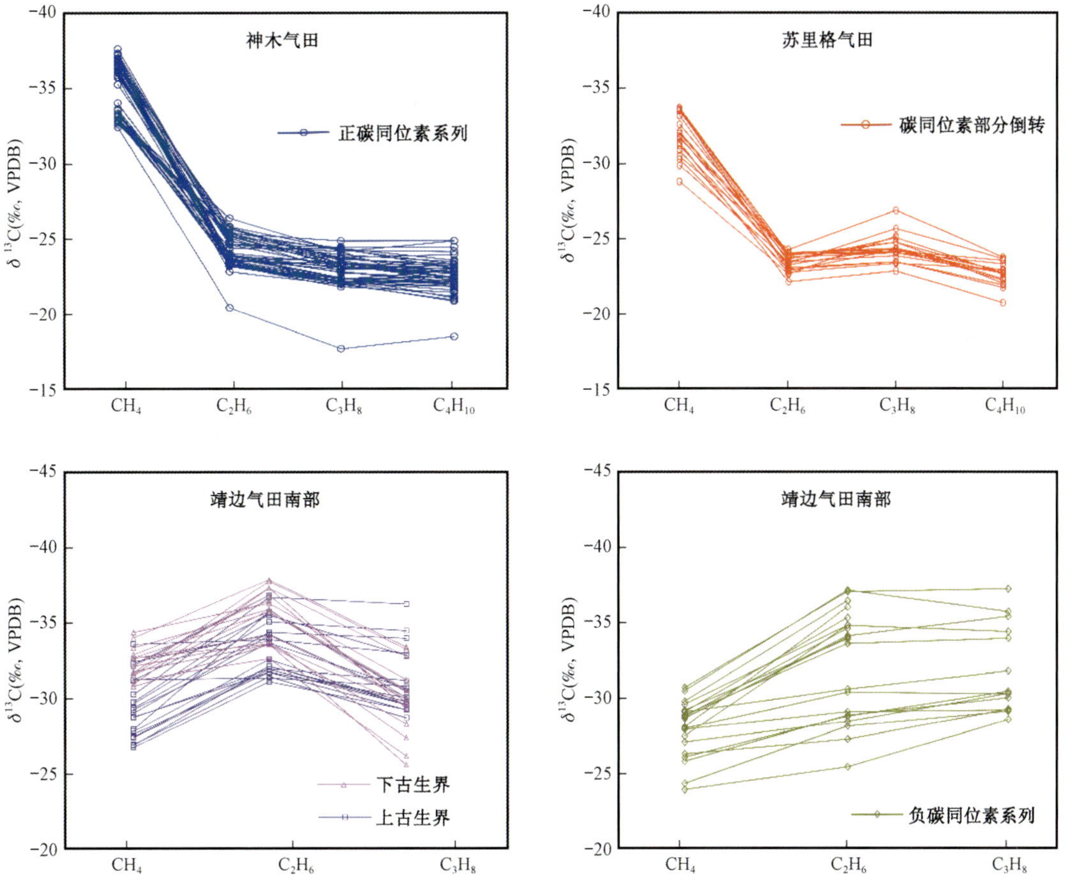

第八章 鄂尔多斯盆地典型大气田天然气轻烃地球化学特征及应用

图 8-27 鄂尔多斯盆地不同气田碳同位素连线图

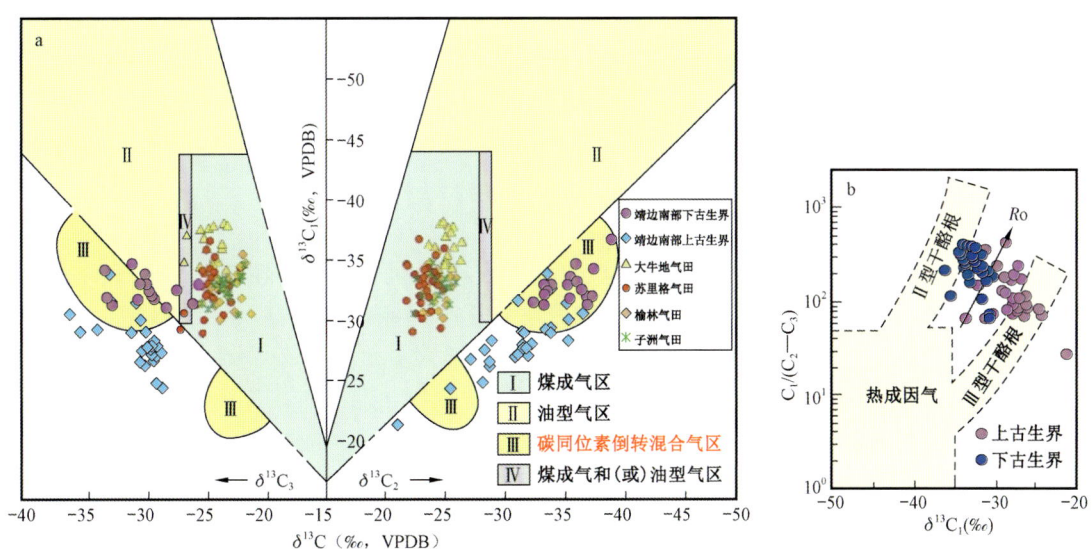

图 8-28 天然气成因类型鉴别图

a. $\delta^{13}C_1$—$\delta^{13}C_2$—$\delta^{13}C_3$ 烷烃气成因类型鉴别图；b. $\delta^{13}C_1$—$C_1/(C_2-C_3)$ 鉴别图

（三）同位素倒转成因

针对鄂尔多斯盆地古生界碳同位素系列倒转的成因，早期由于资料所限，学者多将其归纳为混合成因（于聪等，2013；胡安平等，2007）。近年来随着靖边南部地区越来越多倒转气的出现，其成因问题逐渐引起学者们的重视。戴金星等（2016）通过统计鄂尔多斯盆地433个煤成气样品碳同位素系列类型与R_o的关系，总结出高的古地温是次生型负碳同位素系列形成的根本原因，从国内外一系列天然气次生负碳同位素形成原因来看，如二次裂解、瑞利分馏、扩散作用等，其均在高温作用下产生。孔庆芬等（2016）结合鄂尔多斯盆地构造背景指出，白垩世最大埋深期后，盆地抬升，古地温降低导致的液态烃裂解生成了碳同位素较轻的乙烷，其与早期生成的碳同位素值较重的甲烷混合故而形成负碳同位素系列。那么，造成靖边南部古生界天然气碳同位素倒转的成因究竟为何种作用呢？基于详实的天然气地球化学资料，对每种成因进行系统研究以确定靖边南部古生界天然气负碳同位素形成的原因。

1. 无机成因

无机气由费托合成反应形成，即地幔脱气中所含的CO_2/CO经还原作用形成烃类，因而具有负碳同位素系列。从地球化学特征方面来讲，无机气具有3大特征（Jenden等，1993）：① $\delta^{13}C_1 > \delta^{13}C_2 > \delta^{13}C_3 > \delta^{13}C_4$；② $\delta^{13}C_1 > -25‰$；③ 氦同位素比率$R/Ra > 0.1$。对于此次样品，由于干燥系数较高，故无$\delta^{13}C_4$分析结果。靖边南部古生界天然气47个样品中，共11个上古生界样品表现为$\delta^{13}C_1 > \delta^{13}C_2 > \delta^{13}C_3$的完全倒转，其他均为$\delta^{13}C_1 > \delta^{13}C_2 < \delta^{13}C_3$的部分倒转气；其次，从样品$\delta^{13}C_1$来看，仅3个样品$\delta^{13}C_1 > -25‰$，其余$\delta^{13}C_1$均小于$-25‰$；最后，由于地幔氦组分$^3He/^4He$远高于壳源氦，因此可由$R/Ra$（样品的$^3He/^4He$/空气$^3He/^4He$）大于0.1判定天然气中有地幔无机气的输入（戴金星，1992）。从$R/Ra—CH_4/^3He$鉴别图来看（图8-29），鄂尔多斯盆地靖边南部古生界天然气与松辽盆地无机成因气稀有气体同位素分布明显不同，而与我国其他盆地已证实为有机成因气的样品落入相同范围内，以上均验证了靖边南部古生界气为有机热成因气。同时从地质背景来看也可得到类似结论，鄂尔多斯盆地古生界是发育在稳定克拉通基底之上，盆地构造活动稳定，几乎不存在沟通古生界储层与地幔的深大断裂，因此也不存在无机气向上运输的条件。综合以上，无机成因并非造成靖边南部古生界气发生倒转的原因。

2. 混合成因

混合作用包含由不同成熟度烃源岩生成气的混合或不同母质类型烃源岩生成气的混合。研究区上古生界石炭系本溪组、二叠系太原组及下古生界马家沟组均存在一定厚度的腐泥型烃源岩，可生成一定油型气，重烃气含量极低的煤成气混入少量具有轻$\delta^{13}C_2$的油型气可能形成碳同位素的倒转。应用鄂尔多斯盆地古生界典型煤成气和油型气碳同位素值作为两个端元，计算混合气的碳同位素分布范围。假设煤成气端元$\delta^{13}C_1 = -30‰$，$\delta^{13}C_2 = -25‰$，$C_1 = 0.995\%$，$C_2 = 0.005\%$；油型气端元$\delta^{13}C_1 = -35‰$，$\delta^{13}C_2 = -31‰$，$C_1 = 0.900\%$，$C_2 = 0.100\%$。由图8-30可知，无论以何种比例混合，甲烷碳同位素都轻于乙烷，而不能出现甲烷、乙烷碳同位素的倒转。此外，简单来讲，煤成气通过与具有轻$\delta^{13}C_2$的油型气混合而形成负碳同位素系列的天然气，参与混合的油型气$\delta^{13}C_2$一定轻于混合气，此次多数样品$\delta^{13}C_2$轻于

$-32‰$,$\delta^{13}C_2$ 最轻者达 $-39.4‰$,而鄂尔多斯盆地下古生界自生自储的油型气 $\delta^{13}C_2 = -32.0‰ \sim -30.0‰$(米敬奎等,2012;孔庆芬等,2016),因此,混合作用不可能形成此次研究中天然气所具有的特殊碳同位素值及同位素系列。

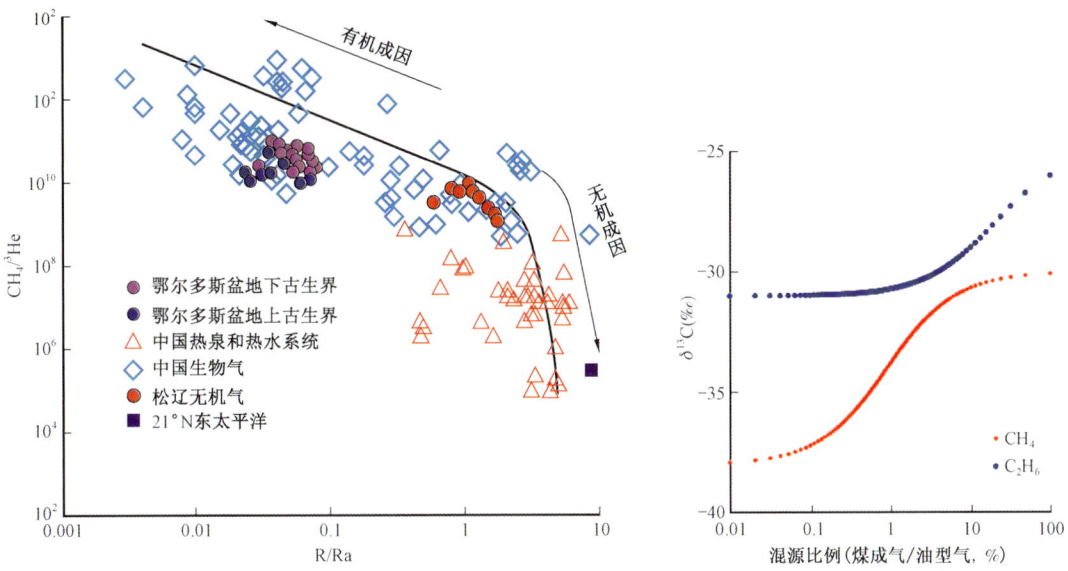

图 8-29 R/Ra—$CH_4/^3He$ 鉴别图(Ni 等,2009)

图 8-30 鄂尔多斯盆地古生界煤成气和油型气不同比例混合形成的甲烷、乙烷碳同位素值

3. 湿气裂解

二次裂解最初被用来解释页岩气的碳同位素倒转(Tang 等,2010)。页岩气可能在排烃或扩散过程中发生同位素分馏(Smith 等,1971),但这种分馏作用对碳同位素的影响很小并不足以使其发生倒转(Xia 等,2012)。因此学者指出负碳同位素系列的页岩气是在烃源岩生烃过程中已经产生的。即页岩在过成熟阶段,凝析油或湿气发生二次裂解,该过程中碳同位素分馏作用极强且产生较多 C_2 和 C_3,二次裂解产生的更湿且碳同位素更轻的天然气与干酪根初次裂解产生的更干而碳同位素更重的天然气混合,产生具有负碳同位素系列的页岩气。二次裂解气最显著的两个特征为:① 随着天然气湿度减小(热演化程度增高),$\delta^{13}C_1$ 越来越重,而 $\delta^{13}C_2$ 越来越轻;② 由于过成熟阶段 iC_4 相对 nC_4 稳定性差,因而二次裂解气的 iC_4/nC_4 在湿度 [$(C_2—C_5)/(C_1—C_5)$] 低于 5% 以后会降低(Zumberge 等,2012)。

将鄂尔多斯盆地不同地区古生界天然气与国内外页岩气 $\delta^{13}C_1$、$\delta^{13}C_2$ 随湿度演化关系绘于图 8-31 和图 8-32。鄂尔多斯盆地古生界常规气表现出与页岩气类似的演化特征。演化程度较低的神木、苏里格气田天然气 $\delta^{13}C_1$、$\delta^{13}C_2$ 均随湿度减小而变重,而在演化程度高的靖边南部地区,天然气 $\delta^{13}C_1$ 依然随湿度减小而变重,$\delta^{13}C_2$ 则随成熟度增加而变轻,即出现类似页岩气的"反转"。这种后期的碳同位素反转很可能是由于煤成液态烃和煤成轻烃经二次裂解作用造成的。

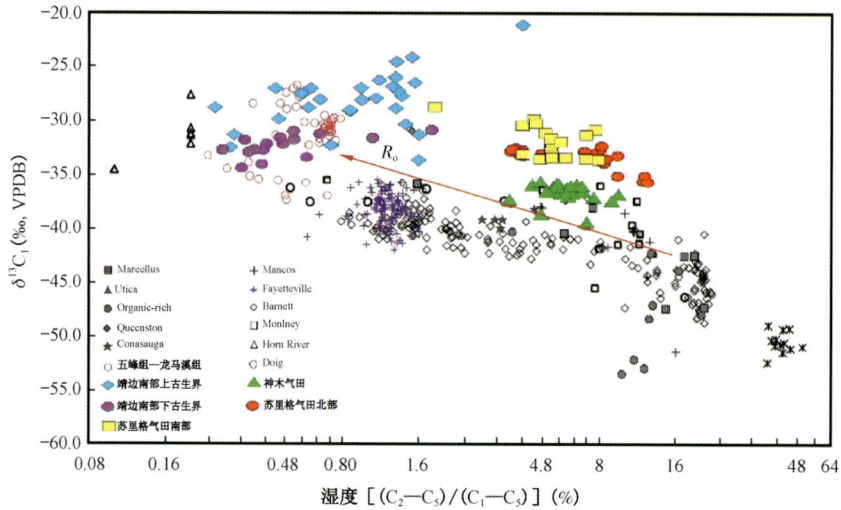

图 8-31　$\delta^{13}C_1$—湿度关系图

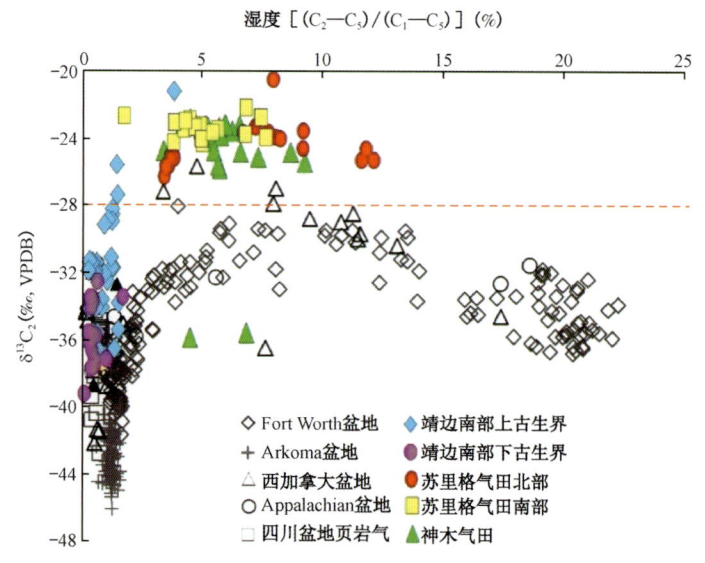

图 8-32　$\delta^{13}C_2$—湿度关系图

同时，由于 iC_4 相较 nC_4 稳定性差，因此二次裂解过程中 iC_4 裂解速度更快，造成 iC_4/nC_4 随着成熟度增大而减小。鄂尔多斯盆地靖边南部古生界天然气 iC_4/nC_4 随湿度减小迅速降低（图 8-33），与页岩气二次裂解演化规律一致，综合以上，鄂尔多斯盆地靖边南部古生界天然气负碳同位素系列具备指示二次裂解作用的一系列地球化学特征。

从鄂尔多斯盆地地质背景来看，盆地构造稳定，不存在大的断裂，古生界天然气均为近源聚集，运移作用较小，同时靖边南部上古生界煤系烃源岩供烃能力强，因此古生界储层中的天然气是累积聚集的结果，这使得早期生成的初次裂解气和后期二次裂解气得以混合。同样地，在鄂尔多斯盆地东南部延安气田上古生界发现的负碳同位素系列天然气也有类似解释（Wu 等，2015）。因此，二次裂解作用应是造成靖边南部古生界天然气碳同位素倒转的成因。

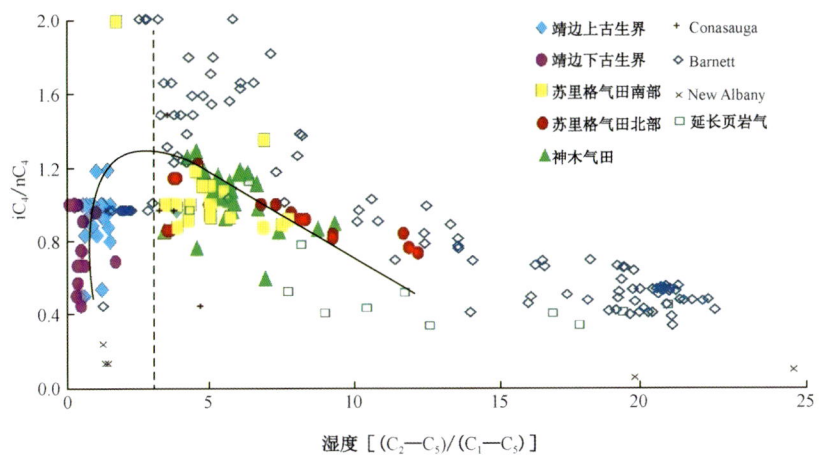

图 8-33 iC_4/nC_4—湿度关系图

三、奥陶系马家沟组自生自储气地球化学特征

近年来,随着资料的日益丰富,对鄂尔多斯盆地下古生界气源问题的探讨也不断深入。如有些学者指出鄂尔多斯盆地不同地区上、下古生界烃源岩发育情况及源储配置情况有异,因此奥陶系天然气在不同地区混源比例不同,气源应分别讨论。另有学者指出,奥陶系马五$_6$亚段存在巨厚膏盐岩层,膏盐岩以上的下古生界风化壳储层中的气源岩为上古生界煤系,而上古生界煤成气无法通过膏盐岩层运移到盐下储层,因此盐下气来自于下古生界烃源岩。还有的学者指出,除了混合作用,TSR等次生作用也是造成下古生界天然气碳同位素特殊性的原因。总之,鄂尔多斯盆地下古生界成藏过程远比以往认识复杂,学者们分区域、分层位的探讨使得下古生界气源问题逐渐明朗,但讨论复杂化的同时也使得讨论的两大前提变得尤为重要:①下古生界到底有没有自生自储气?即奥陶系是否存在有效烃源岩,这是计算天然气混源比例的前提;②下古生界自生自储气地球化学特征如何?该认识是鉴别下古生界天然气成因的必要条件。结合近年来最新的勘探成果和学者们的最新研究结果,对以上两个问题进行探讨。

鄂尔多斯盆地奥陶系马家沟组马一、马三、马五等3个海退沉积层序中发育膏盐岩地层,其中马五$_6$亚段膏盐岩分布范围最广,具有良好的区域封盖条件。马五$_6$膏盐岩层在盆地中东部厚度最大,上古生界煤系烃源岩生成的天然气难以穿过膏盐岩在其下聚集成藏,因而认为盆地中东部膏盐岩层以下天然气来自下古生界自生自储(Osborn 等,2010)。近年来,在鄂尔多斯盆地奥陶系中组合(马五$_5$—马五$_{10}$亚段白云岩岩性圈闭气藏)勘探突破启示下,重点针对盆地东部马五$_6$亚段厚层盐岩以下的储层陆续进行了一些井的勘探部署(杨华等,2014)。这些盐下井的勘探为下古生界自生自储气的研究提供了良好条件。此次重点挑选了鄂尔多斯盆地既在盐下又在盐上(下古生界风化壳或上古生界)储层产气的井进行研究(表8-9),通过对其地球化学特征的对比探讨盐下自生自储气特征。

除了奥陶系盐下天然气,下古生界自生自储气地球化学特征还可通过奥陶系盐下包裹体中的天然气进行研究,包裹体是封闭体系,只要不发生破裂,其中包含的气体地球化学特征就能够精确反映烃类的原始性质(米敬奎等,2012)。因此结合包裹体中气体实验结果,可对盐下天然气是否为自生自储气进行辅助判别与验证。

（一）组分特征对比

由表 8-9 可知，盐上样品整体以烃类为主，除靳探 1 井含有较高 N_2 外（47.80%），绝大多数非烃含量低，CH_4 含量为 51.66%~97.48%，CO_2 含量为 0~6.11%，样品均未检测到 H_2S，干燥系数[$C_1/(C_1-C_5)$]为 0.943~0.995，为干气；盐下样品非烃含量整体较盐上样品高，CO_2 含量为 0~33.72%，平均为 8.17%，N_2 含量为 0~91.94%，平均为 12.22%，盐下有些样品高含 H_2S（如靳探 1 井、桃 38 井含 H_2S 大于 10%），盐下天然气 CH_4 含量为 7.10%~96.87%，平均为 74.16%，干燥系数为 0.804~1.000。总体上，盐下气较盐上气非烃含量高，样品各组分含量变化也更大。造成这种现象的原因有两个方面：一是盐下气井中有些为低产井，可能由于烃源岩生烃动力小，未将储层中原始空气排净，导致剩余 N_2、CO_2 含量高；二是盐下样品与膏盐岩层接触，烃类与膏盐岩发生 TSR 反应造成 H_2S、CO_2 含量高。

（二）碳同位素特征对比

由表 8-9 可知，鄂尔多斯盆地奥陶系盐下天然气 $\delta^{13}C_1$ 为 -45.9‰~-35.1‰，$\delta^{13}C_2$ 整体较轻，除个别样品（靳探 1 井、桃 38 井、龙探 1 井）重于 -28‰外，其他 $\delta^{13}C_2$ 均为 -35.6‰~-29.1‰，对于 $\delta^{13}C_2$ 较重的样品成因后文会详细说明；盐上样品 $\delta^{13}C_1$ 为 -39.0‰~-30.9‰，$\delta^{13}C_2$ 绝大多数为 -28.0‰~-22.6‰，显示以煤成气来源为主的特征，但也有特殊，即靳探 1 井、桃 39 井、统 51 井、双 118 井均表现出 $\delta^{13}C_2 < -28‰$ 的特征，结合前人研究成果，这类 $\delta^{13}C_2$ 较轻的气主要是由上古生界石炭系—二叠系海相灰岩形成的油型气与煤成气混合造成的（Dai 等，2005）。

Liu 等（2009）曾对鄂尔多斯盆地上、下古生界天然气 $\delta^{13}C_1$、$\delta^{13}C_2$ 进行对比，结果表明 $\delta^{13}C_2$ 分得较开（下古生界 $\delta^{13}C_2$ 较轻，上古生界 $\delta^{13}C_2$ 较重）而 $\delta^{13}C_1$ 则重叠严重，将表 8-9 下古生界盐下样品与盐上样品做类似的碳同位素特征对比发现，盐上与盐下样品 $\delta^{13}C_1$ 分得较开，$\delta^{13}C_2$ 则有部分重叠（图 8-34）。而将盐下样品与上古生界样品对比，则发现 $\delta^{13}C_1$、$\delta^{13}C_2$ 均能较好分开而未见重叠（图 8-34），这表明盐下天然气与下古生界风化壳、上古生界气成因不同，下古生界风化壳天然气 $\delta^{13}C_2$ 较轻，但 $\delta^{13}C_1$ 与上古生界类似。而盐下气 $\delta^{13}C_1$、$\delta^{13}C_2$ 均轻于上古生界气，显示油型气特征。

从盐下天然气碳同位素系列 $\delta^{13}C_n$—$1/C_n$ 关系图来看，绝大多数天然气样品都呈现出近似线状的正碳同位素系列分布特征（图 8-35），反映盐下天然气主体为单源单期原生气特征（Chung 等，1988），未经历油型气与煤成气的混合作用。

从单井同位素对比来看，以桃 37 井为例（表 8-9），其下古生界风化壳 3429m 处的马五$_4^1$ 储层产气 $\delta^{13}C_1$ 为 -35.8‰，$\delta^{13}C_2$ 为 -28.0‰；而下古生界盐下 3624m 处的马五$_{10}$ 储层产气 $\delta^{13}C_1$ 为 -38.2‰，$\delta^{13}C_2$ 为 -30.7‰。盐下天然气 $\delta^{13}C_1$、$\delta^{13}C_2$ 均较风化壳气轻，表明二者来源不同。由图 8-36 可知马五$_{10}$ 与马五$_4^1$ 储层之间以厚度为 100m 的膏盐岩层相隔，盐下储层距风化壳储层垂直距离超过 200m，因此上古生界煤成气无法通过如此厚的膏岩层经过如此远距离运移到盐下储层，盐下典型的油型气应该是下古生界烃源岩自生自储气。

表 8-9 鄂尔多斯盆地中东部古生界天然气碳同位素特征

井号	层位	井深(m)	天然气主要组分(%) CH₄	C_2H_6	C_3H_8	iC_4H_{10}	nC_4H_{10}	C_{5+}	N_2	CO_2	H_2S	$C_1/(C_1-C_5)$	$\delta^{13}C$(‰, VPDB) CH_4	C_2H_6	C_3H_8	iC_4H_{10}	nC_4H_{10}	iC_5H_{12}	nC_5H_{12}	数据来源
桃16	马五₇₊₈₊₉	3776	7.10	0.07	0.01	0.00	0.00	0.01	91.94	0.87	—	0.987	−37.0	−30.0	−26.5	—	—	—	—	
桃36	马三	3586	82.24	0.04	0.00	0.00	0.00	0.00	6.22	11.49	—	0.999	−37.3	−33.0	−25.8	—	—	—	—	
桃37	马五₁₀	3624	88.05	0.08	0.01	0.01	0.01	0.01	5.67	6.17	—	0.999	−38.2	−30.7	−20.0	−17.4	−20.8	—	—	
桃38	马五₃	3411	93.61	0.68	0.12	0.01	0.01	0.02	1.74	3.80	—	0.991	−35.3	−30.3	−28.5	−21.6	−23.9	—	—	
靳探1	马五₇、马五₉	3655	72.06	0.00	0.00	0.00	0.00	0.00	2.15	2.21	23.58	1.000	−36.0	−23.1	—	—	—	—	—	
桃39	马五₆	3622	47.17	0.09	0.02	0.01	0.01	0.01	18.99	33.72	—	0.997	−38.1	−31.1	−21.9	—	—	—	—	
桃39	马五₈	3687	32.30	0.02	0.01	0.00	0.00	0.00	35.98	31.68	—	0.999	−35.7	—	—	—	—	—	—	
桃45	马五₆	3718	73.87	0.34	0.31	0.06	0.15	0.25	21.37	3.66	10.01	0.985	−39.1	−35.6	−26.6	−22.9	−24.7	—	—	本书
桃38	马五₇、马五₉		87.45	0.02	—	—	—	0.00	1.44	0.45	—	1.000	−35.8	−26.5	—	—	—	—	—	
统74	马五₇	3578	89.77	0.77	0.12	0.04	0.02	0.03	8.42	0.83	—	0.989	−39.5	−29.9	−21.7	−15.1	−20.2	—	—	
双97	马五₆₊₇	2266	70.85	7.31	3.30	0.82	0.81	0.29	6.85	9.77	—	0.850	−45.9	−31.1	−28.5	−30.1	−27.5	—	—	
双97	马四₄₊₅	2214	65.77	6.74	3.30	0.78	0.82	0.30	10.06	12.23	—	0.846	−45.8	−31.9	−29.5	−30.9	−28.0	−29.7	−27.6	
双99	马五₅	2103	81.17	7.94	3.85	0.93	1.10	0.51	3.32	1.17	—	0.850	−43.5	−31.4	−28.9	−30.2	−28.2	−29.8	−27.7	
鄂1	马二		80.38	11.62	4.12	2.09	0.94	0.84	0	0	—	0.804	−40.1	−32.7	—	—	—	—	—	Cai 等，2005
盐下 宜24	马家沟		88.06	7.41	2.23	0.73	0.67	0.90	0	0	—	0.881	−39.9	−29.1	−21.7	—	—	—	—	
龙探1	马五₇	2832	96.87	1.80	0.45	0.09	0.04	0.02	0.67	0.07	—	0.976	−39.3	−23.8	−19.7	−19.3	−20.5	−22.0	−22.5	本书
米17	马五	2762	96.37	1.88	0.25	0.07	0.56	0.11	0.35	1.03	—	0.971	−35.1	−30.3	−26.5	—	—	—	—	杨华等, 2009

续表

井号	层位	井深(m)	天然气主要组分(%)									$C_1/(C_1-C_5)$	$\delta^{13}C(‰, VPDB)$							数据来源
			CH_4	C_2H_6	C_3H_8	iC_4H_{10}	nC_4H_{10}	C_{5+}	N_2	CO_2	H_2S		CH_4	C_2H_6	C_3H_8	iC_4H_{10}	nC_4H_{10}	iC_5H_{12}	nC_5H_{12}	
桃16	盒8	3451	93.09	3.44	0.58	0.08	0.09	0.10	2.14	0.49	—	0.956	−30.9	−24.1	−26.0	−23.1	−24.8	—	—	本书
桃36	马五$_1$	3227	92.43	0.78	0.14	0.04	0.02	0.06	2.72	3.81	—	0.989	−34.5	−24.7	−24.5	−20.0	−20.1	−19.9	—	
桃37	马五$_4^1$	3429	95.05	0.38	0.03	0.01	0.01	0.01	0.95	3.57	—	0.995	−35.8	−28.0	−25.6	−20.3	−22.1	−20.2	−20.9	
桃38	山2	3328	92.82	3.05	0.56	0.12	0.10	0.13	1.58	1.65	—	0.959	—	—	—	—	—	—	—	
靳探1	马五$_1^3$	3438	51.66	0.42	0.10	0.01	0.01	0.00	47.80	0.00	—	0.990	−33.9	−32.2	−28.8	—	—	—	—	
桃39	山1,山2	3376	83.90	0.53	0.07	0.01	0.01	0.01	15.09	0.40	—	0.993	−33.8	−22.6	—	—	—	—	—	
桃39	马五$_3^1$、马五$_2^2$	3490	89.56	0.68	0.12	0.01	0.01	0.07	3.44	6.11	—	0.990	−34.4	−33.0	−30.2	—	—	—	—	
统75	盒8、马五$_7$	—	—	—	—	—	—	—	—	—	—	—	−32.4	−22.6	−22.4	−21.4	−21.8	—	—	
统51	山2—山3	2900	86.00	2.57	0.52	0.08	0.09	0.03	9.17	1.55	—	0.963	−34.0	−29.5	−23.0	−22.2	−22.4	—	—	
统52	马五$_4^3$、马五$_5$	3037	91.35	1.23	0.21	0.06	0.05	0.07	4.30	2.74	—	0.983	−39.0	−24.4	−23.2	−22.8	−21.9	−21.8	−21.0	
统52	马五$_{1+2+3}$	2967	94.04	1.29	0.29	0.04	0.07	0.11	2.33	1.82	—	0.981	−35.9	−27.4	−28.4	−24.0	−26.1	−24.3	−23.3	
双118	马五$_{1+2}$	2565	95.04	1.56	0.18	0.03	0.03	0.09	0.33	2.74	—	0.980	−35.5	−32.4	−30.0	−23.0	−25.3	−22.6	−22.4	
米17	盒4	2344	97.48	1.62	0.17	0.03	0.03	0.01	0.40	0.27	—	0.981	−34.9	−25.8	−23.2	−20.6	−21.9	−21.0	−19.7	杨华等,2011
米17	盒8	2542	93.01	4.40	0.86	0.18	0.15	0.03	0.94	0.43	—	0.943	−34.1	−23.8	−22.4	−20.9	−21.6	−21.8	−21.8	

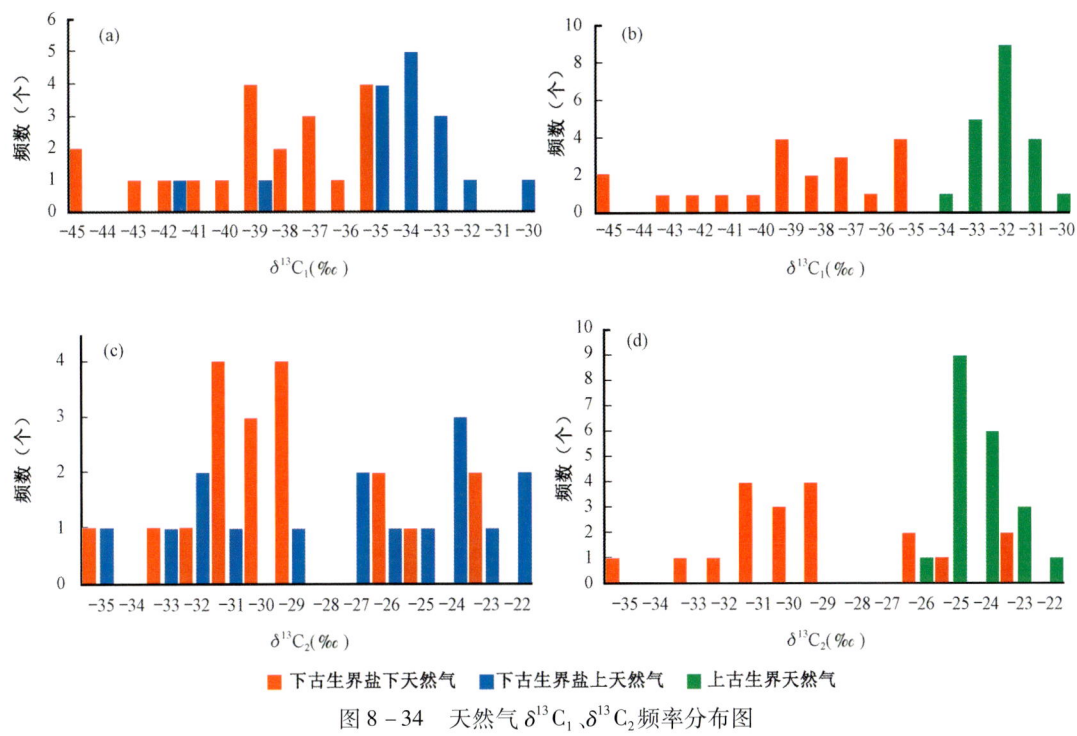

图 8-34 天然气 $\delta^{13}C_1$、$\delta^{13}C_2$ 频率分布图

下古生界盐下与盐上(a)、盐下与上古生界(b)天然气 $\delta^{13}C_1$ 分布频图；
下古生界盐下与盐上(c)、盐下与上古生界(d)天然气 $\delta^{13}C_2$ 频率分布图

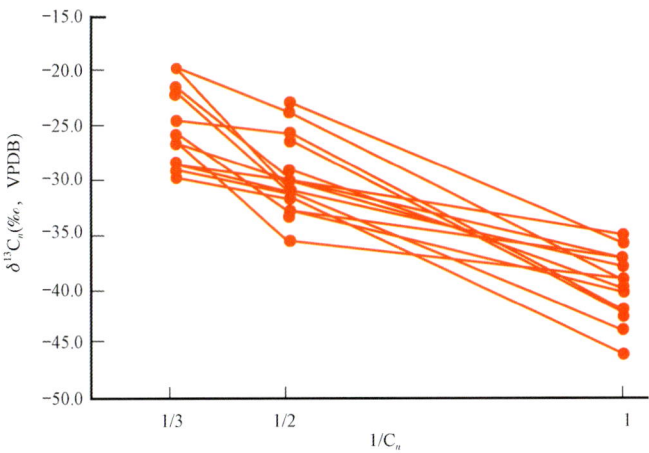

图 8-35 鄂尔多斯盆地下古生界盐下天然气 $\delta^{13}C_n$—$1/C_n$ 关系图

盐上、盐下天然气碳同位素对比表明,盐下天然气 $\delta^{13}C_1$、$\delta^{13}C_2$ 均较轻,显示自生自储的油型气特征。以下通过盐下包裹体中气体和下古生界烃源岩模拟气特征辅助研究下古生界自生自储气的特征。

表 8-10 是鄂尔多斯盆地下古生界盐下包裹体中气体的地球化学特征,其中龙探 1 井重烃含量高,反映下古生界自生的原油伴生气特征；榆 9 井 CH_4 含量高,为下古生界烃源岩在高

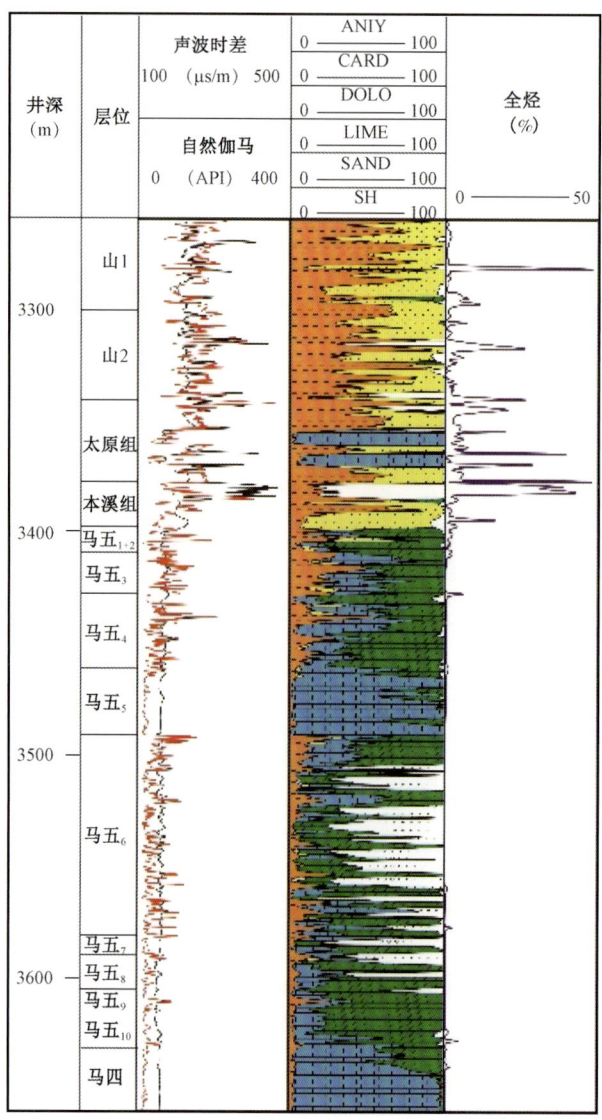

图 8-36 桃 37 井地球化学气测图

成熟阶段生成的原油裂解气的特征。从其同位素特征看，二者均具有 $\delta^{13}C_1 < -35‰$、$\delta^{13}C_2 < -28‰$ 的共同特征，与盐下井口气特征一致。

表 8-10 鄂尔多斯盆地下古生界盐下包裹体中的气体地球化学特征（米敬奎等，2012）

井号	层位	井深(m)	天然气主要组分(%)							$\delta^{13}C$(‰, VPDB)	
			CH_4	C_2H_6	C_3H_8	iC_4H_{10}	nC_4H_{10}	iC_5H_{12}	nC_5H_{12}	CH_4	C_2H_6
龙探1	马五$_7$	2990	74.51	11.60	8.75	1.83	1.83	3.15	0.67	-39.5	-35.5
榆9	马五	2312	99.14	0.80	0.04	0.01	0.01	0.00	0.00	-38.7	-28.0

(三) 盐下天然气成因讨论

从以上天然气组分、碳同位素分析,鄂尔多斯盆地奥陶系盐下天然气应为来自下古生界自生自储的油型气,但盐下天然气是干酪根初次裂解气还是原油二次裂解气?是否经历了次生作用?下面对这些问题进行具体讨论。

在图 8-37a 上,可见在低成熟阶段[$C_1/(C_1—C_5) < 0.95$],$\delta^{13}C_1$ 随成熟度增大变重幅度较大,而在高成熟阶段,$\delta^{13}C_1$ 则随成熟度变化小。无论盐上天然气还是盐下天然气,$\delta^{13}C_1$ 与干燥系数[$C_1/(C_1—C_5)$]的关系都基本符合热演化规律,且在高成熟阶段盐上天然气和盐下天然气在 $\delta^{13}C_1 = -35‰$ 处存在界限,该界限可将下古生界自生自储气与混合气区分开。

在图 8-37b 上,则可见无论是盐上天然气还是盐下天然气 $\delta^{13}C_2$ 分布范围均较大且在 $C_1/(C_1—C_5) > 0.95$ 阶段存在重叠。盐上样品在高成熟阶段随成熟度有大幅变轻趋势,这一趋势与过成熟阶段页岩气演化趋势类似(Xia 等,2013;Tilley 等,2013),这可能由于上古生界煤系烃源岩在高成熟—过成熟阶段生成的湿气二次裂解气与干酪根初次裂解气混合造成,也可能由于不同来源、不同成熟度气的混合,在此不过多讨论。盐下天然气 $\delta^{13}C_2$ 随成熟度变化不大,但在 $C_1/(C_1—C_5) > 0.95$ 时也因为有 3 个样品 $\delta^{13}C_2$ 重于 $-29‰$ 而使得分布范围较大。这 3 个样品即前文碳同位素对比中提到的靖探 1 井、桃 38 井、龙探 1 井。对于盐下 $\delta^{13}C_2$ 较重的样品,杨华等(2009)曾指出,鄂尔多斯盆地西部膏盐岩下马五$_7$—马五$_{10}$亚段与上古生界煤系直接接触,燕山运动造成的东高西低构造格局使得上古生界煤成气侧向运移到盐下白云岩储层,从而盆地西部 $\delta^{13}C_2$ 较重样品来自上古生界煤成气侧向运移。赵靖舟(2015)的研究结果也表明盆地西北部奥陶系气源岩主要为上古生界煤系。然而此次的样品主要来自盆地中东部,且这几个样品 $\delta^{13}C_1$ 相较煤成气较轻,为 $-39.3‰ \sim -35.8‰$,因此更可能是下古生界自生气。综合这 3 个特殊样品地化特征,认为其较重的 $\delta^{13}C_2$ 是由 TSR 反应造成,原因如下:①这 3 个样品组分含量中均有较高含量的 H_2S(表 8-9),龙探 1 井组分中不含 H_2S 是由于测试中未进行该组分测定造成的,在以往研究中已证实龙探 1 井盐下天然气曾经历过 TSR 反应(杨华等,2009);②这 3 个样品与其他样品相比干燥系数极高,有两个甚至达到 1.000(图 8-37b)。TSR 反应的原理是 $CaSO_4$ 与烃类反应生成 H_2S 和 CO_2,由于反应过程中优先消耗重烃,且 ^{12}C 更易参与反应,因而导致剩余的天然气变干,且 $\delta^{13}C_2$ 变重(Tilley 等,2013)。而这些正是本节中 3 个样品具有的特征。

总之,高成熟阶段天然气 $\delta^{13}C_2$ 受成熟度影响大,且受 TSR 次生改造明显,造成盐上、盐下天然气 $\delta^{13}C_2$ 的重叠,而 $\delta^{13}C_1$ 在高成熟阶段则受成熟度影响小,且在气组分中占比例大,因此在鄂尔多斯盆地下古生界气源岩判别、混源比例计算时,以 $\delta^{13}C_1$ 作为标准相对来说比较准确。

Prinzhofer(1995)基于 Berhar(1991)模拟实验结果,结合 Angola 干酪根初次裂解气和 Kansas 二次裂解气 $\delta^{13}C_2$-$\delta^{13}C_3$ 与 lnC_2/C_3 特征,提出鉴别初次裂解气与二次裂解气的图版。Zeng(2013)应用不同成熟演化阶段的页岩气数据(Zumberge 等,2012)投点到 $\delta^{13}C_2$-$\delta^{13}C_3$—lnC_2/C_3 图版上,可明显分为两个阶段(图 8-37c)。将此次样品投到图中,发现样品均落在干酪根初次裂解气趋势线上。除此之外,在鉴别二次裂解气的 $1000ln\alpha_{C_2-C_1}$—iC_4/nC_4 图上盐下气也未表现出 iC_4/nC_4 应有的演化趋势(Zumberge 等,2012)。

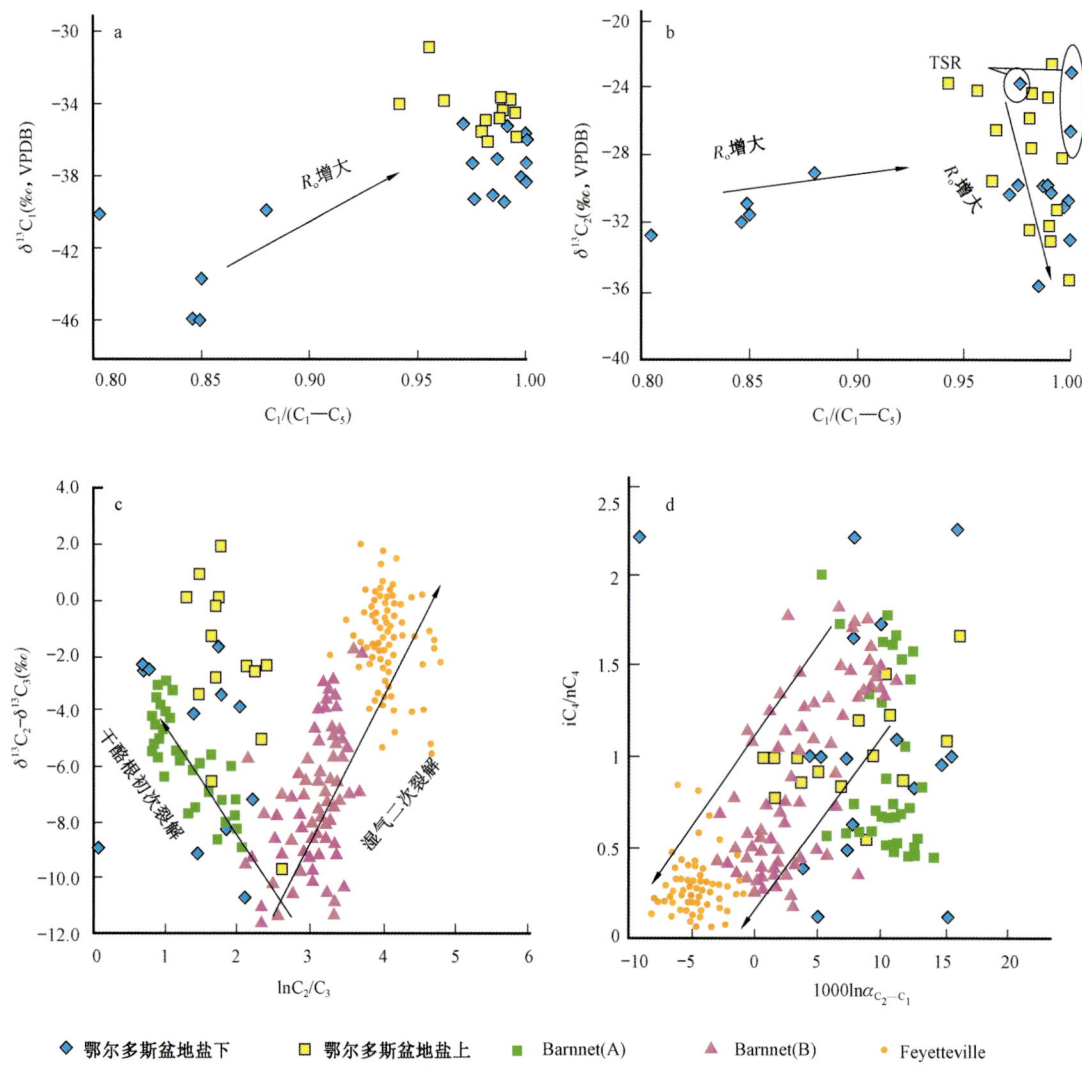

图 8-37 鄂尔多斯盆地下古生界天然气成因鉴别图

总之,下古生界原生的天然气具有油型气特点:$\delta^{13}C_1 < -35‰$,$\delta^{13}C_2 < -28‰$。高成熟阶段 $\delta^{13}C_2$ 受成熟度、TSR 等次生改造影响较大,$\delta^{13}C_1$ 则受成熟度影响小,同时高成熟阶段 CH_4 含量相对高,因此在鄂尔多斯盆地下古生界天然气成因鉴别及混源比例计算时,应以 $\delta^{13}C_1$ 为主。

第九章 四川盆地天然气轻烃地球化学特征及应用

第一节 震旦系—寒武系天然气轻烃组成特征及应用

四川盆地自 1964 年发现威远震旦系大气田后,相继在龙女寺构造女基井、安平店构造安平 1 井、资阳古圈闭资 1 井—资 7 井、高石梯构造高科 1 井等的震旦系获工业气流或低产气流。对这些天然气的来源存在不同的认识,主流观点认为震旦系天然气来源于下寒武统筇竹寺组页岩(黄籍中等,1993;戴金星,2003),但也有一些不同的认识,如认为震旦系天然气是自生自储气(徐永昌等,1989)、震旦系与寒武系的混源气(陈文正,1992)、水溶脱气(王兰生等,1997;戴金星,2003)及深部无机成因气(王先彬,1982;张子枢,1992)等。2011年,高石梯构造高石 1 井在震旦系灯影组二段获得日产 $102 \times 10^4 m^3$ 的高产工业气流后,发现高石 1 井震旦系天然气特征与之前有较大差别。随着高石梯—磨溪地区(简称高磨地区,下同)勘探的不断深入,探明了中国迄今为止单个气藏规模最大的整装特大型碳酸盐岩气田(即安岳气田,探明天然气地质储量 $4404 \times 10^8 m^3$,震旦系—寒武系三级储量规模超过万亿立方米)(杜金虎等,2014)(图 9-1)。大量新钻探井的天然气数据揭示了该区震旦系灯影组天然气与寒武系龙王庙组天然气,以及与威远—资阳地区天然气存在一些差异(魏国齐等,2014)。针对高磨地区新钻井资料所揭示的新问题,以大量第一手分析测试资料为依据,从天然气组成、碳氢同位素、轻烃组成等多种参数入手,全面、系统地论证高磨地区震旦系、寒武系天然气地球化学特征及其差异产生的原因,为四川盆地震旦系—寒武系天然气拓展勘探提供地质依据。

一、天然气藏形成的地质条件

高磨地区位于四川盆地中部,构造上隶属于继承性发育的川中古隆起核部。川中古隆起在上震旦统灯影组沉积期已具雏形,发育高石梯—磨溪、威远—资阳两个古地貌高地(杜金虎等,2014),震旦纪时期,四川盆地及周缘发育碳酸盐镶边台地,寒武纪龙王庙期则发育碳酸盐缓坡型台地(邹才能等,2014),以高能环境藻丘和颗粒滩相沉积为特征,形成了震旦系灯影组(灯四段、灯二段)、寒武系(龙王庙组)等多套裂缝—孔隙(孔洞)型、孔隙型优质储层,龙王庙组、灯四段、灯二段储层平均孔隙度分别为 4.28%、3.22% 和 3.35%,平均渗透率分别为 0.966mD、0.593mD 和 1.163mD。两高地之间为台内裂陷,该裂陷自灯影期—早寒武世筇竹寺期继承性发育,台内裂陷内沉积了厚度较大的下寒武统麦地坪组和筇竹寺组,麦地坪组和筇竹寺组烃源岩厚度分别为 50~100m 和 200~450m,台内裂陷为下寒武统优质烃源岩发育的中心,裂陷内烃源岩生成的油气可沿侧向运移至裂陷两侧的有利储集空

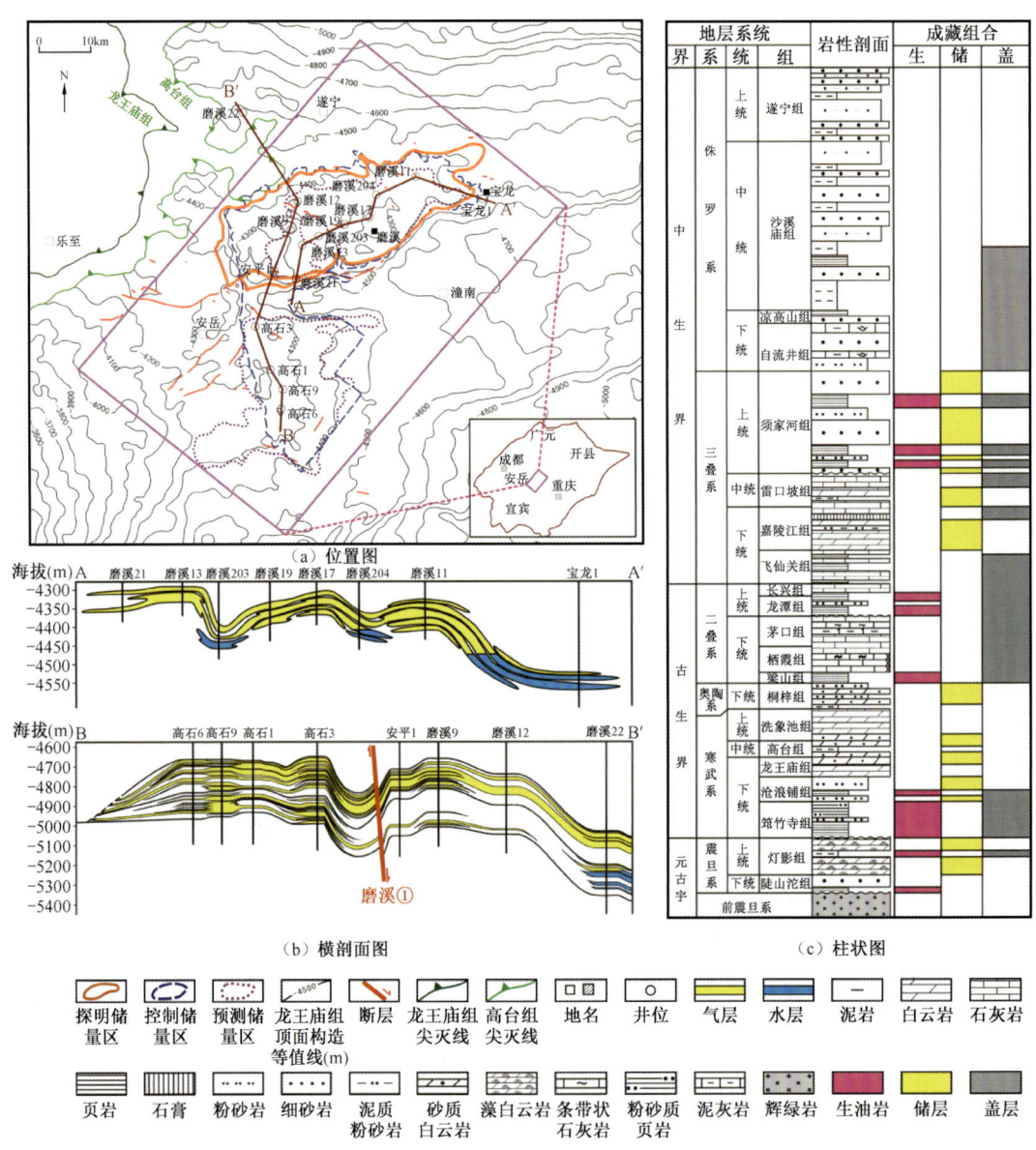

图 9-1 四川盆地安岳气田震旦系—寒武系气藏综合图

间中聚集成藏。除台内裂陷范围外,四川盆地及周缘的广大区域也发育下寒武统筇竹寺组页岩、震旦系灯影组灯三段泥岩、陡山沱组泥岩及灯影组泥质碳酸盐岩等烃源岩(表9-1)。总体上,震旦系—寒武系烃源岩有机质丰度高、有机质类型为腐泥型和腐殖型—腐泥型,处于高成熟—过成熟阶段。下寒武统筇竹寺组页岩是灯影组气藏的重要盖层,而寒武系龙王庙组气藏之上的寒武系高台组—洗象池组致密碳酸盐岩、二叠系—三叠系泥岩、砂岩、碳酸盐岩及膏盐层是高磨地区震旦系—寒武系气藏重要的区域性盖层,尤其是二叠系—中下三叠统的超压(压力系数大于1.60)对下伏龙王庙组超压气藏的保存起到非常重要的作用。

表9-1 四川盆地震旦系—寒武系烃源岩地球化学参数表

系	组	岩性	厚度(m)	TOC(%)	$\delta^{13}C_{干酪根}$(‰,VPDB)	等效R_o(%)
寒武系	筇竹寺组+麦地坪组	页岩	100~500	0.50~8.49/1.95(405)*	-36.4~-30.0/-32.8(60)	1.84~2.42
震旦系	灯影组三段	泥岩	5~30	0.50~4.73/1.19(62)	-34.5~-29.0/-31.9(16)	3.16~3.21
	灯影组	碳酸盐岩	100~400	0.20~3.67/0.61(415)	-33.7~-23.8/-27.8(73)	1.97~3.46
	陡山沱组	泥岩	10~30	0.56~14.17/2.91(95)	-32.8~-28.8/-30.7(23)	2.08~3.82

* 最小值~最大值/平均值(样品数)。

二、天然气组成特征及成因

四川盆地高磨地区震旦系灯影组、寒武系龙王庙组天然气组成总体上以烃类气体为主。大部分气体甲烷含量大于85%,乙烷含量小于0.30%(图9-2a),偶有痕量丙烷,天然气干燥系数大于0.996(图9-2b),呈现出高温演化的特征,是典型的干气。非烃类气体主要包括N_2、CO_2、H_2S及少量He,以N_2和CO_2为主。其中N_2含量以小于5.0%为主,CO_2含量小于9.0%为主(图9-2c),H_2S含量主要小于35g/m^3,按SY/T 6168—2009气藏分类标准属于中—低含H_2S气藏,He含量以小于0.10%为主(图9-2d)。

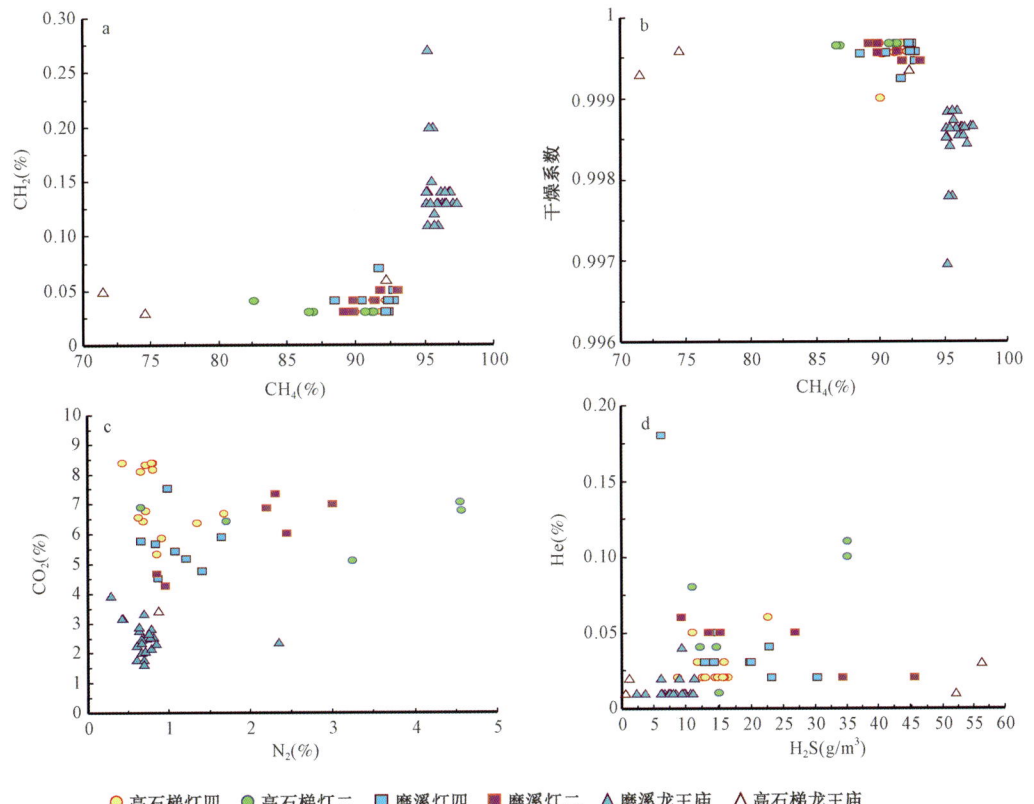

图9-2 四川盆地高磨地区震旦系、寒武系天然气组成含量相关图

尽管灯影组与龙王庙组天然气组成大体相似，但前者比后者具有"两低四高"的细微差异（魏国齐等，2015），主要表现在：

(1) 甲烷含量低。灯影组、龙王庙组天然气甲烷含量分别为 86.62%~93.13% 和 95.15%~97.35%，这种细微差别主要是因为灯影组含有相对较高的 N_2、CO_2 及 H_2S 等非烃气体，因此甲烷含量相对较低。如高石 6 井龙王庙组，H_2S 含量为 61.11g/m³，CH_4 含量为 92.25%；高石 23 井龙王庙组，CO_2 含量为 19.58%，H_2S 含量为 56.36g/m³，CH_4 含量仅为 74.59%；磨溪 27 井龙王庙组，CO_2 含量为 21.65%，H_2S 含量为 52.15g/m³，CH_4 含量仅为 71.46%。

(2) 乙烷含量低。灯影组天然气乙烷含量主要分布在 0.03%~0.07%，磨溪龙王庙组主要分布在 0.11%~0.27%，高石梯龙王庙组主要分布在 0.03%~0.06%。

(3) 天然气干燥系数 $[C_1/(C_1—C_4)]$ 高。灯影组干燥系数为 0.9990~0.9997，龙王庙组主要为 0.9970~0.9988。灯影组、龙王庙组天然气乙烷含量和干燥系数的差异均与灯影组成熟度略高于龙王庙组有关。

(4) N_2 含量高。灯影组天然气 N_2 含量为 0.44%~4.56%，主要为 0.44%~3.25%，龙王庙组天然气主要为 0.28%~0.85%，个别达 2.35%，总体表现出随储层时代变老，N_2 含量略有增高的趋势（图 9-2c）。一般认为，N_2 含量高与泥质烃源岩在高成熟—过成熟阶段生成天然气有关。不同层段 N_2 含量的微小差异可能与天然气的成熟度不同有关。

值得注意的是，尽管灯影组天然气 CO_2 含量高于龙王庙组天然气，但不能作为成因判识的指标，因为这种情况更多的是与测试过程中的酸化作业有关，如高石 1 井灯影组 5130.0~5153.0m、5182.5~5196.0m 测试井段天然气的分析结果中，随取样时间距离酸化作业后时间的延长，分析结果中 CO_2 含量有明显降低的趋势（表 9-2）。从表 9-2 可见，CO_2 含量由第一个样品的 14.66% 下降至第四、第五个样品的 8.16%~8.36% 左右，由此推测，高石 1 井灯二段 5300~5390m 天然气中 CO_2 含量 14.19% 也是偏高的。实际上，灯二段 5300~5390m 和 5130~5196m 天然气中 $\delta^{13}C_{CO_2}$ 值分别为 0.18‰ 和 -2.15‰~0.36‰，从另一侧面证实天然气中较高 CO_2 含量主要来源于酸化作业中的酸与储层中碳酸盐岩的无机化学反应。

表 9-2 高石 1 井灯影组天然气中 CO_2 含量及碳同位素数据表

层位	测试井段(m)	取样时间	CO_2(%)	$\delta^{13}C_{CO_2}$(‰, VPDB)
灯四上亚段	4956.5~5073.0	2011-11-12 10:20	6.35	—
		2011-07-29 17:00	14.66	0.36
		2011-07-30 11:15	11.06	-0.13
灯四下亚段	5130.0~5153.0 5182.5~5196.0	2011-07-30 15:50	9.86	-0.17
		2011-08-01 10:00	8.16	-1.92
		2011-08-01 13:30	8.36	-2.15
灯二段	5300.0~5390.0	2011-07-12	14.19	0.18

(5) H_2S 含量高。灯影组天然气 H_2S 含量主要为 8.83~35.13g/m³，个别井如磨溪 9 井达到 45.7g/m³；龙王庙组主要为 2.38~12.7g/m³，但高石 6 井、高石 23 井和磨溪 27 井则分别为

61.11g/m³、56.36g/m³ 和 52.15g/m³。关于碳酸盐岩地层中硫化氢的成因存在不同的观点,有学者认为是地层中石膏与烃类反应的结果(王一刚等,2002;C. F. Cai 等,2004;朱光有等,2005),谢增业等(2008)曾通过多系列的模拟实验及大量的镜下检测,认为地层中富集的黄铁矿等硫化物与烃类的反应是高石梯—磨溪地区 H_2S 形成的主要原因。主要依据有3点:一是石膏与烃类可以发生反应生成少量硫化氢,但反应比较困难,相比之下,黄铁矿与烃类反应较容易,且硫化氢生成量大;二是灯影组、龙王庙组储层中普遍含有较多黄铁矿,含量一般为0.2%~2.5%,硫化氢含量高值区,黄铁矿含量相应也高,如磨溪9井灯影组二段5423~5459m 天然气中硫化氢含量为45.7g/m³,在5449.1m 储层中检测到黄铁矿含量为5.0%(图9-3a);三是硫化氢含量有随埋深增大而增高的趋势(图9-3b),这可能与地层温度增高有利于黄铁矿等硫化物与烃类反应有关。

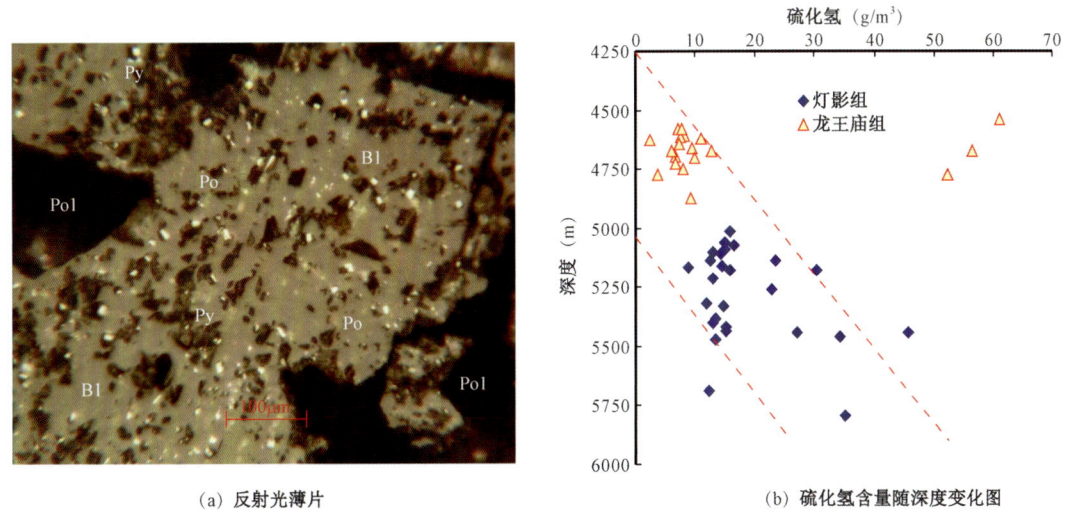

(a) 反射光薄片　　　　　　　　　　(b) 硫化氢含量随深度变化图

图9-3　高磨地区储层黄铁矿富集状态及天然气中硫化氢含量随深度变化图
Bl—沥青;Py—黄铁矿;Pol—白云岩中的溶蚀孔隙;Po—沥青裂解成气后形成的孔隙

(6)He 含量高。灯影组天然气中 He 含量主要为0.02%~0.11%,龙王庙组主要为0.01%~0.02%。魏国齐等(2014)曾利用稀有气体制样系统及同位素质谱仪进行高磨地区灯影组、龙王庙组天然气样品中稀有气体全组分含量及同位素分析。分析结果表明,天然气中 He 含量由震旦系灯二段、灯四段至寒武系龙王庙组逐渐降低,$^3He/^4He$ 值总体为 10^{-8} 量级,且 $0.01 < R/Ra < 0.10$,表明 He 为典型壳源成因,主要来自壳源放射元素 U、Th 衰变,但随储层时代由新变老,天然气 He 含量有增高趋势的原因有待进一步探索。

三、天然气碳、氢同位素组成特征及成因

高磨地区灯影组、龙王庙组典型井天然气碳、氢同位素分析结果如表9-3所示。由表9-3可见,灯影组、龙王庙组天然气同位素的差异主要体现在 $\delta^{13}C_2$ 值、$\delta^2H_{C_1}$ 值方面,即灯影组天然气 $\delta^{13}C_2$ 值相对较重,$\delta^2H_{C_1}$ 值相对较轻。

表 9-3 高磨地区典型井天然气组分、同位素等特征数据表

井号	层位	天然气主要组分						$\delta^{13}C$ (‰, VPDB)		δ^2H (‰, VSMOW)
		CH_4 (%)	C_2H_6 (%)	N_2 (%)	CO_2 (%)	He (%)	H_2S (g/cm³)	CH_4	C_2H_6	CH_4
高石1	灯四上亚段	91.22	0.04	1.36	6.35	0.03	15.90	-32.3	-28.1	-137
	灯四下亚段	90.11	0.04	0.44	8.36	0.02	14.53	-32.7	-28.4	-135
	灯二段	82.65	0.04	2.12	14.19	0.04	14.70	-32.3	-27.8	-137
高石2	灯四上亚段	92.14	0.04	0.70	6.42	0.02	16.43	-33.1	-27.6	-139
高石3	灯四段	90.19	0.04	0.73	8.30	0.06	22.73	-33.1	-28.1	-138
	灯二段	86.62	0.03	4.56	7.05	0.11	35.13	-32.6	-28	-149
高石6	灯四上亚段	90.12	0.04	0.81	8.36	0.02	14.91	-33.0	-27.8	-139
	灯四下亚段	90.29	0.04	0.80	8.38	0.02	13.07	-32.9	-28.6	-139
	灯四段—灯二段	94.61	0.04	0.93	4.14	0.02	13.53	-32.8	-29.1	-140
高石8	灯四上亚段	92.49	0.03	0.92	5.85	0.02	8.83	-32.8	-27.7	-144
	灯四下亚段	91.49	0.04	0.73	6.75	0.02	12.97	-33.2	-28.8	-136
高石9	灯四上亚段	89.63	0.03	0.67	8.09	0.02	12.63	-33.5	-28.1	-142
	灯四下亚段	91.71	0.04	0.63	6.55	0.03	11.84	-33.5	-27.7	-136
	灯二段	91.21	0.03	1.72	6.41	0.04	12.26	-33.6	-27.3	-146
高石10	灯四段	90.04	0.03	0.81	8.15	0.02	15.92	-33.4	-28.2	-144
	灯二段	91.37	0.03	0.67	6.88	0.01	15.12	-33.4	-27.6	-142
磨溪8	龙王庙组上亚段	96.80	0.14	0.60	2.26	0.01	9.64	-32.4	-32.3	-133
	龙王庙组下亚段	96.85	0.14	0.60	1.78	0.01	10.03	-33.1	-33.6	-134
	灯四段	91.40	0.04	1.65	5.87	0.05	14.93	-32.8	-28.3	-147
	灯二段	91.42	0.04	2.46	6.01	0.05	15.25	-32.3	-27.5	-147
磨溪9	龙王庙组	95.16	0.13	2.35	2.35	0.01	7.22	-32.8	-32.8	-134
	灯二段	91.82	0.05	0.96	4.24	0.02	45.70	-33.5	-28.8	-141
磨溪10	龙王庙组	97.35	0.13	0.69	1.80	0.02	6.05	-32.1	-33.6	-134
	灯二段	93.13	0.05	0.86	4.64	0.02	34.30	-33.9	-27.8	-139
磨溪11	龙王庙组上亚段	97.09	0.13	0.67	2.04	0.01	6.64	-32.5	-32.4	-133
	龙王庙组下亚段	97.12	0.13	0.65	1.69	0.01	6.70	-32.6	-32.5	-132
	灯四上段	92.75	0.05	0.88	4.49	0.02	30.30	-33.9	-27.6	-138
	灯二段	89.87	0.03	2.32	7.32	0.05	13.53	-32.0	-26.8	-150
磨溪12	龙王庙组	95.98	0.13	0.72	2.53	0.01	8.33	-33.4	-33.4	-134
	灯四段	92.76	0.04	0.66	5.77	0.02	23.34	-33.1	-29.3	-137
磨溪13	龙王庙组	95.44	0.13	0.70	1.65	0.01	7.61	-32.7	-33.0	-127
	灯四段	90.47	0.04	1.00	7.52	0.03	13.07	-32.9	-29.5	-141

续表

井号	层位	天然气主要组分						$\delta^{13}C$ (‰, VPDB)		δ^2H (‰, VSMOW)
		CH_4 (%)	C_2H_6 (%)	N_2 (%)	CO_2 (%)	He (%)	H_2S (g/cm³)	CH_4	C_2H_6	CH_4
磨溪16	龙王庙组	96.16	0.14	0.82	2.55	0.01	3.68	−32.5	−32.7	−134
磨溪17	龙王庙组	95.24	0.14	0.78	2.16	0.01	7.44	−32.7	−34.1	−138
	灯四段	92.45	0.03	1.09	5.42	0.03	14.37	−33.5	−28.9	−142
	灯二段	89.88	0.04	2.21	6.85	0.05	27.02	−33.3	−27.5	−146
磨溪21	龙王庙组	95.21	0.27	0.28	3.93	0.01	2.38	−33.5	−34.9	−132
磨溪201	龙王庙组	95.91	0.13	0.78	2.83	0.01	7.72	−33.1	−33.0	−133
磨溪202	龙王庙组	95.48	0.15	0.63	2.89	0.01	12.7	−34.7	−35.3	−132
磨溪204	龙王庙组	96.63	0.13	0.71	2.06	0.01	6.06	−32.6	−32.4	−134
磨溪205	龙王庙组	95.3	0.20	0.42	3.18	0.01	11.04	−33.2	−34.8	−132
磨溪008-H1	龙王庙组	95.15	0.14	0.70	3.34	0.01	7.95	−32.2	−33.3	−136
磨溪009-X1	龙王庙组	96.50	0.14	0.67	2.37	0.04	9.35	−33	−33.3	−137

(一)天然气 $\delta^{13}C_2$ 值差异与母质类型有关

尽管高磨地区灯影组、龙王庙组天然气的 $\delta^{13}C_1$ 值非常接近,前者为 −33.9‰ ~ −32.0‰,均值为 −33.1‰,后者为 −34.7‰ ~ −32.1‰,均值为 −32.9‰,它们均与资阳地区震旦系天然气的 $\delta^{13}C_1$ 值(−38.0‰ ~ −35.5‰)表现出较大的差异(魏国齐等,2014),但 $\delta^{13}C_2$ 值却有明显不同,震旦系灯影组天然气的 $\delta^{13}C_2$ 值较重,为 −29.5‰ ~ −26.8‰,均值为 −28.1‰,而龙王庙组天然气的 $\delta^{13}C_2$ 值较轻,为 −35.3‰ ~ −32.3‰,均值为 −33.4‰(图9-4)。高磨地区 $\delta^{13}C_2$ 值的不同主要反映了母质类型的差异。一般而言,天然气甲烷及其同系物碳同位素受原始母质类型和成熟度双重因素的影响。由于 $^{12}C—^{12}C$ 键能比 $^{13}C—^{12}C$(或 $^{13}C—^{13}C$)键能低得多,因而在低成熟条件下形成的天然气富 ^{12}C,其碳同位素较轻,随着烃源岩成熟度的增高,形成的天然气越来越富集重同位素 ^{13}C。其原因是随成熟度增高产生的碳同位素动力学效应,不仅使 $^{12}C—^{12}C$ 键断裂,而且使 $^{13}C—^{12}C$、$^{13}C—^{13}C$ 键也相继发生断裂。此外,腐泥型天然气甲烷及其同系物碳同位素比腐殖型气偏轻,而且乙烷等重烃气的碳同位素较甲烷碳同位素具有较强的稳定性和母质类型继承性,虽然也受热演化程度的影响,但大量统计和模拟实验结果说明,它更主要地反映成烃母质类型(张士亚等,1988;刚文哲等,1997;谢增业等,1999),并且随着烷烃气碳数的增加,其碳同位素的稳定性和继承性增强。因为灯影组、龙王庙组天然气的 $\delta^{13}C_1$ 值相近,表明它们的成熟程度基本相当,据此推测 $\delta^{13}C_2$ 值的差异主要受母质类型的控制。

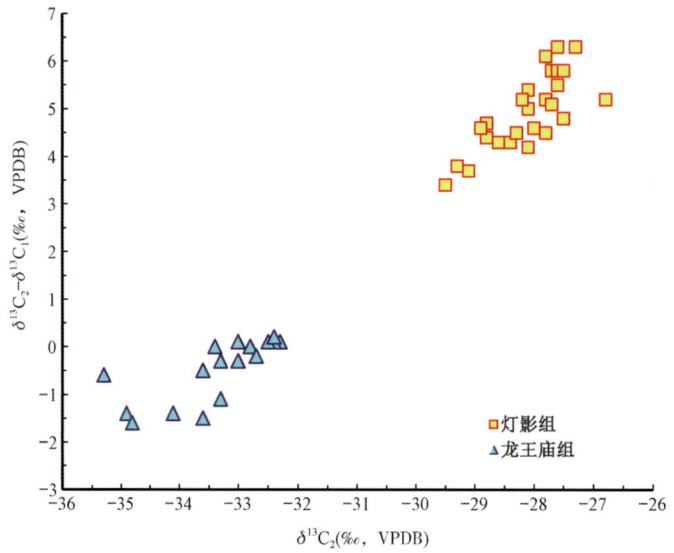

图 9-4 天然气乙烷碳同位素与甲烷、乙烷同位素差值关系图

（二）天然气 $\delta^2 H_{C_1}$ 值差异与母质的沉积水介质盐度有关

高磨地区灯影组天然气 $\delta^2 H_{C_1}$ 值为 $-150‰ \sim -135‰$，均值为 $-141‰$，龙王庙组天然气 $\delta^2 H_{C_1}$ 值为 $-138‰ \sim -132‰$，均值为 $-134‰$（图 9-5）。这从另一个侧面反映了高磨地区灯影组、龙王庙组天然气的母质来源不完全一致。天然气氢同位素组成受烃源岩沉积环境的水介质盐度和成熟度等因素的制约，随烃源岩成熟度增大，天然气的 $\delta^2 H$ 值有变重的趋势。这主要是因为有机母质上带有—CH_2D 官能团的 C—C 键的亲和力要比带有—CH_3 官能团的C—C键的强，所以只有在热力增强的条件下才可使 C—CH_2D 键断开，这使得甲烷在成熟度增加时，

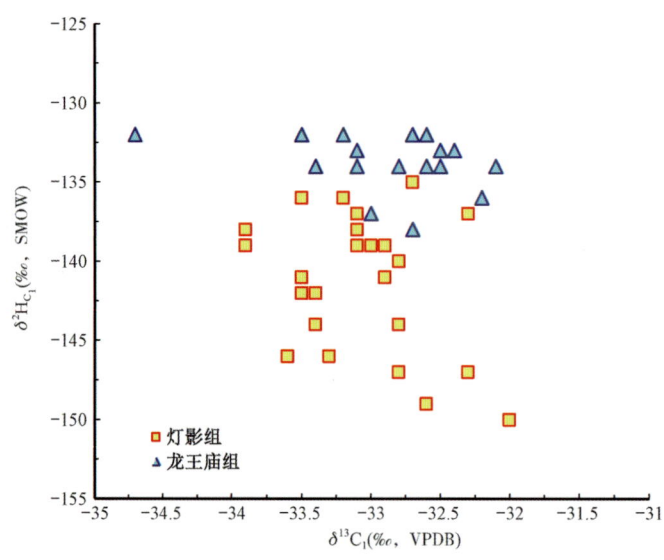

图 9-5 天然气甲烷碳同位素与氢同位素关系图

氚的浓度会相对富集(即 $\delta^2 H$ 值变重)(戴金星,1990)。但是在天然气甲烷碳同位素值基本相同(即反映成熟度相似)的情况下,甲烷氢同位素值的不同主要反映了其母质沉积水介质盐度的差异。

四、天然气轻烃组成特征及成因

通过对天然气中轻烃及 C_8 以上化合物的研究,不仅可以明确天然气的母质成因类型,而且可以判识天然气是属于干酪根初次裂解气还是原油或分散液态烃的二次裂解气。

(一)天然气 C_5—C_7 轻烃组成特征

C_5—C_7 脂肪族组成三角图是常用来判识不同类型天然气的重要参数。源于腐泥型母质的轻烃组分中富含正构烷烃,源于腐殖型母质的轻烃组分中则富含异构烷烃和芳香烃(Leythaeuser,1979;戴金星等,1992),而富含环烷烃的凝析物也是陆源母质的重要特征(Snowdon,1982;戴金星等,1992)。

以安岳气田震旦系、寒武系天然气为例,该气田天然气 C_5—C_7 化合物链烷烃、环烷烃和芳香烃含量相对组成中,总体以环烷烃和链烷烃为主,芳香烃含量相对较少。其中,环烷烃占 29.0%~57.5%,平均为 44.9%;链烷烃占 24.3%~68.0%,平均为 40.5%;芳香烃占 1.3%~35.5%,平均为 14.6%(图 9-6)。

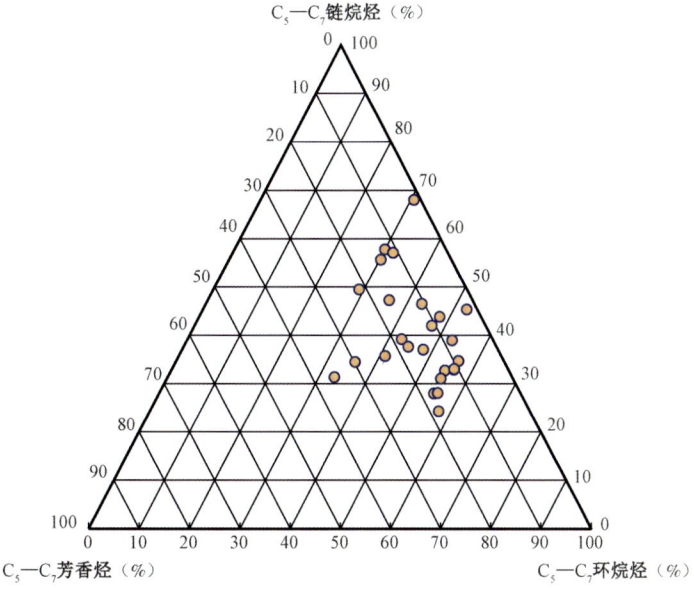

图 9-6 安岳气田震旦系—寒武系天然气 C_5—C_7 轻烃组成三角图

安岳气田震旦系、寒武系天然气 C_6—C_7 化合物链烷烃、环烷烃和芳香烃含量相对组成中,同样以环烷烃和链烷烃为主,芳香烃含量相对较少。其中,环烷烃占 28.9%~56.3%,平均为 45.7%;链烷烃占 26.0%~58.1%,平均为 39.2%;芳香烃占 1.8%~35.5%,平均为 15.2%(图 9-7)。

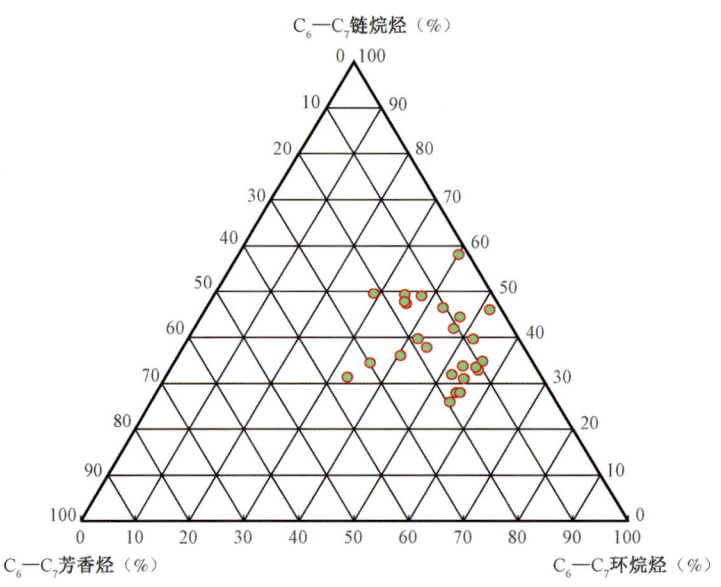

图9-7 安岳气田震旦系—寒武系天然气 C_6—C_7 轻烃组成三角图

从 C_7 轻烃系统相对含量三角图(图9-8)可见,安岳气田震旦系、寒武系天然气甲基环己烷含量占绝对优势,含量为40.8%~66.6%,平均为56.5%;其次是正庚烷,含量为14.8%~36.9%,平均为24.7%;二甲基环戊烷含量为9.8%~39.6%,平均为18.8%。安岳气田天然气的这种甲基环己烷优势并不是母质类型的真实反映,而是原油裂解成气的过程中形成的轻烃组成特征。

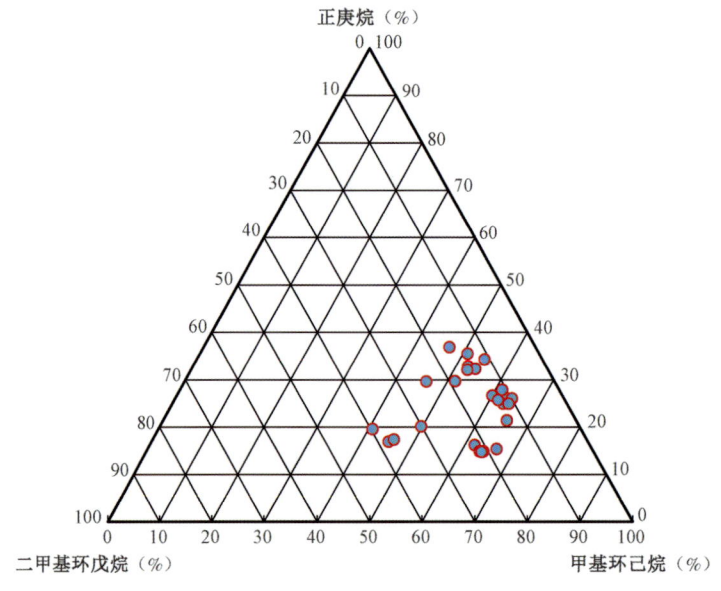

图9-8 安岳气田震旦系—寒武系天然气 C_7 轻烃组成三角图

(二)天然气轻烃参数相对比值特征

胡国艺等(2005)利用开放体系实验方法开展了塔里木盆地塔中45井奥陶系原油和塔中201井中上奥陶统泥石灰岩(TOC为1.38%、R_o为1.1%)、乡3井中上奥陶统石灰岩(TOC为0.60%、R_o为1.5%)轻烃模拟实验,通过对热模拟产物——轻烃组成的对比分析,发现原油裂解气和干酪根裂解气在甲基环己烷/环己烷、甲基环己烷/正庚烷和(2-甲基己烷+3-甲基己烷)/正己烷等3项指标上存在如下明显的差异:

(1)原油裂解气甲基环己烷/环己烷一般较大,而干酪根裂解气该比值一般较小。导致这种差异的原因可能与轻烃的生成机理有关,对于同一种类型的化合物来说,带有支链的化合物自由能大于不含支链的化合物。甲基环己烷的自由能应大于环己烷。根据原油裂解气和干酪根裂解气的生成模式,原油裂解气大量生成的温度一般高于干酪根裂解气形成的温度,因此,在原油裂解气中,甲基环己烷的相对含量一般高于干酪根裂解气。

(2)原油裂解气中(2-甲基己烷+3-甲基己烷)/正己烷比值一般比较高,而干酪根裂解气该指标一般比较低。

(3)甲基环己烷/正庚烷比值一般与类型有很大的关系,在腐殖型烃源岩中甲基环己烷的含量比较高,但是通过模拟实验研究,原油裂解气和干酪根裂解气在该项比值组成上也存在一些差异,原油裂解气甲基环己烷/正庚烷比值一般较高,而烃源岩中干酪根裂解气该项比值较低。

因此,利用各种化合物的热稳定的差异性和热模拟实验结果,采用以上比值可以进行干酪根和原油裂解气的判识。

将四川盆地高石梯—磨溪震旦系—灯影四组、磨溪龙王庙组、川东北长兴—飞仙关组礁滩天然气的上述轻烃参数比值投到图9-9中,可见这些天然气的甲基环己烷/正庚烷和(2-甲基己烷+3-甲基己烷)/正己烷两项比值均较大,落入原油二次裂解气的范围内。因此,认为高石梯—磨溪震旦系、磨溪龙王庙组天然气为原油裂解气。

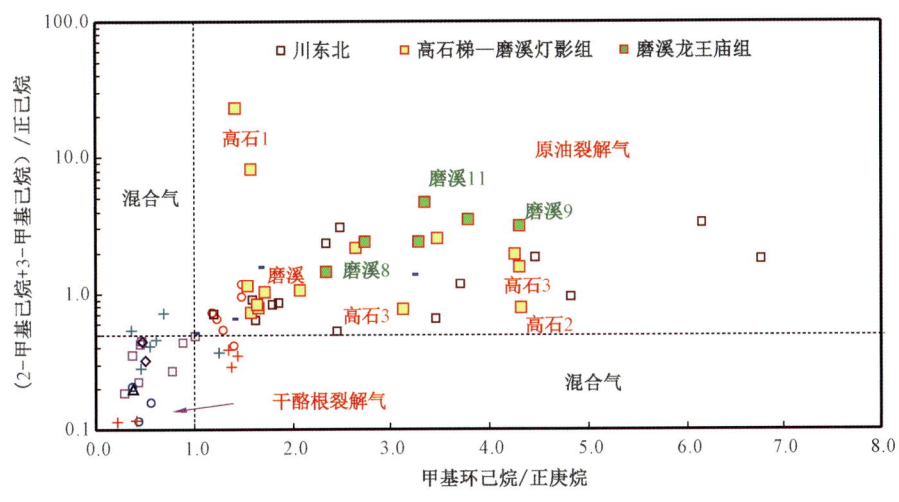

图9-9 天然气甲基环己烷/正庚烷与(2-甲基己烷+3-甲基己烷)/正己烷的相关图

除了以上指标外,高石1井天然气轻烃分析中还检测到 C_8—C_{11} 重烃(图9-10),进一步证实了高石1井天然气为原油裂解气。这主要有以下几方面的原因:

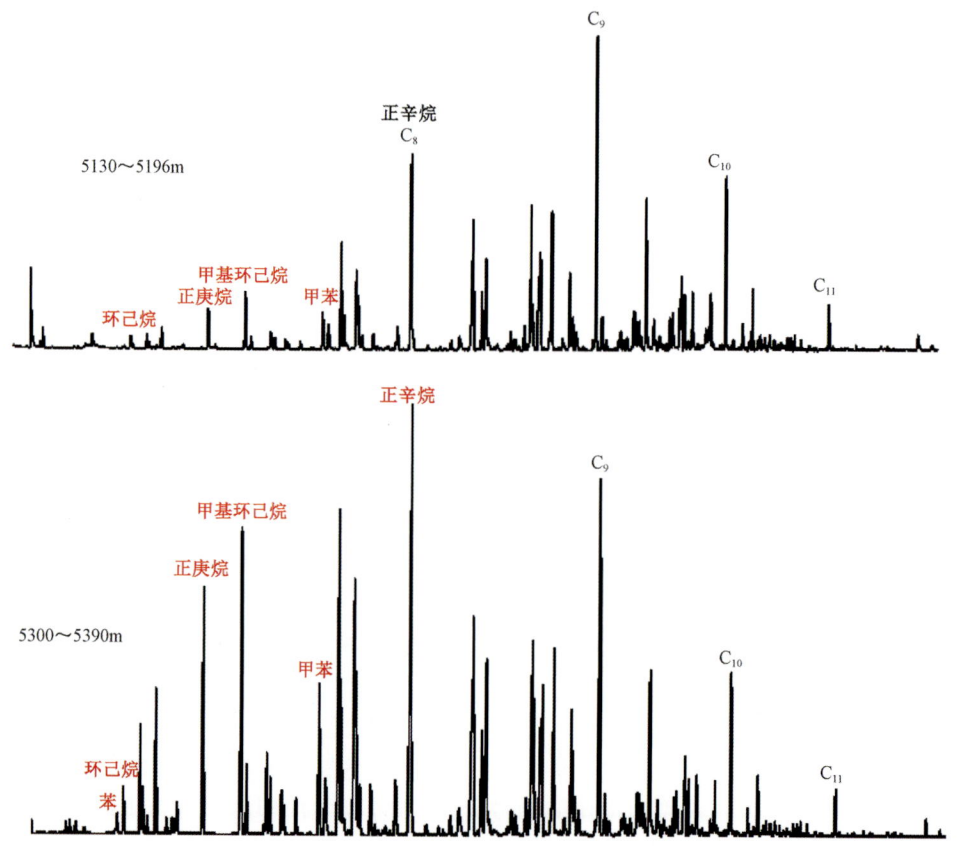

图9-10 高石1井灯影组天然气轻烃色谱图

(1)对于以腐泥型为主的有机质而言,直接由干酪根热降解成气的比例仅占腐泥型有机质总生气量的20%~30%(Burnham 等,1989)。

(2)有机质的二次裂解一般经历大分子至中等分子,再至小分子,直至形成甲烷的过程。C_6—C_7 轻烃化合物以及 C_8 以上化合物是有机质裂解的中间产物。

(3)不同类型有机质的热解产物轻烃特征表明沥青或含沥青样品的热解产物中含有 C_8 以上化合物。

应用开放体系的模拟实验技术,对已处于高成熟—过成熟阶段的含沥青云岩、藻类、泥岩、干酪根等不同类型有机质分别在300℃、400℃、500℃和600℃条件下,模拟了不同温度下的轻烃特征。从模拟结果看,含沥青白云岩、藻、富藻白云岩、藻白云岩干酪根等再次裂解时仍可产生 C_8 以上的重烃化合物(图9-11至图9-13);相反,泥岩或泥岩干酪根的 C_8 以上的重烃化合物几乎没有检测到(图9-14至图9-16)。

第九章 四川盆地天然气轻烃地球化学特征及应用

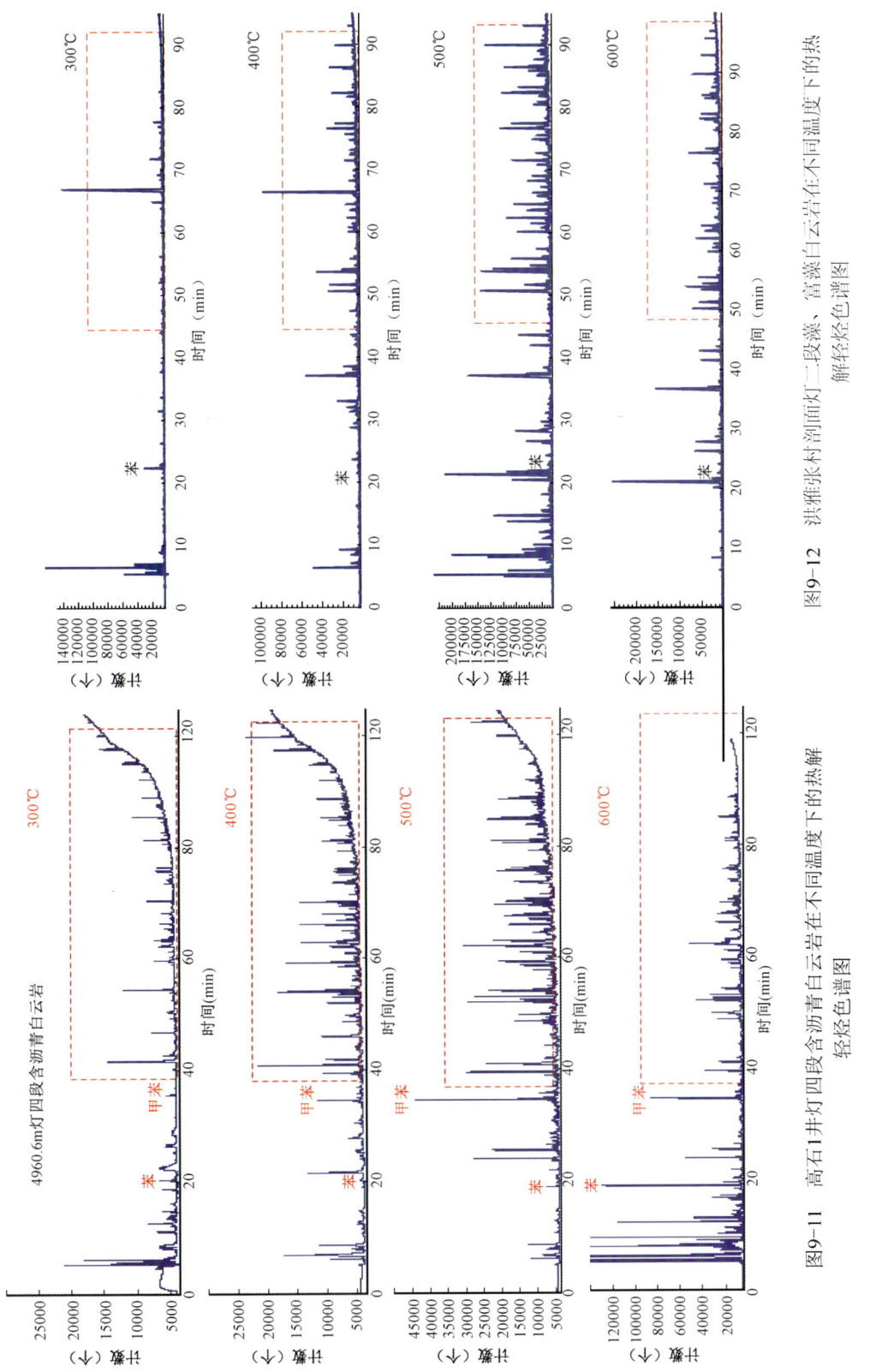

图9-11 高石1井灯四段含沥青白云岩在不同温度下的热解轻烃色谱图

图9-12 洪雅张村剖面灯二段藻、富藻白云岩在不同温度下的热解轻烃色谱图

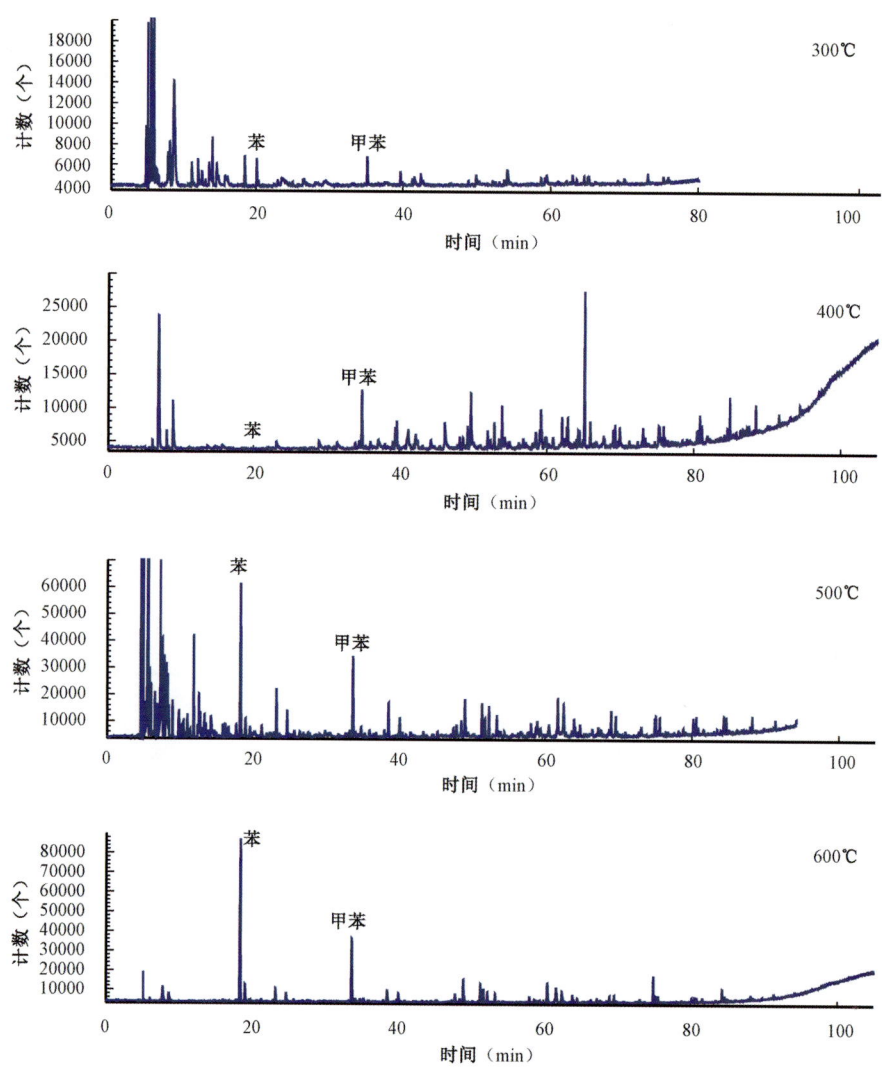

图9-13 威117井灯二段藻白云岩在不同温度下的热解轻烃色谱图

图9-11中,因为该白云岩含有丰富的沥青,因此,模拟实验结果反映的主要是沥青的情况。300℃时,主要反映吸附烃的轻烃特征,总体上丰度不高;随着模拟温度的升高,沥青中残留的高碳数烃类进一步发生裂解,形成许多C_8以上的中等分子中间产物,400~500℃时的重烃化合物最丰富,而C_7以下的低分子烃类则相对较少;600℃时,C_8以上重烃化合物明显较少,而低分子烃类丰度则明显增高。这一实验结果很好地反映了有机质由高碳数烃类逐渐裂解成中等碳数烃类,并最终裂解成低碳数烃类,直至甲烷的裂解过程。

图9-12和图9-13所反映的情况与图9-11基本一致。

图9-14是威117井灯三段的过成熟泥岩,烃源岩中残留的高碳数烃类较少,因此在进一步裂解过程中形成的C_8以上的中间产物较少,而主要形成一些低分子烃类。

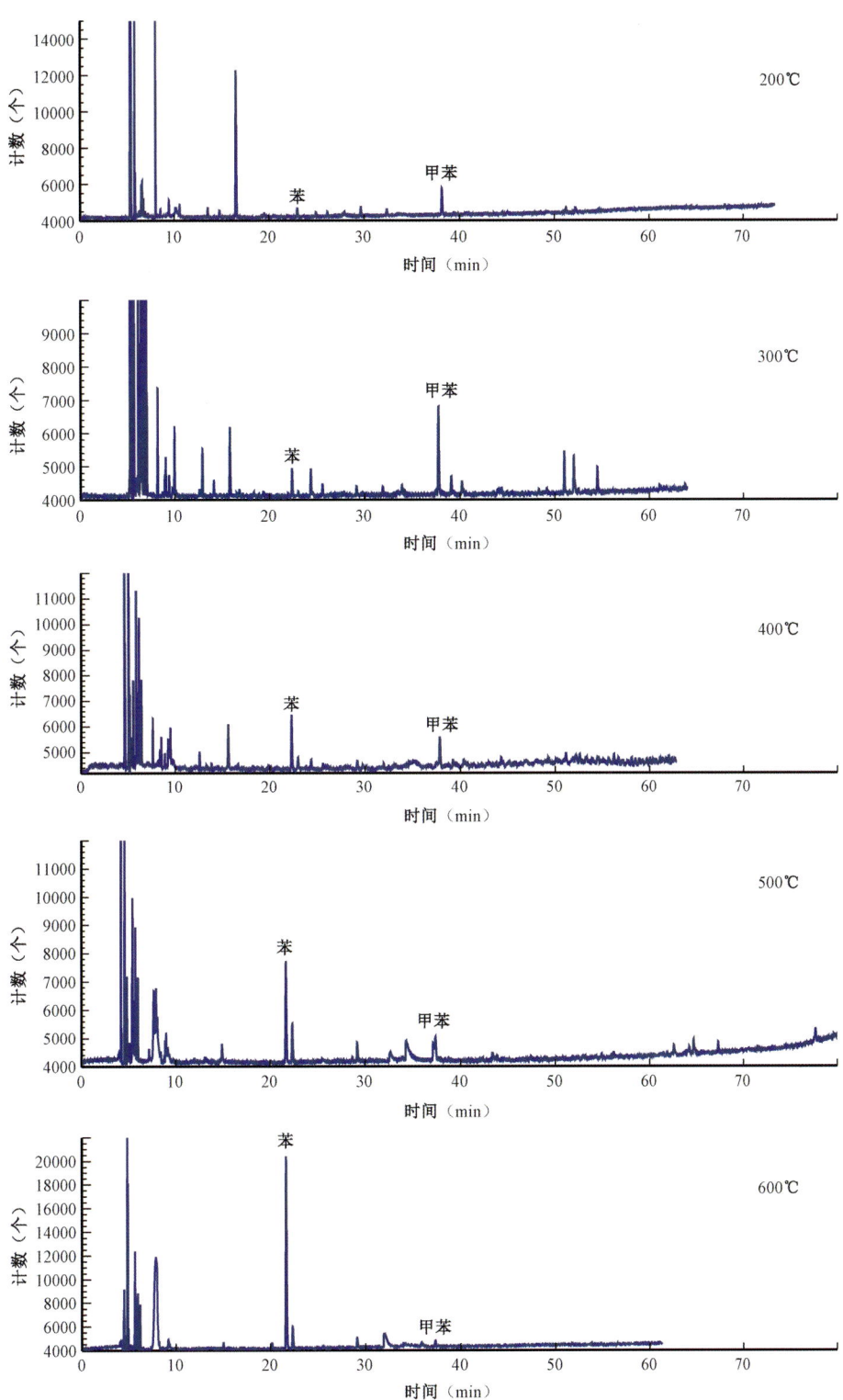

图 9-14 威 117 井灯三段泥岩在不同温度下的热解轻烃色谱图

图 9–15 为先锋剖面陡山沱组泥岩干酪根的模拟结果,此样品的热演化程度更高,残留的烃类更少,因此,模拟结果所产生的烃类化合物很少。

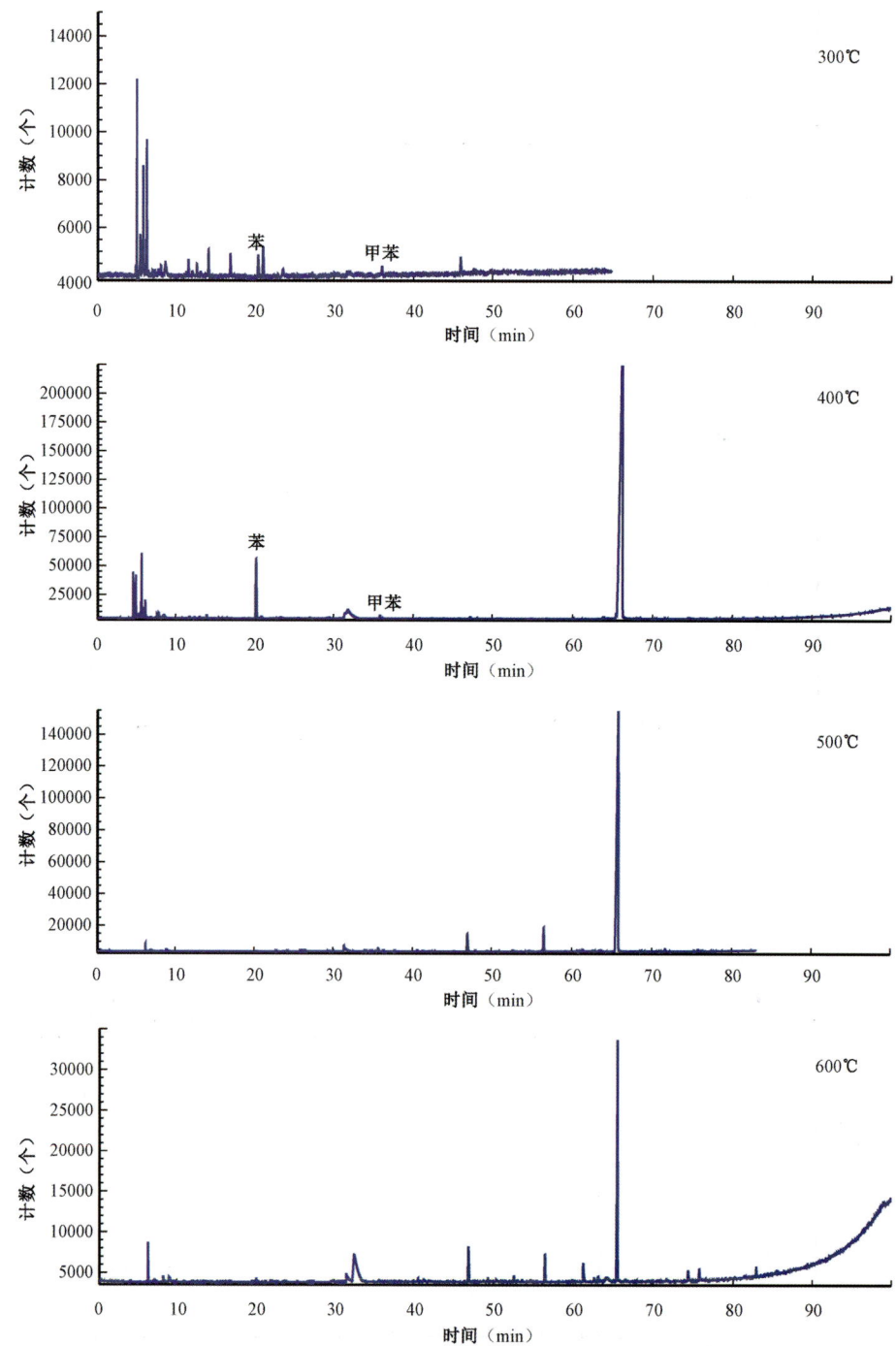

图 9–15　先锋剖面陡山沱组泥岩干酪根在不同温度下的热解轻烃色谱图

图9-16为洪雅张村剖面寒武系筇竹寺组泥岩干酪根的实验结果，由图可见，300℃时可以产生一些 C_8 以上的化合物，与其中少量的残留烃有关；400℃时，C_8 以上的化合物丰度明显降低，但低分子烃类丰度有所增加；500~600℃时，残留的部分中等分子烃类基本裂解完毕，主要通过残余干酪根的直接裂解形成低分子烃类，甚至是甲烷。

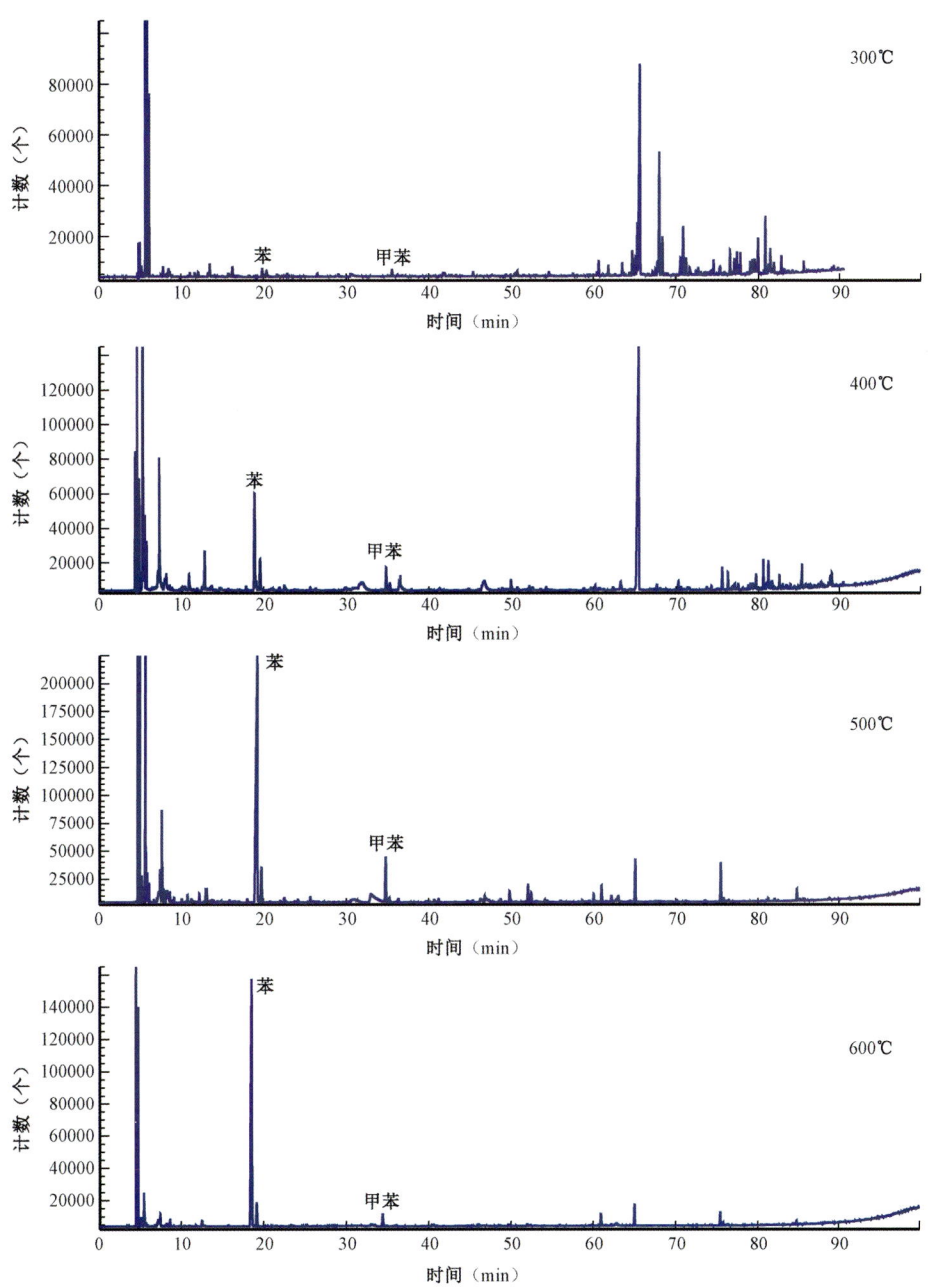

图9-16 洪雅张村剖面筇竹寺组泥岩干酪根在不同温度下的热解轻烃色谱图

以上不同类型有机质的模拟实验进一步验证了高石 1 井震旦系天然气主要属于原油的二次裂解气，但无法明确是以聚集型有机质裂解为主还是以分散型有机质裂解为主。

赵文智等（2011）曾开展过纯原油和原油与不同比例蒙脱石的混合物进行热催化裂解实验，代表古油藏与烃源岩内部分散液态烃两种情况，并对裂解产物进行检测和量化分析，结果见表 9 - 4。从裂解产物中发现了一种重要的轻烃化合物——甲基环己烷。尽管甲基环己烷主要来源于腐殖型母质—高等植物木质素、纤维素和糖类等，是反映陆源母质类型的良好参数，但实验发现聚集型和分散型液态烃裂解气中甲基环己烷含量明显不同，并可作为判识滞留烃裂解气的重要指标。

为研究原油在不同介质、不同分散状态下裂解及气体产物组成特征，采用黄金管封闭体系、温压共控条件下原油裂解模拟实验技术，选取塔里木盆地轮南 17 井海相原油为基础油样，碳酸盐岩、黏土矿物（蒙脱石）和砂岩 3 种介质，配制成 7 种混合比例（80% + 20% 介质；50% 原油 + 50% 介质；30% 原油 + 70% 介质；15% 原油 + 85% 介质；5% 原油 + 95% 介质；2% 原油 + 98% 介质；1% 原油 + 99% 介质），2℃/h 程序升温速率，13 个模拟温度点（350℃、374℃、398℃、422℃、446℃、470℃、494℃、518℃、542℃、566℃、590℃、614℃、638℃），详细研究了不同介质、不同混合比例、不同裂解程度下原油裂解气的轻烃组成特征。

通过 120 样次原油裂解实验气体产物轻烃气相色谱分析，发现碳酸盐岩和砂岩介质中聚集状态下原油裂解气体产物的轻烃（C_6—C_8）分布具有一定的规律性：随热演化程度（温度）增加，原油裂解程度加大，裂解气体产物总量增加。裂解气体产物中 C_6—C_8 环烷烃、轻芳香烃相对于正构烷烃含量增加。

分散状态下，黏土矿物（蒙脱石）介质中原油裂解气体产物的轻烃（C_6—C_8）分布规律与碳酸盐岩和砂岩介质中聚集状态下原油裂解气体产物的轻烃分布规律相反。随热演化程度（温度）增加，原油裂解程度加大，裂解气体产物中 C_6—C_8 环烷烃含量相对于正构烷烃含量逐渐减少，轻芳香烃含量也会相对增加。

依据轻烃气相色谱中各类化合物相对含量随原油裂解程度增加而变化的规律研究，选取了 C_6—C_7 化合物环烷烃含量之和与正己烷和正庚烷含量之和的比值及甲基环己烷含量与正庚烷含量的比值两项参数，对不同状态下、不同介质中原油裂解气的轻烃组成进行对比研究。发现两个参数具有如下变化规律：聚集状态下原油裂解气其轻烃组成中 $\sum C_6$—C_7 环烷/正己烷 + 正庚烷和甲基环己烷/正庚烷两项比值参数随原油裂解程度增大（温度增加）而增大（图9 - 17a）；蒙脱石介质中分散状态下原油裂解气轻烃组成 $\sum C_6$—C_7 环烷烃/正己烷 + 正庚烷和甲基环己烷/正庚烷两项比值参数随原油裂解程度增大（温度增加）而减小（图 9 - 17b）。

不同介质、不同配比条件下的原油在裂解温度大于 450℃（相当于 R_o 为 1.5%）以后阶段的裂解气体产物中轻烃组成 $\sum C_6$—C_7 环烷烃/正己烷 + 正庚烷和甲基环己烷/正庚烷两项比值参数发生突变。蒙脱石介质下，分散型原油（原油比例为 5%）裂解气体产物中轻烃组成 $\sum C_6$—C_7 环烷烃/正己烷 + 正庚烷和甲基环己烷/正庚烷两项比值参数由大于 1 变为小于 1，并随裂解温度增加进一步减小；碳酸钙及蒙脱石介质下，聚集状态的原油裂解气体产物中轻烃组成 $\sum C_6$—C_7 环烷烃/正己烷 + 正庚烷和甲基环己烷/正庚烷两项比值参数由小于 1 变为大于

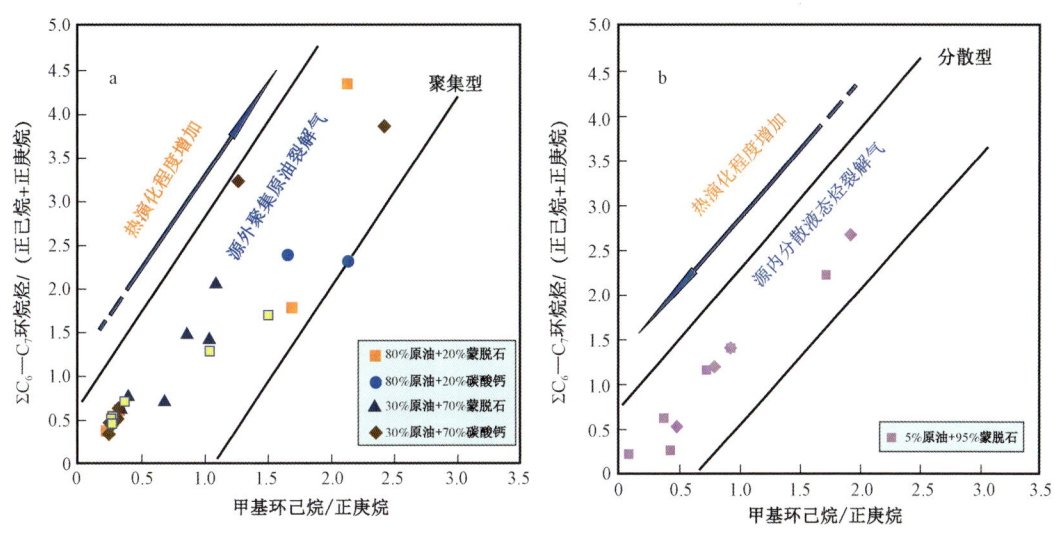

图 9-17 原油裂解气轻烃参数分布图

1，并随裂解温度增加进一步增大。依据原油裂解实验结果，初步建立了不同演化阶段源内分散型（黏土矿物介质）和源外聚集型原油裂解气的判识指标和图版（图 9-18）。

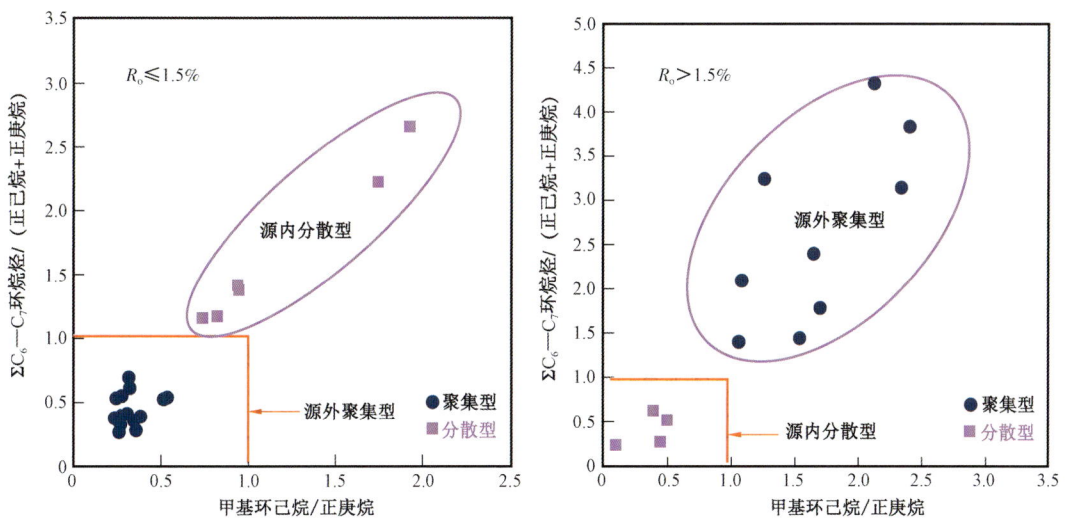

图 9-18 不同演化阶段聚集型与分散型原油裂解气判识图版

通过对四川盆地高石梯—磨溪地区震旦系灯影组、寒武系龙王庙组及威远地区寒武系、奥陶系、志留系天然气样品轻烃化合物组成特征的分析，发现天然气中轻烃化合物分布特征具有明显的聚集型原油裂解气特征，ΣC_6—C_7 环烷烃/正己烷+正庚烷和甲基环己烷/正庚烷两个参数普遍大于 1，最大值达到 4.55，与聚集型原油裂解实验所生成气体的轻烃地球化学特征极为相似。将这些数据点投入高演化聚集型与分散型原油裂解气图版（图 9-19），可以看到数据全部分布于聚集型原油裂解气区，证明该地区天然气为聚集型原油裂解气。

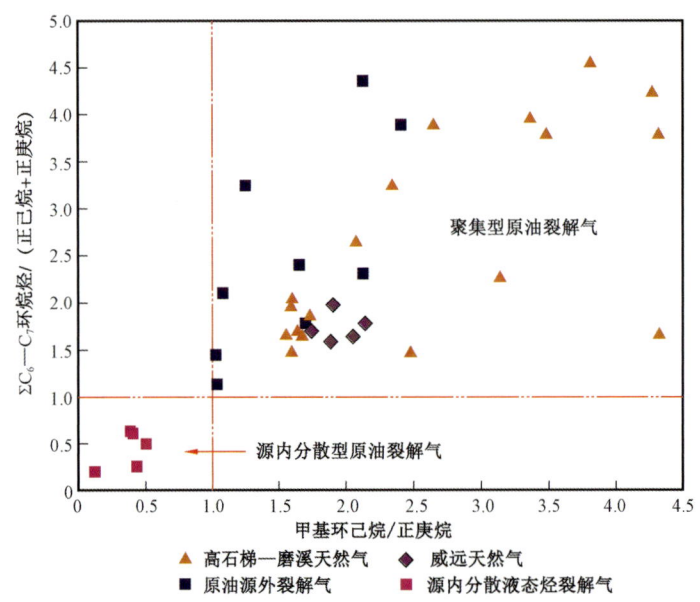

图 9-19　四川盆地高石梯—磨溪及威远地区天然气轻烃组成特征图

第二节　石炭系—雷口坡组天然气轻烃组成特征及应用

主要包括石炭系、二叠系栖霞组、茅口组、长兴组、三叠系飞仙关组、嘉陵江组和雷口坡组天然气等。

一、天然气组成特征

四川盆地石炭系—雷口坡组天然气的共同特点是均为干气,天然气干燥系数[$C_1/(C_1—C_5)$]均大于 0.96,且绝大部分接近于1(图 9-20)。不同层系天然气甲烷含量差别明显,其成因各不相同。中三叠统雷口坡组天然气受成熟度影响,成熟程度相对低的中坝地区天然气甲烷含量相对较低,主要在 84%~87% 左右,川中、川东地区天然气成熟度相对较高,甲烷含量主要大于 95%;C_{2+} 重烃含量为 0.13%~3.17%;H_2S 含量为 0.09%~3.09%,CO_2 含量为 0.08%~0.38%,N_2 含量为 0.32%~4.52%。

下三叠统嘉陵江组天然气甲烷含量为 93.3%~99.1%,C_{2+} 重烃含量为 0.03%~0.90%;少量天然气含有较高的 H_2S,达到 1.6%~2.14%,一般为 0.01%~0.07%;CO_2 和 N_2 含量分别为 0.02%~0.73% 和 0.34%~3.49%。

下三叠统飞仙关组天然气甲烷含量变化大,为 73.7%~99.4%,C_{2+} 重烃含量为 0.02%~1.11%,其中,川东北地区甲烷含量小于 95% 者主要是因为含有较高的 H_2S 和 CO_2,这些天然气中的 H_2S 含量主要为 5%~17%,CO_2 含量主要为 1%~9%;其他地区天然气甲烷含量以大于 95% 为主,含少量的 N_2、CO_2 和 H_2S 等。

上二叠统长兴组天然气特征与飞仙关组较为相似,部分甲烷含量低的均与 H_2S 含量高有

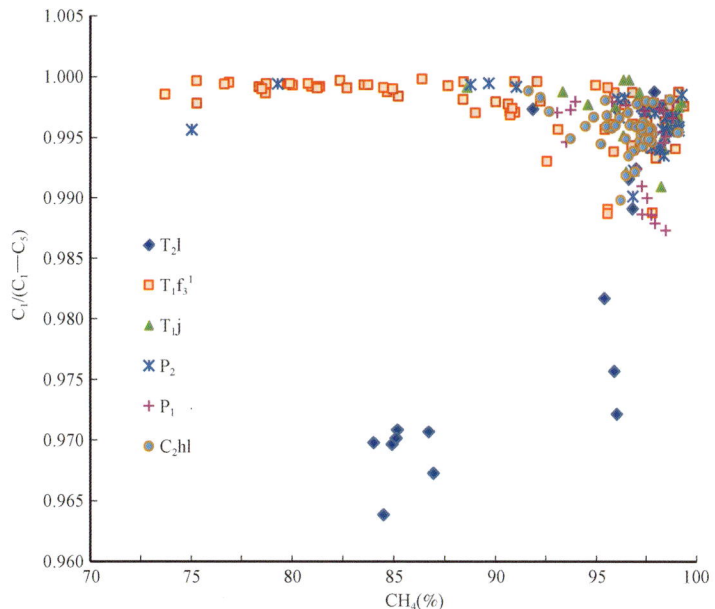

图 9-20　四川盆地海相地层天然气甲烷与干燥系数关系图

关。甲烷含量为 75%～99%，C_{2+} 重烃含量为 0.05%～0.97%；川东北普光等气田天然气 H_2S 含量高达 15.67%，其他天然气 H_2S 含量一般为 0.01%～1.59%；CO_2 和 N_2 含量分别为 0.11%～2.46% 和 0.37%～1.42%。

下二叠统茅口组天然气甲烷含量为 93.7%～98.8%，C_{2+} 重烃含量为 0.19%～1.20%。非烃气体含量低。

石炭系黄龙组天然气甲烷含量为 91.6%～99.1%，C_{2+} 重烃含量为 0.11%～0.99%；H_2S 含量一般为 0.01%～0.38%；CO_2 和 N_2 含量分别为 0.14%～3.11% 和 0.68%～1.54%。

二、天然气碳同位素特征

四川盆地石炭系—雷口坡组天然气碳同位素的共同特征是 $\delta^{13}C_2$ 基本轻于 $-28‰$，表现出以腐泥型母质为主的特点。由图 9-21 可见，天然气 $\delta^{13}C_1$ 值、$\delta^{13}C_2$ 值的分布范围均较大，$\delta^{13}C_1$ 值为 $-35.5‰\sim-28.2‰$，$\delta^{13}C_2$ 值为 $-38.7‰\sim-27.7‰$，而且绝大部分天然气的 $\delta^{13}C_1$ 值和 $\delta^{13}C_2$ 值发生了倒转，其 $\delta^{13}C_2-\delta^{13}C_1<0$（图 9-22）。

川东石炭系天然气主要来源于志留系龙马溪组腐泥型页岩，$\delta^{13}C_2$ 值较轻，为 $-38.7‰\sim-34.3‰$，$\delta^{13}C_1$ 和 $\delta^{13}C_2$ 值倒转最明显，$\delta^{13}(C_2—C_1)$ 值主要为 $-5.0‰\sim-1.7‰$。天然气的 $\delta^{13}C_1$ 和 $\delta^{13}C_2$ 值倒转主要与其成熟度高有关。

下二叠统天然气同位素值变化大，与不同母质混源的贡献有关。川东、蜀南地区大部分表现出与石炭系天然气相似的同位素值特征，$\delta^{13}C_2$ 值以小于 $-33‰$ 为主，这部分天然气有志留系烃源岩的贡献；川西北、川东、蜀南地区 $\delta^{13}C_2$ 值为 $-33‰\sim-29‰$ 的天然气，$\delta^{13}C_1>-33‰$，主要以下二叠统自身烃源岩的贡献为主。

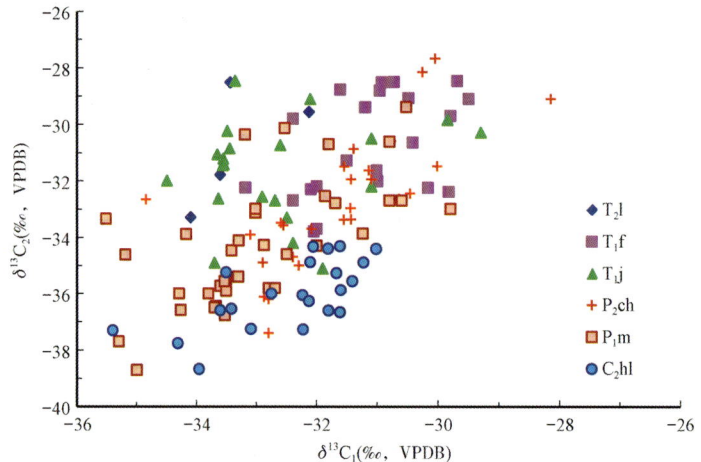

图 9-21 四川盆地石炭系—雷口坡组天然气甲烷、乙烷碳同位素值关系图

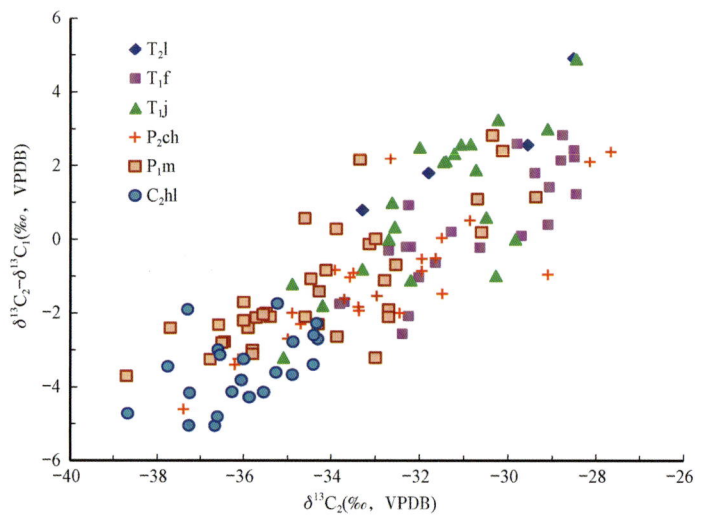

图 9-22 四川盆地石炭系—雷口坡组天然气乙烷碳同位素与甲烷、乙烷同位素差值关系图

上二叠统天然气同位素值与下二叠统的相似,同样具有变化大的特点。$\delta^{13}C_1$ 为 $-34.8‰\sim-28.2‰$,$\delta^{13}C_2$ 为 $-37.4‰\sim-28.2‰$。蜀南地区的天然气 $\delta^{13}C_2$ 值则很轻,为 $-37.4‰\sim-34.7‰$,与川东石炭系天然气相似,有志留系烃源岩的贡献;上二叠统的其他天然气,主要来源于二叠系腐殖型—腐泥型混合母质的烃源岩,但川东北普光等地区 H_2S 含量较高的天然气,其天然气 $\delta^{13}C_1$ 值和 $\delta^{13}C_2$ 值比同地区 H_2S 含量低的略重,这是次生作用而非母质造成的同位素值偏重。

下三叠统嘉陵江组天然气 $\delta^{13}C_1$ 值为 $-34.5‰\sim-29.3‰$,$\delta^{13}C_2$ 值为 $-35.1‰\sim-28.5‰$。除少部分 $\delta^{13}C_1$ 值和 $\delta^{13}C_2$ 值发生倒转外,大多数天然气的 $\delta^{13}C_1$ 值和 $\delta^{13}C_2$ 值呈正序分布。下三叠统嘉陵江组本身不发育烃源岩,$\delta^{13}C_1$ 值和 $\delta^{13}C_2$ 值发生倒转的天然气有志留系烃源岩的贡献,而其他天然气则主要来源于二叠系烃源岩。

下三叠统飞仙关组天然气 $\delta^{13}C_1$ 值为 $-33.2‰ \sim -29.5‰$，$\delta^{13}C_2$ 值为 $-33.7‰ \sim -28.5‰$。总体上是 H_2S 含量高的天然气碳同位素值比 H_2S 含量低的略偏重，且 $\delta^{13}C_1$ 值和 $\delta^{13}C_2$ 值以正序为主，H_2S 含量低的天然气 $\delta^{13}C_1$ 值和 $\delta^{13}C_2$ 值则略有倒转。飞仙关组天然气来源与上二叠统基本相同，以二叠系烃源岩为主。

中三叠统雷口坡组天然气 $\delta^{13}C_1$ 值为 $-34.1‰ \sim -32.1‰$，$\delta^{13}C_2$ 值为 $-33.3‰ \sim -28.5‰$，$\delta^{13}C_1$ 值和 $\delta^{13}C_2$ 值呈正序分布，主要来源于二叠系烃源岩。

三、天然气轻烃组成特征

从四川盆地石炭系—雷口坡组不同层系天然气 C_5—C_7 化合物链烷烃、环烷烃和芳香烃组成相对百分含量看（表 9-4、图 9-23），在芳香烃相对含量方面，除少数样品点的芳香烃含量大于 10% 以外，绝大部分的芳香烃含量小于 10%；环烷烃含量主要为 30%~70%；链烷烃含量主要为 30%~60%。

表 9-4 四川盆地不同层系天然气轻烃相对百分含量数据

井号	层位	C_5—C_7(%)			C_6—C_7(%)			C_7(%)		
		链烷烃	环烷烃	芳香烃	链烷烃	环烷烃	芳香烃	nC_7	MCC_6	$DMCC_5$
磨 108	T_2l	48.7	51.3	0.0	36.5	63.5	0.0	6.8	87.4	5.8
磨 56	T_2l	40.5	59.5	0.0	32.4	67.6	0.0	9.4	75.6	15.1
潼 6	T_1j	32.7	67.3	0.0	21.5	78.5	0.0	8.9	86.0	5.1
同福 1	T_1j	59.3	38.6	2.1	43.9	53.0	3.1	15.6	69.0	15.3
同福 7	T_1j_2	77.6	21.6	0.9	63.7	34.7	1.6	28.1	53.9	18.0
津浅 3	T_1j_1	81.1	18.4	0.6	67.8	31.1	1.1	33.3	51.4	15.3
双庙 1	T_1j	61.4	38.6	0.0	56.0	44.0	0.0	17.0	63.5	19.5
普光 7	T_1f_2	55.3	38.9	5.8	55.5	38.3	6.1	26.5	62.4	11.1
普光 7	T_1f_1	46.6	44.4	9.0	47.3	43.6	9.2	26.8	67.1	6.1
普光 6	T_1f	40.3	59.7	0.0	38.0	62.0	0.0	11.8	73.0	15.1
双庙 1	T_1f	44.0	48.6	7.5	31.8	58.7	9.4	12.5	71.9	15.6
普光 6	P_2ch	32.5	40.3	27.2	32.6	40.1	27.3	18.7	68.0	13.3
普光 5	P_2ch	39.8	60.2	0.0	30.2	69.8	0.0	11.2	76.0	12.8
丹 7	P_2ch	53.5	37.7	8.8	48.7	41.2	10.1	27.8	55.4	16.8
丹 14	P_2ch	48.6	39.9	11.5	45.0	42.3	12.7	28.0	57.3	14.7
界 14	P_2ch	40.7	52.0	7.3	36.1	55.9	8.0	19.1	66.5	14.4
王家 1	P_2ch	29.9	70.1	0.0	20.1	79.9	0.0	5.5	85.1	9.3
包 4	P_2ch	61.0	33.8	5.1	34.7	56.2	9.1	16.6	79.6	3.8
包 37	P_1m	47.4	46.0	6.7	41.3	51.0	7.7	20.9	64.5	14.6

续表

井号	层位	C_5—C_7(%)			C_6—C_7(%)			C_7(%)		
		链烷烃	环烷烃	芳香烃	链烷烃	环烷烃	芳香烃	nC_7	MCC_6	$DMCC_5$
包31	P_1m	47.3	45.9	6.8	44.3	48.3	7.4	22.7	61.0	16.3
包42	P_1m	42.7	48.2	9.1	40.7	49.7	9.6	23.0	61.8	15.2
音33	P_1m	37.9	53.4	8.7	35.5	55.2	9.2	20.0	65.2	14.8
音22	P_1m	30.2	60.0	9.8	23.5	65.5	10.9	14.9	71.7	13.4
音6	P_1m	38.7	52.4	8.9	36.7	53.9	9.4	20.4	65.0	14.6
音28	P_1m	39.1	54.4	6.5	36.9	56.3	6.8	19.2	65.9	14.8
包46	P_1m	51.3	46.9	1.8	43.1	54.7	2.2	18.0	65.7	16.3
分5	P_1m	57.1	40.2	2.8	42.4	53.7	3.9	17.4	65.2	17.4
包42	P_1m	60.1	39.9	0.0	37.0	63.0	0.0	11.5	75.5	13.0
包41	P_1m	61.6	32.8	5.6	38.6	51.4	10.0	17.6	75.2	7.2
普光5	P_1m	28.8	45.4	25.8	24.3	48.2	27.5	15.9	71.1	13.0
矿1	P_1m	55.7	12.9	31.4	39.0	17.6	43.4	27.1	72.9	0.0

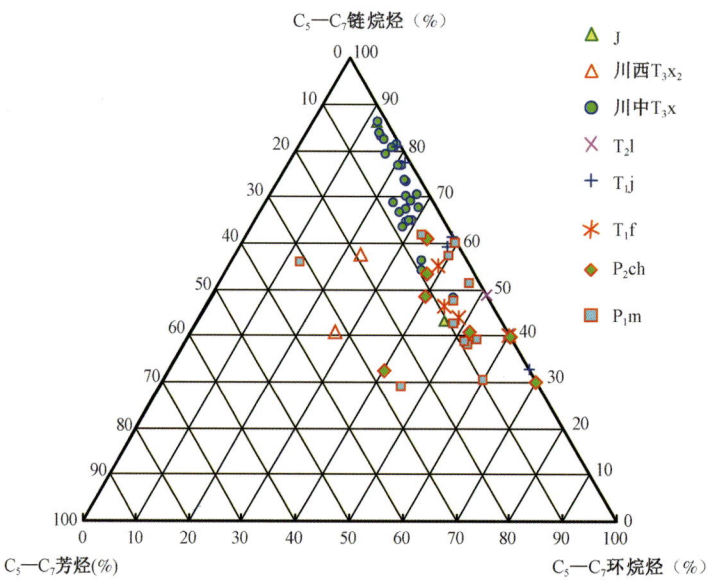

图9-23 四川盆地不同层系天然气 C_5—C_7 轻烃组成三角图

C_6—C_7 化合物的链烷烃、环烷烃和芳香烃相对组成与 C_5—C_7 化合物相似,天然气芳香烃含量总体较低,以小于10%为主,少部分可达到27%~43%;链烷烃含量为20%~70%;环烷烃含量为30%~80%(图9-24)。来源于海相烃源岩的天然气轻烃组成明显以环烷烃为主,这也不是这些天然气轻烃的原始组成面貌,而是由于天然气的成熟度高,是原油裂解气的一种特征。

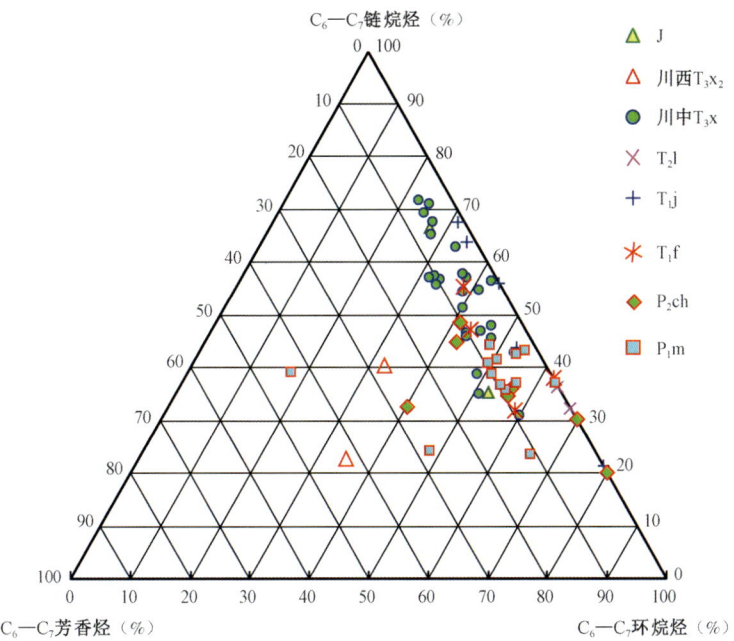

图 9-24 四川盆地不同层系天然气 C_6—C_7 轻烃组成三角图

四川盆地以双庙 1 井、普光 6 井、普光 7 井为代表的海相天然气,轻烃组成均以环烷烃占优势(图 9-25)。

根据前述天然气成因的轻烃判识指标,对四川盆地下二叠统—嘉陵江组天然气甲基环己烷/正庚烷与(2-甲基己烷+3-甲基己烷)/正己烷及甲基环己烷/正庚烷与甲基环己烷/环己烷关系进行了统计分析,结果见表 9-5、图 9-26 和图 9-27。

表 9-5 四川盆地海相层系天然气轻烃参数表

井号	层位	甲基环己烷/正庚烷	(2-甲基己烷+3-甲基己烷)/正己烷	甲基环己烷/环己烷
同福 1	T_1j	4.41	0.70	2.07
同福 7	T_1j_2—T_1j_1	1.92	0.56	1.23
津浅 3	T_1j_1	1.54	0.46	0.93
川 16	T_1j_1	0.70	0.82	2.01
双庙 1	T_1j	3.72	1.17	1.80
普光 7	T_1f_2	2.35	2.33	3.56
普光 7	T_1f_1	2.50	3.01	4.95
普光 6	T_1f	6.17	3.25	3.09
双庙 1	T_1f	5.74	0.48	0.77
普光 6	P_2ch	3.64	0.77	4.51

续表

井号	层位	甲基环己烷/正庚烷	(2-甲基己烷+3-甲基己烷)/正己烷	甲基环己烷/环己烷
普光5	P_2ch	6.78	1.79	3.29
丹7	P_2ch	2.00	1.63	2.23
丹14	P_2ch	2.05	1.96	2.70
界14	P_2ch	3.47	3.07	3.06
包4井	P_2ch	4.80	0.60	1.18
包37	P_1m	3.08	1.57	2.53
包31	P_1m	2.68	2.29	2.50
包42	P_1m	2.69	2.88	2.98
音33	P_1m	3.26	2.69	2.90
音6	P_1m	3.19	3.10	3.16
音28	P_1m	3.43	4.01	3.53
包46	P_1m_3	3.66	1.41	2.40
分5	P_1m_2	3.74	1.23	2.21
包42	P_1m_3—P_1m_2	6.57	0.96	1.13
包41	P_1m_2b	4.28	0.72	1.18
普光5	P_1m	4.47	1.85	3.15

由表9-5、图9-26和图9-27可见,四川盆地石炭系—雷口坡组天然气甲基环己烷/正庚烷与甲基环己烷/环己烷的比值基本大于1,(2-甲基己烷+3-甲基己烷)/正己烷基本大于0.5,具有原油裂解气的特征,并与塔里木盆地干酪根热降解气的低甲基环己烷/正庚烷值和低(2-甲基己烷+3-甲基己烷)/正己烷值有明显的差异。

这些天然气轻烃组成除了富含甲基环己烷外,芳香烃含量有两种情况:一是像普光6、普光7等井飞仙关组天然气,芳香烃含量较高;另一种是诸如普光5井长兴组天然气,轻烃色谱图中以环烷烃占绝对优势(图9-28),几乎没有芳香烃。这可能是经过水洗作用的缘故。

图9-29是四川盆地各层系天然气C_7轻烃系统相对含量三角图。由图可见,所有样品点均落入图的右下角,即甲基环己烷含量大于50%的区域内,表现出甲基环己烷优势,含量主要分布在50%~85%,但它并不是母质类型的真实反映,是原油裂解成气的过程中形成的以环烷烃占优势的轻烃组成特征。虽然四川盆地来源于腐殖型母质的须家河组天然气也以富含甲基环己烷为主,但两者反映了两种不同的成因机制。石炭系—雷口坡组天然气的甲基环己烷优势与原油裂解有关,须家河组天然气则与腐殖型母质有关。

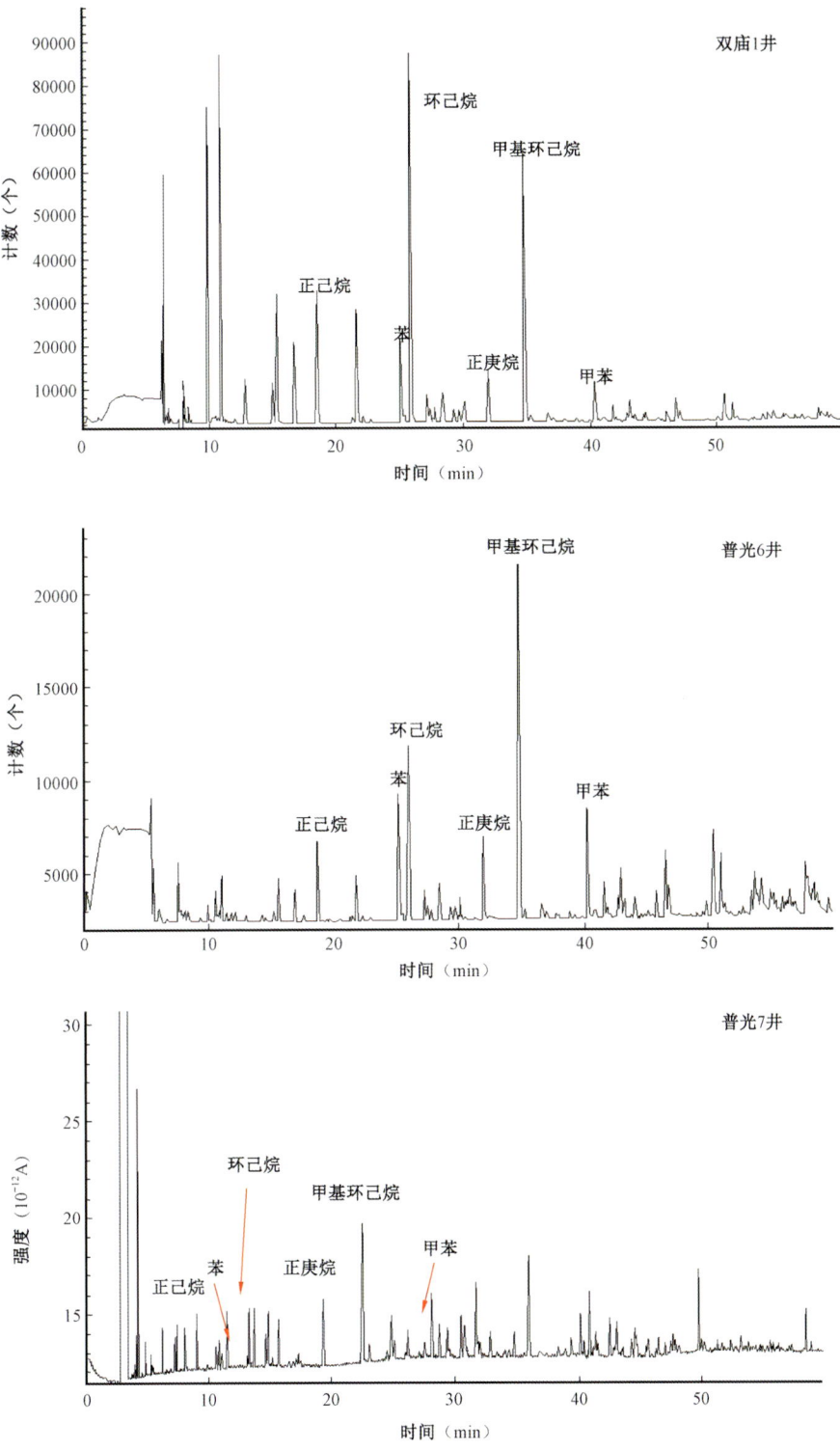

图 9-25 飞仙关组天然气轻烃色谱图

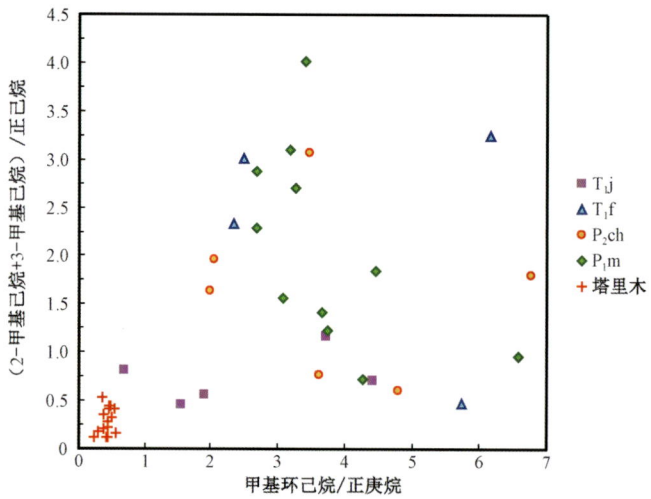

图9-26 天然气甲基环己烷/正庚烷与(2-甲基己烷+3-甲基己烷)/正己烷关系图

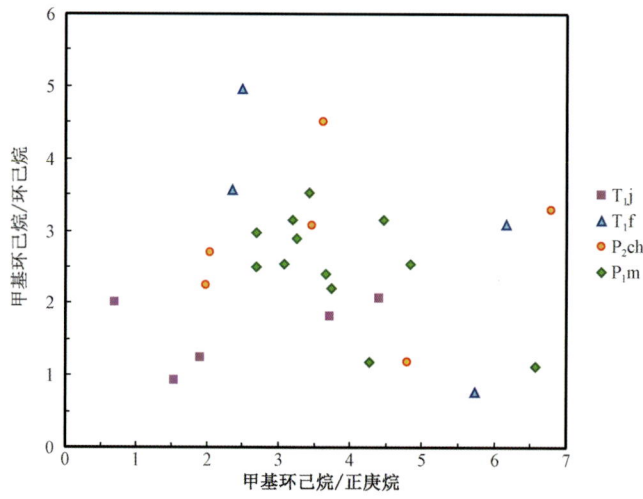

图9-27 天然气甲基环己烷/正庚烷与甲基环己烷/环己烷的关系图

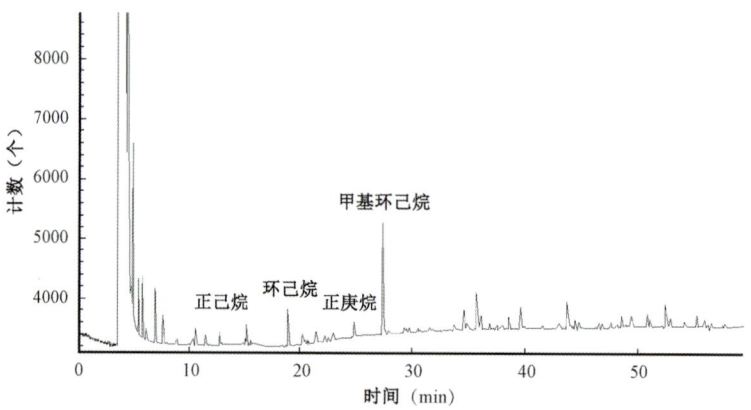

图9-28 四川盆地普光5井长兴组天然气轻烃色谱图

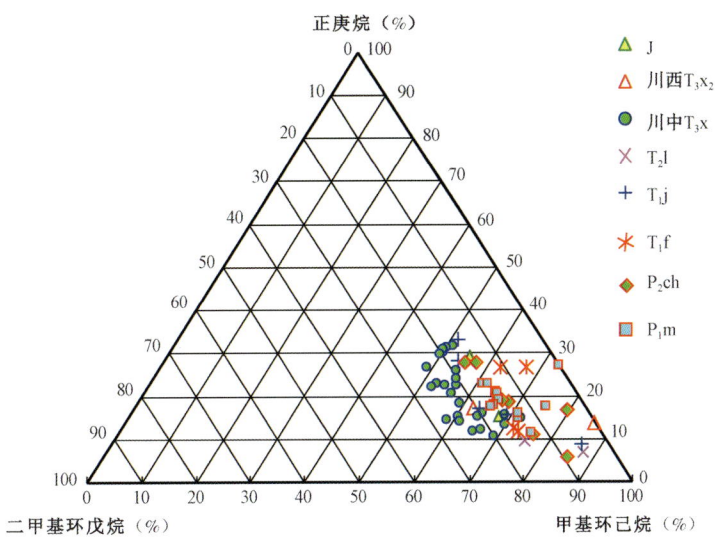

图 9-29 四川盆地各层系天然气 C_7 轻烃系统相对含量三角图

第三节 须家河组煤成气轻烃地球化学特征及其影响因素

中国具有丰富的煤成气资源,煤成气大气田储量和数量占中国天然气 70% 以上(Dai 等,2005),目前,在四川盆地发现来源于须家河组煤系烃源岩气田很多,如邛西、中坝、广安和合川等大中型气田,Dai 等(2009)通过对全区须家河组天然气组分碳同位素研究后认为四川盆地须家河组天然气成因类型主要为煤成气,因此,在 Dai 等(2009)对须家河组煤成气组分碳同位素研究的基础上,对不同成熟度系列天然气进行采样分析,并与采自中坝气田雷三段气藏油型气进行了对比分析,确定了不同成熟度系列的煤成气轻烃组分以及油型气和煤成气轻烃单体烃碳同位素分布特征,为天然气成因类型研究提供了更强有力的工具。

一、地质概况

四川盆地上三叠统须家河组为一套以陆相为主兼有海相、海陆交互相的陆源碎屑沉积,在沉积和改造过程中,具有早期沉积超覆,中晚期抬升剥蚀的特点。晚三叠世沉积古地貌总体呈东高西低的箕状,沉积厚度西部较大,可达 3000m 以上,北部、东部、南部相对较薄,一般约为 200m。

四川盆地上三叠统须家河组烃源岩主要为须一段、须三段、须五段的黑色泥岩、页岩及薄煤层(图 9-30)。在须二段的中下部、须四段的中上部、须六段的中上部也发育一些暗色泥岩与煤层。须家河组烃源岩厚度分布具有西部厚度大(可达 1000m)(图 9-30),南部、东部和北部厚度薄(小于 200m)的分布特点。须家河组泥岩有机质丰度高,有机碳分布在 0.5% ~ 9.7%,平均为 1.96%,须一段、须三段和须五段以发育湖泊和三角洲沉积体系为特征,烃源岩有机质类型主要以 II_2 型和 III 型干酪根为主,是一套良好的烃源岩(Dai 等,2009)。

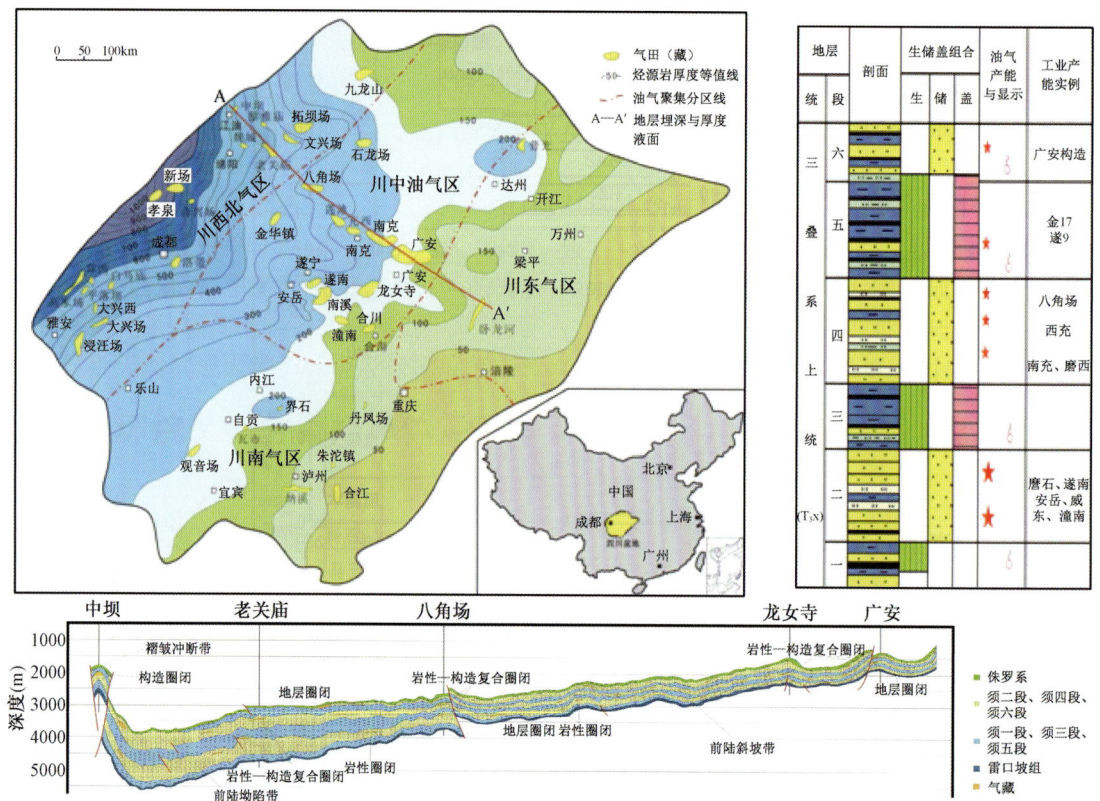

图9-30 四川盆地须家河组气藏、烃源岩分布及构造横剖面

须家河组烃源岩成熟度分布范围广,在川西南部和川北须三段烃源岩成熟度 R_o 大于 1.9%,西北部和中东部等大部分地区烃源岩成熟度较低, R_o 值分布在 0.8%~1.3%(图9-30)。四川盆地中西部地区上三叠统烃源岩在中侏罗世末仍处于低成熟阶段, R_o 值一般在 0.5%左右,到晚侏罗世末,盆地内一般都进入成熟期(R_o 为 0.6%~1.1%),到白垩纪末,油气演化进一步增强,在高值区, R_o 为 1.35%~3.5%,已进入高成熟—过成熟阶段,古近纪末,其油气演化基本保持了白垩纪末的热演化格局。

上三叠统须家河组共发现20多个气田,主要分布在川西北和川中地区,在盆地西部以构造气藏为主,气藏主要分布在须二段。中部和南部以地层气藏为主,在纵向上主要分布在须二段、须四段和须六段。

须家河组储层物性总体特征为低孔、低渗,孔隙度大多数分布在 2%~17%,平均为 6.38%。渗透率大多数分布在 0.1~1.0mD,平均为 0.33mD。储层的主要储集空间为粒间孔、粒间溶蚀扩大孔和长石、火山岩屑粒内溶孔。另外,发育少量的黏土矿物晶间微孔。

二、天然气轻烃组成特征

(一)C_7 轻烃具有甲基环己烷分布优势,环烷烃含量也较高

四川盆地须家河组天然气轻烃组成的一个显著特点是甲基环己烷含量很高。图9-31 为

广安、邛西、中坝和遂南等气田须家河组天然气轻烃色谱图,可以看出,在各煤成气田中煤成气 C_7 化合物分布(包括正庚烷、甲基环己烷、二甲基环戊烷、甲苯和各个异构烷烃等多个化合物)均表现出以甲基环己烷为主峰的分布特点,具有甲基环己烷分布优势,而来源于腐泥型有机质的中坝气田雷三段气藏天然气轻烃分布则以正庚烷为主峰,与煤成气轻烃分布具有明显的差

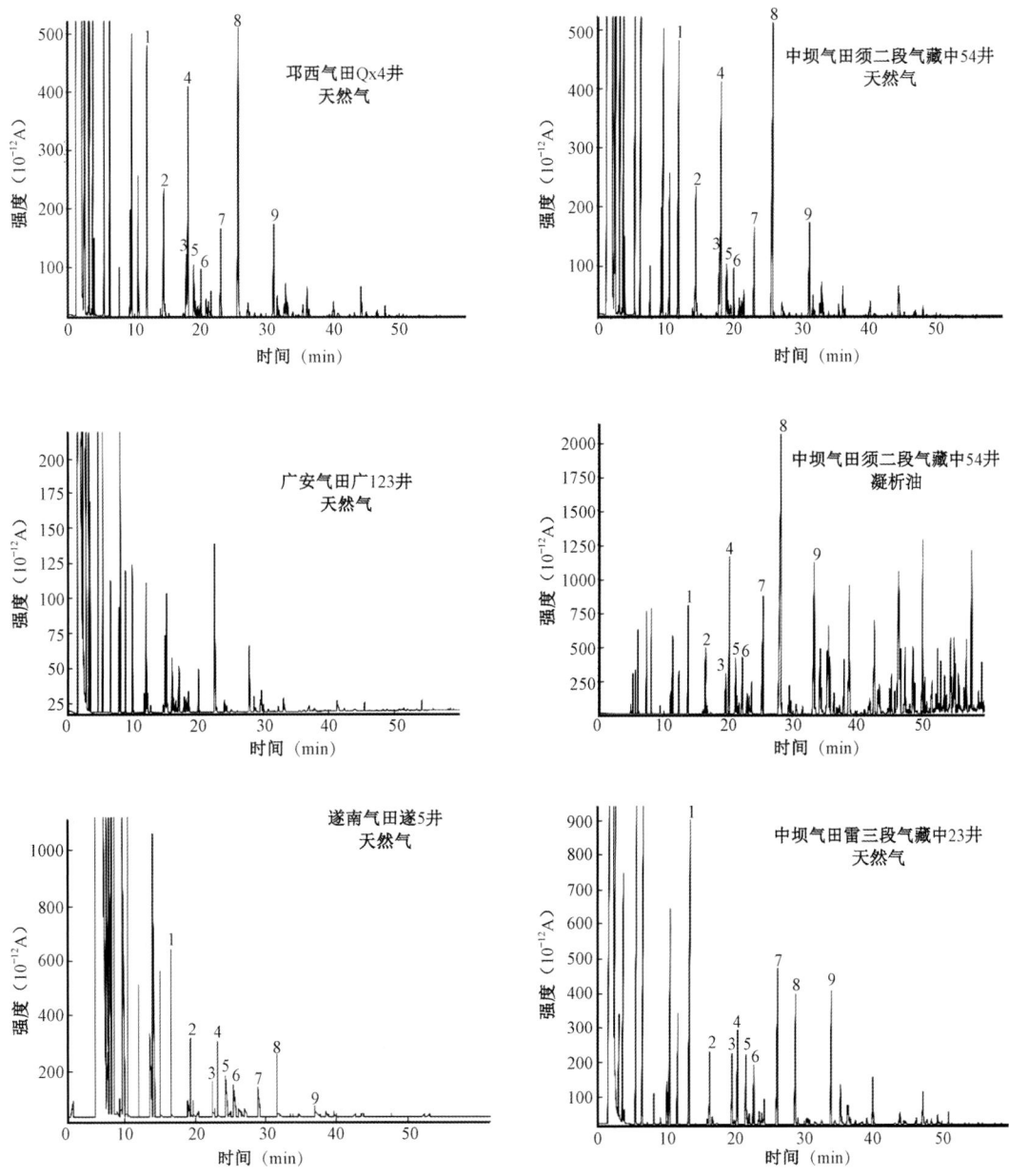

图 9-31 四川盆地须家河组天然气轻烃色谱图
1—正庚烷;2—甲基环戊烷;3—苯;4—环己烷;5—2-甲基己烷;
6—3-甲基己烷;7—正庚烷;8—甲基环己烷;9—甲苯

别。在甲基环己烷、正庚烷和二甲基环戊烷相对组成中(表9-6),甲基环己烷含量最高,分布在48.0%~73.0%,平均为63.9%;正庚烷和二甲基环戊烷含量都比较低,正庚烷含量分布在10.0%~32.0%,平均为18.8%,二甲基环戊烷含量分布在9.0%~27.0%,平均为17.4%,而在中坝气田雷三段气藏中,正庚烷含量分布在47%~53%,甲基环己烷含量分布在34%~42%,正庚烷含量高于甲基环己烷,与煤成气 C_7 轻烃组成相比也存在明显的差别,煤成气具有甲基环己烷分布优势,而油型气则具有正庚烷分布优势。因此,在天然气 C_7 轻烃组成中,甲基环己烷分布优势可能是煤成气的一个重要特征。

表9-6 四川盆地须家河组天然气 C_6—C_7 轻烃化合物组成

气田	气藏	流体类型	井号	层位	$\delta^{13}C_1$ (‰, VPDB)	C_6—C_7 各类化合物(%)				C_7 化合物(%)		
						正构烷烃	异构烷烃	环烷烃	芳香烃	nC_7	MCC_6	$DMCC_5$
邛西气田		天然气	QX006-X1	T_3x_2	-31.6	6	15	40	39	10	73	17
			QX6	T_3x_2	-31.2	11	19	39	32	14	68	18
			QX14	T_3x_2	-30.5	16	19	36	29	20	62	18
			QX16	T_3x_2	-30.8	14	18	49	20	31	48	20
			QX4	T_3x_2	-32.9	9	21	42	28	11	69	21
			QX10	T_3x_2	-33.2	17	10	47	25	24	55	21
			QX3	T_3x_2	-33.1	7	23	43	26	10	70	20
中坝凝析气田	须二气藏	天然气	Z2	T_3x_2	-35.5	18	34	40	9	18	71	10
			Z16	T_3x_2	-35.6	19	35	43	4	18	66	16
			Z34	T_3x_2	-35.4	16	22	50	12	18	69	12
			Z36	T_3x_2	-35.4	16	28	46	10	17	69	14
			Z44	T_3x_2	-35.0	16	26	47	11	18	73	9
			Z54	T_3x_2	-34.0	18	29	44	9	18	67	15
			Z48	T_3x_2	-36.2	18	32	42	9	18	67	15
			Z19	T_3x_2	-35.0	17	31	43	9	19	71	10
			Z4	T_3x_2	-35.3	18	34	42	7	18	71	11
			Z63	T_3x_2	-35.5	17	35	40	8	17	68	15
		凝析油	Z2	T_3x_2	—	21	23	34	23	15	73	12
			Z16	T_3x_2	—	14	15	54	16	18	72	10
			Z34	T_3x_2	—	14	16	54	15	18	71	11
			Z36	T_3x_2	—	14	15	56	15	18	72	10
			Z44	T_3x_2	—	15	16	55	15	18	71	11
			Z54	T_3x_2	—	16	17	53	13	18	71	11
			Z48	T_3x_2	—	15	16	54	15	19	70	11

续表

气田	气藏	流体类型	井号	层位	$\delta^{13}C_1$ (‰, VPDB)	C_6—C_7 各类化合物(%)				C_7 化合物(%)		
						正构烷烃	异构烷烃	环烷烃	芳香烃	nC_7	MCC_6	$DMCC_5$
中坝凝析气田	雷三气藏	天然气	Z46	T_3l	—	31	31	25	13	47	42	11
			Z40	T_3l	—	32	32	24	12	48	41	12
			Z42	T_3l	—	30	31	24	15	48	40	12
			Z81	T_3l	—	32	35	21	11	50	37	13
			Z21	T_3l	—	33	39	16	12	53	34	13
			Z23	T_3l	—	34	39	19	8	48	37	15
八角场气田		天然气	J47	T_3x_2	−39.5	15	24	49	12	15	72	13
			J33	T_3x_2	−40.0	16	30	46	8	16	69	15
观音场气田		天然气	Y17	T_3x_6	−40.2	20	36	34	9	30	50	20
			Y10	T_3x_6	−38.5	20	36	34	11	32	51	17
			Y27	T_3x_4	−38.8	20	37	33	10	31	50	18
界石场气田		天然气	Jie6	T_3x_6	−39.2	19	36	39	7	26	55	19
包浅、丹凤场		天然气	BQ1	T_3x_{1-2}	−40.2	13	57	25	5	15	73	12
			B27	T_3x_2	−39.9	18	39	37	5	22	52	26
			BQ4	T_3x_4	−39.2	21	36	32	11	30	50	20
			D2	T_3x_2	−37.2	13	18	60	9	13	70	17
遂南气田		天然气	S56	T_3x_2	−42.5	17	53	25	5	23	53	24
			S37	T_3x_{2-4}	−42.5	20	41	32	6	23	54	23
莲深、充深		天然气	LS1	T_3x_4	−39.7	15	31	44	11	15	64	21
			CS1	T_3x_4	−40.5	18	34	40	8	23	57	21
			Xi51	T_3x_6	−39.5	15	39	41	5	14	59	28
			X72	T_3x_4	−41.7	15	31	48	6	12	66	22
			X20	T_3x_4	−43.8	15	31	43	10	16	64	20
			X35−1	T_3x_2	−42.6	16	53	25	6	24	56	20
合川气田		天然气	N103	T_3x_2	−39.9	15	53	27	5	21	57	23
			TN1	T_3x_{2-4}	−41.8	18	54	23	5	27	49	24
金华镇气田		天然气	Jing17	T_3x_4	−38.9	11	24	51	14	11	69	20
广安气田		天然气	G51	T_3x_6	−39.5	15	40	41	4	15	59	27
			XH1	T_3x_6	−38.5	15	32	47	5	15	61	24
			GA123	T_3x_4	−42.5	11	40	37	12	15	61	23

煤成气轻烃中环烷烃含量也较高,表 9-6 列出了四川盆地须家河组主要气田天然气轻烃各类化合物的相对含量组成,在 C_6—C_7 正构烷烃、异构烷烃、环烷烃和芳香烃相对体积含量组成中环烷烃含量最高,分布在 23.0%~60.0%,平均为 40.5%;其次为异构烷烃,含量分布在 10.0%~57.0%,平均为 32.5%;而正构烷烃和芳香烃含量较低,正构烷烃含量分布在 6%~21%,平均为 15.7%,芳香烃含量分布在 4%~39%,平均为 11.4%。而油型气则相反,如中坝气田雷三段气藏天然气轻烃中则以正构烷烃含量最高,分布在 30%~34%,明显比煤成气高,但环烷烃含量较低,分布在 16%~25%,明显比煤成气低,中坝气田雷三段气藏油型气和须二段气藏煤成气在轻烃组成上存在很大差异,母质类型可能是环烷烃含量差异的主要原因。

(二)在 C_6—C_7 轻烃中煤成气芳香烃含量变化大

油气中芳香烃含量变化的影响因素很多,与生成有关的主要有母质类型和成熟度两种控制作用。一般认为,煤成气轻烃中的苯和甲苯含量较油型气高(陈海树,1987;Hunt 等,1980)。四川盆地须家河组煤成气轻烃中芳香烃含量分布在 4%~39%,平均为 11.4%,表明须家河组煤成气轻烃中芳香烃含量一般都不高,但变化较大(表 9-6)。从芳香烃在各气田分布来看,邛西气田芳香烃含量最高,分布在 20%~39%,平均为 28.4%,其他气田天然气轻烃中苯和甲苯含量都很低,分布在 4%~15%,平均为 8.1%,而中坝气田雷三段气藏天然气轻烃中的芳香烃含量分布在 8%~15%,平均为 11.8%,显示来自腐泥型有机质的天然气轻烃中芳香烃含量甚至比部分煤成气还要高,因此,根据轻烃中芳香烃含量判识天然气成因类型可能导致错误的结论。

(三)煤成气轻烃单体烃碳同位素组成重

轻烃单体烃碳同位素在油气成因、后生作用等研究中具有重要的作用(Chung 等,1998;Hu 等,2008;George 等,2002;Whiticar 等,1999)。为了便于对比分析,对四川盆地中坝气田须二气藏煤成气和雷三气藏油型气轻烃单体烃碳同位素进行了对比分析,结果如表 9-7 所示。

表 9-7 四川盆地中坝气田须家河组天然气轻烃单体烃碳同位素值分布

气藏	井号	层位	$\delta^{13}C$(‰,VPDB)										
			2-MC_5	3-MC_5	nC_6	MCC_5	苯	CC_6	2-MC_6	3-MC_6	nC_7	MCC_6	甲苯
须二气藏	Z16	T_3x_2	-21.4	-23.4	-24.0	-22.7	-22.2	-22.8	-22.1	-23.2	-23.6	-22.7	-22.5
	Z19	T_3x_2	-23.5	-22.8	-23.2	-22.0	-21.8	-21.7	-22.0	-22.6	-22.7	-22.4	-22.6
	Z4	T_3x_2	-20.6	-22.3	-23.2	-21.6	-21.9	-22.0	-22.8	-21.9	-23.7	-22.2	-22.6
	Z63	T_3x_2	-23.9	-22.5	-24.0	-22.5	-21.8	-22.0	-21.1	—	-24.2	-22.5	-22.5
	Z2	T_3x_2	-22.5	-23.3	-23.3	-21.4	-21.5	-21.9	—	—	-23.6	-22.4	-22.4
	Z34	T_3x_2	-20.0	-23.2	-23.1	-22.2	-21.3	-21.9	-22.7	-23.1	-24.2	-21.7	-22.5
	Z36	T_3x_2	-21.9	-21.3	-22.2	-20.4	—	-22.1	—	—	-22.8	-21.0	—
	Z44	T_3x_2	-21.3	-22.7	-23.9	-23.0	-22.4	-22.0	-22.4	-22.9	-25.1	-22.1	-22.5
	均值		-21.9	-22.7	-23.4	-22.0	-21.8	-22.1	-22.2	-22.7	-23.7	-22.1	-22.5

续表

气藏	井号	层位	δ¹³C(‰, VPDB)										
			2-MC$_5$	3-MC$_5$	nC$_6$	MCC$_5$	苯	CC$_6$	2-MC$_6$	3-MC$_6$	nC$_7$	MCC$_6$	甲苯
雷三气藏	Z81	T$_2$l	-28.8	-28.4	-25.8	-26.6	-24.8	-27.8	-27.9	-27.8	-30.2	-28.2	-27.3
	Z21	T$_2$l	-28.2	-28.7	—	-27.8	-25.4	-28.4	-28.3	-28.3	-29.8	-29.0	-27.9
	Z23	T$_2$l	-28.9	-30.0	-28.7	-28.2	-25.3	-28.0	-28.5	-28.3	-28.4	-27.5	—
	Z46	T$_2$l	-28.3	-28.6	-27.8	-26.6	-25.3	-27.2	-27.3	-28.4	-30.8	-27.4	-26.9
	Z40	T$_2$l	-29.1	-28.7	-30.2	-27.0	-24.1	-28.8	-27.6	-27.7	-30.1	-28.1	-27.7
	Z42	T$_2$l	-27.5	-28.1	—	-27.0	-25.3	-27.4	-27.1	-27.1	-30.5	-28.0	-27.9
	均值		-28.5	-28.8	-28.1	-27.2	-25.0	-27.9	-27.9	-27.9	-30.0	-28.0	-27.5

中坝气田须二气藏与雷三气藏天然气轻烃单体烃碳同位素存在明显差别。须二气藏天然气轻烃单体烃碳同位素重,$\delta^{13}C$ 分布在 -25.1‰ ~ -20.0‰,大部分分布在 -23.0‰ ~ -21.0‰。在各类化合物之间碳同位素也存在差异,正庚烷和正己烷碳同位素最轻,平均值分别为 -23.7‰和 -23.4‰;其次是环己烷和甲基环己烷,平均值分别为 -22.1‰和 -22.0‰;在苯和甲苯碳同位素组成中,一般情况下多一个甲基的甲苯碳同位素较苯轻,平均约轻 0.7‰。

中坝气田雷三气藏天然气轻烃单体烃碳同位素较轻,$\delta^{13}C$ 值分布在 -30.8‰ ~ -24.1‰,大部分化合物碳同位素都小于 -27.0‰。在各化合物中碳同位素最轻的是正庚烷,$\delta^{13}C$ 值平均为 -30‰,最重的是苯,$\delta^{13}C$ 值平均为 -25‰,比甲苯约重 -2.5‰。

与雷三气藏相比,中坝气田须二气藏天然气轻烃单体烃碳同位素明显偏重,两者之间存在很大的差别,这可能主要与天然气成因类型有关。

三、天然气轻烃分布的影响因素

(一)蒸发分馏作用对轻烃组成影响

蒸发分馏作用主要是指油气分离过程(Silverman,1965;Price 等,1983;Thompson,1987、1988),Thompson(1987)提出蒸发分馏作用影响甲苯/正庚烷等比值,Canipa—Morales(2003)通过模拟实验研究认为蒸发分馏作用对 C$_7$ 轻烃组成的影响主要受单个化合物的挥发性影响,但是也有不同观点,如 Mango(1997)认为甲苯/正庚烷指标对分馏作用不够敏感而不能作为明显的指标。本次同时对 7 口井在井口对分离后的凝析油和天然气样品进行采样和室内轻烃分析,通过对比同口井凝析油和天然气中轻烃分布,研究了蒸发分馏作用对不同轻烃指标的影响。

1. 热演化参数

2,4-DMC$_5$/2,3-DMC$_5$ 比值与油气生成温度之间存在良好的相关关系(Mango,1987),BeMent 等(1995)提出了 Ctemp 参数$\{Ctemp = 140 + 15[\ln(2,4-DMC_5/2,3-DMC_5)]\}$确定轻烃生成的温度。相对于 2,3-DMC$_5$,2,4-DMC$_5$ 沸点低易于蒸发,因此蒸发分馏作用使得原油中 2,4-DMC$_5$/2,3-DMC$_5$ 降低。7 个原油和天然气轻烃的 Ctemp 值分布见表 9-8,天然气轻烃 Ctemp 值比原油普遍高约 2.1 ~ 7.6℃。

表9–8　中坝气田须二气藏天然气和凝析油轻烃参数对比

流体性质	井号	C_{temp}(℃)	异庚烷值(%)	庚烷值(%)	甲苯/正庚烷	正庚烷/甲基环己烷
天然气	Z2	137.4	2.1	10.1	1.1	0.3
	Z16	136.9	2.1	10.4	1.1	0.3
	Z34	132.1	2.0	12.3	1.2	0.3
	Z36	134.7	1.9	10.5	1.2	0.3
	Z44	134.4	2.0	11.0	1.3	0.3
	Z54	135.4	2.0	10.6	1.0	0.3
	Z48	136.7	2.2	10.5	1.0	0.3
凝析油	Z2	129.6	2.0	13.1	1.5	0.3
	Z16	129.6	2.0	13.3	1.6	0.3
	Z34	130.0	2.0	13.0	1.5	0.3
	Z36	128.9	1.9	13.1	1.5	0.3
	Z44	130.1	2.0	12.9	1.4	0.3
	Z54	129.2	2.0	13.2	1.4	0.3
	Z48	129.9	2.0	13.2	1.4	0.3

庚烷值和异庚烷值常被用来判识油气的成熟度(Thompson,1983),由于$2-MC_6$、$3-MC_6$和DMC_5(c1,c3、1,t3、1,t2)的沸点温度接近(Canipa—Morales等,2003),蒸发分馏程度相似,天然气和原油中异庚烷值分布在1.94~2.19,油气处于成熟—过成熟阶段,但对天然气和原油异庚烷值对比发现两者相差仅为0.01~0.2(表9–8),说明蒸发分馏作用对异庚烷值基本没有影响。而对庚烷值来说,天然气和原油轻烃中庚烷值相差较大,天然气轻烃庚烷值分布在10.13%~12.27%,原油轻烃庚烷值分布在12.90%~13.32%,原油和天然气之间相差在0.74%~2.95%,两者相差比较大。

从同口井原油和天然气轻烃组成对比分析,蒸发分馏作用对轻烃反映热演化程度的庚烷值和C_{temp}两个指标具有明显影响。蒸发分馏作用使天然气轻烃C_{temp}值高于原油,庚烷值反映的成熟度低于原油,而对异庚烷值来说,蒸发分馏作用影响不大。因此在应用轻烃热演化成熟研究原油和天然气形成的成熟度时应谨慎使用。

2. 成因类型参数

$(2-MC_6+2,3-DMC_5)$与$(3-MC_6+2,4-DMC_5)$和P_2与N_2/P_3可用来判识有机质母质类型(Mango,1987、1990),原油实验室蒸发分馏实验结果表明蒸发分馏作用不会改变这些比值关系,仍然可以被用来进行油气源对比(Canipa—Morales等,2003)。四川盆地须家河组天然气和凝析油轻烃的$(2-MC_6+2,3-DMC_5)$与$(3-MC_6+2,4-DMC_5)$和P_2与N_2/P_3分布关系如图9–32所示,在$(2-MC_6+2,3-DMC_5)$与$(3-MC_6+2,4-DMC_5)$相关图上,天然气和凝析油这两项比值基本分布在一条直线上,天然气和凝析油K_1值均近似为1.1,蒸发分馏作用使得$(2-MC_6+2,3-DMC_5)$与$(3-MC_6+2,4-DMC_5)$两个参数呈现系统性变化。在P_2与N_2/P_3相关性图上,蒸发分馏作用对这两项比值虽有些影响,但是这种影响程度是非常小的,各样品点分布在直线附近,基本不影响对母质成因类型的判识。

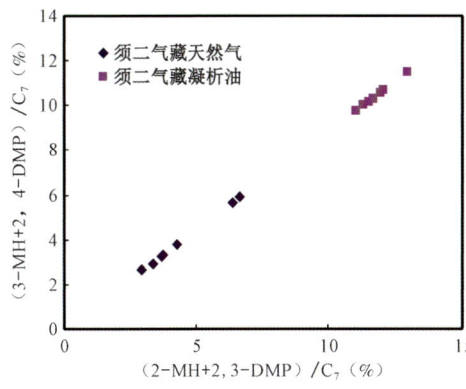 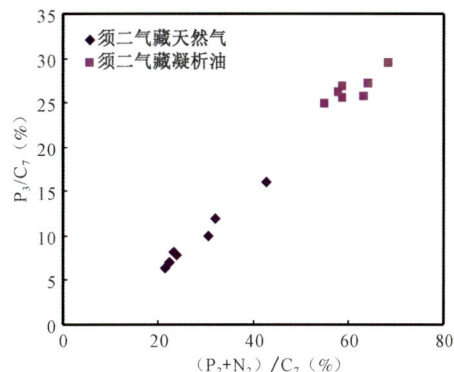

图 9-32　中坝气田天然气和凝析油 2 - MC_6 + 2,3 - DMC_5 与
3 - MC_6 + 2,4 - DMC_5、N_2 + P_2 与 P_3 关系对比图

2,3 - DMC_5:2,3 - 二甲基戊烷;2,4 - DMC_5:2,4 - 二甲基戊烷;N_2:1,1 - 二甲基环戊烷 +
反 - 1,3 - 二甲基环戊烷 + 顺 - 1,3 - 二甲基环戊烷;P_2:2 - 甲基己烷 + 3 - 甲基己烷;P_3:2,2 - 二甲基戊烷
(DMC_5) + 2,4 - DMC_5 + 3,3 - DMC_5 + 2,3 - DMC_5 + 3 - 乙基戊烷(EPC_5) + 2,2,3 - 三甲基丁烷

正庚烷、甲基环己烷和二甲基环戊烷常被用来判识油气的成因类型(Hu 等,1990;Hu 等, 2008),正庚烷、甲基环己烷和二甲基环戊烷沸点比较接近,分布在 90℃附近(Canipa—Morales 等,2003),因此,蒸发分馏作用对这些化合物相对含量变化关系影响不会很大。表 9-7 列出了同口井凝析油和天然气轻烃正庚烷、甲基环己烷和二甲基环戊烷相对百分含量组成,凝析油和天然气正庚烷、甲基环己烷和二甲基环戊烷组成存在差异,但是变化较小,在 3 类化合物中,由于甲基环己烷沸点最高,其次是正庚烷,二甲基环戊烷沸点最低,因此,在凝析油中一般表现出甲基环己烷含量最高,二甲基环戊烷含量最低的分布特征。须家河组天然气和凝析油轻烃中这 3 类化合物组成与这种规律性变化非常吻合,在凝析油中甲基环己烷含量一般比天然气高 5%,而二甲基环戊烷含量一般低 5%,正庚烷含量变化很小,但是,这种含量的变化不影响对油气成因类型的判识。

异构体(异构烷烃和环戊烷、甲苯和甲基环己烷、正庚烷)组成常被用来进行油气分类,由于甲苯和甲基环己烷沸点远高于 C_7 异构烷烃和环戊烷,蒸发分馏作用对这些化合物的相对组成影响较大,须家河组天然气和凝析油 C_7 异构体组成见表 9-8,天然气与凝析油轻烃中甲苯/正庚烷比值差别较大,凝析油中甲苯含量较高,甲苯/正庚烷值比天然气约高 0.2~0.5。但天然气和凝析油中正庚烷/甲基环己烷几科没有差别,因此,蒸发分馏作用对正庚烷/甲基环己烷比值影响较小。

(二)天然气成因类型对轻烃分布影响

成因类型对天然气轻烃具有重要的影响,以下主要从 Mango 参数、C_7 各类化合物相对组成)和轻烃的碳同位素组成 3 个方面加以讨论。

1. Mango 参数

Mango(1987、1990、1997)指出在同一类原油(气)中 K 值有不变的常数值,而在不同类型原油(气)中它们之间有差别。图 9 – 33 是四川盆地须家河组来源于不同成熟度的煤系烃源岩的天然气和来源于腐泥型有机质的天然气轻烃中($2-MC_6+2,3-DMC_5$)和($3-MC_6+2,4-DMC_5$)4 个化合物的分布关系图。无论是煤成气还是油型气,两者之间均存在良好的正相关性,煤成气($2-MC_6+2,3-DMC_5$)和($3-MC_6+2,4-DMC_5$)之间的相关关系为 $y=0.8747x+0.08$,相关系数为 0.9981,油型气相关关系为 $y=0.7972x-0.174$,相关系数为 0.9861。另外,来源于腐泥母质的中坝气田雷三气藏天然气 K_1 值约为 1.3,而来源于煤系烃源岩须家河组天然气 K_1 值约为 1.1,两者之间存在显著的差别,可以看出天然气成因类型影响 Mango 参数 K_1 值的分布。

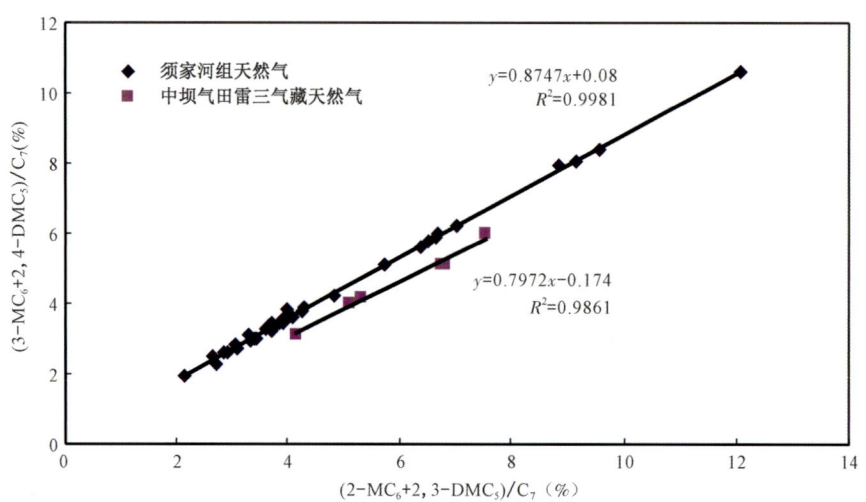

图 9 – 33　不同成因类型天然气轻烃($2-MC_6+2,3-DMC_5$)和($3-MC_6+2,4-DMC_5$)分布关系图

2. C_7 不同类型化合物

正庚烷、甲基环己烷和二甲基环戊烷是 C_7 轻烃主要的化合物。表 9 – 6 列出了四川盆地须家河组和中坝气藏雷三气藏天然气轻烃正庚烷、甲基环己烷和二甲基环戊烷相对含量分布,从图 9 – 34 可以看出,油型气轻烃组成中相对富含正构烷烃,nC_7 相对含量大于 60%,环烷烃含量相对较低,MCC_6 小于 45%;而煤成气轻烃组成则相对富集 MCC_6,一般大于 50%,nC_7 含量相对较低,小于 40%。因此,天然气成因类型对 C_7 不同类型化合物分布具有重要影响。

3. 轻烃单体烃碳同位素

从 20 世纪 90 年代中期开始在线同位素分析技术被应用到相对分子质量低的化合物的单体碳同位素测定(Clayton 等,1994;Whiticar 等,1999;George 等,2002),并开展了对油气母源、成熟度、蒸发分馏作用、生物降解作用及水洗作用的轻烃碳同位素研究(Clayton 等,1994;Chung 等,1998;George 等,2002;Whiticar 等,1999;Rooney 等,1998)。中坝气田须二气藏 8 个天然气样品轻烃单体烃碳同位素分布在 – 25.1‰ ~ – 20.0‰,苯、甲苯和甲基环己烷碳同位素比值与 Hu 等(2008)提出的煤成气的分布范围接近,进一步证明其为典型的煤成气。另外,轻烃各化合物碳同位素比 Chung 等(1998)报道的 Beryl 油田煤成油约重 2.0‰ ~ 5.0‰,Chung 等(1991)认为成熟度变化可以导致碳同位素重(轻)2‰,因此这种变化可能与成熟度有关。

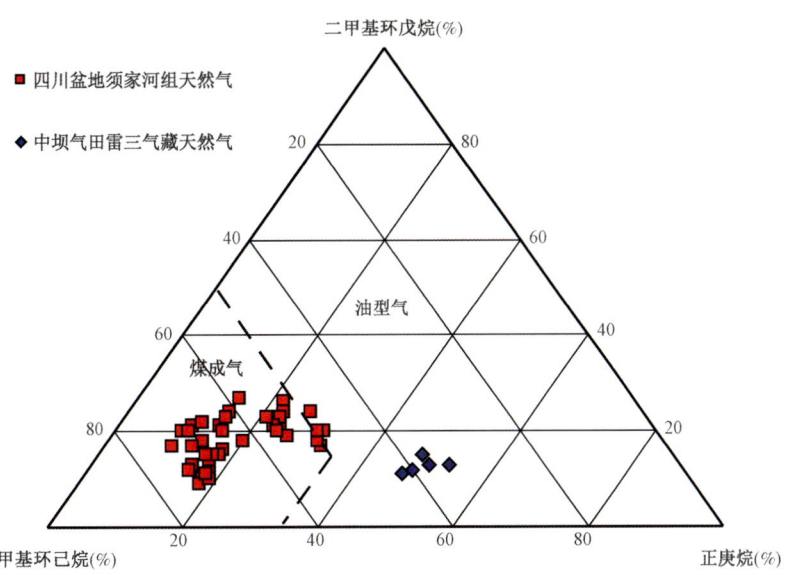

图9-34 天然气轻烃中甲基环己烷、二甲基环戊烷和正庚烷相对百分含量组成三角图

中坝气田雷三气藏天然气轻烃单体烃 $\delta^{13}C$ 值分布在 $-30.8‰ \sim -24.1‰$，与须二段煤成气存在显著的差别（图9-35），但与Chung等（1998）报道的Beryl油田来源于海相烃源岩原油轻烃单体烃碳同位素接近，并且苯、甲苯和甲基环己烷碳同位素比值也落在Hu等（2008）提出的油型气的分布范围内，轻烃同位素进一步证明了雷三气藏天然气为油型气。

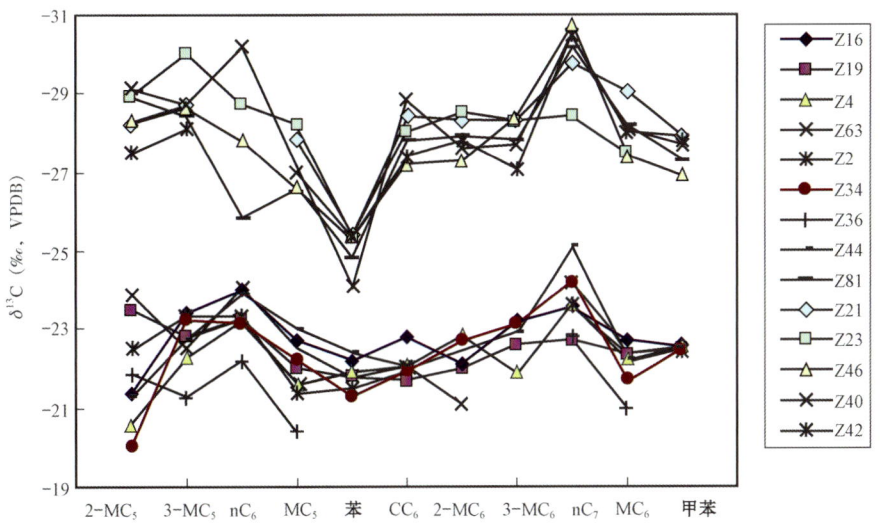

图9-35 中坝气田须二气藏和雷三气藏天然气轻烃单体烃碳同位素对比
Z16、Z19、Z4、Z63、Z2、Z34、Z36和Z44气样取自须二气藏，为煤成气；其他气样取自雷三气藏，为油型气

因此，中坝气田须二气藏和雷三气藏天然气轻烃单体烃碳同位素这种差异可能主要受母质类型的影响。

通过不同成熟度系列、不同相态、不同成因类型等轻烃的组成对比分析,煤成气轻烃的组成影响因素比较多。蒸发分馏作用使得煤成气 C_{temp} 值增高,而对原油来说降低;对甲基环己烷、二甲基环戊烷和正庚烷相对含量也有影响,但是这种含量的变化不影响对油气成因类型的判识,对甲苯/正庚烷值影响较大。成熟作用对天然气轻烃中芳香烃含量影响较大,在 R_o 值小于 1.5% 的天然气中芳香烃的含量比较低,因此,在利用芳香烃含量指标进行天然气成因类型判识时需要谨慎。在上述研究基础上,通过对各项天然气成因类型判识指标进行了对比分析,提出 Mango 参数 K_1 值、正庚烷、甲基环己烷和二甲基环戊烷相对含量关系及轻烃单体烃碳同位素受其他影响较小,而与成因类型之间的关系较大,可以用来作为天然气成因及来源主要认识。

第十章　塔里木盆地天然气轻烃地球化学特征及应用

第一节　台盆区油型气轻烃组成及气源对比

塔里木盆地台盆区是我国典型的海相油型气富集区,目前在巴楚低凸起、塔中Ⅰ号坡折带、塔北隆起的南部等都发现了油型气大气田,在塔东地区也见到了良好的显示,图10-1是塔里木盆地气田分布图。台盆区发育和田河、塔中Ⅰ号等气田。

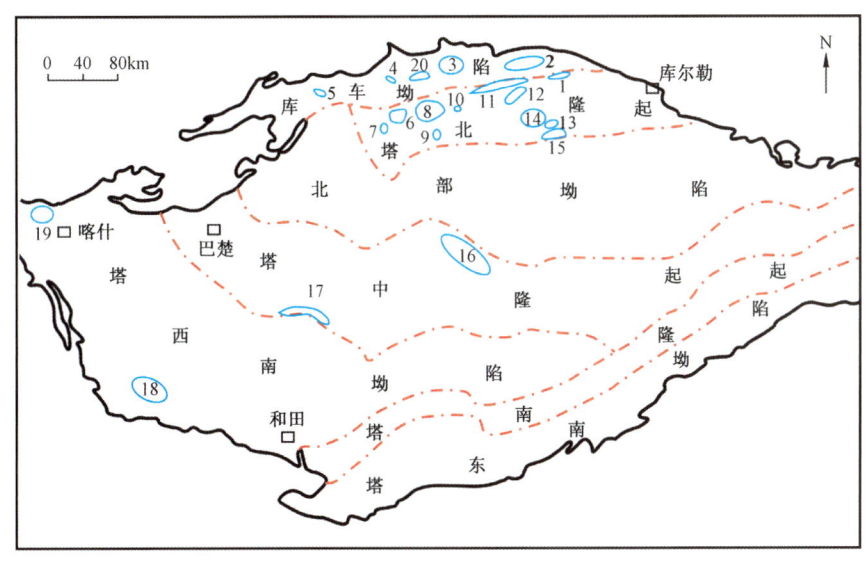

图10-1　塔里木盆地气田分布示意图

1—提尔根;2—迪那2;3—克拉2;4—大北;5—乌参1;6—羊塔克;7—玉东2;8—英买7;
9—英买2;10—红旗;11—牙哈;12—雅克拉;13—桑塔木;14—塔河;15—吉拉克;
16—塔中Ⅰ号;17—和田河;18—柯克亚;19—阿克莫木;20—克深气田

一、台盆区天然气组分及同位素分布特征

(一)组分分布特征

1. 烃类组分分布特征

塔里木盆地克拉通地区海相天然气总体上以湿气为主,干气相对较少,不同地区有较大的差异(图10-2)。

— 225 —

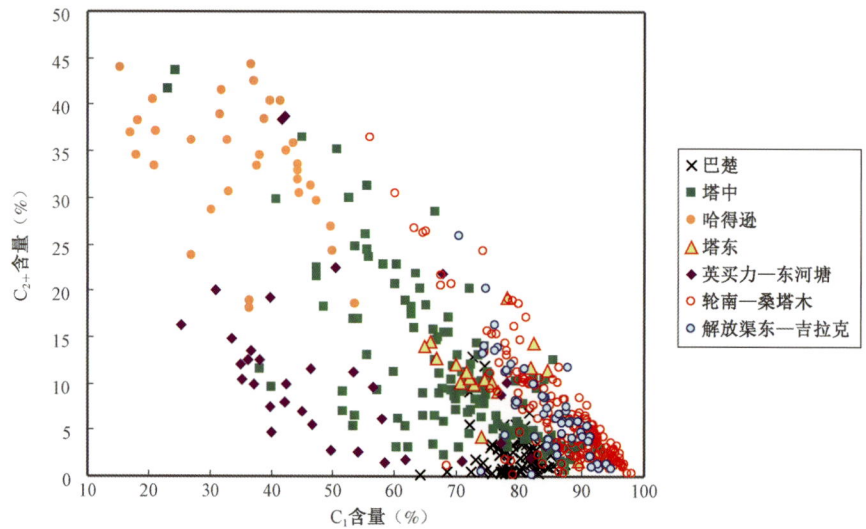

图 10-2 塔里木盆地台盆区天然气甲烷与重烃含量相关图

(1)巴楚地区以干气为主。

巴楚地区天然气主要集中在和田河气田,甲烷含量主要分布在 72%~86%;C_{2+} 含量主要为 0.3%~5.5%,干燥系数(C_1/C_{2+})为 0.92~0.99,平均为 0.97。其中,气田由东向西,C_{2+} 含量逐渐降低,以玛 5 井(0.61%~6.87%)为界,西边的玛 8 井、玛 3 井、玛 2 井,以小于 1.5%为主,东边的玛 401 井、玛 4 井、玛 402 井以 2%~5%为主;干燥系数小,由东向西增大,玛 5 井平均值为 0.9628,西边为 0.9712~0.9963,均值为 0.9899,东边为 0.9432~0.9950,均值为 0.9621。

(2)塔中地区以湿气为主。

塔中地区天然气甲烷含量分布在 40%~90%,C_{2+} 含量分布在 1%~40%。不同构造带有一定的差异:

塔中 1~6 号构造,甲烷主要为 70%~90%,C_{2+} 含量为 0.72%~9.49%。

塔中 4 构造,甲烷主要为 45%~75%,C_{2+} 含量 3.14%~36.43%,主要为 5%~25%。

塔中北坡虽然甲烷含量变化大,但主要以大于 60%为主,C_{2+} 含量为 2.11%~20.13%,第二排构造带上塔中 11 号构造中,甲烷主要分布于 70%~80%,C_{2+} 含量主要为 5%~15%。

(3)满东—英吉苏地区以湿气为主。

满东—英吉苏地区目前主要包括英南 2 井、龙口 1 井、满东 1 井及英东 2 井,除英东 2 井天然气甲烷在 90%左右,C_{2+} 含量为 1.7%~2.3%外,其他天然气甲烷含量 60%~80%,C_{2+} 含量主要为 10%~20%,表现出湿气特点。

(4)英买力—东河塘天然气为湿气。

英买力奥陶系储层天然气甲烷含量分布在 40%~70%,C_{2+} 含量变化大,最小的为英买 11 井(1.87%),最大的是英买 2 井(38.8%)。东河塘石炭系天然气的甲烷则以 30%~50%为主,C_{2+}含量主要为5%~20%为湿气。

(5)轮南—桑塔木地区既有干气,又有湿气。

轮南—桑塔木地区天然气甲烷分布在65%~98%,其中以75%~98%为主;C_{2+}含量为0.2%~22%。区域上呈现出规律性变化:由北往南,天然气甲烷含量增高,C_{2+}含量降低。含量变化依次为:轮南断垒带,甲烷含量为75~95%,C_{2+}含量为0.54~19.1%;轮南西部斜坡,甲烷含量为67.5%,C_{2+}含量为21.0%;轮南中部斜坡,甲烷含量为84%~97%,C_{2+}含量为0.3%~9.4%;桑塔木断垒带,甲烷含量为80%~98%,C_{2+}含量为0.25%~10%;桑南斜坡,甲烷含量为83%~97%,C_{2+}含量为0.9%~6%。

(6)解放渠东—吉拉克以湿气为主,少量干气。

解放渠东—吉拉克地区天然气甲烷分布在75%~95%,C_{2+}含量分布在0.11%~16.4%。其中,三叠系产层气主要表现为湿气,C_{2+}含量以大于4%为主,石炭系产层气主要表现为干气,C_{2+}含量为0.11%~2.33%。

(7)哈得逊天然气为原油伴生的湿气。

哈得逊油田的天然气属典型的原油伴生气,甲烷含量低,分布在15%~50%,C_{2+}重烃含量高,为23%~45%。

2. 非烃气体分布特征

氮气含量普遍高是塔里木盆地克拉通地区天然气非烃组成的重要特征,二氧化碳含量高的天然气仅分布在和田河气田和东河塘油田中。克拉通地区N_2含量分布在0.31%~46.46%;CO_2含量为0.04%~25.41%,主要小于5%(图10-3)。不同地区的天然气非烃组成有其自有的分布特征如下。

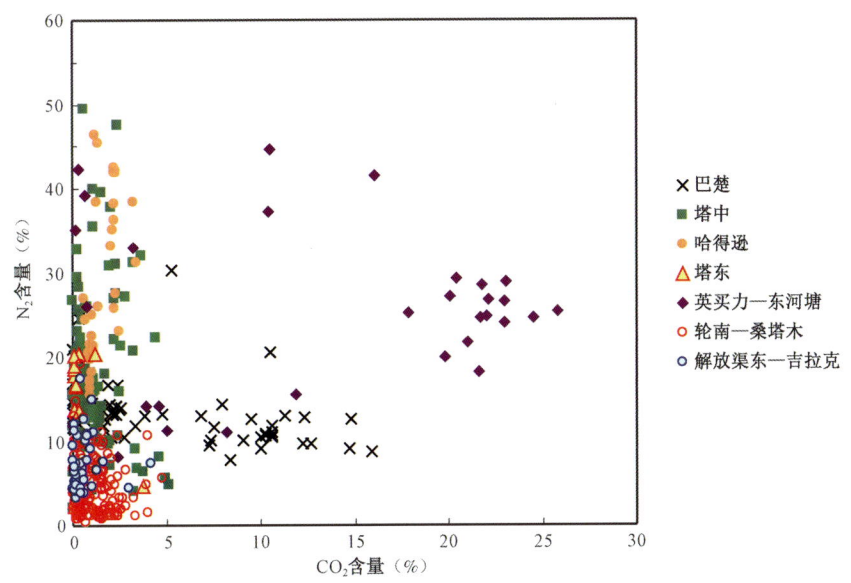

图10-3 塔里木盆地海相天然气氮气与二氧化碳含量相关图

(1) 巴楚地区天然气具有中—高 N_2 含量、部分高含 CO_2 含量的特征。

巴楚地区天然气非烃组成中,氮气含量分布在 7.8%~25%,其中主要在 10%~20%,按照前苏联学者 млзарькина(1984)的分类标准(N_2 < 5% 属低 N_2 含量的气藏, N_2 = 5%~15% 属中 N_2 含量的气藏, N_2 > 15% 属高 N_2 含量的气藏),巴楚地区的天然气藏属中—高氮气含量的气藏。其中和田河气田西部的玛3井区、玛8井区, N_2 含量为 9.13%~12.89%,属中 N_2 气藏;玛2井区 N_2 含量为 12.25%~20.61%,以中 N_2 为主;气田中部的玛5井区, N_2 含量分布在 7.8%~24.69%,其中以 N_2 > 12% 为主;和田河气田东部的玛401井区、玛4井区、玛402井区, N_2 含量分布在 10.56%~19.05%,均值为 14.3%,以中 N_2 含量为主。

二氧化碳含量在和田河气田东西部有明显的差别,总体上是西部高东部低。西部玛8井区、玛3井区 CO_2 含量主要分布在 9.3%~15.88%;玛2井区为 0.15%~2.33%;东部玛401井区、玛4井区、玛402井区, CO_2 含量低,分布在 0.33%~3.83%;中部玛5井区 CO_2 含量介于东、西部之间,分布在 0.03%~8.41,均值为 3.60%。

CO_2 含量高可能与该地区曾发生过热化学硫酸盐还原反应(TSR)有关。TSR反应发生于高温下(一般大于127℃)有硫酸盐发育的地层中。其机理是硫酸盐在高温下被烃类还原。TSR反应主要是生成 H_2S 气体, CO_2 是生成 H_2S 过程中的副产物。因此, H_2S 含量较高者,往往伴随有较多的 CO_2 含量(表10-1)。从地质条件而言,该区具备发生TSR反应的条件,主要是寒武系烃源岩生成的烃类沿断裂向上运移过程中要经过几百米厚的膏盐层,期间可能发生TSR反应。其结果是在和田河气田的玛8井区、玛3井区, H_2S 含量多在1000ppm以上, CO_2 含量大于10%;中部的玛5井区, H_2S 含量也较高,在1500~2000ppm,而 CO_2 含量有高有低,主要分布在 0.03%~8.41%;气田东边的玛401井区,主要以低 H_2S 含量为主, CO_2 含量均不高,分布在 0.33%~3.83%。这也就说明, H_2S 和 CO_2 含量高者可能主要与TSR反应有关。TSR反应还有一些重要的现象,如重烃气的含量明显比未发生TSR反应的偏低,碳同位素比未发生TSR反应的略重(表10-1)。四川盆地川东北飞仙关组鲕滩气藏高含 H_2S 气体和相对高 CO_2 含量以及低重烃含量也是TSR反应的结果。

表10-1 TSR反应对天然气组成和碳同位素的影响(Chunfang Cai 等,2002 修改)

井号	层位	深度 (m)	H_2S (ppm)	CH_4 (%)	C_2H_6 (%)	C_3H_8 (%)	C_4H_{10} (%)	CO_2 (%)	$\delta^{13}C_1$ (‰)	$\delta^{13}C_2$ (‰)	$\delta^{13}C_3$ (‰)
玛8	C_1	1509	1623	77.2	0.27	0.07	0	10.6	—	—	—
玛8	O_1	1754	1162	72.2	0.48	0.02	0	14.8	—	—	—
玛8	O_1	1795	1109	81.1	0	0	0	13.5	—	—	—
玛3	C_2	1048	1073	78.6	0.67	0	0	10.1	-35.6	-35.1	-31.1
玛3	C_1	1170	1067	78.2	0.67	0	0	10.6			
玛3	C_1	1202	1056	80.0	0.34	0	0	9.1	-35.8	-36.6	-32.2
玛3	O_1	1513	1080	78.3	0.41	0.08	0	10.6	-35.6	-36.7	-31.8
玛5	C_1	2089	81	80.8	1.47	0.71	0.21	3.1	-37.0	-36.7	-32.2

续表

井号	层位	深度(m)	H_2S(ppm)	CH_4(%)	C_2H_6(%)	C_3H_8(%)	C_4H_{10}(%)	CO_2(%)	$\delta^{13}C_1$(‰)	$\delta^{13}C_2$(‰)	$\delta^{13}C_3$(‰)
玛5	O_{2+3}	2335	1998	73.4	1.42	0.43	0.18	10.0	—	—	—
玛401	O_{2+3}	2220	87	88.5	3.31	0.84	0.42	3.9	—	—	—
玛401	O_{2+3}	2280	1080	80.9	0.97	0.33	0.19	1.6	-37.8	-37.3	-33.5
玛401	O_{2+3}	2352	26	90.0	3.37	1.09	0.42	1.4	-37.6	-37.2	-33.1
玛4	C_1	1663	5	78.9	18.10	0.72	0.37	0.6	-38.2	-37	-32.7
玛4	C_1	1885	5	78.9	1.84	1.01	0.39	0.5	-38.1	-37.8	-33.3
玛4	O_1	2345	155	82.6	1.40	0.52	0.28	1.0	-37.9	-35.5	-33.2

(2)塔中地区以中—高 N_2 含量、低 CO_2 含量为主。

塔中地区天然气非烃组成中，N_2 含量分布在 2.09%~40%，以大于 10% 为主；CO_2 含量较低，为 0.02%~5.11%，以小于 2% 为主。其中：① 塔中 1~6 号构造上，N_2 含量为 9.38%~26.03%，属中—高 N_2 气藏，CO_2 含量小于 2%；② 塔中 4 油田，N_2 含量为 11.46%~40.02%，以高 N_2 气藏为主，CO_2 含量为 0.04%~3.68%，以小于 2% 为主；③ 塔中北坡地区，N_2 含量和 CO_2 含量均有较大的变化，N_2 为 2.09%~32.78%，CO_2 含量为 0.02%~5.11%；④ 塔中第二排构造带塔中 11 号构造，N_2 含量为 9.63%~27.06%，以 15.7%~17.63% 为主，CO_2 主要分布于 0.28%~1.34%。

(3)满东—英吉苏地区既有高 N_2 含量，又有低 N_2 含量，CO_2 含量均很低。

满东—英吉苏地区以英南 2 井、满东 1 井为代表的天然气富含 N_2 含量，低含 CO_2 含量。其 N_2 含量前者为 13.67%~20.31%，主要属高 N_2 气藏；后者为 20.16%~20.39%，为高 N_2 含量气藏。CO_2 含量为 0.07%~0.31%。

以龙口 1 井和英东 2 井为代表的天然气则以低 N_2 含量、低 CO_2 含量为主，N_2 含量在龙口 1 井为 2.24%~6.14%，英东 2 井 4.68%~5.16%；CO_2 含量龙口 1 井为 0.08%~0.18%，英东 2 井为 0.1%~3.8%

(4)东河塘地区为高 N_2 含量、高 CO_2 含量气，英买力为高 N_2 含量、低 CO_2 含量。

东河塘石炭系产层天然气非烃组成以高 N_2 含量、高 CO_2 含量为特征，N_2 含量为 18.23%~44.59%，均值 27.5%；CO_2 含量为 10.48%~25.77%，均值为 20.8%。英买力奥陶系产层天然气非烃组成则以高 N_2 含量、低 CO_2 含量为特征，N_2 为 8.13%~42.24%，均值 24.7%；CO_2 为 0.32%~4.59%，均值为 2.3%。

(5)轮南—桑塔木地区以中低 N_2 含量、低 CO_2 含量为主。

轮南—桑塔木地区天然气非烃类组成总体上以中低 N_2 含量、低 CO_2 含量为特征，N_2 含量分布于 0.31%~14.74%，CO_2 含量分布在 0.04%~4.77%。不同区块，其含量略有差异。

轮南断垒带：N_2 含量变化最大，为 0.86%~14.74%，其中以小于 10% 居多，均值为

6.39%，CO_2 含量基本上小于 2.5%；

轮南西部斜坡：N_2 含量为 4.86%～5.57%，均值为 5.21%，CO_2 含量为 3.95%～4.77%；

轮南中部斜坡：N_2 含量分布在 0.31%～9.37%，以 N_2 含量小于 5% 为主，均值为 3.71%，CO_2 含量为 0.04%～2.64%；

桑塔木断垒带：N_2 含量分布在 0.78%～9.97%，以 N_2 含量小于 5% 为主，均值为 3.21%，CO_2 含量为 0.08%～4.04%，以小于 2% 为主；

桑南斜坡：N_2 含量分布在 0.96%～7.7%，以小于 5% 为主，均值为 2.28%，CO_2 含量分布在 0.11%～3.33%。

可见，N_2 含量由南往北有逐渐增高的趋势，但总体上仍以中低含量为主。

(6) 解放渠东—吉拉克地区以中 N_2 含量、低 CO_2 含量为主。

解放渠东—吉拉克地区天然气非烃组成以中 N_2 含量、低 CO_2 含量为特征。N_2 含量分布在 3.25%～17.45%，CO_2 含量分布在 0.04%～4.15%。

解放渠东是三叠系产层气，N_2 含量分布在 3.25%～15.01%，均值为 7.70%，属中 N_2 气藏；CO_2 含量分布在 0.04%～1.32%。

吉拉克地区三叠系产层气，N_2 含量为 4.42%～10.77%，均值为 7.37%，CO_2 含量为 0.04%～4.15%，均值为 0.85%；石炭系产层气，N_2 含量为 3.91%～17.45%，均值为 8.2%，CO_2 含量为 0.09%～2.99%，均值含量 0.91%。

(7) 哈得逊天然气以高 N_2 含量、低 CO_2 含量为特征。

哈得逊油田伴生气非烃组成以高含 N_2 含量、低含 CO_2 含量为特征，N_2 含量分布在 15.61%～46.46%，以大于 20% 为主，均值为 27.4%。CO_2 分布在 0.72%～3.42%，均值为 1.53%。

(二) 碳氢同位素分布特征

1. 碳同位素分布特征

台盆区天然气具有较轻的碳同位素值区别于陆相成因天然气，$\delta^{13}C_1$ 以小于 -33‰ 为主，$\delta^{13}C_2 < -28‰$，$\delta^{13}C_3 < -28‰$，$\delta^{13}C_4 < -27‰$，但各地区之间仍有各自的组成特点和分布特征。总体上天然气碳同位素具有在台盆区中部轻、周边重的分布特征 (图 10-4)。如塔中北坡、塔中主垒带、东河塘—英买力及哈得逊天然气甲烷碳同位素分别为 -44.2‰、-43.7‰、-44.0‰ 和 -31.9‰，明显轻于和田河 ($\delta^{13}C_1$ 值为 -37.4‰)、英南 2、龙口 ($\delta^{13}C_1$ 值为 -38.1‰) 及轮南—吉拉克地区 ($\delta^{13}C_1$ 值为 -36.7‰～-35.8‰)。

(1) 塔北隆起天然气甲烷碳同位素值整体上较重。

塔北隆起海相天然气主要分布在轮南—桑塔木、解放渠东—吉拉克、英买力—东河塘以及雅克拉地区。英买力奥陶系、东河塘石炭系产层天然气碳同位素明显轻于塔北其他地区 (图 10-5)，$\delta^{13}C_1$ 值分布在 -48.8‰～-41.28‰，均值为 -44.00‰；$\delta^{13}C_2$ 值分布在 -40.59‰～-33.62‰，均值为 -36.60‰；$\delta^{13}C_3$ 值分布在 -35.50‰～-32.43‰，均值为 -33.5‰；$\delta^{13}C_4$ 值分布在 -33.90‰～-30.33‰，均值为 -31.20‰。这些碳同位素分布特征反映了成熟程度较低的腐泥型天然气的特点。

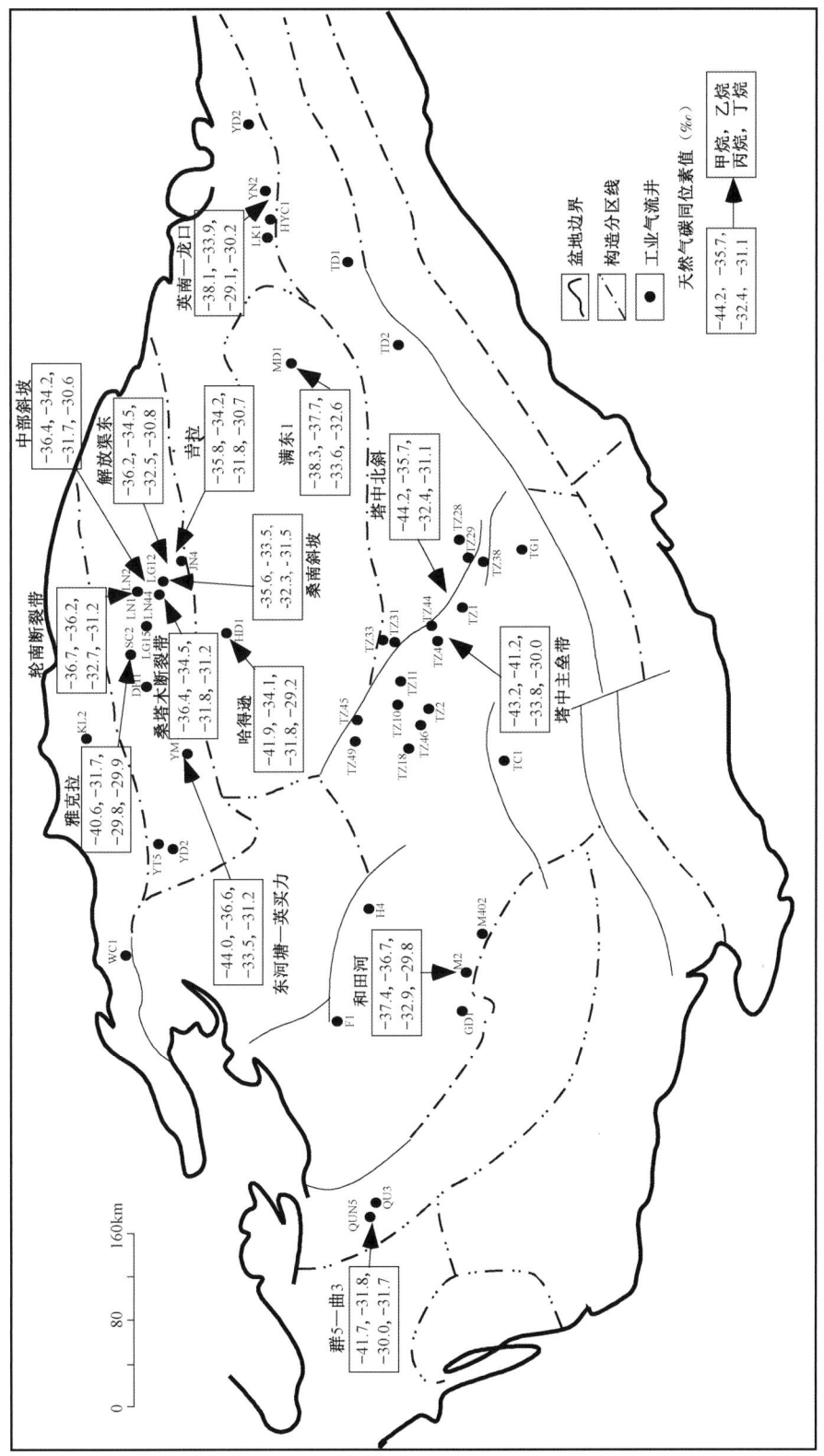

图10-4 塔里木盆地台盆区天然气碳同位素平面分布图

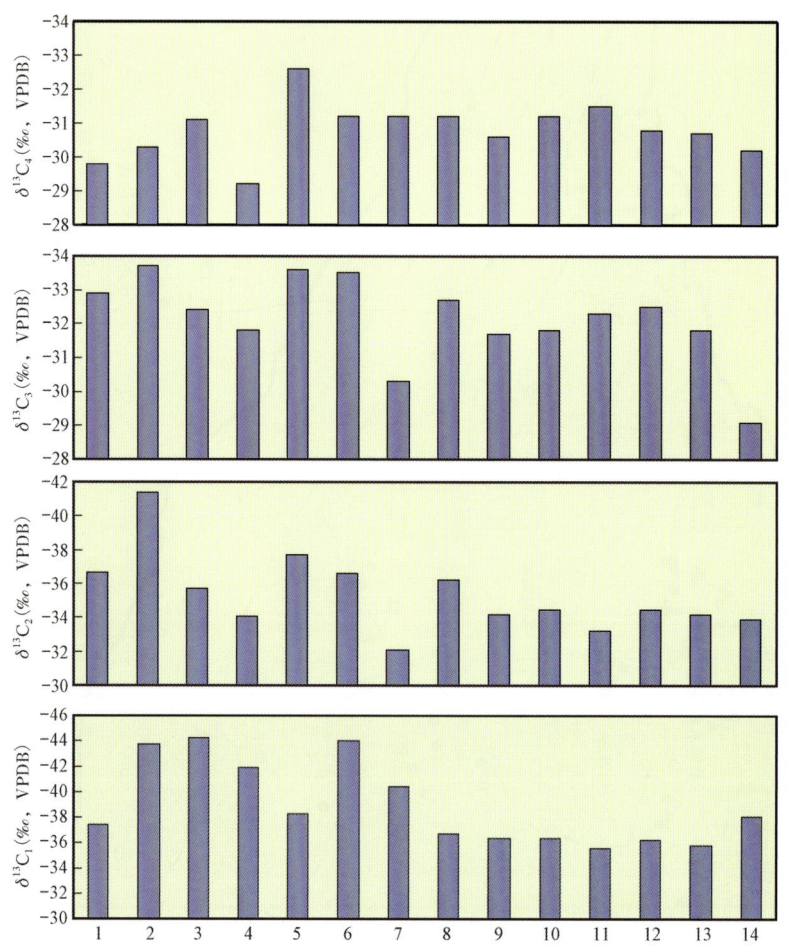

图 10-5 塔里木盆地台盆区天然气碳同位素分布特征

1—和田河;2—塔中主垒带;3—塔中北斜坡;4—哈得逊;5—满东 1;6—英买力—东河塘;7—雅克拉;
8—轮南断裂带;9—轮南中部斜坡;10—桑塔木断裂带;11—桑南斜坡;12—解放渠东;13—吉拉克;14—英南—龙口

  雅克拉构造带从古生界的震旦系、寒武系、奥陶系至中生界的侏罗系、白垩系,各产层天然气均表现出甲烷碳同位素轻(−42.2‰~−39.3‰,均值为−40.6‰)、重烃碳同位素重($\delta^{13}C_2$值为−33.29‰~−30.09‰,均值为−31.70‰;$\delta^{13}C_3$值为−30.59‰~−28.54‰,均值为−29.8‰;$\delta^{13}C_4$值为−30.26‰~−29.4‰,均值为−29.9‰)的特点(图 10-5),与塔北其他地区天然气形成鲜明的对比,不具备典型海相腐泥型气的碳同位素特征,可能是由于有其他类型天然气混入的结果。

  轮南—桑塔木—解放渠东—吉拉克地区天然气以甲烷碳同位素值重(各区均值为−36.7‰~−35.8‰)而区别于英买力及雅克拉地区。平面上,天然气甲烷碳同位素值在轮南断垒带上最轻,以小于−37‰为主;中部斜坡区西部的轮古 4 井、轮古 8 井也较轻,在−38‰左右;桑塔木断垒带及解放渠东—吉拉克地区,$\delta^{13}C_1$值主要在−36‰左右;轮南中部斜坡及桑南斜坡,$\delta^{13}C_1$值分布在−35‰左右(图 10-5、图 10-6)。

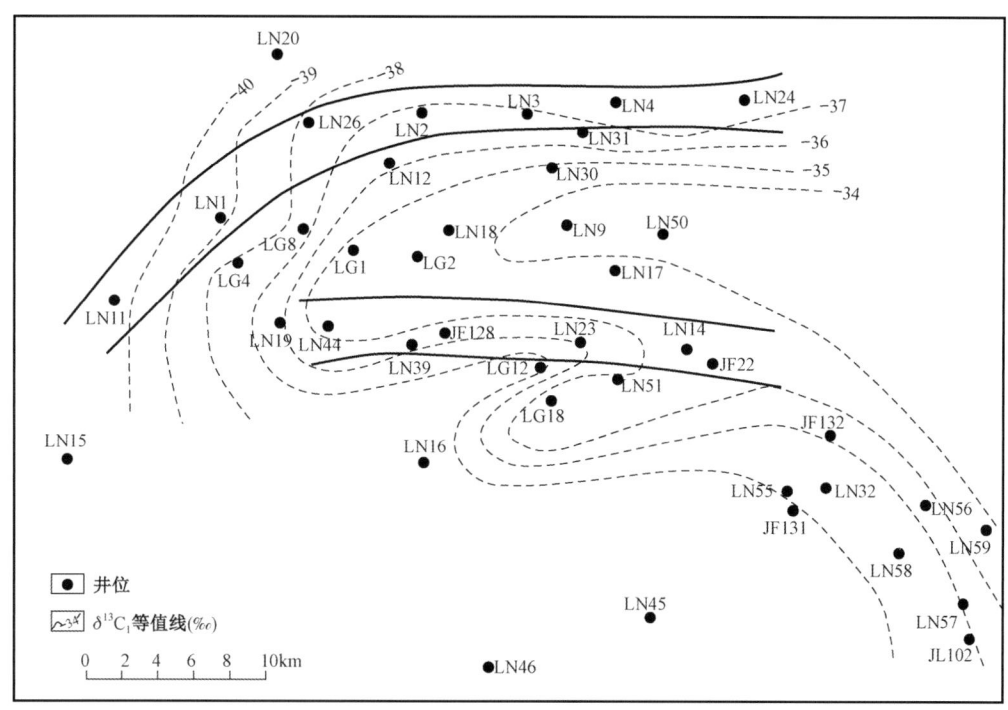

图 10-6 轮南—吉拉克地区天然气甲烷碳同位素平面分布图

乙烷碳同位素值的分布也是轮南断垒带相对较轻,分布在 -37.4‰ ~ -34.3‰,均值为 -36.2‰;桑南斜坡最重,分布在 -33.9‰ ~ -33.2‰,均值为 -33.5‰;轮南中部斜坡、桑塔木断垒带、解放渠东及吉拉克地区较为相似,$\delta^{13}C_2$ 均值分别为 -34.2‰、-34.54‰、-34.5‰和 -34.2‰(图 10-5)。

丙烷、丁烷的碳同位素分布在各区差别不大,$\delta^{13}C_3$ 值分布在 -32.7‰ ~ -31.7‰,轮南断垒带最轻,中部斜坡最重;$\delta^{13}C_4$ 值分布在 -31.5‰ ~ -30.6‰,桑南斜坡最轻,中部斜坡最重(图 10-5)。

(2)塔中地区天然气碳同位素值总体较轻。

塔中主垒带以石炭系产层为主的天然气,甲烷及其同系物的碳同位素值在各井的分布较为相似,$\delta^{13}C_1$ 值分布在 -44‰ ~ -42.1‰,均值为 -43.2‰;$\delta^{13}C_2$ 值分布在 -43‰ ~ -39.2‰,均值为 -41.2‰;$\delta^{13}C_3$ 值分布在 -35.3‰ ~ -31.2‰,均值为 -33.8‰;$\delta^{13}C_4$ 值分布在 -31.2‰ ~ -28.5‰,均值为 -30‰(图 10-5)。反映出塔中主垒带天然气成熟度较低的碳同位素特征。

塔中北斜天然气碳同位素组成比较复杂(图 10-7),甲烷碳同位素在塔中 45 号、塔中 47 号构造最轻,分别为 -54.4‰ ~ -51.4‰ 和 -51‰ ~ -49‰,其他构造主要分布在 -45.3‰ ~ -40‰,而塔中 26 井较为特殊,$\delta^{13}C_1$ 值为 -37.7‰。乙烷碳同位素的分布也表现出较大的差异性,最轻的可达到 -40‰(塔中 16 井 O_{2+3}),大部分为 -39‰ ~ -35‰,如塔中 44 井(O_{2+3})为 -38‰、塔中 162 井(O_1)为 -38.3‰、塔中 47 井(S)为 -38.6‰、塔中 45 井(O_{2+3})为 -38.2‰、塔中 451 井(O_{2+3})为 -36.5‰、塔中 26 井(O_{2+3})为 -36.8‰、塔中 168 井(O_{2+3})为

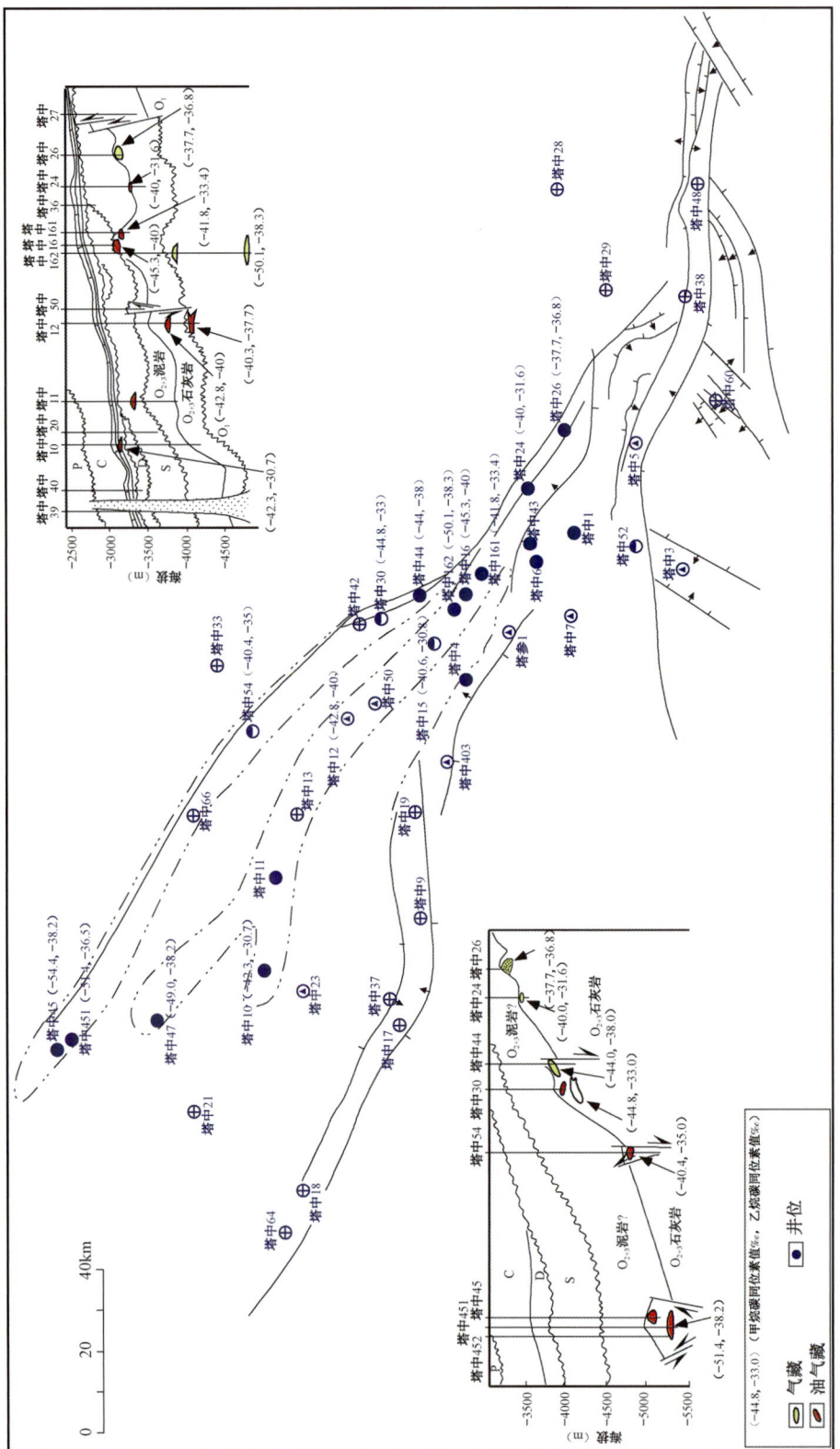

图10-7 塔中地区天然气碳同位素分布图

$-36.6‰$、塔中 54 井(O_{2+3})为 $-35‰$;$\delta^{13}C_2$ 值分布在 $-34‰ \sim -30‰$ 的也有不少,如塔中 161 井(S)为 $-31‰$、塔中 161 井(O_{2+3})为 $-33.4‰$、塔中 24 井(O_{2+3})为 $-31.6‰$、塔中 10 井(C)为 $-30.74‰$ 等。"九五"的攻关认为,这些富含较重的 $\delta^{13}C_2$ 值的天然气与中—上奥陶统腐殖型烃源岩有关(李剑等,1998)。

若从天然气产出层位分析,北斜坡上—下奥陶统产层的天然气 $\delta^{13}C_2$ 值均较轻,如塔中 162 井为 $-38.3‰$,塔中 12 井为 $-37.7‰$,与塔中主垒带上的天然气 $\delta^{13}C_2$ 值较为接近;从中—上奥陶统至志留系和石炭系各产层的天然气,$\delta^{13}C_2$ 值均有轻有重,如塔中 44 井(O_{2+3})为 $-38‰$、塔中 24 井(O_{2+3})为 $-31.6‰$、塔中 47 井(S)为 $-38.6‰$、塔中 161 井(S)为 $-31‰$、塔中 47 井(C)为 $-38.2‰$、塔中 10 井(C)为 $-30.74‰$。这些特征表明在中—上奥陶统及以上层段应该有中—上奥陶统偏腐殖型烃源岩的贡献。

丙烷、丁烷碳同位素值除塔中 162 井(O_1)明显偏轻($\delta^{13}C_3$ 值为 $-38.2‰$,$\delta^{13}C_4$ 值为 $-36.1‰$)外,其他变化相对较小,$\delta^{13}C_3$ 值主要分布在 $-33.4‰ \sim -29.5‰$、均值为 $-32.4‰$,$\delta^{13}C_4$ 值主要分布在 $-32.9‰ \sim -28.5‰$,均值为 $-31.1‰$(图 10-4)。

(3)和田河气田东西构造天然气碳同位素有差异、东轻西重。

和田河气田天然气碳同位素与其他克拉通天然气相比,总体上表现出 $\delta^{13}C_1$ 值重、$\delta^{13}C_2$ 和 $\delta^{13}C_3$ 值相对轻及 $\delta^{13}C_4$ 值相对重的特点(图 10-5)。$\delta^{13}C_1$ 值分布在 $-40.8‰ \sim -34.57‰$、$\delta^{13}C_2$ 值为 $-38.09‰ \sim -35.1‰$、$\delta^{13}C_3$ 值为 $-35.40‰ \sim -30.80‰$,$\delta^{13}C_4$ 值为 $-31.8 \sim -27.6‰$。在气田内部则表现出气田东边碳同位素略轻于西边的特点。

气田西边以玛 8 井、玛 3 井、玛 2 井为代表,$\delta^{13}C_1$ 值分布在 $-40.80‰ \sim -34.57‰$,均值 $-36.56‰$,$\delta^{13}C_2$ 值分布在 $-38.09‰ \sim -35.10‰$,均值为 $-36.50‰$;$\delta^{13}C_3$ 值分布在 $-35.52‰ \sim -30.80‰$,均值为 $-32.58‰$;$\delta^{13}C_4$ 值分布在 $-31.8‰ \sim -27.60‰$,均值为 $-29.67‰$。气田东边以玛 5 井、玛 401 井、玛 4 井、玛 402 井为代表,$\delta^{13}C_1$ 值分布在 $-38.3‰ \sim -37.0‰$,均值为 $-37.84‰$;$\delta^{13}C_2$ 分布值在 $-37.81‰ \sim -35.5‰$,均值为 $-37.06‰$;$\delta^{13}C_3$ 值为 $-33.5‰ \sim -31.2‰$,均值为 $-33‰$;$\delta^{13}C_4$ 值为 $-30.3‰ \sim -29.0‰$,均值为 $-29.77‰$。

从天然气组分 $\ln(C_1/C_2)$ 与 $\ln(C_2/C_3)$ 的关系图(图 10-8)分析,整个气田均表现出以原油裂解气为主的特征。但是,为什么在碳同位素组成上显示出细微的差别呢?这可能与该区天然气曾发生过 TSR 反应有关。由表 10-1 可见,凡是碳同位素较重的天然气,其 H_2S 和 CO_2 含量均高,C_{2+} 含量相应较低。TSR 反应对天然气碳同位素及组成造成影响的典型实例在四川盆地川东北飞仙关组鲕滩储层中也可见(谢增业,2003)。和田河气田与飞仙关组鲕滩气藏的天然气受 TSR 影响后的特征非常相似,由此推测,和田河气田西部玛 8 井区、玛 3 井区碳同位素组成偏重,可能是由于 TSR 反应的结果。

(4)满东—英吉苏地区天然气碳同位素有差异。

满东—英吉苏地区海相天然气仅在英南 2、龙口 1 及满东 1 等井中获得碳同位素分析数据,但它们之间表现出了一定的差异,主要表现在英南 2 井同位素较重($\delta^{13}C_1$ 值为 $-37.5‰ \sim -36.2‰$,$\delta^{13}C_2$ 值为 $-34.6‰ \sim -30.9‰$,$\delta^{13}C_3$ 值为 $-29.3‰ \sim -28.2‰$,$\delta^{13}C_4$ 值为 $-30.3 \sim -27.3‰$),龙口 1 井及满东 1 井同位素相对轻,龙口 1 井 $\delta^{13}C_1$ 值为 $-40.4‰$、$\delta^{13}C_2$ 值为 $-35.5‰$、$\delta^{13}C_3$ 值为 $-28.8‰$、$\delta^{13}C_4$ 值为 $-34.3‰$;满东 1 井 $\delta^{13}C_1$ 值为 $-38.18‰$、$\delta^{13}C_2$ 值为

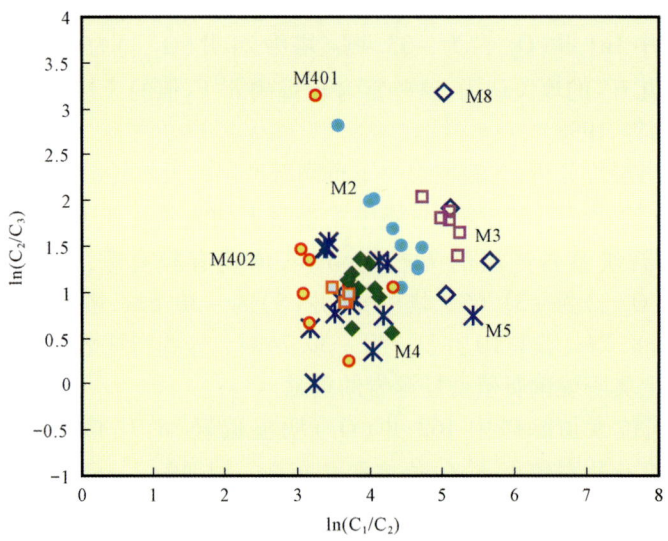

图 10-8　和田河气田天然气 $\ln(C_1/C_2)$ 与 $\ln(C_2/C_3)$ 关系图

$-37.74‰$、$\delta^{13}C_3$ 值为 $-33.69‰$、$\delta^{13}C_4$ 值为 $-32.51‰$。

满东 1 井天然气产自志留系，其碳同位素轻反映了典型的腐泥型气的特征，与和田河气田天然气比较接近，氮气含量高也与和田河气田气相似，但是，天然气重烃组成特征则与和田河气田有很大差异，满东 1 井重烃含量高（12%左右），而和田河气田重烃主要以小于 5%为主。造成这些差异的原因可能主要是：和田河气田主要来源于碳酸盐岩生成原油的裂解气，高氮含量与碳酸盐岩在生烃高峰期释放大量氮有关；满东 1 井天然气的烃源岩属于泥质岩类，大量氮气的生成必须在高成熟一过成熟阶段才得以完成，重烃含量高与古油藏原油裂解有关，是古油藏原油裂解气与晚期干酪根热降解气（富含 N_2）混合的结果。输导断层的存在为混合成藏提供了有利的条件（图 10-9）。

龙口 1 井天然气除 $\delta^{13}C_3$ 值较重外，$\delta^{13}C_1$ 值、$\delta^{13}C_2$ 值和 $\delta^{13}C_4$ 值均较轻，表现为腐泥型气的特征。$\delta^{13}C_3$ 值与 $\delta^{13}C_4$ 值倒转可能与细菌降解有关。天然气重烃含量高、氮气含量低与其未能捕获到晚期干酪根热降解的高氮气有关。因为从龙口 1 井气藏剖面（图 10-9）可见，龙口 1 井缺乏沟通烃源岩和储层的直接输导断层，早期的烃源断层停止活动后，晚期的干酪根热降解气难以向上运移并聚集成藏。

英南 2 井天然气碳同位素重可能主要与混入晚期过成熟气有关。英南 2 井比龙口 1 井具备更优越的运移输导条件，烃源岩断层直接沟通了烃源岩和储层（图 10-9），因此它在烃源岩整个生烃过程中均能捕获到烃类，并聚集成藏。

2. 氢同位素特征

台盆区天然气氢同位素分析样品不多，但分布层系多，有侏罗系（英南 2 井）、三叠系（吉 102 井、轮南 22 井）、石炭系（轮南 59 井、玛 4 井、塔中 4-17-7 井）、志留系（满东 1 井）及奥陶系（轮古 13 井、轮古 18 井）。甲烷氢同位素为 $-164.0‰ \sim -132.6‰$，其中塔中地区最轻在

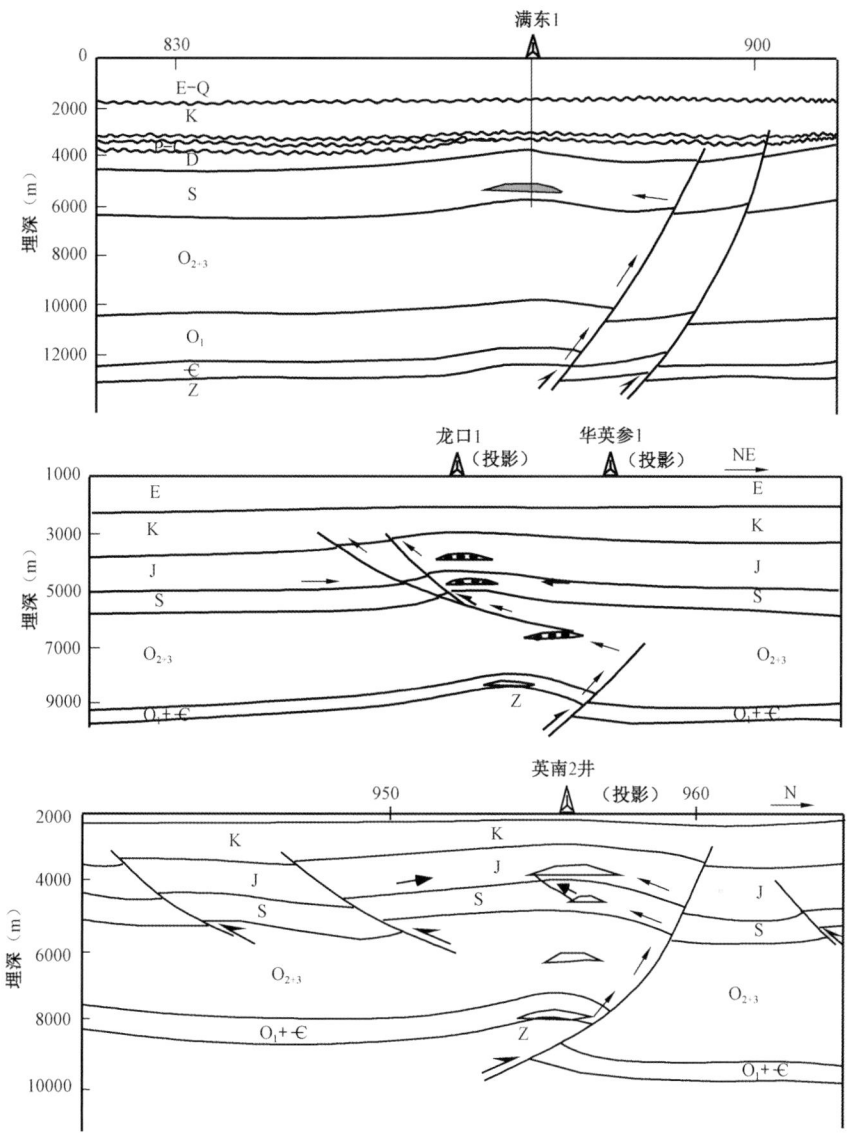

图 10-9 满东—英吉苏地区天然气藏剖面图(梁狄刚等,2003;王廷栋等,2003)

-164‰左右;其次是玛 4 井,为 -160.7‰,轮古 13 井、轮古 18 井及轮南 59 井相对较重,为 -139.6‰ ~ -132.6‰;英南 2 井、满东 1 井、吉 102 井及轮南 22 井为 -154.4‰ ~ -145.7‰。氢同位素的这种分布特征与碳同位素分布具有较好的正相关性(图 10-10)。乙烷氢同位素也是以塔中 4-17-7 井、玛 4 井较轻,分别为 -161.2‰和 -163.5‰;英南 2 井最重,为 -115.1‰;其他为 -151.2‰ ~ -129.5‰。乙烷碳、氢同位素之间也具有一定的相关性,随成熟度的增加,两者均变重(图 10-11)。丙烷氢同位素,在玛 4 井、英东 2 井较轻,分别为 -149.9‰ 和 -146.5‰,英南 2 井最重,为 -98.6‰,其他为 -136.7‰ ~ -107.6‰。

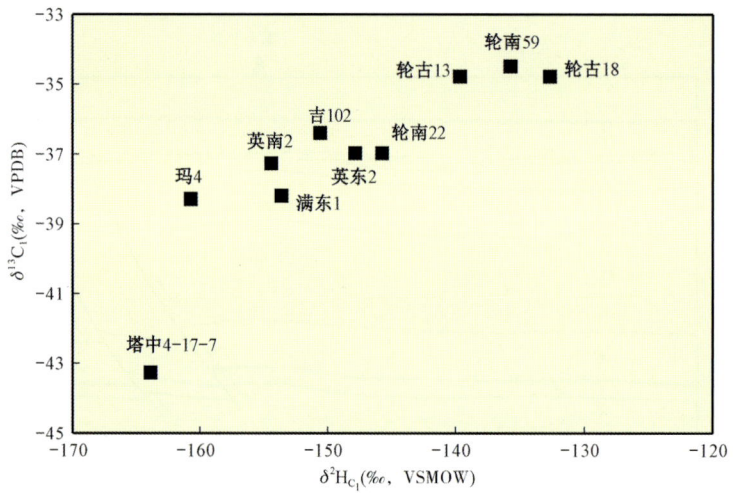

图 10-10　台盆区天然气甲烷氢同位素与碳同位素关系图

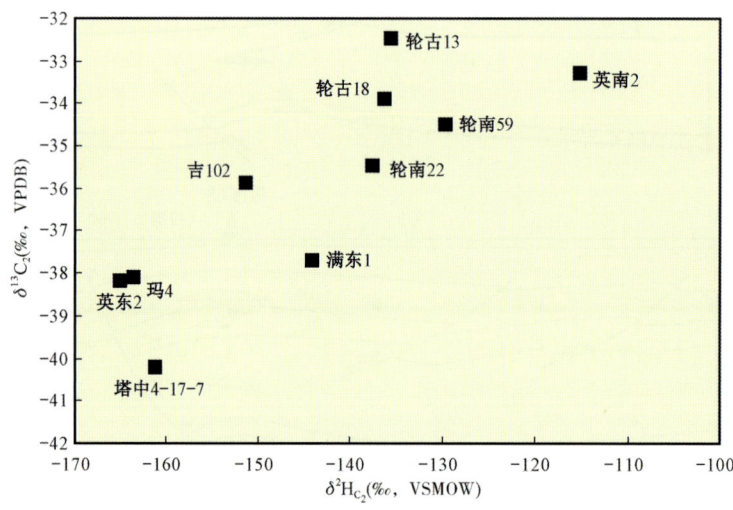

图 10-11　台盆区天然气乙烷氢同位素与碳同位素关系图

3. 台盆区天然气碳同位素分布差异成因分析

台盆区不同区域的天然气碳同位素组成存在差异,尤其是甲烷和乙烷的碳同位素值,各自的差异性更为突出。造成碳同位素组成差异的原因是极其复杂的,就塔里木盆地台盆区而言,主要有 3 种因素,即成熟度、母质类型及次生变化（TSR 反应）。

（1）成熟度增高碳同位素值变重。

天然气甲烷碳同位素虽然能反映烃源岩的原始母质类型,但更重要的是受成熟度的制约,随着天然气成熟度的增高,其碳同位素值变重。塔中、英买力—东河塘及雅克拉地区天然气 $\delta^{13}C_1$ 值小于 -40‰,轮南—桑塔木—吉拉克、满东—英吉苏及和田河气 $\delta^{13}C_1$ 值主要为 -40‰ ~ -36‰。天然气 $\delta^{13}C_2$ 值虽然也受成熟度的影响,但主要的是反映母质类型,相对于 $\delta^{13}C_1$ 值具有较强的热稳定性,因此,随成熟度增加,$\delta^{13}C_2 - \delta^{13}C_1$的差值逐渐缩小(图10-12),据此可大致地判定天然气相对成熟度。由图10-12可见,在成熟程度较高的天然气中,轮南—桑塔木—吉拉克地区绝大部分天然气$\delta^{13}C_2 - \delta^{13}C_1$差值接近于0或为负值,表明其成熟程度相对较高,和田河气田的成熟程度次之,满东—英吉苏地区比和田河气田略低些。在$\delta^{13}C_1$值轻、成熟程度相对低的天然气中,塔中主垒带天然气成熟程度相对较高,其次是英买力—东河塘及雅克拉地区,塔中北斜坡以$\delta^{13}C_1$值最轻、成熟程度最低为特征。

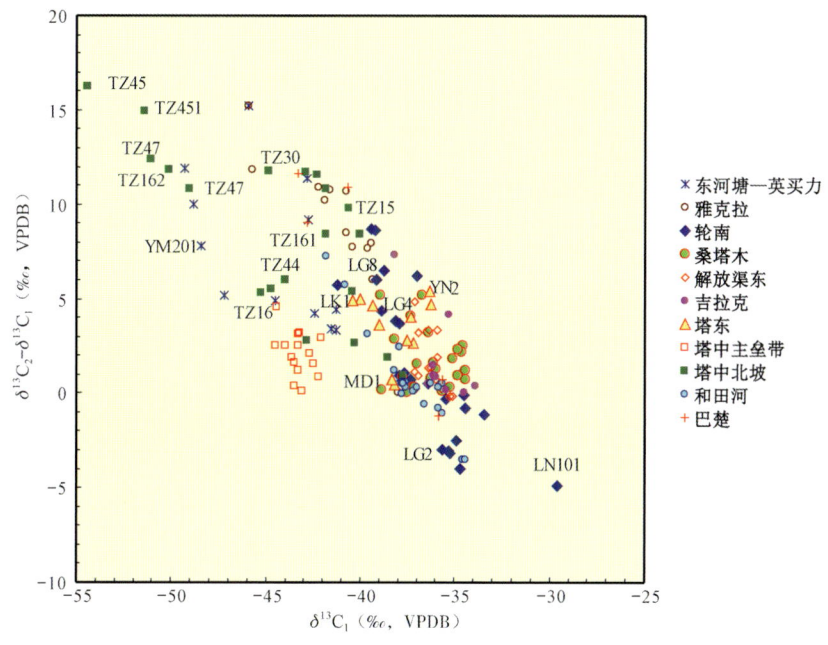

图10-12 台盆区天然气$\delta^{13}C_1$与$\delta^{13}C_2 - \delta^{13}C_1$差值有关系图

(2)偏腐殖型烃源岩的存在导致部分天然气$\delta^{13}C_2$值较重。

前人研究表明,腐泥型母质的分子结构以长链脂肪碳为主,由其生成的天然气C_1—C_4系列同位素较轻,除$\delta^{13}C_1$受成熟度影响而有较大变化外,C_{2+}碳同位素则基本继承了其母质所具有的同位素较轻的特点;偏腐殖型母质的分子结构以芳构碳和短支链的脂肪碳为主,虽然由其生成的天然气$\delta^{13}C_1$值可以很轻,但其$\delta^{13}C_{2+}$值则比腐泥型气明显偏重,且该类型气的$\delta^{13}C_3$值与$\delta^{13}C_4$值,甚至$\delta^{13}C_2$值与$\delta^{13}C_3$值容易发生倒转现象。

塔中北斜坡地区$\delta^{13}C_2$值小于$-35‰$的这部分天然气,主要代表下古生界$\in$—O_1腐泥型烃源岩在成熟阶段形成的天然气的一种特征。四川盆地卧龙河气田石炭系产层的天然气为海相腐泥型气,$\delta^{13}C_1$值为$-32.30‰$~$-32.10‰$,$\delta^{13}C_2$值为$-36.7‰$~$-35.3‰$,$\delta^{13}C_2$值与$\delta^{13}C_1$值已发生倒转,表明天然气已达过成熟阶段;据Jenden等(1993)报道,美国Appalachina盆地奥陶系自生自储的天然气成熟度也已达过成熟阶段,但$\delta^{13}C_2$值仍然很轻,$\delta^{13}C_2 < -37‰$;加拿大Ontario盆地寒武系产层的天然气也具有$\delta^{13}C_2$较轻的同位素组成特征(表10-2)。也有学者认为$\delta^{13}C_2$值异常偏轻可能是受到了一定程度的生物降解。但从英买2井奥陶系内幕油藏中伴生气的情况来看,这种可能性不大,因为该油藏埋深大于5200m,并且油藏上部有巨厚的优

质盖层,封盖条件优越,原油中也未发现有遭受生物降解的迹象,可是天然气仍具有较轻的 $\delta^{13}C_2$ 值(表10-2),表现出与塔中地区天然气相似的碳同位素组成特征。以上实例从一个侧面反映了 $\delta^{13}C_2$ 值具有较好的母质继承性。

表10-2 国内外部分海相来源天然气的碳同位素值

盆地	产层	$\delta^{13}C_1$(‰,VPDB)	$\delta^{13}C_2$(‰,VPDB)	烃源岩时代
四川	C	-32.3 ~ -32.1	-36.7 ~ -35.3	S
Appalachina	O_{2+3}	-46.2 ~ -38.0	-33.9 ~ -37.2	O、D
	O	-30.9 ~ -30.7	37.4 ~ -35.1	O
Ontario	€	-44.4 ~ -38.1	-37.4 ~ -35.1	O
塔里木	O	-42.39	-38.16	€—O_1

对于塔中地区 $\delta^{13}C_2 > -35‰$ 的这类天然气,研究认为主要来自北斜坡 O_{2+3} 富含宏观藻亚相泥灰质烃源岩,它反映了偏腐殖型成烃母质的本来面貌。其依据主要是:① $\delta^{13}C_1$ 值较轻,说明成熟度不是很高,而 O_{2+3} 烃源岩的成熟度现今处于生油高峰—生油窗后期阶段(梁狄刚等,1998),比较吻合;② 在塔中北斜坡地区发现了 O_{2+3} 高有机质丰度的泥灰质烃源岩,该类烃源岩是在碳酸盐岩台地沉积模式的灰泥丘相中形成的,其生源构成主要是一些浮游藻、隐孢子和宏观藻(褐藻),核磁共振碳谱($\delta^{13}C$—NMR)分析证实其结构主体为芳香碳和短链脂肪碳,各项地化参数表明,该类烃源岩属类似于Ⅲ型有机质的海相偏腐殖型,因此按母质继承性规律,由此类烃源岩生成的天然气必然富集重碳同位素;③ 气—源轻烃碳同位素的直接对比表明这类天然气与 O_{2+3} 烃源岩有较好的亲缘关系。

雅克拉地区的天然气基本上呈现出 $\delta^{13}C_1$ 值相对轻、$\delta^{13}C_2$ 值重的特点。$\delta^{13}C_2$ 值为 -33.3‰ ~ -30.1‰。这类天然气可能也与 O_{2+3} 偏腐殖型烃源岩或海陆过渡相偏腐殖型烃源岩有关。

巴楚地区的群5井石炭系产层的天然气,$\delta^{13}C_2$ 值为 -33.8‰ ~ -29.8‰,可能与石炭系偏腐殖型烃源岩有关。

(3)TSR反应可使天然气碳同位素变重。

TSR反应一般形成于有膏盐岩发育的地层中。在塔里木盆地台盆区的天然气成藏组合中,和田河天然气成藏组合发育膏盐岩,并具备了发生TSR反应条件。四川盆地东北部飞仙关组鲕滩气藏天然气组成中 H_2S 含量很高,是TSR反应的结果,发生TSR反应的天然气碳同位素比未发生反应的重2‰~3‰左右。由此推测和田河气田东西部天然气碳同位素组成的差异可能与TSR反应有关。

二、台盆区天然气轻烃组分及碳同位素组成特征

(一)台盆区天然气轻烃组分组成特征

1. C_6—C_7 链烷烃、环烷烃和芳香烃相对组成

C_6—C_7 轻烃组成的相对含量变化受有机质类型影响较大,因此,常用来判识不同成因类型天然气,源于腐泥型母质的轻烃组分中富含链烷烃,源于腐殖型母质的轻烃组分中则富含环

烷烃和芳香烃。塔里木盆地油型气轻烃组成主要以链烷烃为主(表10-3、图10-13),占45.4%~93.7%,平均为70.1%,其次是环烷烃,分布在5.4%~40.6%,平均为23.4%,但芳香烃含量较低,分布在0.5%~15.5%,平均为6.4%。

表10-3 塔里木盆地天然气轻烃组成分布

地区或气田	井号	层位	C_6—C_7(%)			C_7(%)		
			链烷烃	环烷烃	芳香烃	$DMCC_5$	nC_7	MCC_6
轮南—桑塔木	轮南22	O	93.6	5.9	0.5	8.5	38.2	53.3
	轮南2-3-4	T_{II}	87.8	11.7	0.5	11.2	59.0	29.9
	轮古13	O	87.5	10.1	2.4	5.4	73.0	21.6
	轮古18	O	80.6	12.5	6.9	6.3	64.9	28.7
塔中	塔中4-7-17	C_{II}	93.7	5.4	0.9	8.7	38.7	52.6
	塔中6	C_{III}	46.5	38.0	15.5	10.0	36.7	53.2
	塔中111	S	85.5	14.4	0.1	11.3	57.4	31.3
	塔中451	O	81.8	12.3	5.9	8.8	40.3	50.8
	塔中162	O	45.4	47.2	7.4	14.4	64.9	23.7
塔东	英南2	J	84.9	14.8	0.3	7.4	34.7	57.9
	英东2	€	46.4	40.6	12.9	5.8	56.7	37.5
	满东1	S	61.3	31.8	6.9	7.7	46.2	46.2
和田河	玛4	O	46.1	40.1	13.8	7.7	37.1	55.2
	玛2	C	56.8	33.7	9.5	6.7	34.9	58.3
	玛4	O	66.5	24.9	8.7	8.0	37.0	55.0
吉拉克	吉102	T_{II}	57.8	31.7	10.5	7.4	43.9	48.7
平均			70.1	23.4	6.4	8.5	47.7	44.0

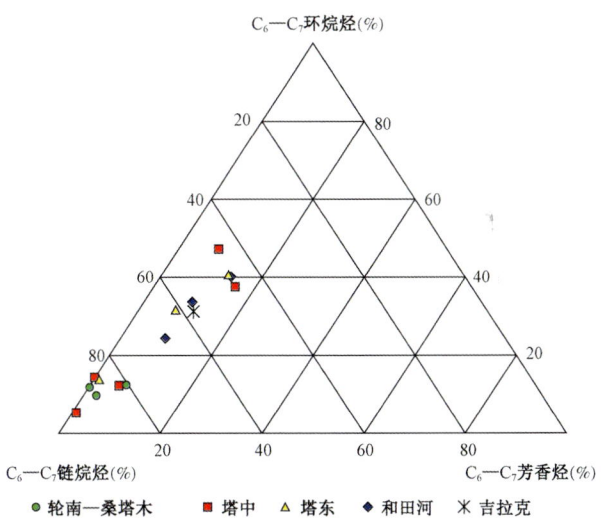

图10-13 塔里木盆地油型气 C_6—C_7 轻烃各类化合物含量组成三角图

2. 正庚烷、甲基环己烷和二甲基环戊烷相对含量

塔里木盆地油型气 C_7 中主要化合物正庚烷、甲基环己烷和二甲基环戊烷组成如表 10-3 和图 10-14 所示。轻烃组成以正庚烷和甲基环己烷为主,正庚烷相对含量分布在 34.7% ~ 73.0%,平均为 47.7%,甲基环己烷分布在 21.6% ~ 58.3%,平均为 44.0%,而二甲基环戊烷含量最低,分布在 5.4% ~ 14.4%,平均为 8.5%。

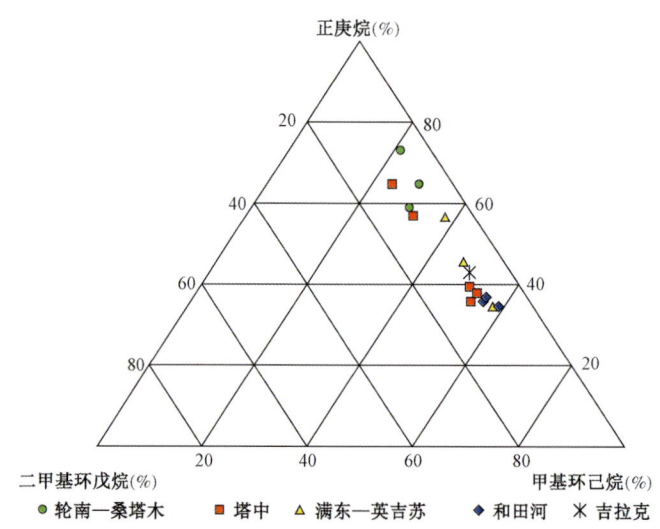

图 10-14 塔里木盆地油型气正庚烷、甲基环己烷和二甲基环戊烷相对含量组成三角图

正庚烷主要来源于藻类和细菌,对成熟度比较灵敏,塔里木盆地 C_7 轻烃化合物中正庚烷含量最高,平均为 47.7%,反映天然气主要来源于海相烃源岩中腐泥型有机质。甲基环己烷一般认为来源于高等植物木质素、纤维素和醣类等,热力学性质相对稳定,是反映陆源母质类型的良好参数,它的大量存在是腐殖型气的一个特点,但是,在塔里木盆地海相油型气 C_7 轻烃化合物组成中,甲基环己烷含量一般都比较高,甲基环己烷含量较低的天然气主要分布在塔中和塔北地区,而在和田河气田和塔东地区甲基环己烷含量也较高,这可能与这两个地区天然气成熟度高或来源于原油裂解气有关。

(二) 台盆区天然气轻烃单体碳同位素组成特征

1. 天然气芳香烃中苯和甲苯碳同位素值分布

轻烃单体中苯和甲苯碳同位素值变化相对比较稳定,与有机质类型关系较大,成熟度的影响相对较小。

天然气轻烃单体中苯和甲苯碳同位素值测定受其含量的影响,当天然气中苯和甲苯含量较低时,实验测定的碳同位素值精度将受到影响,可靠性较差,因此,在所测定的 25 个气样中,只有 13 个样品苯和甲苯含量较高,测得的碳同位素值比较可靠。

图 10-15 为塔里木盆地台盆区天然气轻烃中苯和甲苯碳同位素值分布,可以看出,苯碳同位素值分布在 -28.6‰ ~ -23.7‰,在塔中地区,天然气苯碳同位素分布范围广,反映该区天然气来源的复杂性,在吉南和和田河气田天然气中苯碳同位素一般都大于 -27‰。

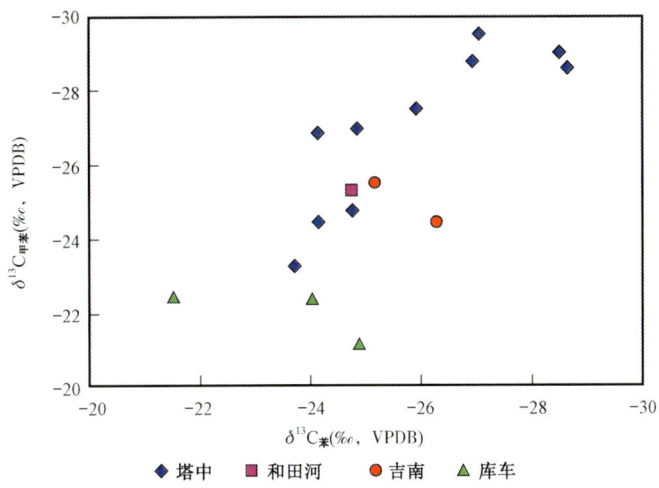

图 10-15 塔里木盆地天然气苯和甲苯碳同位素关系图

甲苯碳同位素值分布在 -29.5‰ ~ -23.7‰,一般情况下,甲苯和苯碳同位素值之间具有良好的线性关系。在塔中地区,天然气甲苯碳同位素值变化也非常大,最大为 -23.7‰,最小为 -29.5‰,对于和田河气田和吉南地区,天然气轻烃中甲苯碳同位素一般都大于 -26‰。

2. 天然气环烷烃中环己烷和甲基环己烷碳同位素值分布

塔里木盆地台盆区天然气中环己烷和甲基环己烷碳同位素分布如图 10-16 所示,台盆区天然气中环己烷和甲基环己烷碳同位素值明显轻于前陆区,一般都小于 -26‰,海相油型气和陆相煤成气在天然气碳同位素组成方面具有明显的差别。

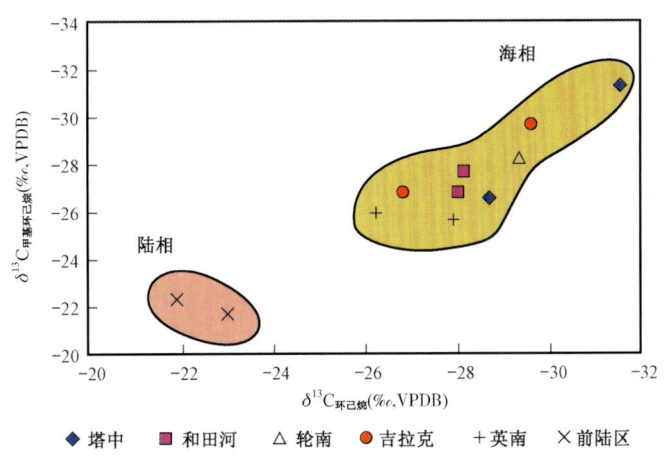

图 10-16 塔里木盆地天然气环己烷和甲基环己烷碳同位素值关系图

三、台盆区气源对比

(一)塔中地区气源对比

利用天然气轻烃分析结果,并辅助天然气碳同位素研究,对塔中地区的天然气来源进行了探讨。塔中地区目前所发现的油气藏或工业含油气构造,基本上都分布在大断裂带附近。如沿塔中Ⅰ号断裂带分布的有塔中45油藏、塔中44、塔中24、塔中26、塔中162和塔中82凝析气藏等,从天然气性质分析来看,塔中地区气源可能比较复杂。前人对塔中地区天然气成因及来源进行了探讨,如Tian等(2010)通过干酪根和原油裂解实验研究认为,塔中地区主要存在两种类型天然气:原油裂解气和干酪根裂解气,原油裂解气主要分布于塔中主垒带,来自中—下寒武统烃源岩,而干酪根裂解气则大量出现在北部斜坡带,中—上奥陶统烃源岩对其可能有重要贡献,而且认为这两类天然气普遍发生了混合。这里则主要从天然气烷烃气碳同位素和轻烃碳同位素分析来判别塔中地区天然气来源。

如图10-17所示,对比塔中地区主垒带和斜坡带附近天然气的甲烷、乙烷碳同位素发现,乙烷碳同位素在塔中主垒带附近较轻,在塔中斜坡带附近较重,因此,可将塔中地区天然气分为3类:第一类是甲烷碳同位素非常轻,乙烷碳同位素较重,主要分布在塔中北斜坡的西部;第二类是甲烷碳同位素较轻,乙烷碳同位素较重,主要分布在北斜坡的中东部;第三类是甲烷碳同位素较轻,乙烷碳同位素也很轻的天然气,主要分布在塔中主垒带。天然气甲烷和乙烷碳同位素值分布特征可能主要受烃源岩类型和成熟度双重作用的影响。

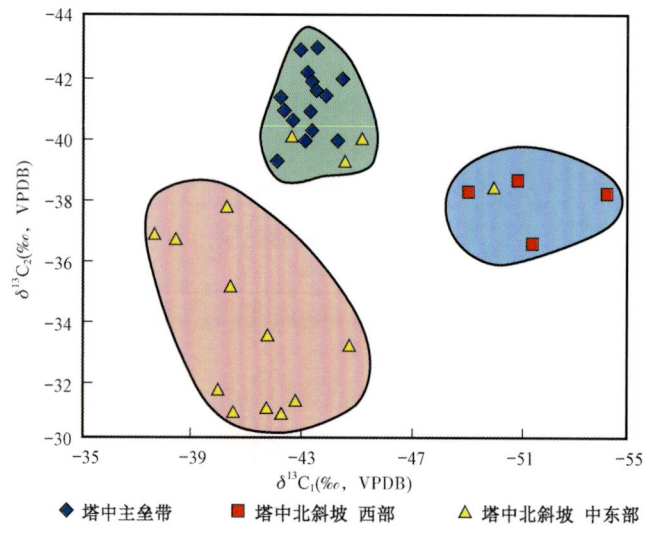

图10-17 塔中地区天然气 $\delta^{13}C_1$ 值和 $\delta^{13}C_2$ 值分布

塔中主垒带地区乙烷碳同位素轻于-38‰的天然气,可能为下古生界寒武系和下奥陶统腐泥型烃源岩成熟阶段形成的天然气。因为塔里木盆地寒武系和下奥陶统烃源岩中的生烃母质为藻类物质,生成天然气相对富集轻碳同位素。乙烷碳同位素有较强的母质继承性,受热成熟作用的影响较小,所以塔中主垒带地区的乙烷碳同位素较轻。而且在正庚烷—甲基环己烷—二甲基环己烷相对组成中(表10-3、图10-14),以塔中主垒带的塔中4-7-17、塔中6等井天然气为代表,其正庚烷分布占优势,含量大于50%,表明其母质的生源构成应该是以藻类、细菌等为主,形成的天然气表现为腐泥型的特征。

而对于塔中北斜坡地区乙烷碳同位素重于-35‰的天然气,认为可能主要来自北斜坡中—上奥陶统泥灰质烃源岩。赵孟军等(1998)通过核磁共振谱分析认为塔中地区中—上奥陶统泥灰质烃源岩是在碳酸盐台地的灰泥丘相中形成，其生源中的浮游藻、隐孢子和褐藻具有芳香碳和短链脂肪碳，此类烃源岩所生成的天然气具有较重的碳同位素，而且以塔中北斜坡的塔中451井天然气为代表的轻烃中正庚烷含量较低，一般小于-40‰，主要富含甲基环己烷（表10-3、图10-14），也可说明塔中北斜坡地区的天然气来源于中—上奥陶统泥灰质烃源岩。塔中北斜坡地区天然气甲烷碳同位素变化范围较大，可能是成熟度的差异造成的。

以上从天然气碳同位素分析的角度对塔中地区天然气进行了初步气源对比，以下通过轻烃单体碳同位素分析进行进一步的气源对比。由于天然气轻烃中的苯、甲苯及甲基环己烷碳同位素值受热成熟度和运移分馏效应的影响较小，而主要受母质类型的影响，因而可以用来进行有效的气源对比。

塔中地区天然气和烃源岩热解气中苯和甲苯及甲基环己烷碳同位素值分布如图10-18和图10-19所示。位于北斜坡地区的天然气（如塔中451、塔中162、塔中12等井）苯碳同位素值一般小于-27‰，甲苯碳同位素值一般低于-28‰，与塔中201井和塔中12井中—上奥陶统泥灰岩热模拟产物中甲苯碳同位素组成相近，亲缘关系较好；但位于塔中主垒带天然气（塔中6井和塔中411井）苯碳同位素值一般高于-27‰，甲苯碳同位素值也高于-27‰，与塔参1井寒武系和下奥陶统烃源岩热模拟气态烃碳同位素比较接近。

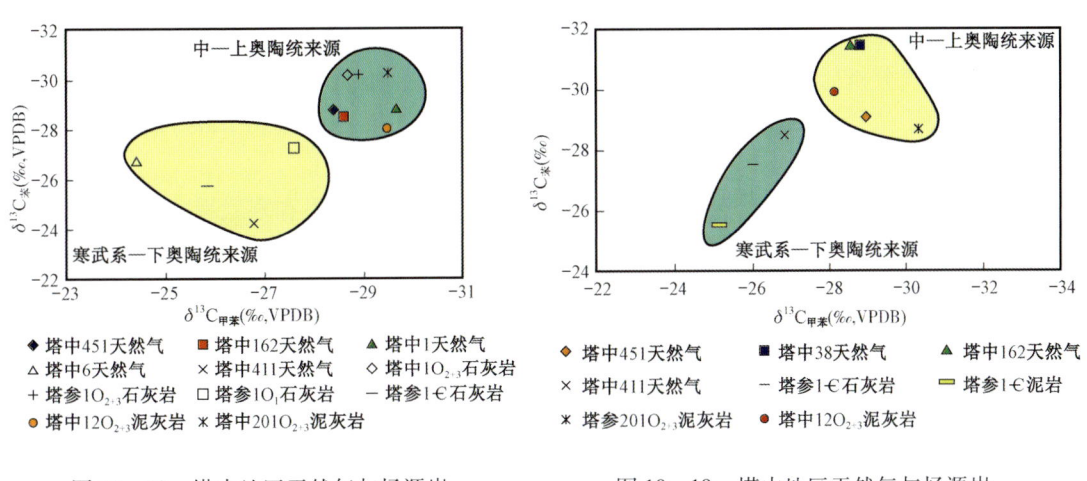

图10-18 塔中地区天然气与烃源岩热解气苯和甲苯碳同位素对比

图10-19 塔中地区天然气与烃源岩热解气甲苯和甲基环己烷碳同位素对比

甲苯和甲基环己烷碳同位素对比结果，具有同样的分布特点，塔中北斜坡地区的塔中451井、塔中162井、塔中38井天然气甲基环己烷碳同位素值低于-28‰，与中—上奥陶统烃源岩热解气甲基环己烷碳同位素比较接近；而位于塔中主垒带的塔中411井天然气甲基环己烷碳同位素约为-27‰，与寒武系和下奥陶统烃源岩接近。

从塔中地区天然气轻烃碳同位素分布来看，塔中主垒带和塔中北斜坡天然气苯、甲苯和甲基环己烷的碳同位素差别是非常明显的，通过与该区不同层系的烃源岩直接对比，认为塔中北斜坡天然气主要来源于中—上奥陶统烃源岩，而主垒带的天然气可能主要来源于寒武系和下奥陶统烃源岩。

总之，通过以上对天然气碳同位素及轻烃组分碳同位素的对比，认为塔中地区天然气存在两大类三小类：一类是天然气中甲烷碳同位素比较轻、乙烷碳同位素比较重，$\delta^{13}C_2 - \delta^{13}C_1$差值大，轻烃中苯、甲苯和甲基环己烷碳同位素较轻，这类天然气主要分布在塔中北斜坡地区，经过气源综合分析认为主要来源于塔中地区的中—上奥陶统烃源岩，这类天然气还可以进一步分为两小类：一类是甲烷碳同位素非常轻，一般小于－50‰，位于北斜坡的西部；另一类是$\delta^{13}C_1$值分布在－46.3‰～－40.0‰，位于北斜坡的中东部，这两类天然气都来源于同一套烃源岩，导致这种差别可能主要是烃源岩的成熟度。

另一大类天然气是甲烷和乙烷碳同位素都比较轻，$\delta^{13}C_2 - \delta^{13}C_1$差值小，轻烃中苯、甲苯和甲基环己烷碳同位素较重，轻烃组成中正庚烷含量较高，这类天然气主要分布在塔中主垒带，多项指标均反映其气源具有一致性，主要来源于寒武系和下奥陶统烃源岩。

（二）满东—英吉苏地区气源对比

满东—英吉苏地区自2001年12月英南2井在侏罗系3626.02～3667.50m用6.35mm油嘴中途测试获得工业油气流以来，2003年满东1井在志留系5555.19～5607.00m用3mm的油嘴试气获得日产2.9～5.65×10^4m^3的气流，预示着该区具有广阔的天然气勘探前景。在该区发现的气流或气显示主要分布在侏罗系、志留系中，英东2井在寒武系也见到一些气显示。

关于该区的气源问题不同学者看法存在差异，王东良等（1988）对华英参1井罐装气样和试油井段伴生气样品分析对比后认为，天然气来源于侏罗系煤系烃源岩；塔指（2002）对英南2井侏罗系天然气分析后认为天然气中乙烷碳同位素很重，其来源可能主要是寒武系烃源岩，但有一部分来源于侏罗系煤系地层的混合，但梁狄刚等（2003）和王廷栋等（2003）研究认为英南2井天然气主要为下奥陶统和寒武系烃源岩形成的高温原油裂解气。

满东—英吉苏地区目前发现的烃源岩主要为中—下侏罗统煤系和寒武系—下奥陶统海相泥岩、石灰岩。中—下侏罗统煤系烃源岩在塔东北地区广泛发育，是本地区重要的一套烃源岩。岩石类型包括暗色泥岩、碳质泥岩和煤，具有烃源层分布广、厚度大、有机质丰度高、生烃母质差的特点，有机质成熟度低（0.4%～0.7%）的特点；寒武系烃源岩在满东—英吉苏地区厚度大、分布广，为高丰度优质烃源岩，在满东—英吉苏地区寒武系—下奥陶统烃源岩成熟度很高，塔东2井寒武系—下奥陶统烃源岩达到2.44%～3.30%。

另外，中—上奥陶统可能是一套潜在的烃源岩，有关这方面的证据不多，如果存在这套烃源岩，其成熟度也很高，英东2井中—上奥陶统烃源岩等效镜质组反射率达1.59%～1.78%，塔东2井中—上奥陶统R_o值为2.05%～2.12%。

满东—英吉苏地区天然气组成比较复杂，从4口井天然气组成来看，可以分为3类（图10－20）：第一类是高氮、湿气，天然气中甲烷含量低于80%，重烃含量很高，乙烷含量5%～10%，干燥系数小于0.9，氮气含量很高，达15%～21%，满东1井志留系和英南2井天然气具有这种特点；第二类是低氮、湿气，氮气含量一般小于5%，干燥系数小于0.9，龙口1井天然气具有这种特点；第三类是低氮、干气，干燥系数大于0.95，氮气含量在5%左右，英东2井寒武系天然气具有这种组成特点。

满东—英吉苏地区天然气$\delta^{13}C_1$含量为－40.4‰～－36.2‰（表10－4），甲烷碳同位素值相差不大，但乙烷的碳同位素值相差较大。英南2井侏罗系天然气$\delta^{13}C_2$值分布在－34.7‰～－30.9‰，龙口1井侏罗系天然气$\delta^{13}C_2$值为－35.4‰左右，碳同位素相对比较重，而满东1井

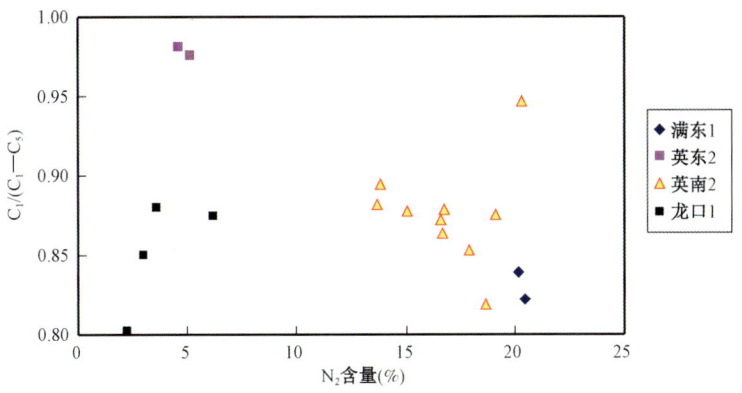

图 10-20 满东—英吉苏地区天然气 N_2 含量与 $C_1/(C_1—C_5)$ 关系图

志留系和英东 2 井寒武系天然气 $\delta^{13}C_2$ 分布在 $-37.7‰ \sim -39.0‰$，碳同位素相对比较轻，$\delta^{13}C_2 - \delta^{13}C_1$ 值比较小（$<5‰$），甚至英东 2 井天然气甲烷、乙烷碳同位素出现倒转现象，说明这些天然气的成熟度非常高。

表 10-4 满东—英吉苏地区天然气组分碳同位素组成

井号	深度（m）	层位	$\delta^{13}C_1$（‰，VPDB）	$\delta^{13}C_2$（‰，VPDB）	$\delta^{13}C_2 - \delta^{13}C_1$（‰，VPDB）	$\delta^{13}C_3$（‰，VPDB）	$\delta^{13}C_4$（‰，VPDB）
英东 2	4348.60 ~ 4427.70	€	-36.9	-38.1	-1.20	-32.40	-29.9
英东 2	4464.10 ~ 4545.00	€	-37.0	-38.2	-1.20	-32.70	-30.1
满东 1	5555.19 ~ 5607.00	S	-38.4	-39.0	-0.60	-34.40	-31.9
满东 1	5555.19 ~ 5607.00	S	-38.2	-37.7	0.44	-33.69	-32.5
满东 1	5555.19 ~ 5607.00	S	-38.4	-37.7	0.69	-33.41	-32.7
英南 2	3626.00 ~ 3667.50	J	-39.3	-34.7	4.60	-30.10	-28.7
英南 2	3505.08 ~ 3517.60	J	-36.2	-31.5	4.70	-28.20	-27.6
英南 2	3626.06 ~ 3667.50	J	-37.3	-33.3	4.00	-29.30	-30.3
英南 2	3470.90 ~ 3510.65	J	-36.3	-30.9	5.40	-28.80	-29.5
英南 2	3725.85 ~ 3776.00	J	-37.2	-34.6	2.60	-29.10	-27.6
英南 2	3805.47 ~ 3833.90	J	-37.5	-34.7	2.80	-28.90	-27.3
龙口 1	4265.00 ~ 4305.00	J	-40.0	-35.0	5.00	-30.00	-33.0
龙口 1	4471.77 ~ 4488.20	J	-39.0	-35.4	3.60	-28.90	-33.6
龙口 1	4474.33 ~ 4488.20	J	-40.4	-35.5	4.90	-28.80	-34.3

从满东—英吉苏地区 4 口井的乙烷碳同位素组成来看，根据煤成气和油型气的划分标准（$\delta^{13}C_2 < -28‰$），该区天然气 $\delta^{13}C_2$ 值远远小于 $-28‰$，主要来源于高成熟—过成熟阶段腐泥型烃源岩。

英东 2 井寒武系产层中的天然气是目前塔里木盆地发现的最典型寒武系烃源岩生源的天然气，乙烷碳同位素轻，反映原始母质类型好，甲烷碳同位素重，$\delta^{13}C_2 - \delta^{13}C_1$ 值小，反映天然气成熟度非常高,与目前英吉苏地区寒武系烃源岩的性质非常相似,从英东 2 井天然气性质对比来看,满东 1 井天然气组分碳同位素值组成与英东 2 井非常相近,反映其来源可能也主要来源于寒武系—下奥陶统烃源岩。英南 2 井、龙口 1 井天然气与满东 1 井、英东 2 井天然气存在一些差别,但这种差异主要表现在乙烷等重组分上,而甲烷的碳同位素差别较小,因此,从整体上来分析,满东—英吉苏地区天然气也主要来源于寒武系—下奥陶统烃源岩。

满东—英吉苏地区天然气组分氢同位素如表 10-5 所示,甲烷氢同位素比较轻,$\delta^2H_{C_1}$ 值分布在 -154.4‰ ~ -147.8‰,各井天然气甲烷氢同位素比较接近,反映其来源比较相似,根据沈平等(1987)以 $\delta^2H_{C_2}$ = -180‰ 为界限划分海相和陆相淡水沉积烃源岩形成甲烷的结论,无疑满东—英吉苏地区天然气来源于海相烃源岩,另外,该区天然气甲烷碳同位素很重可能与该区天然气成熟度很高有关,根据 $\delta^2H_{C_1}$ 与 R_o 的经验关系计算的天然气成熟度为 2.0% 左右,反映天然气成熟度很高。但是,该区乙烷和丙烷氢同位素差别较大,英南 2 井和满东 1 井天然气乙烷和丙烷氢同位素相对较重,而英东 2 井寒武系天然气乙烷、丙烷氢同位素较轻,导致这种差异的原因有待进一步分析。

表 10-5 满东—英吉苏地区天然气组分氢同位素分布

井号	井深(m)	$\delta^2H_{C_1}$ (‰,VSMOW)	$\delta^2H_{C_2}$ (‰,VSMOW)	$\delta^2H_{C_3}$ (‰,VSMOW)	R_o (%)
英南 2	3626.00 ~ 3667.50	-154.4	-115.1	-98.6	2.04
满东 1	5555.18 ~ 5607.00	-153.6	-144.1	-107.6	2.05
英东 2	4464.10 ~ 4545.00	-147.8	-165.1	-146.5	2.11

从天然气轻烃组成分析可知,该区天然气轻烃中的苯和甲苯含量非常低,这样,优选的轻烃中苯和甲苯碳同位素对比指标在该区气源对比中很难发挥作用,因此在气源对比中只好使用轻烃中的环己烷、正庚烷和正己烷碳同位素值进行气源直接对比,结果如图 10-21 所示。在轻烃碳同位素对比图上,英南 2 井获工业气流井段的天然气与下奥陶统泥岩有较好的亲源关系,而与侏罗系煤没有亲源关系。

因此,从天然气轻烃碳同位素对比来看,该区天然主要来源于寒武系—奥陶系烃源岩。在天然气轻烃组成中,英东 2 井、满东 1 井和英南 2 井等 3 口井天然气环烷烃含量较高,在正庚烷—甲基环己烷—二甲基环己烷相对组成中,正庚烷含量小于 50%,甲基环己烷含量一般大于 40%,在相对组分含量组成三角图上(图 10-14),满东—英吉苏地区的天然气与和田河天然气组成比较相似,如果按天然气轻烃成因分类,满东—英吉苏地区天然气应为偏腐殖型有机质来源,但是,也注意到原油在高温下裂解的天然气环烷烃含量也可以增高,因此,认为该区天然气可能主要是来源于寒武系—下奥陶统腐泥型烃源岩高温裂解产生。

满东—英吉苏地区天然气尽管在天然气组分和碳同位素上存在一些差异,但总体表现出甲烷碳同位素较重、乙烷碳同位素较轻的分布特点,两口工业气流井(英南 2 井、满东 1 井)的天然气组分表现出 N_2 含量很高、湿气,天然气轻烃组成相似,均表现出环烷烃较高、芳香烃含量很低的分布特点,通过与来源于典型寒武系—下奥陶统烃源岩的英东 2 井对比分析,认为满东—英吉苏地区天然气主要来源于寒武系—下奥陶统烃源岩。

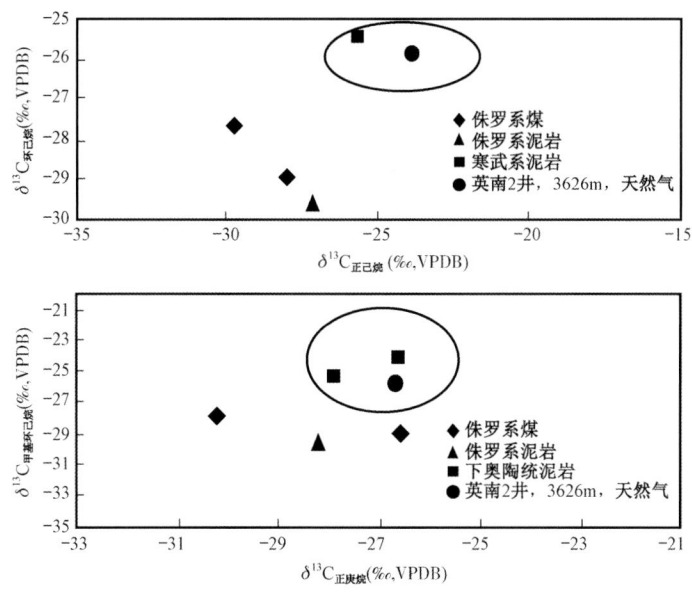

图 10-21　岩石热解轻烃与天然气轻烃碳同位素对比图

(三) 轮南—吉拉克地区气源对比

轮南—吉拉克地区目前探明的天然气地质储量 $141×10^8 m^3$，主要分布在吉拉克石炭系中，另外在解放渠东、桑塔木断垒带奥陶系和三叠系中也探明了少量的天然气，最近在桑南地区部分探井奥陶系中也获得了高产工业气流，因此，预示着该区天然气具有很好的勘探前景。

该区可能存在寒武系—下奥陶统和中—上奥陶统两套烃源岩，寒武系烃源岩成熟度很高，根据盆地模拟资料，下寒武统底部烃源岩成熟度 R_o 达 2.2%~3.0%；中奥陶统底部烃源岩现今成熟度 R_o 达 1.2%~1.4%，相对而言，中—上奥陶统烃源岩成熟度比下寒武统低很多。

轮南—吉拉克地区天然气甲烷碳同位素值分布在 -41.2‰~-33.4‰ (图 10-22)，但大部分地区 (吉拉克、桑南和中部斜坡等) 碳同位素非常重，$δ^{13}C_1$ 值集中在 -35‰ 左右，表明天然气成熟度很高，根据本次的实验模拟数据推测，该区天然气成熟度 R_o 一般大于 1.9%，处于高成熟—过成熟阶段，而位于西北部的轮南断垒带甲烷碳同位素相对比较轻，$δ^{13}C_1$ 值分布在 -37‰ 左右。乙烷 $δ^{13}C_2$ 值分布在 -36‰~-33‰，相对比较重 (图 10-22)。该区甲烷、乙烷 $δ^{13}C$ 差值较小，$δ^{13}C_2 - δ^{13}C_1$ 值大部分都小于 4‰，表明该区天然气成熟度很高。

与轮南—吉拉克塔北隆起的东河塘—英买力地区天然气相比，无论是从甲烷还是乙烷碳同位素值来看，天然气碳同位素明显偏轻，东河塘—英买力地区天然气 $δ^{13}C_1$ 值一般小于 -41‰，$δ^{13}C_2$ 值小于 -37‰，$δ^{13}C_2 - δ^{13}C_1$ 值一般大于 4‰，对应的成熟度 R_o 可能在 0.8%~1.5%，其来源可能是与原油同阶的产物 (赵孟军，1998)。轮南—吉拉克地区天然气来源于高成熟阶段的产物，与东河塘—英买力地区天然气同源不同阶。

从所分析的桑南—吉拉克地区 4 个样品的天然气氢同位素分析结果来看 (表 10-6)，桑南—吉拉克地区天然气氢同位素很重，$δ^2H_{C_1}$ 值分布在 -150.5‰~-132.6‰，$δ^2H_{C_2}$ 值分布在 -151.2‰~129.5‰，$δ^2H_{C_3}$ 值分布在 -122‰ 左右，反映成熟度很高，折算的 R_o 值约为 2.2%。

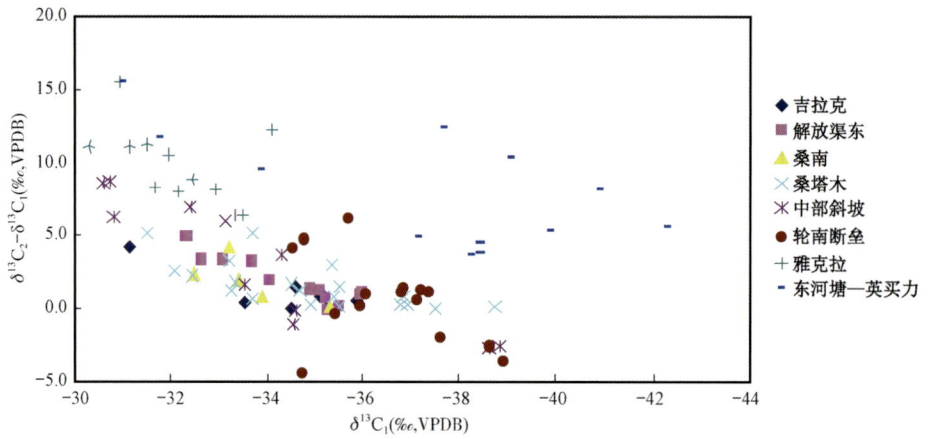

图 10-22　塔北隆起海相含油气系统天然气 $\delta^{13}C_2 - \delta^{13}C_1$ 与 $\delta^{13}C_1$ 分布关系图

表 10-6　桑南—吉拉克地区天然气氢同位素值

井号	$\delta^2H_{C_1}$(‰,VSMOW)	$\delta^2H_{C_2}$(‰,VSMOW)	$\delta^2H_{C_3}$(‰,VSMOW)	R_o(%)
轮古 13	-139.6	-135.4	-122.2	2.2
轮古 18	-132.6	-136.2	-122.3	2.3
轮南 59	-135.7	-129.5	-122.5	2.2
吉 102	-150.5	-151.2	-123.3	2.1

根据天然气氢同位素分析，桑南—吉拉克地区天然气为典型的海相腐泥型来源，并且来源于有机质高成熟—过成熟演化的产物。

轮南—吉拉克地区天然气中苯和甲苯碳同位素非常重，苯碳同位素值分布在 -25‰左右，甲苯碳同位素比值分布在 -26‰~ -23.3‰，借用塔东 2 井寒武系—下奥陶统和中—上奥陶统烃源岩进行对比（图 10-23），该区天然气苯和甲苯碳同位素值与寒武系—下奥陶统烃源岩非常接近，因此，轮南—吉拉克地区天然气可能主要来源于寒武系—下奥陶统烃源岩。

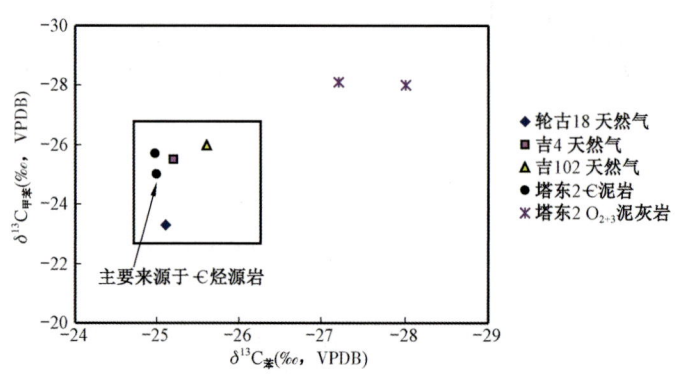

图 10-23　轮南—吉拉克地区天然气与烃源岩热模拟产物中 $\delta^{13}C_{苯}$ 和 $\delta^{13}C_{甲苯}$ 对比图

轮南—吉拉克地区天然气轻烃中正庚烷—二甲基环戊烷—甲基环己烷相对百分含量组成如图 10-14 所示，以正庚烷为主，相对含量大于 60%，甲基环己烷含量较低，小于 20%，具有典型的腐泥型有机质来源的特征。

根据轮南—吉拉克地区天然气组分碳、氢同位素及轻烃组成认为该区天然气为典型的腐泥型有机质来源,甲烷碳、氢同位素都非常重,表明该区天然气成熟度很高,对应的 R_o 值一般大于1.9%,高于该区中—上奥陶统烃源岩的成熟度,根据轻烃苯和甲苯碳同位素比值对比,轮南—吉拉克地区天然气苯和甲苯碳同位素非常重,与寒武系烃源岩比较接近,反映天然气可能主要来源于寒武系—下奥陶统烃源岩。

第二节　库车坳陷天然气轻烃地球化学特征及气源分析

一、地质概况

库车坳陷位于塔里木盆地北部天山山前,是叠置于晚古生代被动大陆边缘的中新生代前陆坳陷,整体呈北东东向展布,面积约为 $3.7 \times 10^4 \mathrm{km}^2$(戴金星,2014)。该坳陷经历了前碰撞造山、碰撞造山和陆内造山三大构造演化阶段,在剖面结构上形成三大构造层:前中生代构造层——前碰撞造山阶段被动大陆边缘沉积建造;中生代构造层——碰撞造山阶段周缘前陆盆地含煤磨拉石建造;新生代构造层——陆内造山阶段再生前陆盆地磨拉石建造(贾承造,2003)。目前该坳陷已经发现了多个油气田(藏),分布于坳陷的东西向狭长带上(图10-24),包括西部乌什凹陷的神木园油藏,中部克拉苏构造带上的大北—克深气田,中东部秋里塔格冲断带的东秋8气藏、迪那气田,东部地区依奇克里克冲断带上的迪北气田、吐孜洛克气田等(林潼等,2015)。库车坳陷发育三叠系和侏罗系两套烃源岩,即上三叠统塔里奇组(T_3t)、中侏罗统克孜勒努尔组(J_2k)和阳霞组(J_1y)煤系烃源岩,上三叠统黄山街组(T_3h)和中侏罗统恰克马克组(J_2q)湖相烃源岩。烃源岩分布范围很广,遍布整个坳陷,并且大部分地区烃源岩达到成熟—高成熟或过成熟阶段。库车坳陷前陆冲断带储层主要为辫状河三角洲砂体,并且纵向上多期砂体叠置,发育多套储层。坳陷主要储层为白垩系巴什基奇组(K_1bs)、巴西盖组(K_1bx)、侏罗系克孜勒努尔组(J_2k)、阳霞组(J_1y)、阿合组(J_1a)、古近系苏维依组($E_{2-3}s$)、库姆格列木群($E_{1-2}km$)、新近系吉迪克组(N_1j)、康村组($N_{1-2}k$)和库车组(N_2k)(图10-25)。优质盖层发育

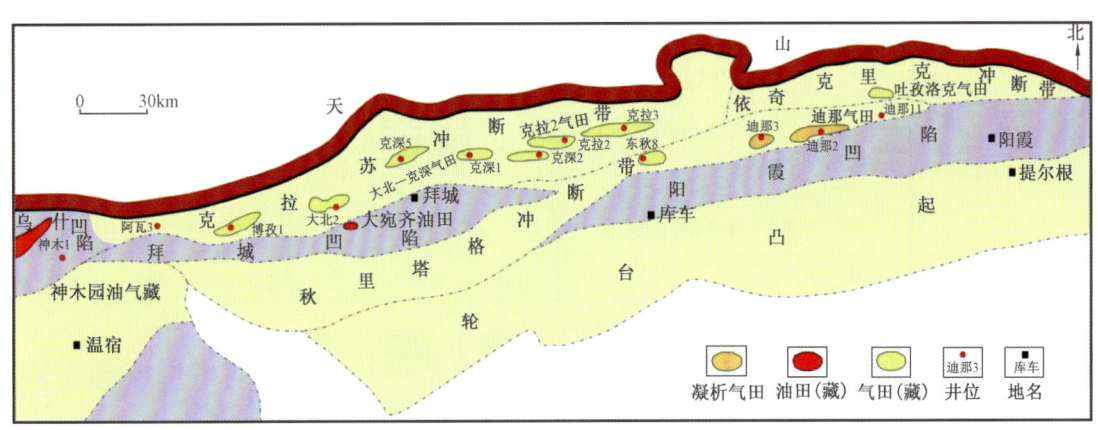

图 10-24　库车坳陷构造单元与油气田(藏)分布(林潼等,2015)

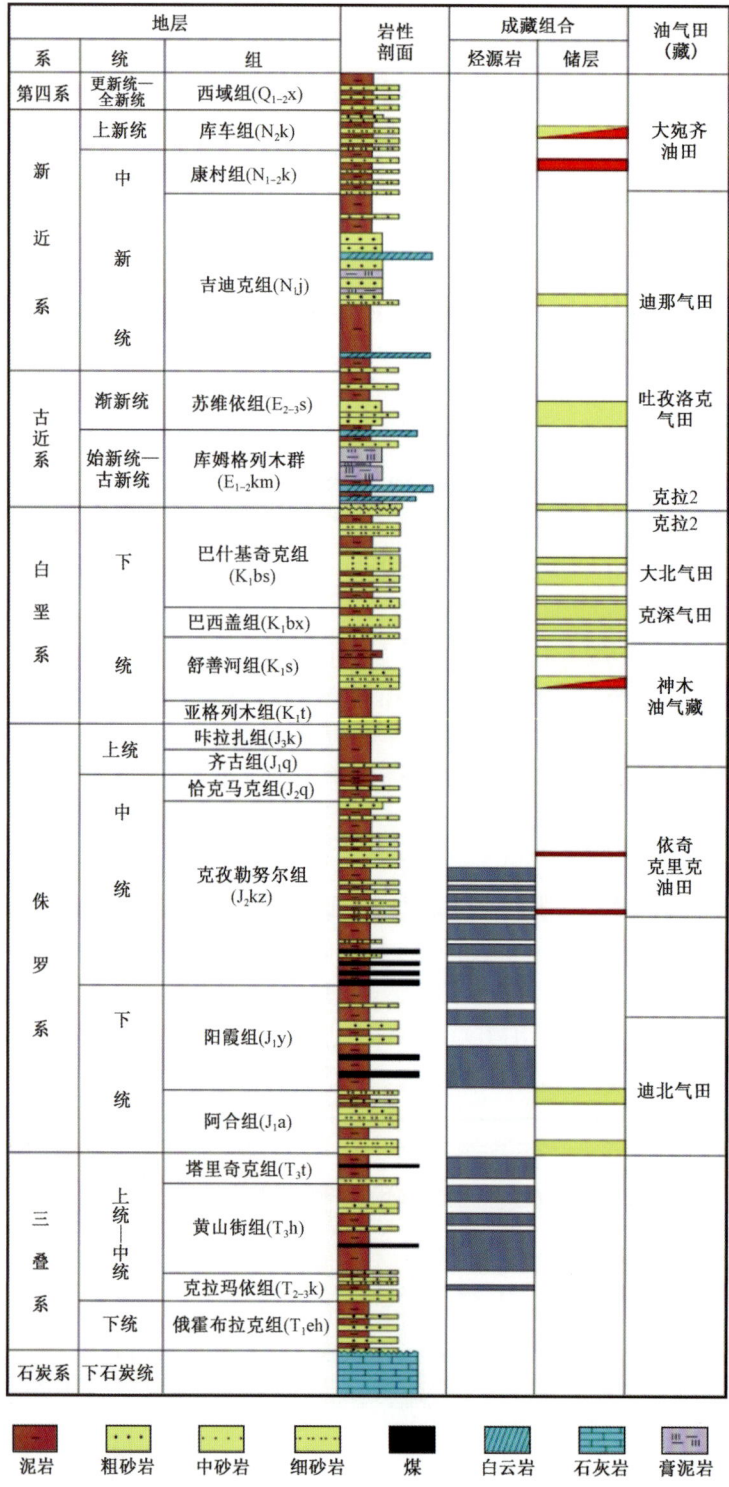

图 10-25 库车坳陷地层综合柱状图(林潼,2015)

是库车坳陷发育多个大气田的关键因素之一,在库车河以西区域盖层为古近系库姆格列木群的膏岩盐,库车河以东区域盖层为新近系吉迪克组(N_1j)膏岩盐。正是因为有着优越的生储盖组合作为基础,因此在库车坳陷发现了中国最高丰度的气田——克拉2大气田、中国最大的凝析气田——迪那2气田、中国目前发现的构造最复杂、埋藏最深的陆相大气田——大北气田。

二、天然气地球化学特征

(一)组分特征

在平面上库车坳陷目前已经发现的油气藏主要沿着天山山前冲断带展布,油气藏整体表现为条带状。受到烃源岩类型及其成熟度的控制,沿着天山冲断带由西向东,油气聚集表现为油气藏、气藏(干气)、气藏(凝析气藏、湿气)的特征(图10-24)。整体而言库车坳陷以富集天然气为主,纵向上多层段含气,从下侏罗统的阿合组到上新统的库车组。

以库车坳陷典型油气田为例,在克拉苏冲断带上由于演化程度较高,天然气成熟度较大,因此大北和克拉2气田甲烷含量较高,而重烃气含量较少(图10-26),甲烷含量大于95%,重烃气含量多小于4%。大宛齐油田发育于拜城凹陷内,天然气主要为伴生气,成熟度较低,而迪那1气田发育在秋里塔格构造带的东部靠近阳霞凹陷而发育凝析气藏,其共同特征是甲烷含量多低于90%,并且重烃气含量多大于6%(图10-26)。

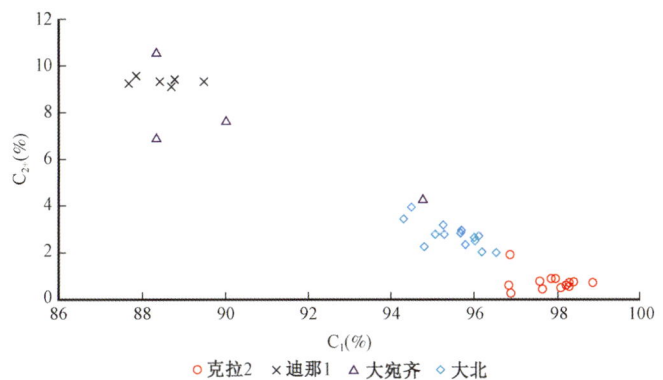

图10-26 库车坳陷天然气甲烷与重烃含量相关图

库车坳陷非烃气体主要为CO_2和N_2,并且CO_2含量和N_2含量都不高(图10-27、图10-28),其含量一般都低于2%,主要还是可以通过甲烷含量来将库车坳陷天然气分为了两类,高含甲烷天然气(干气),另外一类是甲烷含量较低的湿气或者凝析气,典型实例为迪那气田。

(二)碳氢同位素特征

由于承载着很多重要的地球化学信息,天然气的碳氢同位素是其地球化学特征研究的重要参数,特别是在划分天然气成因类型、气源对比及判别天然气成熟度等方面应用很广。

库车坳陷天然气具有较重的碳同位素值,这一点与塔里木盆地台盆区有明显的差别,特别是$\delta^{13}C_2$较重,数值都大于-28‰,最重的其值可以达到-17‰,按照前人提出的天然气成因划分标准(戴金星,1992),从$\delta^{13}C_2$可以判识库车坳陷天然气应该为腐殖型母质所形成的天然气。克拉苏构造带天然气成熟度较高,因此其$\delta^{13}C_1$值多高于拜城凹陷和阳霞凹陷天然气$\delta^{13}C_1$

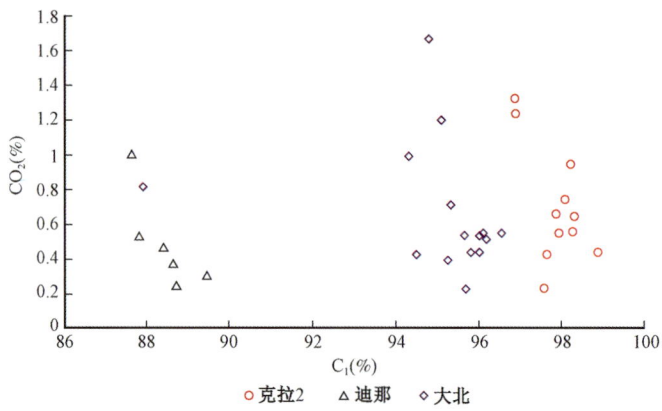

图 10-27 库车坳陷天然气甲烷与二氧化碳含量相关图

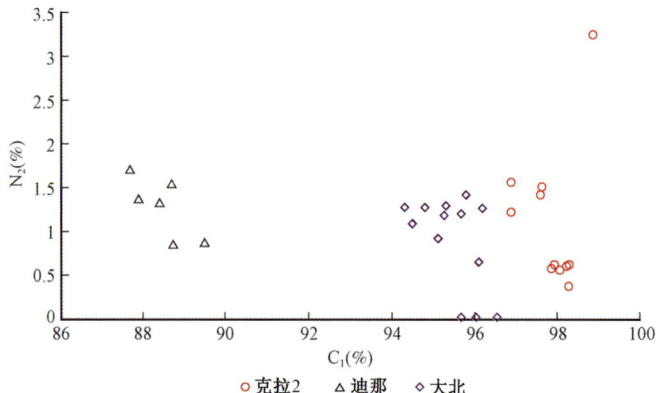

图 10-28 库车坳陷天然气甲烷与氮气含量相关图

值。例如克拉 2 气田和大北气田的 $\delta^{13}C_1$ 值和 $\delta^{13}C_2$ 值总体上就明显大于迪那 2 气田和大宛齐油田天然气 $\delta^{13}C_1$ 值和 $\delta^{13}C_2$ 值(图 10-29)。库车坳陷 $\delta^{13}C_3$ 值更重(图 10-30),本次研究中大宛齐油气田中有的 $\delta^{13}C_3$ 值快接近 $-12‰$,整体而言库车坳陷大部分 $\delta^{13}C_3$ 值分布在 $-24‰ \sim 18‰$。

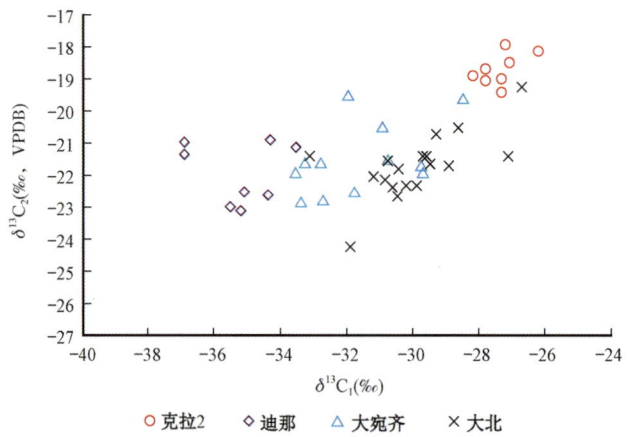

图 10-29 库车坳陷天然气 $\delta^{13}C_1$ 和 $\delta^{13}C_2$ 分布

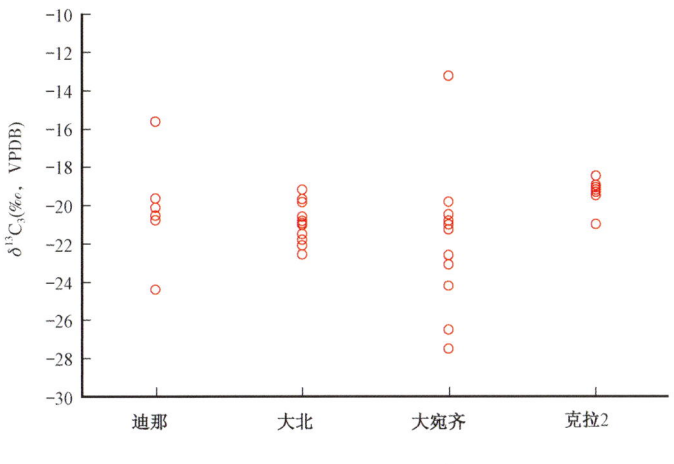

图 10-30　库车坳陷天然气 $\delta^{13}C_3$ 分布

库车坳陷天然气普遍发生了碳同位素的部分倒转,在克拉 2 气田、迪那气田和大宛齐油气田中表现得尤为明显(图 10-31),同位素的部分倒转表明库车地区天然气发生了次生改造作用。

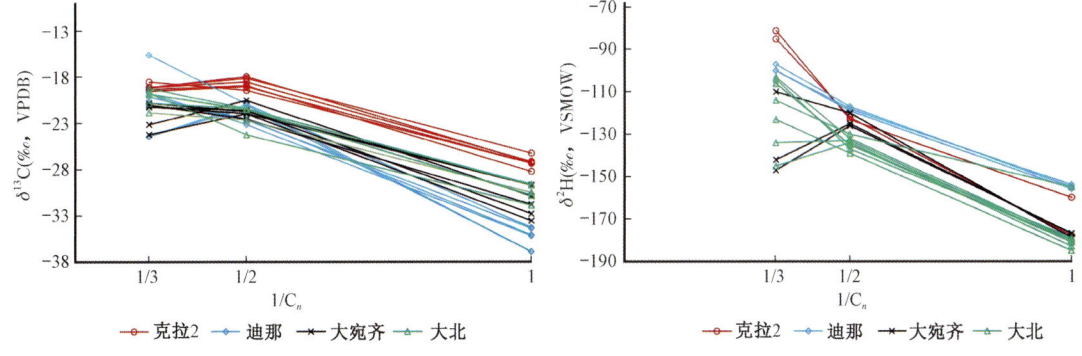

图 10-31　库车坳陷天然气碳氢同位素系列

虽然烷烃气氢同位素在天然气研究中运用不如碳同位素广泛,但其蕴含的一些信息有特定的意义,如对沉积环境示踪;当与烷烃气碳同位素综合应用时,可作为天然气地球化学研究中的一项重要指标。本次收集到 16 口井的天然气氢同位素资料表明库车坳陷 δ^2H 值普遍偏重,从而进一步佐证了库车坳陷天然气主要是来源于腐殖型有机质这一地质事实。库车坳陷 $\delta^2H_{C_1}$ 主要分布于 -185‰~150‰,$\delta^2H_{C_2}$ 主要分布于 -140‰~115‰。从 $\delta^2H_{C_1}$ 与 $\delta^2H_{C_2}$ 分布图来看(图 10-32),靠近克拉苏构造带的天然气氢同位素值明显高于位于库车坳陷南部的牙哈气田的氢同位素值。库车坳陷天然气碳氢同位素具有共同的特点,靠近冲断带的天然气由于成熟度较高而具有较高的同位素值。此外较高的烷烃气氢同位素值可能也表明库车坳陷烃源岩形成于水体盐度较高的沉积环境。

库车坳陷氢同位素也发生了部分倒转,在迪那气田最为明显,而克拉 2 气田天然气氢同位素为发生明显的倒转现象,研究认为这可能是资料有限而掩盖了其氢同位素的部分倒转现象

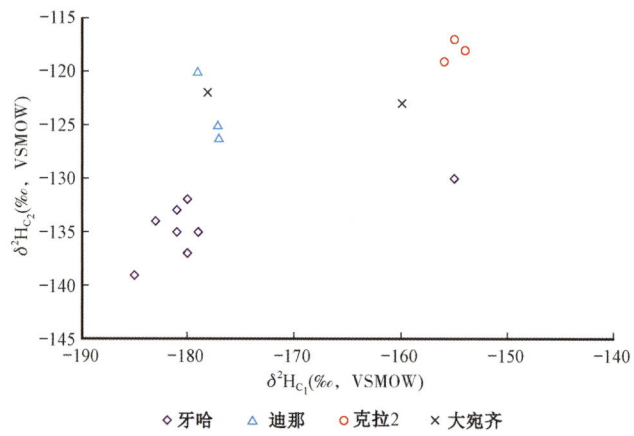

图 10-32　库车坳陷天然气 $\delta^2 H_{C_1}$ 和 $\delta^2 H_{C_2}$ 分布

(图 10-31)。研究区碳氢同位素都发生了明显的倒转现象,结合实际地质情况及前人对碳氢同位素部分倒转的研究(戴金星,1992、2016;吴小奇等,2014),认为研究区克拉 2 气田天然气同位素倒转是由于高成熟—过成熟阶段烃源岩生气所形成,而对于成熟度不高的气田则可能是同型不同源的烃源岩(泥岩、煤)所形成的天然气混合而导致形成了研究区天然气碳、氢同位素的部分倒转。

三、天然气轻烃地球化学特征

天然气中轻烃含量很低,分析难度相对较大,但由于轻烃化合物种类和数量较多,蕴含了丰富的地球化学信息,因此天然气中轻烃在判识天然气成因类型,成熟度及精细的气源对比等研究方面具有重要的指示意义。

(一)天然气轻烃组成分布特征

C_6—C_7 链烷烃及芳香烃相对含量的变化受有机质类型的影响比较大,Leythaeuser 等(1979)对腐泥型烃源岩中轻烃组成研究认为轻烃中链烷烃丰富,环烷烃和芳香烃含量较低,在腐殖型有机质生成的轻烃中虽然仍以链烷烃为主,但环烷烃和芳香烃含量相对比较高。

库车坳陷天然气轻烃组成以链烷烃为主(表 10-7),占 44.2%~72.3%,平均为 52.4%;其次是芳香烃,占 10.3%~33.8%,平均为 25.0%。而环烷烃含量相对较低,分布在 17.4%~26.7%,平均为 22.6%。

表 10-7　塔里木盆地天然气轻烃 C_6—C_7 组成分布

地区	井号	深度(m)	层位	链烷烃(%)	环烷烃(%)	芳香烃(%)
库车坳陷	羊塔 101	5350.5~5355.5	K	47.6	26.7	25.7
	迪那 201		E	44.6	21.6	33.8
	迪那 22		E	44.2	24.2	31.6
	牙哈 3			57.8	19.3	22.9

续表

地区	井号	深度(m)	层位	链烷烃(%)	环烷烃(%)	芳香烃(%)
库车坳陷	却勒1		E	72.3	17.4	10.3
	平均			52.4	22.6	25.0
轮南—桑塔木	轮南22			93.6	5.9	0.5
	轮南2-3-4	4793.0~4796.0	T	87.8	11.7	0.5
	轮南59		C	89.6	9.2	1.2
	轮古13	5544.0~5626.0	O	87.5	10.1	2.4
	轮古18	5472.0~5546.8	O	80.6	12.5	6.9
	轮古16	5468.0~5600.0	O	85.4	14.3	0.3
	平均			87.4	10.6	2.0

与塔北隆起的轮南—桑塔木地区相比,库车坳陷天然气轻烃组成明显具有芳香烃和环烷烃相对含量高的组成特征,在轮南—桑塔木地区天然气轻烃组成具有链烷烃非常高的组成特征,链烷烃相对含量平均为87.4%,而环烷烃和芳香烃相对含量均较低,环烷烃相对含量一般为10.0%左右,芳香烃含量平均为2.0%,具有链烷烃相对含量远远大于环烷烃和芳香烃的组成特征。

甲苯/正庚烷和正庚烷/甲基环己烷两项轻烃指标在油气次生变化作用研究中具有重要意义,Thompson(1987)根据两项比值的变化判识油气的水洗、降解、热蒸发等作用。

轻烃中甲苯/正庚烷和正庚烷/甲基环己烷比值分布如图10-33所示,库车坳陷天然气轻烃具有甲苯/正庚烷值较高和正庚烷/甲基环己烷值较低的分布特征,甲苯/正庚烷分布在0.5~1.2,正庚烷/甲基环己烷分布在0.5~0.7。

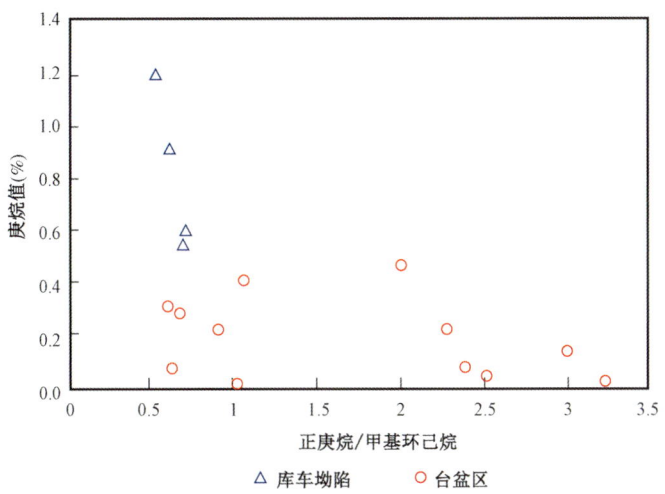

图10-33 库车坳陷天然气甲苯/正庚烷和正庚烷/甲基环己烷比值分布图

与台盆区相比,库车坳陷天然气甲苯/正庚烷值明显较高,台盆区天然气甲苯/正庚烷均低于0.5%,而正庚烷/甲基环己烷一般较低,台盆区该项比值分布在0.5%~3.5%。

Thompson(1983)提出庚烷值和异庚烷值可以反映成熟度的变化,并提出判断标准。

Thompson(1984)利用庚烷值和异庚烷值回归了两条曲线,用来区分成熟度和母质的影响,认为庚烷值和异庚烷值除与成熟度有关外,还受母质类型的影响,在相同成熟度下来自腐泥型母质轻烃中的庚烷值、异庚烷值比腐殖型的高,但是此次研究认为庚烷值受有机质类型的影响较大,而异庚烷更能反映成熟度的变化。

库车坳陷天然气轻烃中庚烷值分布在 14.91%~45.74%(表10-8),平均为 22.90%,除却勒1井庚烷值高达 45.74% 外,一般都低于 20%,这可能主要与天然气来源于腐殖型有机质有关。天然气异庚烷值分布在 1.99~4.61,平均为 3.18,反映该区天然气成熟度很高。

表10-8 库车坳陷天然气庚烷值和异庚烷值分布表

井号	深度(m)	层位	庚烷值(%)	异庚烷值(%)
YT101	5350.50~5355.50	K	19.34	2.99
乌参1	5917.52~6009.92	K	24.98	4.61
迪那201			14.91	1.99
迪那22			18.18	2.70
牙哈3			18.11	3.13
羊塔101	5350.50	K	19.34	2.99
却勒1			45.74	3.83
平均			22.90	3.18

库车坳陷与台盆区天然气庚烷值与异庚烷值分布对比如图10-34所示,从图中可以看出,库车坳陷天然气庚烷值一般比台盆区低,而异庚烷值分布一般比较相似。

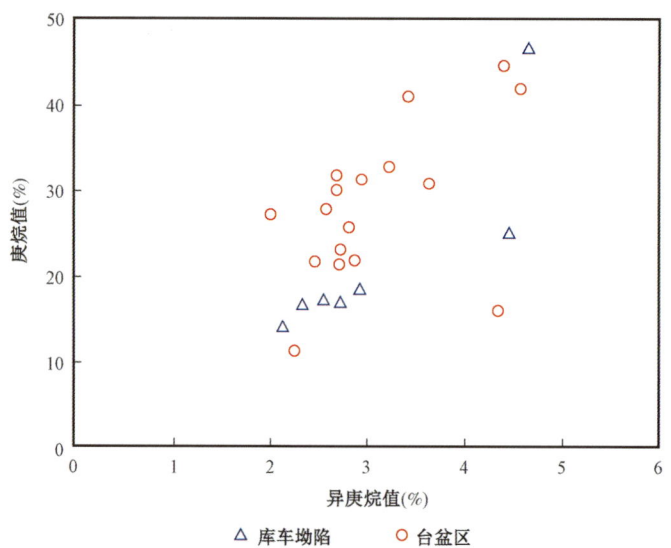

图10-34 库车坳陷与台盆区天然气庚烷值、异庚烷值分布对比图

库车坳陷天然气中正庚烷、甲基环己烷和二甲基环戊烷的组成分布如表10-9所示,从表中可以看出,除却勒1井和乌参1井外,这3个化合物主要以甲基环己烷为主,平均占45.73%,其次是正庚烷,平均为39.74%,二甲基环戊烷相对含量最低,平均占14.53%。

表 10-9 库车坳陷天然气正庚烷、甲基环己烷和二甲基环戊烷相对含量分布表

井号	深度(m)	正庚烷/(正庚烷+甲基环己烷+二甲基环戊烷)(%)	甲基环己烷/(正庚烷+甲基环己烷+二甲基环戊烷)(%)	二甲基环戊烷/(正庚烷+甲基环己烷+二甲基环戊烷)(%)
YT101	5350.50~5355.50	34.54	50.86	14.60
乌参1	5917.52~6009.92	46.54	38.62	14.85
迪那201		27.81	53.26	18.93
迪那22		32.02	53.34	14.64
牙哈3		34.66	49.72	15.62
却勒1		68.06	23.48	8.46
平均		39.74	45.73	14.53

(二)天然气轻烃碳同位素分布特征

轻烃单体中苯和甲苯碳同位素的变化相对比较稳定,与有机质类型关系较大,成熟度虽有影响,但对其影响比较小。

天然气轻烃单体中苯和甲苯碳同位素值测定受其含量的影响,当天然气中苯和甲苯含量较低时,实验测定的碳同位素值精度将受到影响,可靠性较差,在所分析的23个样品中,只有9个气样苯和甲苯含量相对较高,测得的碳同位素值比较可靠。

图 10-35 为库车坳陷天然气中苯和甲苯碳同位素分布,从图中可以看出,库车坳陷天然气中 $\delta^{13}C_{苯}$ 值分布在 -25.0‰~-20.0‰,$\delta^{13}C$ 值一般大于 -24.0‰,碳同位素非常重。在台盆区,甲苯和苯碳同位素明显较轻,$\delta^{13}C_{甲苯}$ 值一般小于 -25.0‰,$\delta^{13}C_{苯}$ 值一般小于 -24.0‰,因此库车坳陷和台盆区天然气苯和甲苯的碳同位素差别非常明显。

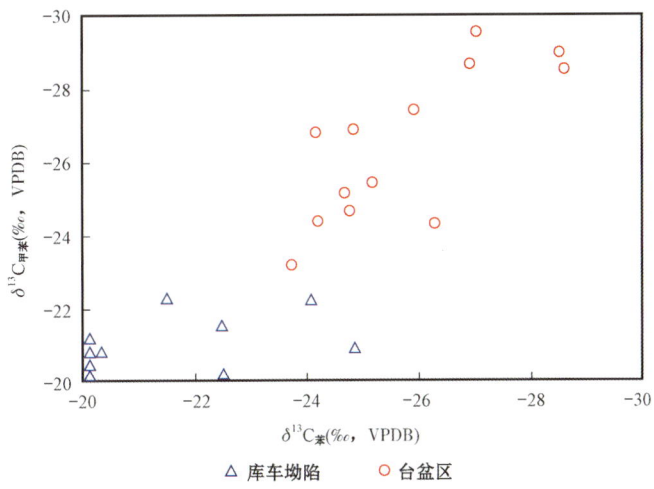

图 10-35 库车坳陷与台盆区天然气 $\delta^{13}C_{苯}$ 和 $\delta^{13}C_{甲苯}$ 对比图

库车坳陷天然气中环己烷和甲基环己烷 $\delta^{13}C$ 分布如图 10-36 所示,从图中可看出,库车坳陷天然气中环己烷和甲基环己烷 $\delta^{13}C$ 值明显重于台盆区,库车坳陷天然气 $\delta^{13}C_{环己烷}$ 值和 $\delta^{13}C_{甲基环己烷}$ 值一般都大于 -23‰,而对于台盆区来说,一般小于 -26‰。

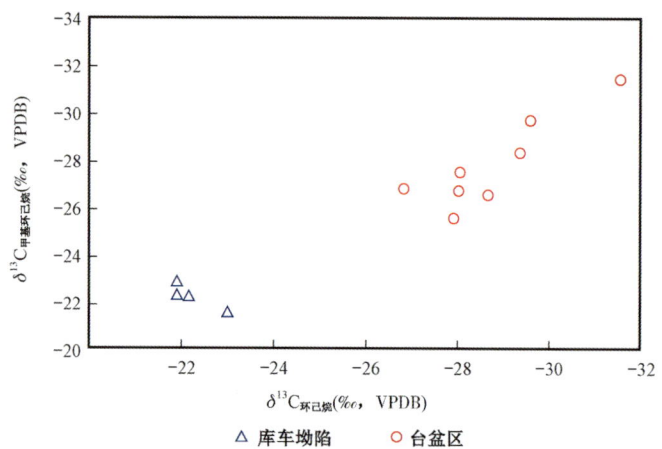

图 10-36　库车坳陷与台盆区天然气 $\delta^{13}C_{环己烷}$ 和 $\delta^{13}C_{甲基环己烷}$ 对比图

库车坳陷天然气轻烃链烷烃中正庚烷和正己烷碳同位素值分布如图 10-37 所示,库车坳陷天然气轻烃中正庚烷和正己烷碳同位素值一般都低于 -28‰,而台盆区天然气轻烃中正庚烷分布在 -32‰~-26‰,正己烷碳同位素值分布在 -32‰~-28‰,库车坳陷天然气正己烷和正庚烷碳同位素明显比台盆区重。

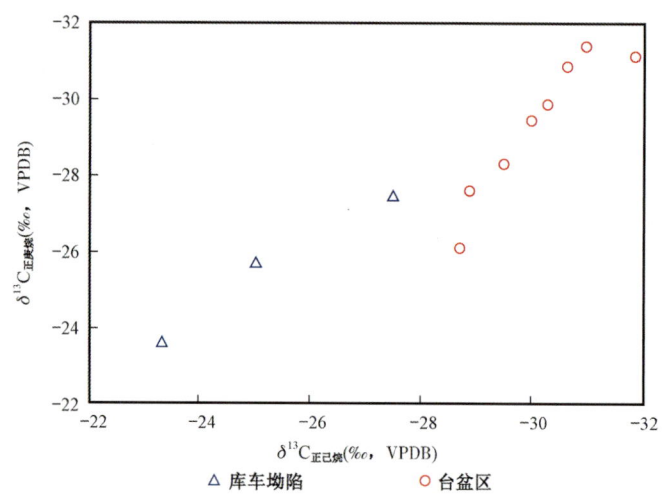

图 10-37　库车坳陷与台盆区天然气 $\delta^{13}C_{正庚烷}$ 和 $\delta^{13}C_{正己烷}$ 对比图

(三)天然气轻烃参数的应用

天然气轻烃组成受多种因素的影响,特别是轻芳香烃水溶和热蒸发等作用对其影响是非常明显的。大量的模拟实验表明蒸发分馏作用使甲苯/正庚烷明显降低,轻芳香烃含量变少。因此,在轻烃组成对比指标选择中,芳香烃相对含量及与其他化合物比值关系不适合作为气源对比的指标。轻烃指标的选择应集中在链烷烃和环烷烃化合物范围内,如正庚烷—甲基环己烷—二甲基环戊烷相对含量等。

图 10-38 为库车坳陷天然气轻烃正庚烷、甲基环己烷和二甲基环戊烷相对组成三角图,从图中可以看出,库车坳陷天然气轻烃中正庚烷含量较低,一般低于 40%,平均为 23.3%,甲基环己烷和二甲基环戊烷相对含量较高,代表天然气可能主要来源于腐殖型烃源岩。与来源于腐泥型烃源岩的台盆区天然气具有明显的差别。

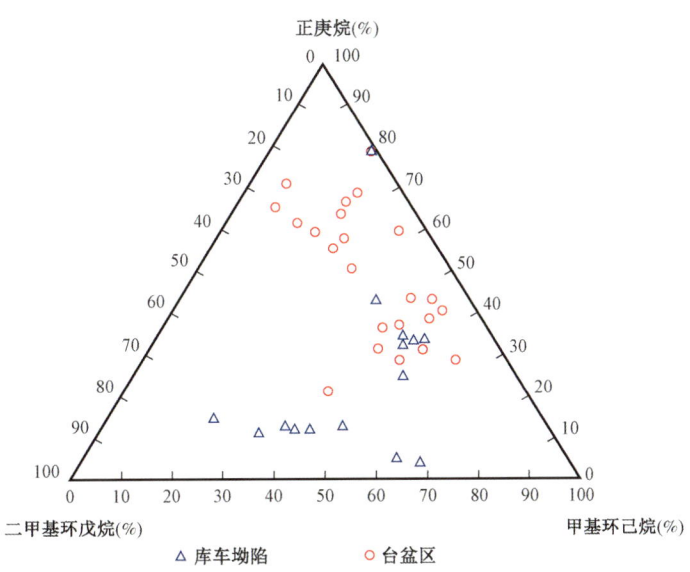

图 10-38　库车坳陷与台盆区天然气正庚烷、甲基环己烷和二甲基环戊烷组成含量对比

根据烃源岩热模拟产物及天然气苯和甲苯之间碳同位素的直接对比可以精细气源追踪。从图 10-39 可见,泥岩的苯、甲苯碳同位素值分别为 −27.25‰ ~ −23.76‰、−24.75‰ ~ −24.04‰,碳质泥岩和煤岩的该两项碳同位素值均有些变化,但变化幅度不大,高成熟阶段的模拟产物中苯和甲苯碳同位素值与天然气中的相应碳同位素较为接近。可见,这些天然气与高成熟—过成熟煤系烃源岩的关系更为密切。即通过轻烃分析与前文中烷烃气同位素分析结果一致,表明库车坳陷天然气为煤成气。

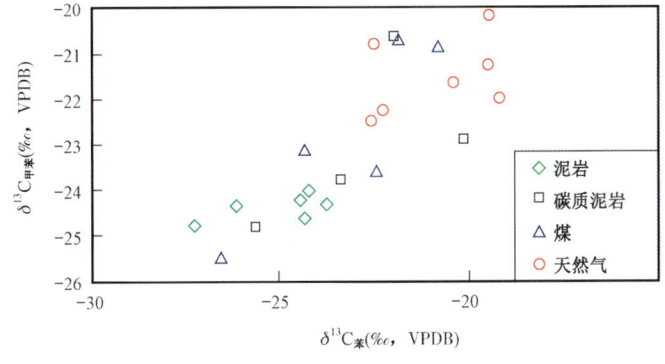

图 10-39　烃源岩吸附气和天然气轻烃中 $\delta^{13}C_{苯}$ 值、$\delta^{13}C_{甲苯}$ 值对比图

第三节 塔西南坳陷油气轻烃地球化学特征

一、天然气轻烃地球化学特征

塔西南坳陷山前带的油气勘探起始于20世纪50年代,相继于1977年发现了柯克亚凝析气田,2001年阿克莫木气田获得高产工业气流,2010年发现了柯东凝析气藏。这里将阿克莫木气田、柯克亚—柯东气藏天然气地球化学特征的差异性进行了系统的研究与对比,探讨天然气的成因类型,并在此基础上进行烃源岩对比,为塔西南坳陷山前带天然气勘探开发提供依据。

(一)区域地质概况

塔西南坳陷是塔里木盆地重要的一级构造单元。地理位置上处于塔里木盆地的西南地区,呈北西南东向展布。构造单元划分如图10-40所示。

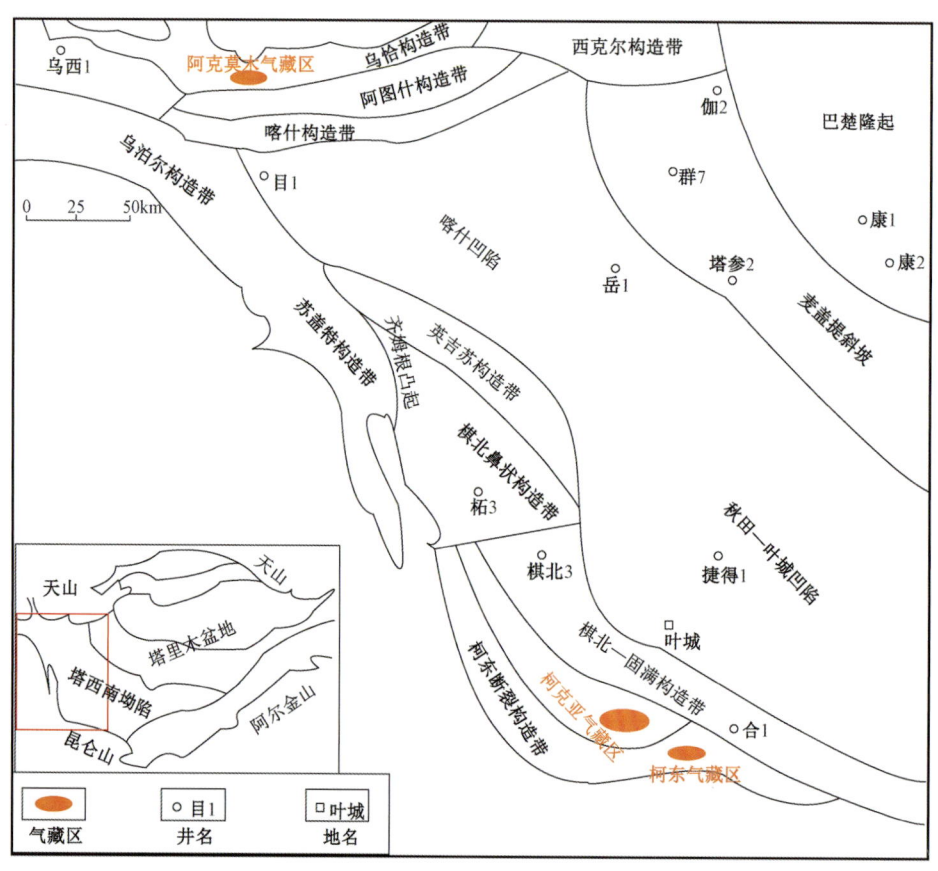

图10-40 塔西南坳陷区域构造位置图及研究区块(杜金虎等,2011)

塔西南坳陷主要发育4套烃源岩,分别为中—下寒武统、下石炭统、二叠系和中—下侏罗统(Huang等,1999;程晓敢等,2000;刘全有等,2007)。其中,中—下寒武统烃源岩主要为一套泥晶灰岩与薄层状具有水平纹理的泥岩(李谨等,2013)。下石炭统烃源岩主要为一套海相的泥岩、泥灰岩,有机质类型以 I—II 型为主(莫午零等,2013;赵孟军等,2003)。二叠系烃源岩主要为一套湖相沉积的泥质烃源岩,有机质类型以 II_1 型为主(莫午零等,2013)。中—下侏罗统烃源岩主要以沼泽相的碳质泥岩及煤为主,有机质类型主要为III型(莫午零等,2013)。中—下寒武统和下石炭统烃源岩区域性分布,二叠系烃源岩则主要分布于昆仑山前。中—下侏罗统烃源岩主要分布于喀什凹陷,其中,中—下侏罗统烃源岩具有垂向厚度大、分布广、丰度高、类型较好、成熟度适中的特点,构成了喀什凹陷的主力烃源岩。二叠系烃源岩主要分布于昆仑山前。整体来说,塔西南坳陷山前带烃源岩有机质类型较好,生烃潜力很大(表10-10)。

表10-10 塔西南坳陷山前带烃源岩情况统计表

烃源岩	分布范围	有机质类型	岩性	TOC(%)	R_o(%)	控藏范围	数据来源
中—下寒武统	区域性	I—II	泥岩、泥晶灰岩	0.87~5.52	1.30~2.30	麦盖提斜坡	
下石炭统	区域性	I—II	海相泥岩、泥灰岩	0.38~5.98	1.40~1.66	麦盖提斜坡上部分	赵孟军等,2003
二叠系	昆仑山前凹陷	II_1	泥岩、泥灰岩	0.06~0.52	0.89~1.27	昆仑山前	莫午零等,2013
中—下侏罗统	喀什凹陷	III	泥岩、煤	沼泽相0.23~60.68 湖相0.30~11.89	0.5~2.0	喀什凹陷周边	莫午零等,2013

(二)天然气地球化学特征

1. 组分特征

如表10-11所示,塔西南坳陷山前带天然气组分以烃类气体为主,分布在77.60%~98.09%。但阿克莫木气田含有较高的非烃气体 N_2 和 CO_2,柯克亚—柯东气藏非烃气体含量较少。前者干燥系数接近于1,为典型的干气,重烃气含量不超过0.3%,表明阿克莫木气田天然气成熟度极高,重烃气大部分被裂解。后者干燥系数均小于0.90,重烃气体含量较高,平均为10.54%,为典型的湿气。阿克莫木气田的两口井中,氮气的含量为7.84%~7.91%,二氧化碳的含量为13.29%~14.17%,其二氧化碳含量较高,并含有微量的氦气(表10-11)。

表10-11 塔西南坳陷山前带天然气组分组成特征

| 气藏(田) | 井号 | 层位 | 井深(m) | 天然气主要组分(%) | | | | | | | | 数据来源 |
				CH_4	C_2H_6	C_3H_8	iC_4H_{10}	nC_4H_{10}	N_2	CO_2	He	
阿克莫木	AK1-2	K_1	3249~3318	77.37	0.20	0.02	0	0.01	7.84	13.29	0.11	
	AK1	K_1	3325~3345	77.45	0.20	0.02	0	0	7.91	14.17	0.11	

续表

气藏(田)	井号	层位	井深(m)	天然气主要组分(%)								数据来源
				CH_4	C_2H_6	C_3H_8	iC_4H_{10}	nC_4H_{10}	N_2	CO_2	He	
柯克亚—柯东	K416	N_1x	3197~3233	81.12	8.84	2.78	0.44	0.92	5.26	0	0.01	李谨等,2013
	K354	N_1x	3166~3217	84.86	7.34	2.28	0.36	0.78	3.61	0.07	0.01	
	K8001	N_1x	3924~3949	87.34	6.4	2.18	0.37	0.85	1.84	0.07	0.01	
	KS102	E_2k	6276~6328	88.84	5.88	1.80	0.30	0.66	1.89	0	0.01	
	K7009	N_1x	3285~3315	82.32	8.48	2.69	0.47	1.05	3.92	0.07	0.01	
	K232	N_1x	2983~3164	81.56	7.40	3.34	0.67	1.11	4.87	0	—	
	K342	N_1x	3144~3249	84.16	6.76	2.95	0.61	1.05	3.31	0	—	
	K7014	N_1x	3671~3717	86.27	6.10	2.52	0.54	0.94	2.52	0	—	
	K8002	N_1x	3722~3789	84.03	6.26	3.02	0.72	1.30	2.72	0	—	
	K8003	N_1x	3767~3836	86.92	5.84	2.37	0.49	0.84	2.49	0	—	
	KD1	K_2	4286~4331	92.11	4.30	1.05	0.21	0.42	1.04	0	0.01	

2. 碳氢同位素特征

塔西南坳陷山前带碳同位素值较重,由表10-12可见:3个气藏(田)8口井的$\delta^{13}C_1$分布在 -36.6‰~-23.3‰,平均值为 -32.74‰;$\delta^{13}C_2$值分布在 -27.7‰~-21.5‰,平均值为 -24.85‰。在碳同位素构成中,阿克莫木气田与柯克亚—柯东气藏存在明显的差异,在碳同位素组成图版中明显地分属两个不同的区域(图10-41),阿克莫木气田的碳同位素明显重于柯克亚—柯东气藏。其中,柯克亚—柯东气藏出现了单项性碳同位素倒转的现象。这些井的$\delta^{13}C$值均表现出$\delta^{13}C_1 < \delta^{13}C_2 < \delta^{13}C_3 > \delta^{13}C_4$的特点(表10-12、图10-41)。此外,塔西南坳陷山前带甲烷氢同位素值也较重,为 -157‰~-128‰,平均值为 -147‰,均大于 -190‰。

表10-12 塔西南坳陷山前带天然气碳氢同位素组成特征

气藏	井号	层位	$\delta^{13}C$(‰,VPDB)						δ^2H(‰,VSMOW)		
			CH_4	C_2H_6	C_3H_8	iC_4H_{10}	nC_4H_{10}	C_{CO_2}	CH_4	C_2H_6	C_3H_8
阿克莫木	AK1-2	K_1	-23.3	-21.5	-20.1	—	—	-2.3	-128	—	—
	AK1	K_1	-24.2	-21.7	-20.5	—	—	-2.5	-128	—	—
柯克亚—柯东	K416	N_1x	-36.6	-26.6	-24.9	—	-25.1	—	-155	-134	-113
	K354	N_1x	-35.8	-26.1	-24.6	-26.2	-25.6	—	-157	-128	-109
	K8001	N_1x	-34.2	-25.7	-23.7	-25.4	-25.0	—	-154	-126	-111
	KS102	E_2k	-35.0	-27.7	-24.7	—	-27.5	—	-154	-125	-111
	K7009	N_1x	-36.6	-26.1	-24.6	-26.6	-26.2	—	-156	-128	-101
	KD1	K_2	-36.2	-23.4	-22.8	-25.1	-24.8	—	-149	-121	-109

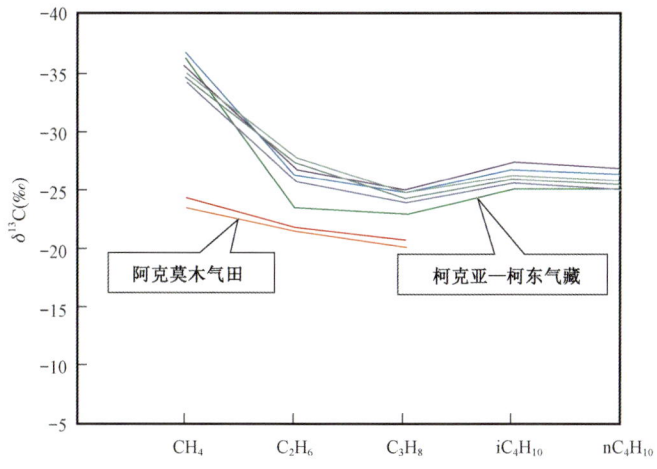

图 10-41 塔西南坳陷山前带碳同位素组成图

3. 轻烃分布特征

塔西南坳陷山前带天然气轻烃组成中,阿克莫木气田具有明显的甲基环己烷优势,且苯、甲苯含量极高(苯的相对含量高达 31.10%~37.38%,甲苯的相对含量为 9.63%~13.46%),支链烷烃的含量较低。柯克亚—柯东气藏则表现出相反的趋势,即甲基环己烷、苯、甲苯含量相对较低(苯的相对含量仅为 0.80%~3.93%,甲苯的相对含量仅为 0.21%~1.80%),支链烷烃的含量则相对较高(表 10-13)。

表 10-13 塔西南坳陷山前带天然气轻烃组分特征 （单位:%）

气藏	井号	层位	甲基环己烷	正庚烷	苯	甲苯	$C_5—C_7$ 正构烷烃	$C_5—C_7$ 异构烷烃	$C_5—C_7$ 环烷烃
阿克莫木	AK1-2	K_1	3.53	1.74	31.10	9.63	8.06	14.26	9.13
	AK1	K_1	3.53	1.63	37.38	13.46	6.50	11.07	8.61
柯克亚—柯东	K416	N_1x	0.64	2.62	1.28	0.34	33.56	16.52	3.05
	K354	N_1x	0.58	2.69	0.80	0.21	29.09	15.19	2.42
	K8001	N_1x	0.97	3.42	1.80	0.58	30.53	14.70	3.68
	KS102	E_2k	1.27	4.63	1.97	0.84	29.35	13.38	4.25
	K7009	N_1x	1.15	4.61	1.69	0.71	30.88	14.84	3.86
	KD1	K_2	2.80	9.50	3.93	1.80	39.90	18.99	8.13

在 Halpern 星状图上,阿克莫木气田与柯克亚—柯东气藏的天然气分为明显的两个趋势(图 10-42)。研究认为,造成这一异常的原因主要是由于成熟度的影响。即阿克莫木气田天然气的成熟度极高,导致其甲苯、苯的含量高,且在 Halpern 星状图上表现为明显不同于柯克亚—柯东气藏。这一推论与上述根据天然气组分及碳同位素得出的结论一致。

(三)地质意义

1. 天然气成因类型

准确识别天然气的成因类型,对于确定烃源岩具有重要的意义。天然气成因类型的判断

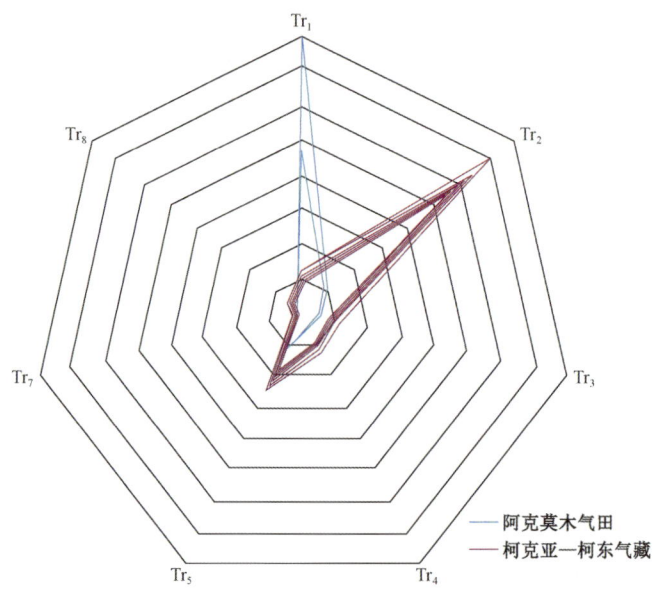

图 10 – 42　Halpern C_7 星状图

Tr_1—甲苯/1,1 – 二甲基环戊烷;Tr_2—正庚烷/1,1 – 二甲基环戊烷;Tr_3—3 – 甲基己烷/
1,1 – 二甲基环戊烷;Tr_4—2 – 甲基己烷/1,1 – 二甲基环戊烷;Tr_5—P_2/1,1 – 二甲基环戊烷;
Tr_7—1 – 反 – 2 – 二甲基环戊烷/1,1 – 二甲基环戊烷;Tr_8—P_2/P_3^*;P_3^*—3 – 乙基戊烷 +
3,3 – 二甲基戊烷 + 2,2 – 二甲基戊烷 + 2,3 – 二甲基戊烷 + 2,4 – 二甲基戊烷

指标有很多种,最常见的主要有利用稳定碳同位素值判断法及各种轻烃判断指标。塔西南坳陷山前带的天然气成因类型极其复杂,从其发现至今,学术界一直存在争议(何登发等,1997;张秋茶等,2003;赵孟军等,2003;刘胜等,2004;李贤庆等,2005;苗忠英等,2011;莫午零等,2013)。因此,准确判断该地区天然气的成因类型就显得极其重要。

(1)甲基环己烷指数。

胡惕麟等(1990)提出了利用甲基环己烷指数(I_{MCC_6})辨识天然气类型的标准[式(1)],当 $I_{MCC_6} > (50 \pm 2)\%$ 时为煤成气,当 $I_{MCC_6} < 50\% \pm 2\%$ 时为油型气。

$$I_{MCH_6} = \frac{MCC_6}{MCC_6 + DMCC_5 + nC_7} \times 100\% \qquad (1)$$

式中,I_{MCH_6} 为甲基环己烷指数;MCH 为六元环烃;RCPC 为五元环烃;nC_7 为直链烃。

通过对塔西南坳陷山前带 8 个气藏(田)样品分析(表 10 – 14),阿克莫木气田 2 个样品的 $I_{MCH_6} > 50\% \pm 2\%$,为明显的煤成气特征,这与根据 $\delta^{13}C_2 > -28.5‰$ 辨识标准一致(王世谦等,1994;戴金星等,1999)。柯克亚—柯东气藏 6 个样品的 $I_{MCH_6} < 50\% \pm 2\%$,为明显的油型气特征,这与根据 $\delta^{13}C_2 > -28.5‰$ 辨识标准不一致(王世谦等,1994;戴金星等,1999)。造成这一现象的主要原因主要是由于柯克亚—柯东气藏的天然气为混源所致。

表 10-14 轻烃部分化合物相对含量及甲基环己烷指数

气藏(田)	井号	层位	nC₇	MCH₆	1,1-DMCC₅	顺-1,3-DMCC₅	反-1,3-DMCC₅	反-1,2-DMCC₅	I_{MCC_6}(%)
阿克莫木	AK1-2	K₁	1.74	3.53	0.20	0.15	0.13	0.25	58.90
	AK1	K₁	2.26	8.52	0.17	0.14	0.13	0.24	60.35
柯克亚—柯东	K416	N₁x	2.23	7.43	0.04	0.04	0.04	0.07	18.61
	K354	N₁x	2.04	6.71	0.04	0.04	0.03	0.07	16.77
	K8001	N₁x	2.34	6.96	0.06	0.06	0.05	0.11	20.80
	KS102	E₂k	2.5	9.08	0.07	0.07	0.07	0.13	20.32
	K7009	N₁x	1.65	6.52	0.07	0.06	0.06	0.13	18.94
	KD1	K₂	3.64	4.44	0.15	0.15	0.14	0.26	21.63

(2) 三角图版法。

常见的 C_7 轻烃化合物主要包括甲基环己烷、各种结构的二甲基环戊烷和正庚烷,上述 3 种化合物组成的三角图常用来辨识不同成因的天然气(图 10-43)(戴金星等,1985;戴金星,1993、1994)。

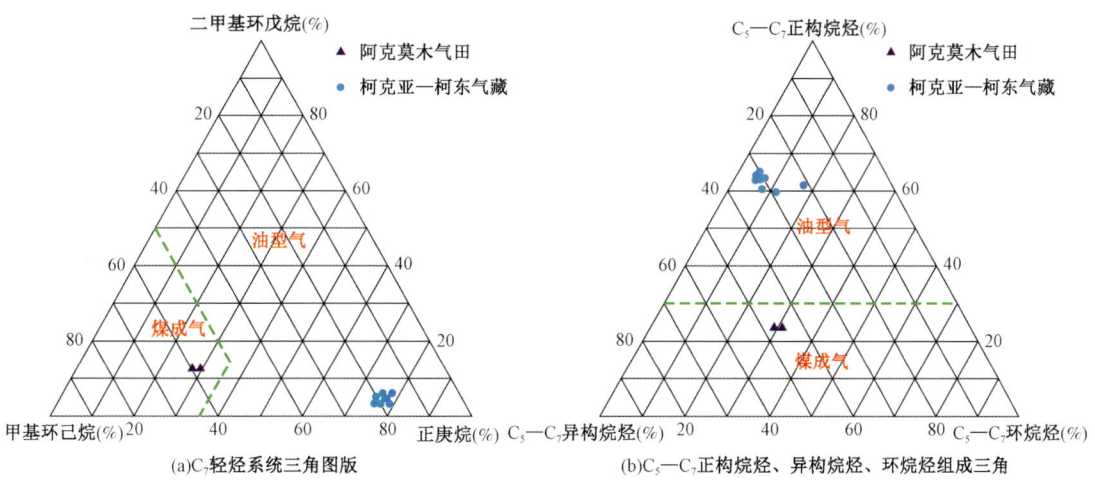

图 10-43 轻烃系统三角图版

从 C_7 轻烃系统三角图版中可见,阿克莫木气田富集甲基环己烷(MCC_6),而柯克亚—柯东气藏则富集正庚烷。胡国艺等(2007)指出:油型气的正庚烷(nC_7)相对含量大于 30%,甲基环己烷(MCC_6)相对含量小于 70%;煤成气的正庚烷(nC_7)相对含量小于 35%,甲基环己烷(MCC_6)相对含量大于 50%。根据这一辨识标准可知,阿克莫木气田的天然气属于煤成气,而柯克亚—柯东气藏则属于油型气。

天然气中脂肪族组成受不同沉积环境、不同母质类型烃源岩的影响。腐泥型母质生成的油型气中富含正构烷烃,腐殖型母质形成的煤成气中富含芳香烃和异构烷烃(Mango,1990),陆源母质则富含环烷烃。因此,也可以用 C_5—C_7 正构烷烃、异构烷烃、环烷烃的相对含量来鉴别不同成因的天然气(图 10-43)。

胡国艺等(2007)指出:煤成气区 C_5—C_7 正构烷烃的相对含量小于30%,而油型气分布区 C_5—C_7 正构烷烃的相对含量都大于30%。根据这一标准判断,得出相同的结论,即阿克莫木气田的天然气为煤成气,而柯克亚—柯东气藏的天然气则为油型气。

显然,根据轻烃系统三角图版的判断标准与上述根据甲基环己烷指数判断标准一致。但却与根据乙烷碳同位素的辨识标准相反。导致这一反常现象的原因,主要是由于柯克亚—柯东气藏的天然气为混源成因。

(3) 碳同位素图版。

戴金星(1992)在大量数据统计的基础上,将国内外11个大型气田的 $\delta^{13}C_1$ 值、$\delta^{13}C_2$ 值和 $\delta^{13}C_3$ 值编成 $\delta^{13}C_1$—$\delta^{13}C_2$—$\delta^{13}C_3$ 稳定碳同位素辨识图版,应用该图版,可以准确地判断不同成因类型的天然气(图10-44)。将塔西南坳陷山前带的天然气碳同位素投影到该图版上,可以发现阿克莫木气田的天然气落到了Ⅰ区,即煤成气区,而柯克亚—柯东气藏的天然气则落入了Ⅳ区,即煤成气和(或)油型气区。这一现象与上述轻烃辨识标准不一致。主要原因为柯克亚—柯东气藏的天然气具有混源特征,导致其根据碳同位素的图版判断时,落入了Ⅳ区。这一判断标准与根据 $\delta^{13}C_2$—$\delta^{13}C_3$ 图版的辨识标准一致(刘全有等,2007),进一步说明了柯克亚—柯东气藏为混合成因的天然气(图10-45)。

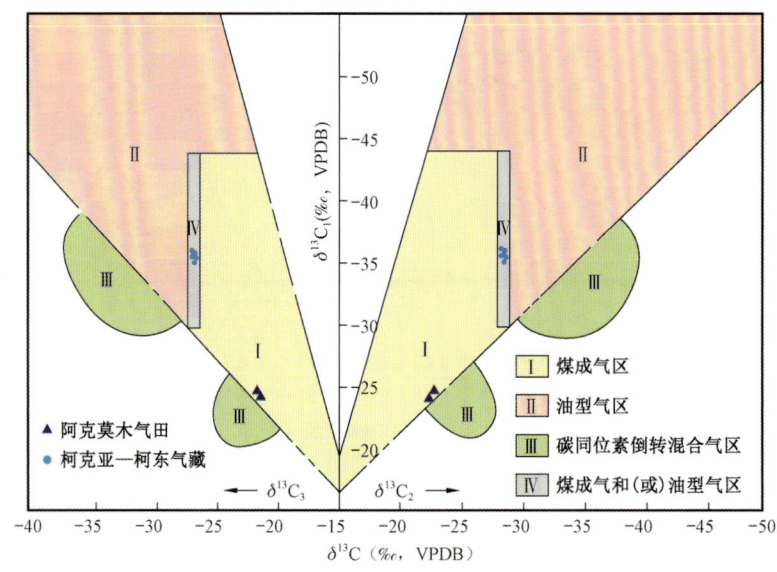

图 10-44 $\delta^{13}C_1$—$\delta^{13}C_2$—$\delta^{13}C_3$ 天然气成因鉴别

2. 气源对比

(1) K_1 与 K_2 参数。

Mango 通过对世界2000余个轻烃样品的分析,发现4个异庚烷的化合物:2-甲基己烷,3-甲基己烷,2,3-二甲基戊烷和2,4-二甲基戊烷。对于同一反应,其同分异构体产物组成具有一个相对固定的比值,该值不随中间体和基质的浓度发生变化。Mango 将该比值定义为 K_1 常数(Mango,1987)[式(2)]。腐殖型干酪根与腐泥型干酪根结构各异,这种差异性就会导致化学反应路径的差异,进而影响化学反应的动力学过程(Mango,1997)。鉴于此,不同母质

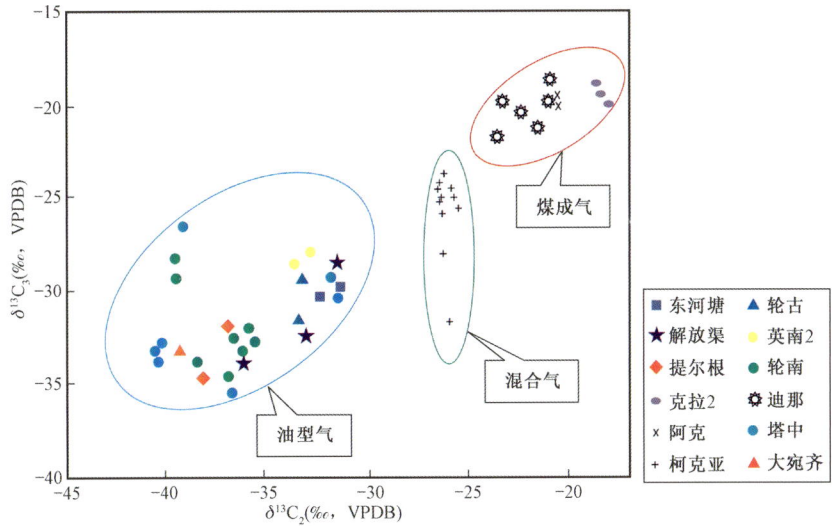

图 10-45　塔里木盆地 $\delta^{13}C_2$—$\delta^{13}C_3$ 天然气成因鉴别（刘全有等，2007，修改）

类型就会生成丰度各异的异构烷烃，从而导致异构烷烃参数的差异性。因此，可以利用 K_1 参数实现油气源的对比。

$$K_1 = \frac{2-MC_6 + 2,3-DMC_5}{3-MC_6 + 2,4-DMC_5} \tag{2}$$

塔西南坳陷山前带天然气 K_1 值表现为明显的 2 条曲线，其中阿克莫木气田的 K_1 值较小，而柯克亚—柯东气藏的 K_1 值则较大。两者表现为两条斜率不等的直线，但是相关性均较好。说明，阿克莫木气田的烃源岩明显不同于柯克亚—柯东气藏（图 10-46）。

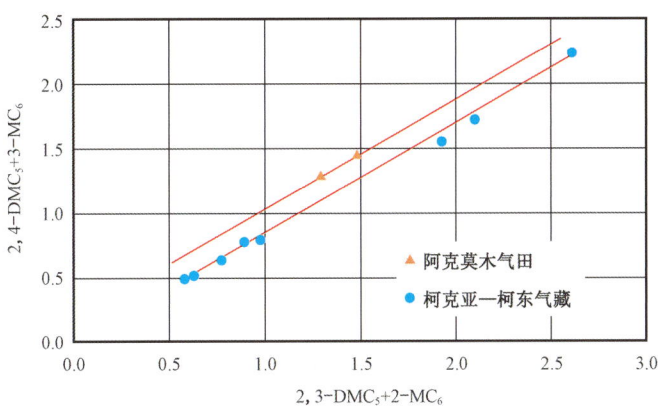

图 10-46　塔西南坳陷山前带天然气 K_1 值分布图

Mango 基于 C_7 成因的稳态催化动力学模式提出，形成不同碳数环状化合物的反应速率相互独立，而形成相同碳数等环的反应速率是成比例的（Mango，1990）。由此，Mango 提出 K_2 参数 [式（3）]。朱杨明等（1999）认为，同一烃源岩，在整个生油窗范围内生成的原油轻烃，其 K_2

值应该保持不变。即环戊烷与异戊烷呈一定比例出现。

$$K_2 = \frac{P_3}{P_2 + N_2} \qquad (3)$$

式中，P_3为2,2-二甲基环戊烷+2,4-二甲基戊烷+2,3-二甲基戊烷+3,3-二甲基戊烷+3-乙基戊烷；P_2为2-甲基己烷+3-甲基己烷；N_2为1,1-二甲基环戊烷+顺-1,3-二甲基环戊烷+反-1,3-二甲基环戊烷。

与K_1值指标基本相似，K_2值也明显地分为2个部分，阿克莫木气田的K_2值与柯克亚—柯东气藏完全不一致(图10-47)，进一步说明其天然气来源不是同一套烃源岩。

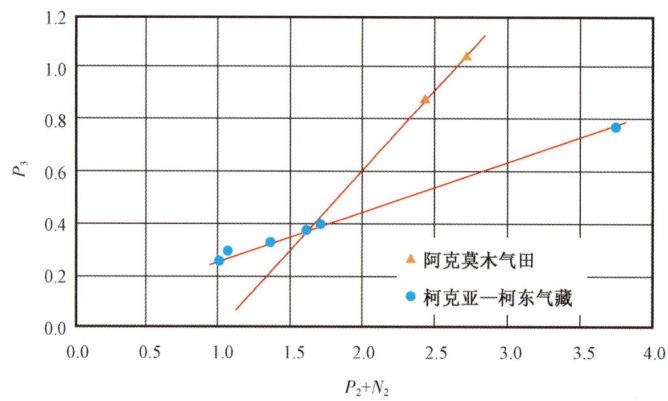

图10-47　塔西南坳陷山前带天然气K_2值分布图

(2)烃源岩对比。

Whiticar(1999)提出利用$\delta^{13}C_1$—$C_1/(C_2$—$C_3)$参数可以鉴别天然气的成因类型及母质类型(图10-48)。将塔西南坳陷山前带天然气分析数据投影到该图版上，可以发现，阿克莫木气田的天然气主要由Ⅲ型干酪根生成，而柯克亚—柯东气藏则落在了Ⅱ型与Ⅲ型干酪根交界区域，说明其烃源岩为混合来源，即同时混有Ⅱ型与Ⅲ型干酪根。此外，从图中还可以发现，阿克莫木气田的天然气成熟度明显地高于柯克亚—柯东气藏。这一点与根据天然气组分判断结果一致。

前文述及，阿克莫木气田的碳同位素值、干燥系数是3个气藏中最大的，所有指标均显示，该气藏为典型的煤成气。针对该气藏的烃源岩，一直存在争议。部分学者认为(李贤庆等，2005；刘胜等，2004)，阿克莫木气田的烃源岩为来自于石炭系—二叠系海相沉积，其干酪根为Ⅱ型。王晓峰等(2005)、刘全有等(2009)则认为，由于阿克莫木气田的碳同位素及氢同位素均为塔里木盆地最重的，认为天然气中存在深部物质的混入。赵孟军等(2003)则认为，阿克莫木气田天然气主要来自于石炭系，并认为该区较高的CO_2来自于石炭系碳酸盐岩的热分解。然而，石炭系烃源岩为海相泥岩、泥灰岩，以腐泥型Ⅰ—Ⅱ型干酪根为主，藻类等生物发育。类似烃源岩条件的威远气田，均以低等生物为主且处于过成熟阶段，其生成天然气甲烷和乙烷碳同位素值分别为-32.84‰~-31.96‰和-33.91‰~-29.15‰，远低于阿克莫木气田。再者，在喀什凹陷北缘最新发现的黑孜苇和八音库鲁提剖面中，石炭系烃源岩有机质丰度极低(达江等，2007)。且石炭系烃源岩与阿克莫木气田之间有数条断层和断块阻隔，断裂活动时

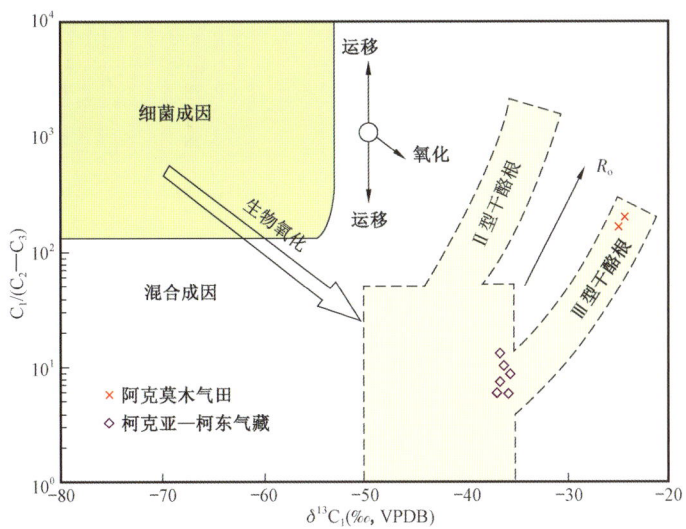

图 10-48 $\delta^{13}C_1$—$C_1/(C_2$—$C_3)$ 天然气成因鉴别（Whiticar，1999）

间与流体包裹体分析也表明，在逆冲断层形成之后，才有天然气的充注（刘伟等，2015）。阿克莫木气田下盘石炭系底部埋深为 14000m，最高古地温约为 295°C，尚且达不到碳酸盐岩分解所需的最低温度 300°C（李贤庆等，2005）。因此，将高 CO_2 含量作为天然气来源的旁证，显然不准确。因此，石炭系烃源岩不具备形成阿克莫木气田的天然气条件。该区二叠系烃源岩 TOC 平均值仅为 0.31%，无法形成工业性的烃源岩（赵孟军等，2003）。中侏罗统以湖相烃源岩为主，由此生成的天然气碳同位素应该较轻，而事实正好相反，因此，排除中侏罗统作为烃源岩的可能性。下侏罗统康苏组烃源岩以Ⅲ型有机质为主，碳同位素值较重，分布在 -25‰~-22‰，从成熟度角度分析，石炭系烃源岩干酪根碳同位素（-26‰~23‰）与下侏罗统基本一致。在喀什凹陷北缘烃源岩处于成熟阶段，在中心则更高，达到了成熟—高成熟阶段（刘伟等，2015）。同时，下侏罗统康苏组烃源岩与储层之间存在一套以断层和不整合为主的优势运移通道，可以作为阿克莫木气田的有效烃源岩。这一推断也与上文根据稳定碳同位素及轻烃参数的判断标准一致。

前文根据稳定碳同位素指标与根据轻烃参数指标判断的柯克亚—柯东气藏天然气类型不一致，且柯克亚—柯东气藏的碳同位素具有单项性倒转的现象，即均表现为 $\delta^{13}C_1 < \delta^{13}C_2 < \delta^{13}C_3 > \delta^{13}C_4$ 的特点。导致碳同位素出现倒转的原因主要有 4 种（Dai，2004）：① 有机与无机气的混合；② 煤成气和油型气的混合；③ 同型不同源气或同源不同期的混合；④ 细菌氧化作用。由于塔西南坳陷山前带气藏普遍埋深较大（均大于 3100m），故排除细菌氧化作用的影响。

前已述及，稳定碳同位素指标判断的天然气类型与根据轻烃参数指标判断标准不一致的现象，同时结合该区的地质背景，推断导致这一气藏碳同位素单项性倒转的原因主要为同型不同源气混合所致。这一推断，从天然气组分的相对含量也可以证实，柯克亚—柯东气藏的天然气成分并不一致，如 K4 井天然气 $C_1/(C_2$—$C_3)$ 值高达 21.02，而同一地区 K3 井的 $C_1/(C_2$—$C_3)$ 值则为 5.28（表 10-15）。组分含量的不一致性也说明了柯克亚—柯东气藏的天然气存在混源的现象。

表 10-15 柯克亚—柯东气藏天然气组分相对含量

井号	层位	$CH_4(\%)$	$C_2H_6(\%)$	$C_3H_8(\%)$	$C_1/(C_2—C_3)$	数据来源
K416	K_1	81.12	8.84	2.78	6.98	
K354	K_1	84.86	7.34	2.28	8.82	
K8001	N_1x	87.34	6.4	2.18	10.18	本书
KS102	N_1x	88.84	5.88	1.8	11.57	
K7009	N_1x	82.32	8.48	2.69	7.37	
K4	E_2k	94.31	3.28	1.20	21.02	
K3	N_1x	82.06	11.16	4.38	5.28	侯读杰等,2003
K701	K_2	83.18	9.81	2.76	6.62	
K243	N_1x	84.06	10.51	3.00	6.22	

不同沉积环境下形成的天然气,其氢同位素组成也有一定的差异。根据 $\delta^{13}C_2$ 与 $\delta^2H_{C_1}$ 之间的相互关系,可以判断天然气类型及烃源岩类型(刘全有等,2007)。通过 $\delta^{13}C_2—\delta^2H_{C_1}$ 图可以发现,柯克亚—柯东气藏的天然气落在了煤成气和油型气之间的临界区,其烃源岩主要为石炭系海相泥岩、泥灰岩与中生界腐殖型有机质形成的混合气(图 10-49)。这一结果与图 10-48 根据 $\delta^{13}C_1—C_1/(C_2—C_3)$ 图版判断一致,即柯克亚—柯东气藏的烃源岩中混有石炭系Ⅱ型腐泥型干酪根与侏罗系Ⅲ型腐殖型干酪根。

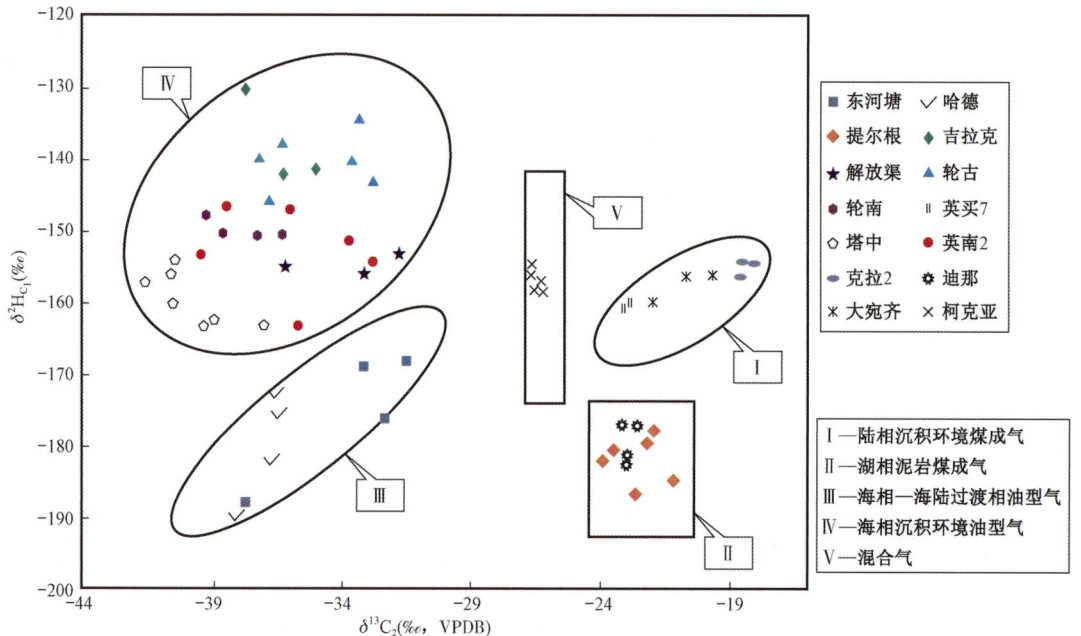

图 10-49 塔里木盆地 $\delta^{13}C_2—\delta^2H_{C_1}$ 关系图(刘全有,2007,修改)

根据上述分析,同时结合柯克亚—柯东区域地质特征,本区气源主要为石炭系泥质烃源岩(Ⅱ型),同时有侏罗系烃源岩(Ⅲ型)的贡献。

二、凝析油地球化学特征

柯克亚凝析气田作为昆仑山山前构造带发现的唯一的大型油气田,对于其凝析油的来源,也存在很大的分歧,部分学者认为其主要来自于石炭系—二叠系的海相烃源岩,而另一部分学者则认为其主要来自于侏罗系的煤系烃源岩(Li等,1999;肖中尧等,2002;唐友军等,2006、2007;莫午零等,2013)。

对柯克亚凝析气田凝析油轻烃和金刚烷化合物的各类地球化学参数进行了系统分析,并将其与台盆区典型海相油气和库车前陆盆地典型陆相油气进行了对比,研究了油气的成因来源及其经历的各种次生变化。

(一)地质背景

柯克亚凝析气田位于塔西南坳陷昆仑山山前第二排构造带,为一近东西向的短轴背斜(图10-50)。该气田发育有古生界、中生界及新生界,缺失三叠系。古生界除上二叠统、上泥盆统部分为陆相沉积外,均为海相沉积。中生界主要为陆相沉积,仅上白垩统为海相沉积。新生界除古近系为海相沉积外,均为陆相沉积(陈俊湘等,1996;董大忠等,1998)。主力产层为中新统西河甫组(N_1x)砂岩和始新统卡拉塔尔组(E_2k)碳酸盐岩,均为背斜圈闭(陈俊湘等,1996;何登发等,1997;董大忠等,1998)。

目前认为研究区发育的有效烃源岩主要有两套,分别为中—下侏罗统陆相烃源岩和石炭系—二叠系海相烃源岩(康玉柱,1996;何登发等,1997;董大忠等,1998;Li等,1999;肖中尧等,2002;张水昌等,2004)(图10-50)。石炭系—二叠系烃源岩是一套海相沉积,主要以藻类输入为主,有机质丰度高,干酪根类型好(主要为Ⅰ型和$Ⅱ_1$型),烃源岩厚度大。热演化史研究表明,在二叠系沉积之后,古近系沉积之前,石炭系—下二叠统烃源岩在柯克亚广大地区已达到高成熟阶段,现今达到过成熟阶段(陈俊湘等,1996;张水昌等,2004)。中—下侏罗统烃源岩是一套陆相煤系烃源岩,有机质丰度高,干酪根类型主要为Ⅲ型,热演化史研究表明,在上新统沉积之前,侏罗系烃源岩在柯克亚广大地区已达到成熟—高成熟阶段。现今局部地区达到过成熟阶段,大部分地区仍为高成熟阶段(康玉柱,1996;陈俊湘等,1996)。

(二)凝析油轻烃地球化学特征

1. 轻烃组成

图10-51是柯30井、中古511井、迪那2-27井全二维谱图。柯30井、中古511井的分布特征比较相似,其最显著的一个特点就是芳香烃(如苯和甲苯)含量极低,与迪那2-27井区别明显。其中柯30井苯和甲苯含量比中古511井还要低。C_6轻烃化合物的主峰为正己烷;C_7轻烃化合物中正庚烷的含量很高,远高于甲基环己烷含量。在图中可见迪那2-27井轻烃组成中芳香烃(苯和甲苯)含量极高,C_6轻烃化合物的主峰为正己烷,但明显低于柯30井和中古511井;C_7轻烃化合物中甲基环己烷的含量较高,正庚烷次之。

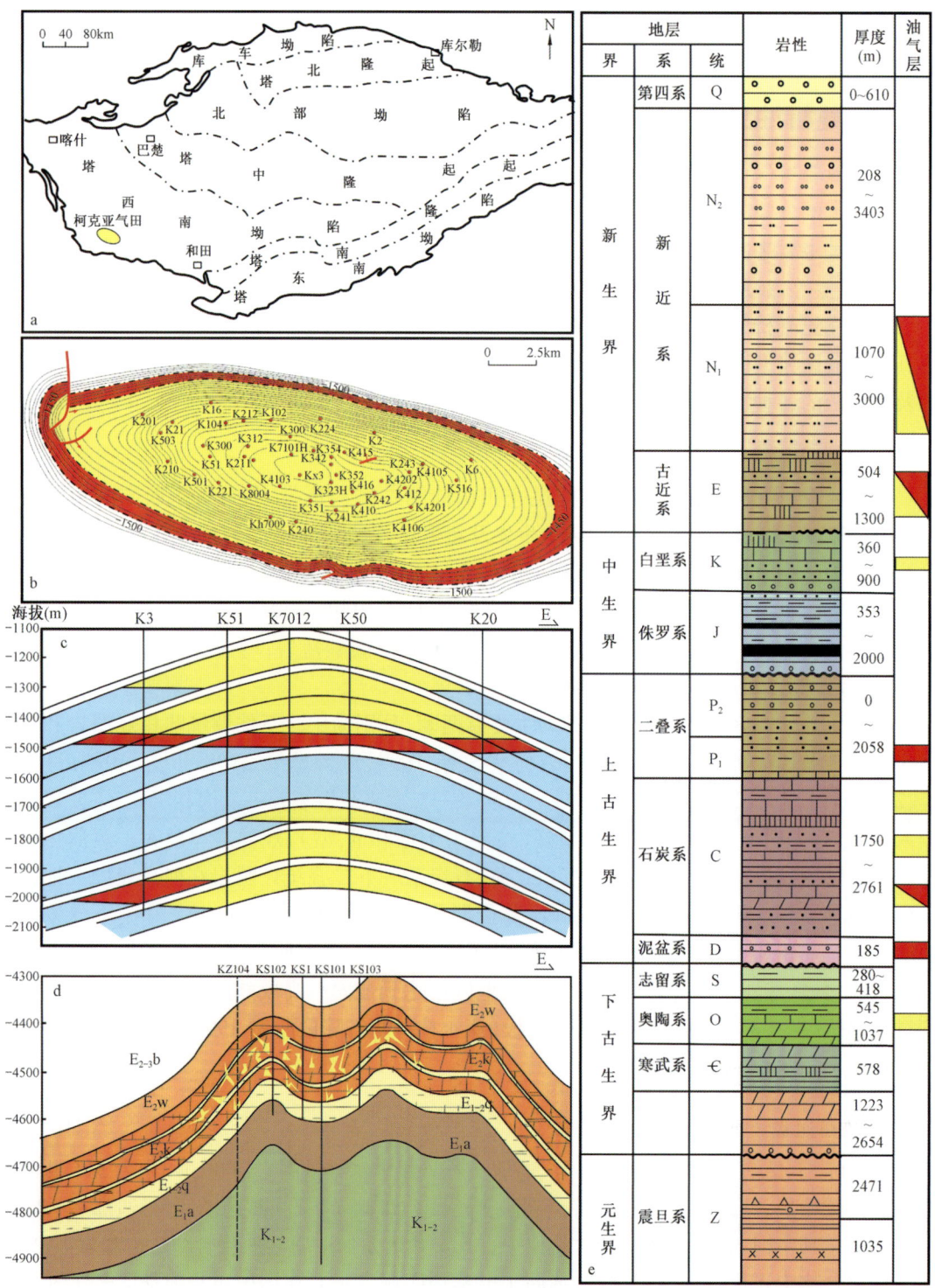

图 10-50 柯克亚凝析气田地质概图(戴金星,2014)

a. 柯克亚凝析气藏区域地质背景;b. 柯克亚凝析气田 $N_1x_4^2$ 底面构造图;c. 柯克亚凝析气藏新近系油气藏剖面图;
d. 柯克亚凝析气藏古近系油气藏剖面图;e. 塔西南坳陷岩性综合柱状图

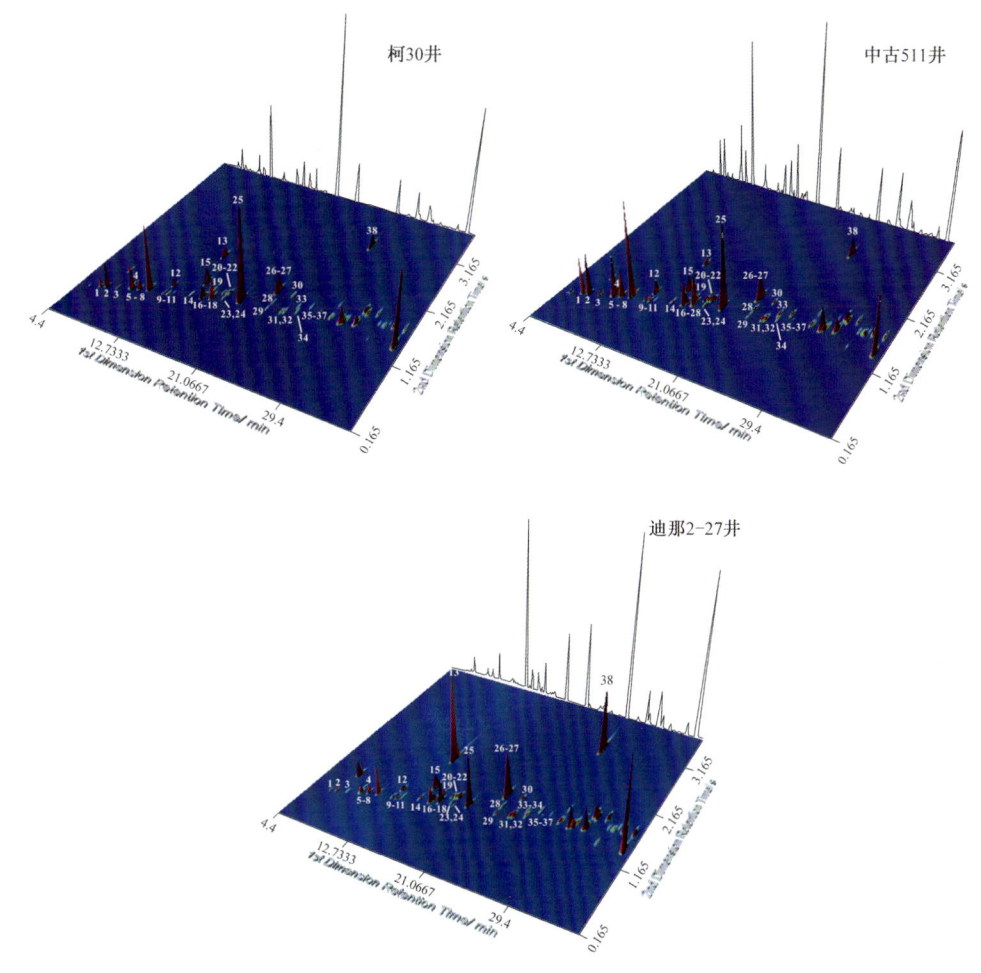

图 10-51 nC$_3$—nC$_8$ 色谱段化合物在 GC×GC-FID 下的全二维三维图

1—丙烷;2—异丁烷;3—正丁烷;4—2-甲基丁烷;5—戊烷;6—2,2-二甲基丁烷;7—环戊烷;8—2,3-二甲基丁烷;9—2-甲基戊烷;10—3-甲基戊烷;11.正己烷;12—2,2-二甲基戊烷;13—甲基环戊烷;14—2,4-二甲基戊烷;15—2,2,3-三甲基丁烷;16—苯;17—3,3-二甲基戊烷;18—环己烷;19—2-甲基己烷;20—2,3-二甲基戊烷;21—1,1-二甲基环戊烷;22—3-甲基己烷;23—1,顺3-二甲基环戊烷;24—1,反3-二甲基环戊烷;25—3-乙基戊烷;26—1,反2-二甲基环戊烷;27—2,2,4-三甲基戊烷;28—正庚烷;29—1,顺2-二甲基环戊烷;30—甲基环己烷

相同碳数下,形成链烷烃所需的活化能要比环烷烃少,因此在相同成熟度下,先形成链烷烃。基于此项原理,Thompson(1983)通过庚烷值和异庚烷值交会图将原油的成熟度分为正常、成熟、过成熟和生物降解原油4级。在图10-52中,柯克亚凝析气藏原油分布在过成熟阶段,成熟度与研究区石炭系—二叠系烃源岩有很好的对应,而高于该区侏罗系烃源岩。目前普遍认为,塔里木盆地台盆区塔中凝析气藏原油来自于寒武系和奥陶系高成熟—过成熟海相烃源岩(张水昌等,2004;Zhang等,2011),其在图10-52中与柯克亚凝析气藏原油同处在过成熟原油区域。柯克亚凝析气藏原油表现出比塔中原油更高的成熟度,这可能是柯克亚凝析气田原油发生了蒸发分馏作用的结果,下文将做详述。前人研究证实,塔里木盆地库车坳陷迪那

2 凝析气田原油来自于中—下侏罗统的煤系烃源岩,成熟度 R_o 在 1.0% ~ 1.4% (朱光有等, 2012;Dai 等,2014),低于柯克亚和塔中凝析气藏的凝析油,在图 10 – 52 中分布在成熟阶段。

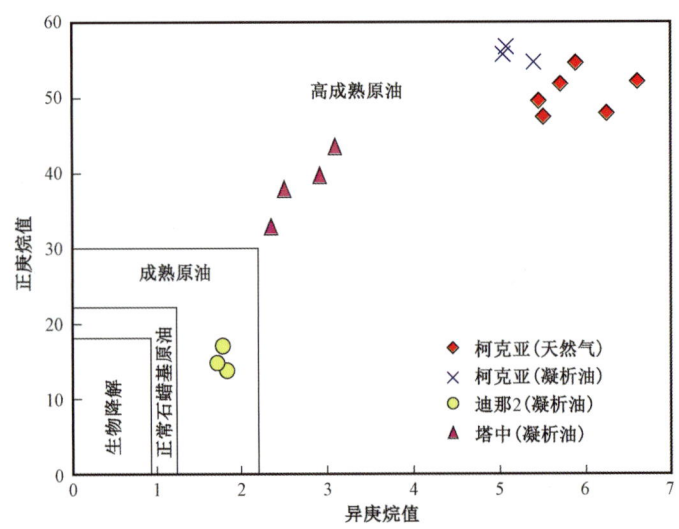

图 10 – 52　利用庚烷值和异庚烷值交会图判断天然气/凝析油成熟度(据 Thompson,1983)

2. 金刚烷的组成

石油中发现了大量的金刚烷化合物,主要是多环烃类在热作用下加之 Lewis 酸作为催化剂的参与形成的,因此其热稳定性比绝大部分烃类化合物都要高(Petrov 等,1974;Wingert, 1992),因此其在评价高成熟—过成熟原油成熟度时具有独特的优势。甲基位于桥头位置的金刚烷热稳定性最高(Wingert,1992),因此 1 – 甲基单金刚烷(1 – MA)的热稳定性比 2 – 甲基单金刚烷(2 – MA)要高。同样的,4 – 甲基双金刚烷(4 – MD)的热稳定性比 3 – 甲基双金刚烷(3 – MD)和 1 – 甲基双金刚烷(1 – MD)高。基于此项原理,Chen 等(1996)定义了 MAI 值(甲基单金刚烷指数) = 1 – MA/(1 – MA + 2 – MA)]和 MDI 值(甲基双金刚烷指数) = 4 – MD/(4 – MD + 1 – MD + 3 – MD)]作为评价烃源岩和原油成熟度的参数,并提出了等效镜质组反射率 R_c = 2.4389MDI + 0.4364 的计算公式。柯克亚凝析气藏原油的 MAI、MDI 和 R_c 值分别为 0.53 ~ 0.58、0.33 ~ 0.37 和 1.25% ~ 1.35%,略低于塔中凝析油。庚烷值与异庚烷值相较于金刚烷表现出更高的成熟度,这可能是由于轻烃组分发生蒸发分馏作用引起的,下文将做详述,而 MDI 则受蒸发作用的影响很小,能够更加精确地反映其凝析油的实际成熟度(Chen 等, 1996)。

3. 凝析油的成因来源

原油中姥鲛烷和植烷比值(Pr/Ph)对于成岩环境十分敏感,通常 Pr/Ph = 0.5 ~ 1.0 还原环境,Pr/Ph = 1.0 ~ 2.0 弱还原—弱氧化环境,Pr/Ph > 2.0 多见于偏氧化环境,如沼泽相沉积等,典型的煤系有机质以 Pr/Ph > 2.5 为特征(Peters 等,1993)。3 个柯克亚凝析气藏凝析油样品 Pr/Ph 在 0.6 左右,与塔中凝析油较为接近(0.85 ~ 1.22),表现出海相还原环境的特征。迪那 2 气田凝析油的 Pr/Ph 为 2.14 ~ 4.62,表现出腐殖型有机质的生源特征,与柯克亚凝析气藏凝析油差别明显。Shanmugam(1984)提出用类异戊二烯与正构烷烃的比值(Pr/nC_{17} 与 Ph/nC_{18})来区分原油的母质类型。如图 10-53 所示,柯克亚和塔中凝析气田的凝析油均落在海相还原环境的范围,而迪那 2 的凝析油则属于陆相氧化环境。

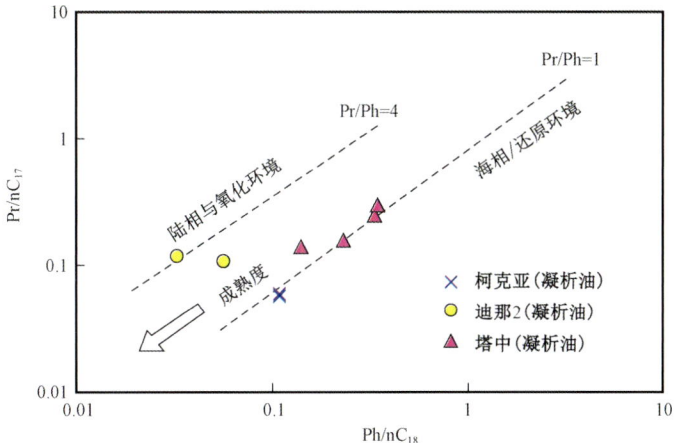

图 10-53　利用 Pr/nC_{17} 与 Ph/nC_{18} 交会图区分柯克亚凝析气藏原油的母质类型

C_7 轻烃化合物异构体的丰度可以用来识别原油母质的沉积环境。高丰度的环戊烷(5RP)是海相原油的特征;高丰度的环己烷(6RP)往往出现在陆相有机质中(ten Haven,1996)。柯克亚凝析气藏凝析油和天然气中 C_7 轻烃化合物异构体的组成与塔中凝析油十分相似,反映出海相有机质的生源特征,而迪那 2 为来自侏罗系煤系烃源岩的陆相油,二者区别明显(图 10-54)。

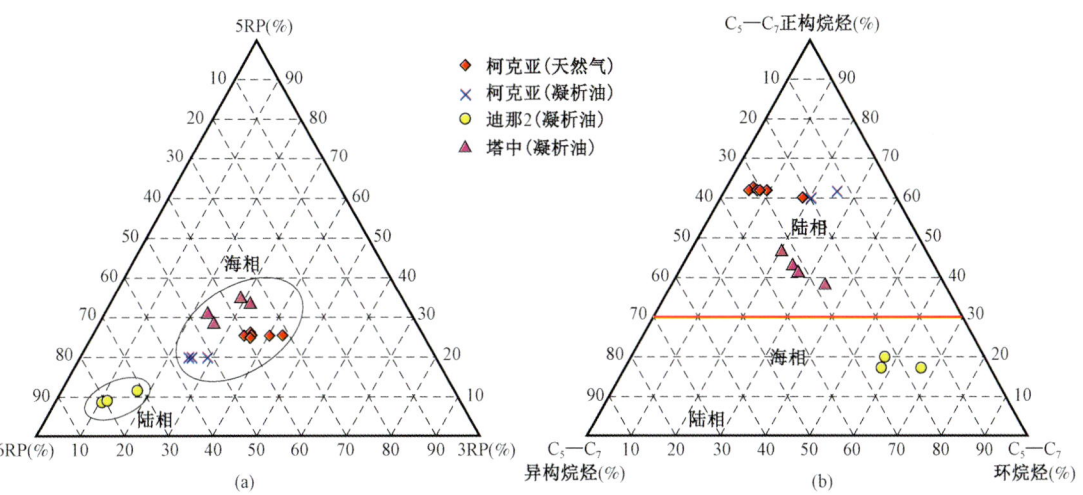

图 10-54　利用轻烃组成三角图判断柯克亚凝析气藏凝析油的成因来源
(a)图版据 ten Haven,1996;(b)图版据 Hu 等,2008

曾有学者研究发现,源自陆相有机质的原油轻烃组分中往往富含异构烷烃、环烷烃和芳香烃(Leythaeuser 等,1979;Snowdon 等,1982)。Hu 等(2008)提出利用 C_5—C_7 正构烷烃、异构烷烃和环烷烃组成三角图来区分烃类的成因来源,并指出正构烷烃相对含量大于 30% 的烃类多为腐泥型有机质来源,反之则多为腐殖型生源的烃类。柯克亚凝析气藏天然气和凝析油与塔中凝析油 C_5—C_7 正构烷烃相对含量都大于 30%,指示其为腐泥型有机质来源,而迪那 2 凝析油则为腐殖型生源(图 10-54)。

除了生物降解作用以外,原油的碳同位素组成受水洗作用、蒸发作用等次生变化的影响都很小,是指示原油成因来源的有效手段(Andrea 等,2006)。通常腐泥型有机质较之于陆相高等植物要明显偏轻。傅家谟等(1990)研究表明,煤系有机质相对于腐泥型有机质常富集 ^{13}C,煤总体的 $\delta^{13}C$ 值在 $-24‰±1‰$,煤系分散有机质的 $\delta^{13}C$ 值一般都大于 $-27.0‰ \sim -26.0‰$;而腐泥型有机质则一般相对富集 ^{12}C,$\delta^{13}C$ 值多小于 $-28.0‰$。柯克亚凝析气藏凝析油单体烃碳同位素组成较轻,与塔中海相凝析油接近,普遍小于 $-26.0‰$,较迪那 2 凝析气田的煤成油轻约 3‰ 左右(图 10-55)。

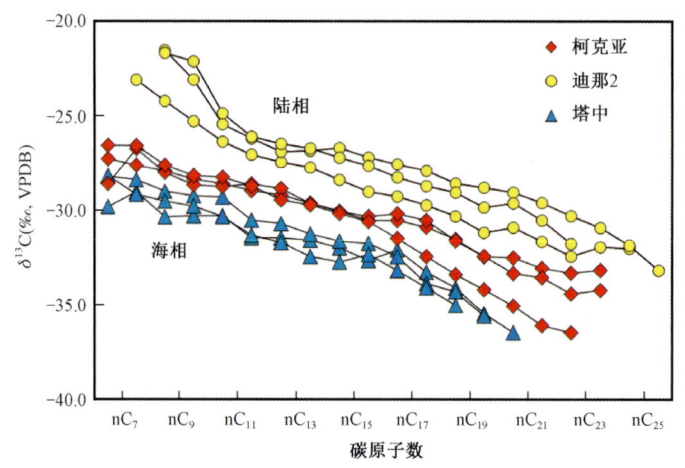

图 10-55 利用饱和烃单体烃碳同位素连线图判断柯克亚凝析气田凝析油的成因来源

轻烃中苯和甲苯的碳同位素组成主要受母质类型的影响,热演化作用和运移效应对其影响较小,因此可以有效反映有机质类型(蒋助生等,2000;李剑等,2003)。Hu 等(2008)研究发现,来源于腐殖型有机质的烃类,其 $\delta^{13}C_{苯} > -23.0‰$,$\delta^{13}C_{甲苯} > -24.0‰$,而来源于腐泥型有机质的烃类,其 $\delta^{13}C_{苯} < -23.0‰$,$\delta^{13}C_{甲苯} < -24.0‰$。柯克亚凝析气藏原凝析油中苯和甲苯单体烃碳同位素分别为 $-27.6‰ \sim -24.1‰$ 和 $-26.8‰ \sim -25.7‰$,亦表现出海相油的特征(图 10-56)。

前人对柯克亚原油的生物标志物特征做了大量的研究(Li 等,1999;肖中尧等,2002;唐友军等,2006、2007),发现柯克亚原油中 Ts/Tm 和重排甾烷/规则甾烷比值较高,重排藿烷和新藿烷等化合物含量高,反映了富含黏土矿物的氧化—亚氧化环境,与二叠系烃源岩有很好的吻合,明显区别于中—下侏罗统烃源岩。此外,C_{30} 甾烷仅检测到 3-甲基甾烷和 2-甲基甾烷,未检测到 4-甲基甾烷,指示前中生界来源的原油(Li 等,1999;肖中尧等,2002)。姥鲛烷/植烷(Pr/Ph)和二苯并噻吩/菲的相关关系也反映出原油来自于腐泥型有机质(Li 等,1999)。

4. 凝析油的次生变化

原油常见的次生蚀变作用包括生物降解、蒸发分馏和水洗作用等。

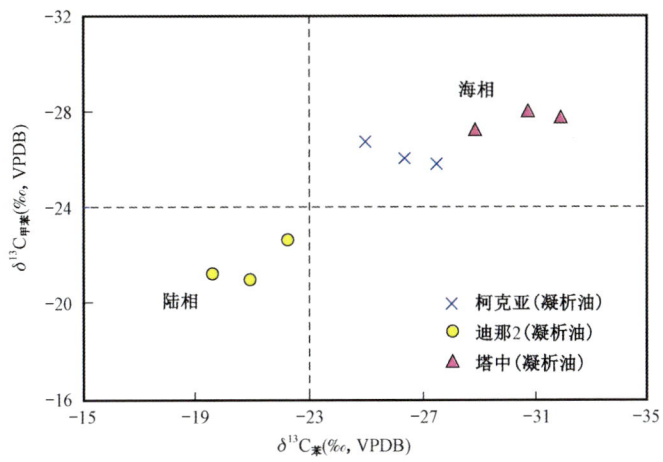

图 10-56 利用 $\delta^{13}C_{苯}$ 与 $\delta^{13}C_{甲苯}$ 交会图判断柯克亚凝析气藏凝析油的成因来源

轻烃化合物中,正庚烷相对于其异构体对生物降解更加敏感,因此可以通过正庚烷(P_1)与单支链(P_2)和双支链(P_3)异构体之间的相对含量来判断原油的生物降解程度。在 P_1—P_2—P_3 轻烃三角图中,随着原油生物降解程度的增加,P_2 和 P_3 的含量将相对于 P_1 增加(Chang 等,2007)。柯克亚凝析油和天然气的轻烃化合物中,P_1 相对含量很高,为 68.06%~78.66%,P_2 为 17.24%~24.45%,P_3 为 4.08%~7.48%,未表现出生物降解原油的特征(图 10-57)。通常,在轻烃化合物中(C_5—C_9),正构烷烃最易遭受生物降解,异构烷烃次之,而环烷烃的抗生物降解能力最强(George 等,2002)。柯克亚凝析气藏凝析油和天然气的正庚烷值和异庚烷值同样也反映出其未遭受生物降解(图 10-52)。

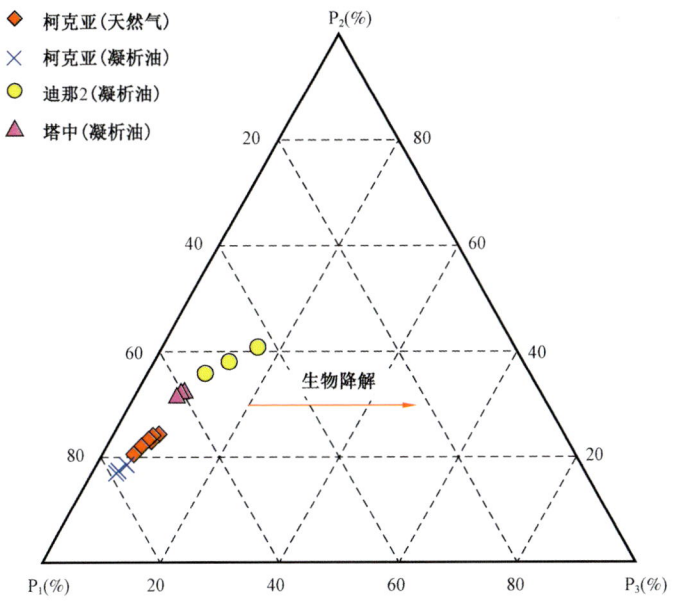

图 10-57 利用 P_1—P_2—P_3 轻烃三角图判断柯克亚凝析气藏原油是否遭受生物降解(Chang 等,2007)

凝析油的"蒸发分馏"机制是指下伏高成熟度烃源岩生成的大量天然气进入早先已经形成的油藏,在储层高温高压条件下对已生成的原油进行溶解抽滤,并将溶解于其中的原油的轻馏分沿断裂、不整合等运移通道携带至条件适宜的储层形成新的凝析油藏、轻质油藏的过程(Thompson,1987、1988;Larter 等,1991)。

Kissin(1987)分析了世界上大量不同类型原油后发现,没有遭受过次生变化的原油,其正构烷烃摩尔分数的对数值与碳数成线性关系。他认为这与正构烷烃在烃源岩中的形成机制有关。此后该方法被用于判断油藏中原油是否发生过蒸发分馏或气洗作用(Meulbroek 等,1998;Mastersonet 等,2001)。遭受过蒸发分馏作用的原油正构烷烃在高碳数范围呈斜线分布,而在中—低碳数部分近似水平线,因而在整个碳数范围内表现为一折线(Meulbroek 等,1998;Mastersonet 等,2001)。如图 10 – 58 所示,研究区原油的正烷烃摩尔分数对数值随碳数的分布曲线均为折线,折点在 nC_{20} 附近,这表明柯克亚凝析气藏凝析油普遍经历了蒸发分馏作用。

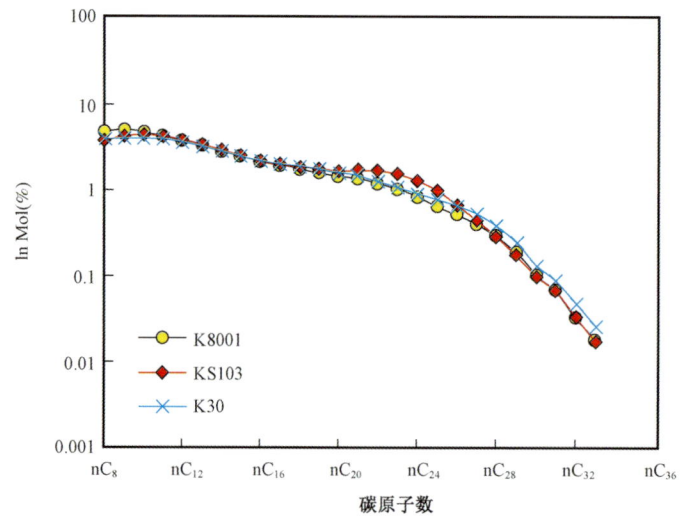

图 10 – 58 柯克亚凝析气田凝析油正构烷烃摩尔分数曲线

Thompson(1987)和 Larter 等(1991)发现,经过蒸发分馏作用后的运移相原油中富含饱和烃,芳香烃含量低,而残留相则富含芳香烃。Thompson(1987)提出运用饱和烃指数(正庚烷/甲基环己烷)和芳香烃指数(甲苯/正庚烷)的交会图来识别这一现象。柯克亚凝析气藏原油芳香烃含量极低,而饱和烃含量高(图 10 – 51)。这一方面反映出柯克亚凝析气藏目前发现原油主要是经过蒸发分馏作用之后高饱和烃含量的运移相原油,另一方面低芳香烃含量暗示原油可能遭受了水洗(图 10 – 59)。

水洗作用同样会造成轻烃化合物组分的分馏,分馏的程度受其在水中的溶解度控制,即便是轻微的水洗作用也会导致原油中芳香烃和环烷烃的含量急剧降低(Lafargue 等,1988)。因此,轻烃中苯和甲苯的含量是判断原油是否遭受水洗作用的良好指标(Lafargue 等,1988)。根据 3 - 甲基戊烷/苯与甲基环己烷/甲苯的相关关系(George 等,2002),发现柯克亚凝析气藏原油和天然气中的轻烃化合物普遍遭受了水洗作用(图 10 – 60)。柯克亚凝析气田凝析油的水洗作用在地质上也是有依据的。采集的 3 个凝析油样品均来自新近系西河甫组主要发育冲

第十章 塔里木盆地天然气轻烃地球化学特征及应用

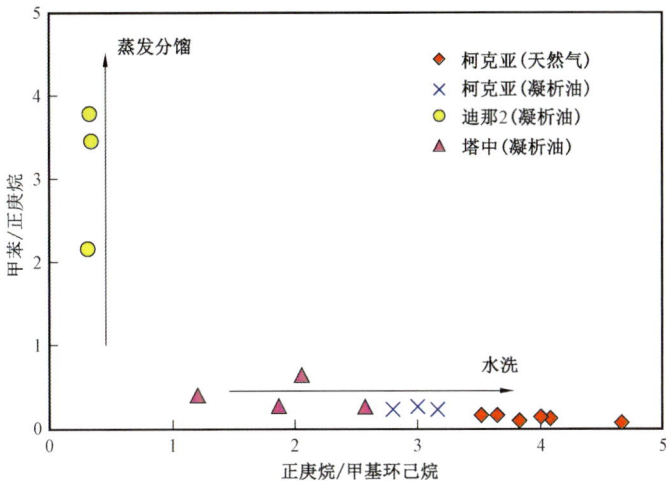

图 10-59 柯克亚凝析气田凝析油饱和烃指数和芳香烃指数交会图

积扇扇端—冲积平原—扇三角洲平原沉积(何登发等,1997),储层孔隙度为 7.7%~21.3%,渗透率主要为 1~700mD(陈俊湘等,1996;刘宝和,2011),在侧向上的连续性和孔渗性好,十分有利于水洗作用的发生。

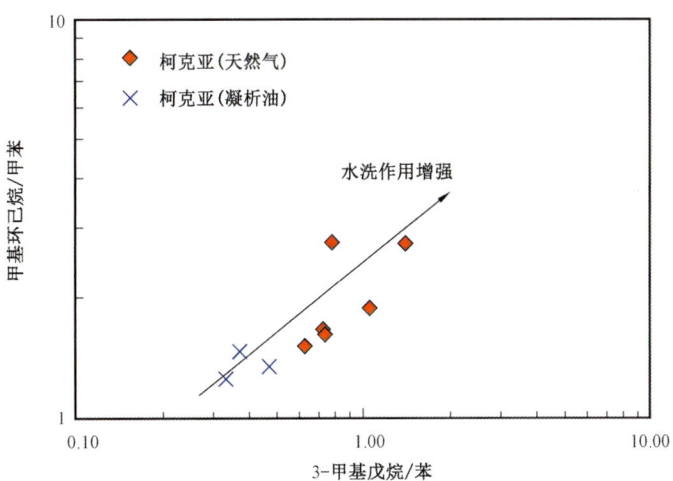

图 10-60 柯克亚凝析气田凝析油和天然气中 3-甲基戊烷/苯与甲基环己烷/甲苯交会图

参 考 文 献

曹锋,邹才能,付金华,等. 鄂尔多斯盆地苏里格大气区天然气近源运聚的证据剖析[J]. 岩石学报,2011,27(3):857-866.

陈安定. 论鄂尔多斯盆地中部气田混合气的实质[J]. 石油勘探与开发,2002,29(2):33-38.

陈海树. 含煤岩系成因天然气识别的新指标——苯和甲苯[M]. 北京:石油工业出版社,1987.

陈俊湘,尹军平,张拥军. 柯克亚背斜油气藏形成条件[M]. 新疆石油地质,1996,17(3):219-224.

陈世加,付晓文,马力宁,等. 干酪根裂解气和原油裂解气的成因判识方法[J]. 石油实验地区,2002,24(4):364-366.

陈文正. 再论四川盆地威远震旦系气藏的气源[J]. 天然气工业,1992,12(6):28-32.

陈义才,罗小平,沈忠民,等. 保山盆地新近系生物气资源及勘探前景[J]. 天然气地球科学,2008,19(5):618-620.

程晓敢,廖林,陈新安,等. 塔里木盆地东南缘侏罗纪沉积相特征与古环境再造[J]. 中国矿业大学学报,2000,37(4):519-525.

达江,宋岩,赵孟军,等. 塔里木盆地喀什凹陷北缘烃源岩潜力探讨[J]. 新疆地质,2007,25(1):77-80.

戴金星,李鹏举. 中国主要含油气盆地天然气的C_{5-8}轻烃单体烃系列碳同位素研究[J]. 科学通报,1994,39(22):2071-2073.

戴金星,戚厚发,宋岩. 鉴别煤成气和油型气若干指标的初步探讨[J]. 石油学报,1985,6(2):35-42.

戴金星,陈践发,钟宁宁,等. 中国大气田及其气源[M]. 北京:中国科学出版社,2003:93-136.

戴金星,陈英. 中国生物气中烷烃组分的碳同位素特征及其鉴别标志[J]. 中国科学(B辑),1993,23(3):303-310.

戴金星,倪云燕,黄士鹏,等. 次生型负碳同位素系列成因[J]. 天然气地球科学,2016,27(1):1-7.

戴金星,戚厚发,宋岩. 鉴别煤成气和油型气若干指标的初步探讨[J]. 石油学报,1985,6(2):31-38.

戴金星,戚厚发,王少昌,等. 我国煤系气油地球化学特征——煤成气藏形成条件及资源评价[M]. 北京:石油工业出版社,2001.

戴金星,戚厚发. 我国煤成烃气的$\delta^{13}C—R_o$关系[J]. 科学通报,1989,34(2):110-113.

戴金星,宋岩,张厚福. 中国大中型气田形成的主要控制因素[J]. 中国科学(D辑):地球科学,1996,26(6):481-487.

戴金星,邹才能,张水昌,等. 无机成因和有机成因烷烃气的鉴别[J]. 中国科学(D辑),2008,38(11):1329-1341.

戴金星. 中国煤成气研究二十年的重大进展[J]. 石油勘探与开发,1999,26(3):1-10.

戴金星. 天然气碳氢同位素特征和各类型天然气类型鉴别[J]. 天然气地球科学. 1993,4(3):1-40.

戴金星. 各类烷烃气的鉴别[J]. 中国科学(B辑),1992,22(2):185-193.

戴金星. 利用轻烃鉴别煤成气和油型气[J]. 石油勘探与开发,1993,25(3):26-32.

戴金星. 威远气田成藏期及气源[J]. 石油实验地质,2003,25(5):473-479.

戴金星. 我国有机烷烃气的氢同位素的若干特征[J]. 石油勘探与开发,1990,17(5):27-32.

戴金星. 中国煤成大气田及气源[M]. 北京:科学出版社,2014.

董大忠,肖安成. 塔里木盆地西南坳陷石油地质特征及油气资源[M]. 北京:石油工业出版社,1998.

杜金虎,邹才能,徐春春,等. 川中古隆起龙王庙组特大型气田战略发现与理论技术创新[J]. 石油勘探与开发,2014,41(3):268-277.

段毅,赵阳,姚泾利,等. 轻烃地球化学研究进展及发展趋势[J]. 天然气地球科学,2014,25(12):1875-1886.

付金华,王怀厂,魏新善,等. 榆林大型气田石英砂岩储集层特征及成因[J]. 石油勘探与开发,2005,32(1):30-32.

参考文献

傅家谟,刘德汉,盛国英. 煤成烃地球化学[M]. 北京:科学出版社,1990.

甘华军,米敬奎,肖贤明,等. 鄂尔多斯盆地中北部上古生界气田天然气气源与运聚研究[J]. 石油天然气学报,2007,29(1):16-22.

刚文哲,高岗,郝石生,等. 论乙烷碳同位素在天然气成因类型研究中的应用[J]. 石油实验地质,1997,19(2):164-167.

顾树松,周翥红. 柴达木盆地东部第四系天然气地化特征与分类[J]. 天然气工业,1993,13(2):1-6.

郭瑞超,李延钧,王廷栋,等. 轻烃参数在全烃地球化学分析油气成藏中的应用[J]. 特种油气藏,2009,16(5):5-9.

国家能源局. SY/T 6168—2009 气藏分类[S]. 北京:石油工业出版社,2009.

何登发,陈红英,柳少波. 柯克亚凝析油气田的成藏机理[J]. 石油勘探与开发,1997,24(4):28-32.

何自新,费安琦,王同和. 鄂尔多斯盆地演化与油气[M]. 北京:石油工业出版社,2003.

胡安平,李剑,张文正,等. 鄂尔多斯盆地上、下古生界和中生界天然气地球化学特征及成因类型对比[J]. 中国科学(D辑),2007,37(S2):157-166.

胡国艺,单秀琴,李志生,等. 流体包裹体烃类组成特征及对天然气成藏示踪作用——以鄂尔多斯盆地西北部奥陶系为例[J]. 岩石学报,2005,25(5):1461-1466.

胡国艺,李剑,李谨,等. 判识天然气成因的轻烃指标探讨[J]. 中国科学(D辑),2007,37(S2):111-117.

胡国艺,李谨,李志生,等. 煤成气轻烃组分和碳同位素分布特征与天然气勘探[J]. 石油学报,2010,31(1):42-48.

胡国艺,肖中尧,罗霞,等. 两种裂解气中轻烃组成差异性及其应用[J]. 天然气工业,2005,25(9):23-25.

胡惕麟,戈葆雄,张义纲,等. 源岩吸附烃和天然气轻烃指纹参数的开发和应用[J]. 石油实验地质,1990,12(4):375-394.

黄籍中,陈盛吉. 四川盆地震旦系气藏形成的烃源地化条件分析:以威远气田为例[J]. 天然气地球科学,1993(4):16-20.

蒋助生,罗霞,李志生,等. 苯、甲苯碳同位素组成作为气源对比新指标的研究[J]. 地球化学,2000,29(4):410-415.

金强,黄志,李维振,等. 鄂尔多斯盆地奥陶系烃源岩发育模式和天然气生成潜力[J]. 地质学报,2013,(3):393-402.

康玉柱. 中国塔里木盆地石油地质特征及资源评价[J]. 北京:地质出版社,1996:141-149.

孔庆芬,张文正,李剑锋,等. 鄂尔多斯盆地靖西地区下古生界奥陶系天然气成因研究[J]. 天然气地球科学,2016,27(1):71-80.

朗东升,姜道花,岳兴举,等. 荧光显微图像及轻烃分析技术在油气勘探开发中的应用[J]. 北京:石油工业出版社,2008.

雷怀彦,关平,房玄. 黏土矿物对形成过渡带气的催化作用研究[J]. 沉积学报,1995,13(2):14-21.

李洪波,王铁冠. 塔里木盆地原油C_5—C_{13}轻馏分组成及其地球化学意义[J]. 天然气地球科学,2014,25(12):2003-2013.

李剑,胡国艺,谢增业,等. 中国大中型气田天然气成藏物理化学模拟研究[M]. 北京:石油工业出版社,2001.

李剑,罗霞,李志生,等. 对甲苯碳同位素值作为气源对比新指标的新认识[J]. 天然气地球科学,2003,14(3):177-180.

李谨,李志生,王东良,等. 塔里木盆地含氮天然气地球化学特征及氮气来源[J]. 石油学报,2013,34(S1):102-111.

李贤庆,肖贤明,唐永春,等. 应用碳同位素动力学方法探讨阿克1气藏天然气的来源[J]. 地球化学,2005,34(5):525-532.

李贤庆,肖贤明,肖中尧,等. 塔里木盆地阿克1气藏天然气的地球化学特征和成因[J]. 天然气地球科学,

2005,16(1):48-53.

李贤庆,胡国艺,李剑,等. 鄂尔多斯盆地中部气田天然气混源的地球化学标志与评价[J]. 地球化学,2003, (3):282-290.

李贤庆,肖贤明,米敬奎,等. 塔里木盆地库车坳陷烃源岩生成甲烷的动力学参数及其应用[J]. 地质学报, 2005,79(1):133-142.

廖永胜. 罐装岩屑轻烃和碳同位素在油气勘探中的应用,天然气地质研究论文集[C]. 北京:石油工业出版社,1989.

林壬子. 轻烃技术在油气勘探中的应用[M]. 北京:中国地质大学出版社,1992.

刘丹,张文正,孔庆芬,等. 鄂尔多斯盆地下古生界天然气成因与烃源岩[J]. 石油勘探与开发,2016,43(4): 540-549.

刘全有,戴金星,金之钧,等. 塔里木盆地前陆区和台盆区天然气的地球化学特征及成因[J]. 地质学报, 2009,83(1):107-114.

刘全有,戴金星,李剑,等. 塔里木盆地天然气氢同位素地球化学与对热成熟度和沉积环境的指示意义[J]. 中国科学(D辑),2007,37(12):1599-1608.

刘全有,刘文汇,徐永昌,等. 苏里格气田天然气运移和气源分析[J]. 天然气地球科学,2007,18(5): 697-702.

刘胜,王东良,王招明,等. 塔里木盆地阿克1井天然气成藏地球化学分析[J]. 石油实验地质,2004,26(3): 273-280.

刘树根,戴苏兰,赵永胜,等. 云南保山盆地烃源岩及天然气生成特征[J]. 天然气工业,1998,18(1):18-24.

刘伟,杨飞,吴金才,等. 喀什凹陷北缘阿克莫木气田气源探讨[J]. 天然气地球科学,2015,26(3):486-494.

刘文汇,徐永昌,雷怀彦. 生物—热催化过渡带气及其综合判识标志[J]. 矿物岩石地球化学通报,1997,16 (1):51-54.

刘文汇,徐永昌,史继扬,等. 生物—热催化过渡带气形成机制及演化模式[J]. 中国科学(D辑):地球科学, 1996,26(6):511-517.

刘文汇,徐永昌. 煤成气碳同位素演化二阶段分馏模式及机理[J]. 地球化学,1999,28(4):359-366.

米敬奎,王晓梅,朱光有,等. 利用包裹体中气体地球化学特征与源岩生气模拟实验探讨鄂尔多斯盆地靖边气田天然气来源[J]. 岩石学报,2012,28(3):859-869.

苗忠英,陈践发,郭建军,等. 塔里木盆地天然气中丁烷的地球化学特征[J]. 中国矿业大学学报,2011,40 (4):592-597.

莫午零,林潼,张英,等. 西昆仑山前柯东—柯克亚构造带油气来源及成藏模式[J]. 石油实验地质,2013,35 (4):364-371.

钱贻伯,连莉文,陈文正,等. 生物气形成过程中CH_4碳同位素变化规律的研究[J]. 石油学报,1998,19(1): 29-33.

秦建中,郭树之,王东良. 苏桥煤型气田地化特征及其对比[J]. 天然气工业,1991,11(5):11-26.

冉启贵,胡国艺,陈发景. 镜质体反射率的热史反演[J]. 石油勘探与开发,1998,25(6):29-32.

沈平,申歧祥,王先彬,等. 气态烃同位素组成特征及煤成气判别[J]. 中国科学(B),1987,17(6):647-656.

沈平,徐永昌. 气源岩和天然气地球化学特征及成其机理研究[M]. 兰州:甘肃科学技术出版社,1991.

沈忠民,王鹏,刘四兵等. 川西拗陷中段天然气轻烃地球化学特征[J]. 成都理工大学学报(自然科学版), 2011,38(5):500-506.

帅燕华,张水昌,赵文智,等. 陆相生物气纵向分布特征及形成机理研究——以柴达木盆地涩北1号为例[J]. 中国科学(D辑):地球科学,2007,37(1):46-51.

唐友军,侯读杰,肖中尧. 柯克亚油田原油地球化学特征和油源研究[J]. 矿物岩石地球化学通报,2006,25 (2):160-162.

唐友军,侯读杰,徐佑德. 塔里木盆地柯克亚地区天然气和凝析油的地球化学特征与成因[J]. 海相油气地质,2007,12(1):33-36.

汪巩. 有机化学[M]. 北京:高等教育出版社,1985.

王涵云,杨天宇. 原油裂解成气模模拟实验[J]. 天然气工业,1982,2(3):28-33.

王兰生,苟学敏,刘国瑜,等. 四川盆地天然气的有机地球化学特征及其成因[J]. 沉积学报,1997,15(2):49-53.

王嫩范. 陆良与保山盆地第三系浅层气田开发规律探讨[J]. 西南石油学院学报,2004,26(2):29-33.

王培荣. 烃源岩与原油中轻馏分烃测定及其地球化学应用[J]. 北京:石油工业出版社,2011.

王世谦. 四川盆地侏罗系—震旦系天然气的地球化学特征[J]. 天然气工业,1994,14(6):1-5.

王铁冠,钟宁宁,侯读杰,等. 细菌在板桥凹陷生烃机制中的作用[J]. 中国科学(B辑),1995,25(8):882-889.

王先彬. 地球深部来源的天然气[J]. 科学通报,1982,27(17):1069-1071.

王晓峰,刘文汇,徐永昌,等. 塔里木盆地天然气碳、氢同位素地球化学特征[J]. 石油勘探与开发,2005,32(3):55-58.

王一刚,窦立荣,文应初,等. 四川盆地东北部三叠系飞仙关组高含硫气藏 H_2S 成因研究[J]. 地球化学,2002,31(6):517-524.

王振平,付晓泰,等. 原油裂解成气模拟实验,产物特征及其意义[J]. 天然气工业,2001,21(3):12-15.

魏国齐,王东良,王晓波,等. 四川盆地高石梯—磨溪大气田稀有气体特征[J]. 石油勘探与开发,2014,41(5):533-538.

魏国齐,谢增业,白贵林,等. 四川盆地震旦系—下古生界天然气地球化学特征及成因判识[J]. 天然气工业,2014,34(3):44-49.

魏国齐,谢增业,宋家荣,等. 四川盆地川中古隆起震旦系—寒武系天然气特征及成因[J]. 石油勘探与开发,2015,42(6):702-711.

吴小奇. 塔里木盆地天然气地球化学特征、成因和来源[M]. 北京:中国石油勘探开发研究院,2012.

武明辉,张刘平,陈孟晋. 榆林气田山西组2段孔隙发育的控制因素分析[J]. 天然气地球科学,2006,17(4):477-479.

夏新宇. 碳酸盐岩生烃与长庆气田气源[M]. 北京:石油工业出版社,2000.

肖芝华,胡国艺,李剑,等. 云南保山、陆良和曲靖盆地低演化天然气轻烃分布特征及其意义[J]. 天然气地球科学,2006,17(2):173-176.

肖中尧,唐友军,侯读杰,等. 柯克亚凝析油气藏的油源研究[J]. 沉积学报,2002,20(4):716-720.

谢增业,李剑,李志生,等. 四川盆地飞仙关组气藏硫化氢成因及其依据[J]. 沉积学报,2008,26(2):314-323.

谢增业,李剑,卢新卫,等. 塔里木盆地海相天然气乙烷碳同位素分类与变化的成因探讨[J]. 石油勘探与开发,1999,26(6):27-32.

谢增业,李志生,黄志兴,等. 川东北不同含硫物质硫同位素组成及 H_2S 成因探讨[J]. 地球化学,2008,37(2):187-194.

谢增业,李志生,王春怡,等. 硫化氢生成模拟实验研究[J]. 石油实验地质,2008,30(2):192-195.

谢增业,杨威,胡国艺,等. 四川盆地天然气轻烃组成特征及其应用[J]. 天然气地球科学,2007,18(5):720-725.

徐雁前,徐正球,王少飞. 鄂尔多斯盆地中部气田奥陶系天然气中生物标记物的特征及气源探讨[J]. 天然气地球科学,1996,7(5):7-14.

徐永昌,刘文汇,沈平. 陆良、保山气藏碳、氢同位素特征及纯生物乙烷发现[J]. 中国科学(D辑):地球科学,2005,35(8):758-764.

徐永昌,沈平,李玉成. 中国最古老的气藏——四川威远震旦纪气藏[J]. 沉积学报,1989,7(4):3-12.

徐永昌,沈平,刘文汇,等. 一种新的天然气成因类型——生物—热催化过渡带气[J]. 中国科学(B辑),

1990,20(9):975-980.

徐永昌,沈平,郑建京,等.云南中—小盆地低演化天然气地球化学特征[J].科学通报,1999,44(8):887-890.

徐永昌,沈平.中原、华北油气区煤成气地球化学特征[J].沉积学报,1985,3(2):37-46.

徐永昌,王志勇,王晓锋,等.低熟气及我国典型低熟气[J].中国科学(D辑):地球科学,2008,38(1):87-93.

徐永昌,等.天然气成因理论及应用[M].北京:科学出版社,1994.

徐振平,李勇,马玉杰,等.塔里木盆地库车坳陷中部构造单元划分新方案与天然气勘探方向[J].天然气工业,2011,31(3):31-36.

杨华,包洪平,马占荣.侧向供烃成藏——鄂尔多斯盆地奥陶系膏盐岩下天然气成藏新认识[J].天然气工业,2014,(4):19-26.

杨华,包洪平.鄂尔多斯盆地奥陶系中组合成藏特征及勘探启示[J].天然气工业,2011,(12):11-20.

杨华,张文正,昝川莉,等.鄂尔多斯盆地东部奥陶系盐下天然气地球化学特征及其对靖边气田气源再认识[J].天然气地球科学,2009(1):8-14.

杨俊杰,裴锡古.中国天然气地质学(卷四)[M].北京:石油工业出版社,1996.

尹长河,王廷栋,王顺玉,等.威远震旦系天然气与油气生运聚[J].地质地球化学,2000,28(1):25-82.

于聪,黄士鹏,龚德瑜,等.天然气碳、氢同位素部分倒转成因——以苏里格气田为例[J].石油学报,2013,34(S1):92-101.

于聪.鄂尔多斯盆地苏里格气田天然气地球化学研究[M].北京:中国石油勘探开发研究院,2014.

张敏,张俊,张春明.塔里木盆地原油轻烃地球化学特征[J].地球化学,1999,28(2):191-196.

张秋茶,王福焕,肖中尧,等.阿克1井天然气气源探讨.[J]天然气地球科学,2003,14(6):484-487.

张士亚,邰建军,蒋泰然.利用甲烷、乙烷碳同位素判别天然气类型的一种新方法[J].石油与天然气文集(第1集,中国煤成气研究).北京:地质出版社,1988.

张士亚.鄂尔多斯盆地天然气源及其勘探方向[J].天然气工业,1994,14(3):1-4.

张水昌,梁狄刚,张宝民,等.塔里木盆地海相油气的生成[M].北京:石油工业出版社,2004.

张水昌,赵文智,李先奇,等.生物气研究新进展与勘探策略[J].石油勘探与开发,2005,32(4):1-4.

张文忠,郭彦如,汤达祯,等.苏里格气田上古生界储层流体包裹体特征及成藏期次划分[J].石油学报,2009,30(5):685-691.

张子枢.四川盆地天然气中的氦[J].天然气地球科学,1992,3(4):1-8.

赵靖舟,王大兴,孙六一,等.鄂尔多斯盆地西北部奥陶系气源及其成藏规律[J].石油与天然气地质,2015,36(5):711-720.

赵孟军,夏新宇,秦胜飞,等.塔里木盆地阿克1井气藏气源研究[J].天然气工业,2003,23(2):31-33.

赵孟军,卢双舫.塔里木发现和证实两种裂解气[J].天然气工业,2001,21(1):35-38.

赵孟军,张宝民,肖中尧,等.塔里木盆地奥陶系偏腐殖型烃源岩的发现[J].天然气工业,1998,18(5):32-36.

赵文智,王兆云,王红军,等.再论有机质"接力成气"的内涵与意义[J].石油勘探与开发,2011,38(2):129-135.

钟宁宁,陈恭洋.煤系气油比分配控制因素及其与大气田关系[J].北京:石油工业出版社,2002.

朱光有,杨海军,张斌,等.塔里木盆地迪那2大型凝析气田的地质特征及其成藏机制[J].岩石学报,2012,28(8):2479-2492.

朱光有,张水昌,梁英波,等.川东北地区飞仙关组高含H_2S天然气TSR成因的同位素证据[J].中国科学(D辑):地球科学 2005,35(11):1037-1046.

朱扬明,张春明.Mango轻烃参数在塔里木原油分类中的应用[J].地球化学,1999,28(1):26-33.

邹才能,杜金虎,徐春春,等.四川盆地震旦系—寒武系特大型气田形成分布、资源潜力及勘探发现[J].石油勘探与开发,2014,41(3):278-293.

Ahad J M E,Lollar B S,Edwards E A,et al. Carbon isotope fractionation during anaerobic biodegradation of toluene: implications for intrinsic bioremediation[J]. Environmental Science and Technology,2000,34:892-896.

Andrea V,Heinz W. Deciphering biodegradation effects on light hydrocarbons in crude oils using their stable carbon isotopic composition:A case study from the Gullfaks oil field,offshore Norway[J]. GeochimicaetCosmochimicaActa, 2006,70:651-665.

Behar F,Kress mann S,Rudkiewicz J L,et al. Experimental simulation in Confined system and kinetic of Kerogen and oil cracking[J]. Organic Geochemistry,1991,19(1):173-189.

BeMent W O,Levey R A,Mango F D. The temperature of oil generation as defined with C_7 chemistry maturity parameter(2,4-DMP/2,3-DMP ratio)[J]. In Organic Geochemistry:Developments and Applications to Energy, Climate,Environment and Human History Donostia-san Sebastian,Spain:AIGOA,1995:505-507.

Bjorøy M,Hall P B,Moe RP. Variation in the isotopic composition of singlecomponents in the C_4-C_{20} fraction of oils and condensates[J]. Organic Geochemistry,1994,21(6-7):761-776.

Boreham C J,Hope J M,HartungKagi B. Understanding source,distribution and preservation of Australian natural gas:a geochemical perspective[J]. Australian Petroleum Production and Exploration Association Journa,2001,41(1):523-547.

Burnham A K,Gregg H R,Ward R L,et al. Decomposition kinetics and mechanism of n-hexadecane-1,2-$^{13}C_2$ and dodec-1-ene-1,2-$^{13}C_2$ doped in petroleum and n-hexadecane[J]. Geochimica et Cosmochimica Acta, 1997,61(17):3725-3737.

Burruss R C,Laughrey C D. Carbon and hydrogen isotopic reversals in deep basin gas:Evidence for limits to the stability of hydrocarbons[J]. Organic Geochemistry,2010,41(2):1285-1296.

Cai C F,Xie Z Y,Worden R H,et al. Methane-dominated thermochemical sulphate reduction in the Triassic Feixianguan Formation East Sichuan Basin,China:towards prediction of fatal H_2S concentrations[J]. Marine and Petroleum Geology,2004,21(10):1265-1279.

Cai C,Hu G,He H,et al. Geochemical characteristics and origin of natural gas and thermochemical sulphate reduction in Ordovician carbonates in the Ordos Basin,China[J]. Journal of Petroleum Science and Engineering,2005,48(3-4):209-226.

Canipa-Morales N K,Galan-Vidal C A,Guzman-Vega M A,et al. Effect of evaporation on C_7 light hydrocarbon parameters[J]. Organic Geochemistry,2003,34(6):813-826.

Chang C T,Lee M R,Lin L H,et al. Application of C_7 hydrocarbons technique to oil and condensate from type III organic matter in Northwestern Taiwan[J]. International Journal of Coal Geology,2007,71(1):103-114.

Chen J H,Fu J M,Sheng G Y,et al. Diamondoid hydrocarbon ratios:Novel maturity indices for highly mature crude oils[J]. Organic Geochemistry,1996,25:179-190.

Chung H M,Gormly J R,Squires R M. Origin of gaseous hydrocarbons in subsurface environments:Theoretical considerations of carbon isotope distribution[J]. Chemical Geology,1988,71(1-3):97-104.

Chung H M,Walters C C,Buck S,et al. Mixed signals of the source and thermal maturity for petroleum accumulations from light hydrocarbons:an example of the Beryl field[J]. Organic Geochemistry,1998,29(1-3):381-396.

Clayton C J,Bjorøy M. Effect of maturity on $^{13}C/^{12}C$ ratios of individual compounds in North Sea oils[J]. Organic Geochemistry,1994,21(6-7):737-750.

Connan J. Biodegradation of crude oils in reservoirs.//Brooks J,Welte D H. Advances in Petroleum Geochemistry [J]. Academic Press,1984,(1):229-335.

Cramer B,Faber E,Gerling P,et al. Reaction kinetics of stable carbon isotopes in natural gas-Insights from dry, open system pyrolysis experiments[J]. Energy & Fuels,2001,15(3):517-532.

Dahl J E,Moldowan J M,Peters K E,et al. Diamondoid hydrocarbons as indicators of natural oil cracking[J]. Nature,

1999,399(6731):54-57.

Dai J, Li J, Luo X, et al. Stable carbon isotope compositions and source rock geochemistry of the giant gas accumulations in the Ordos Basin, China[J]. Organic Geochemistry 2005,36(12):1617-1635.

Dai Jinxing, Li Pengju. A study on carbon isotopes of C_{5-8} light hydrocarbon monomeric series of natural gas in main oil and gas bearing basins in China[J]. Chinese Science Bulletin,1995,40(6):497-500.

Dai Jinxing, Ni Yunyan, Yu Cong, et al. Genetic types of alkane gases in giant gas fields with proven reserves over $1000 \times 10^8 m^3$ in China[J]. Energy Exploration & Exploitation,2014,32(1):1-13.

Dai J, Xia X, Qin S, et al. Origins of partially reversed alkane $\delta^{13}C$ values for biogenic gases in China[J]. Organic Geochemistry,2004,35(4):405-411.

Dai J X, Li J, Luo X, et al. Stable carbon isotope compositions and source rock geochemistry of the giant gas accumulations in the Ordos Basin, China[J]. Organic Geochemistry,2005,36(12):1617-1635.

Dai J X, Xia X Y, Li Z S, et al. Inter-laboratory calibration of natural gas round robins for δ^2H and $\delta^{13}C$ using off-line and on-line techniques[J]. Chemical Geology,2012,(49-55):310-311.

Dai J. Identification and distribution of various alkane gases[J]. Science in China (Series B),1992,22(2):185-193.

Dai J, Ni Y, Zou C, et al. Stable carbon isotopes of alkane gases from the Xujiahe coal measrues and implication for gas-source correlation in the Sichuan Basin, SW China[J]. Organic Geochemistry,2009,40(5):638-646.

Deinhard G, Blanz P, Poralla K, et al. Bacillus acidoterrestrus sp. Nov. a new thermotolerant acidophile from different soils[J]. Systematic and Applied Microbiology,1987,10(1):47-53.

DeRosa M, Gambacorta A, Minale L, et al. Cyclohexane fatty acids from a thermophilic bacterium. Journal of the chemical Society[J]. Journal of the Chemical Society D, Chenuid Communications,1971,21(21):1334.

Diegor E J M, Abrajano T Stehmeier, et al. 19th International meeting on Organic Geochemistry, Istanbul, Turkey,1999,extended abstract only, abstract No. 010A, P. 29. Abstracts published by TUBITAK Marmara Research Center, Gebze-Kocaeli, Turkey.

Dong J, Vorkink W P, Lee M L. Origin of long-chain alkylcyclohexanes and alkylbenzens in a coal-bed wax[J]. Geochimica et Cosmochimica Acta,1993,57(4):837-849.

D W Waples. The kinetics of in-reservoir oil destruction and gas formation:constraints from experimental and empirical data, and from thermodynamics[J]. Organic geochemistry,2000,31(6):553-575.

Forziati A F, Willingham C B, Mair B J, et al. Hydrocarbons in the gasoline fraction of seven representative crudes[J]. NBS Journal of Research 1944,32:11-37.

Galimove E M. Isotope Organic Geochemistry[J]. Organic. Geochemistry,2006,37(10):1200-1262.

George S C, Boreham C J, Minifie S A. The effect of minor to morderate biodegration on C_5 to C_9 hydrocarbons in crude oil[J]. Organic Geochemistry,2002,33(12):1293-1317.

Goldstein T P. Geocatalytic reactions in formation and maturation of petroleum[J]. Intanalional Journal of Nursing Prnctice,1983,16(3):254-261.

Gutsalo L K, Plotnikov A M. The origin identification of methane and carbon dioxide by the carbon isotope system of CH_4 and CO_2 in the earth[J]. The Bulletin of Soviet Academy of Sciences,1981,259(2):470-473.

Schenk H J, R D Primio, B Horsfield. The conversion of oil intogas in petroleum reservoirs. Part 1:Comparative kinetic investigation of gas generation from crude oils of lacutrine, marine and fluviodelaic origin by programmed-temperature closed-sysytem pyrolysis[J]. Organic geochemistry,1997,26(7/8):467-481.

Chung H M. Origin of gaseous hydrocarbons in subsurface environments:Theoretical considerations of carbon isotope[J]. Chemical Geology,1988,71(1-3):71-103.

Halpern H I. Development and applications of light-hydrocarbon-based star diagrams[J]. AAPG. 1995,79(6):801-815.

Hartgers W A,Damste J S,Requejo A G,et al. Evidence for only minor contributions from bacteria to sedimentary organic carbon[J]. Nature,1994,369(6477):224-227.

Hill R J J D M,Zumberge J,Henry M,et al. Oil and gas geochemistry and petroleum systems of the FortWorth Basin [J]. AAPG Bulletin,2007,91(4):445-473.

Hoevev W Y P,Haug P,Burlingame A L,et al. Hydrocarbons from an Australian oil 2000 m. y. old[J]. Nature,1966, 211(5056):1361-1365.

Hu G Y,Li J,Li J,et al. Preliminary study on the origin identification of natural gas by parameters of light hydrocarbon[J]. Science in China Series D:Earth Sciences,2008,51(S):131-139.

Huang D,Liu B,Wang T,et al. Genetic type and maturity of Lower Paleozoic marine hydrocarbon gases in the eastern TarimBasin[J]. Chemical Geology,1999,162(1):65-77.

Hunt J. M. (1996)*Petroleum Geochemistry and Geology*. W. H. Freeman,New York,2nd edn. ,pp. 437-443.

Hunt J M,et al. Generation and migration of light hydrocarbon[J]. Science,1984,226(4680):1265-1270.

Hunt J M,HUC A Y,Whelan J K. Generation of light hydrocarbons in sedimentary rocks[J]. Nature,1980,288 (5792):688-690.

Hunt J M. Origin of gasoline range alkanes in the deep sea[J]. Nature,1975,254(5499):411-413.

Jenden P D,Kaplan I R,Poreda R J,et al. Origin of nitrogen-rich natural gases in the California Great Valley:Evidence from helium, carbon and nitrogen isotope ratios[J]. Geochimica et Cosmochimica Acta,1988,52(4): 851-861.

Jenden P D,Kaplan I R,Hilton,et al. Abiogenic hydrocarbons and mantle helium in oil and gas fields. //HOWELL D G. The future of energy gases—USGS professional paper 1570[R]. United State Geological Survey,1993:31-56.

Jenden P D,Newell K D,Kaplan I R,et al. Composition and stable-isotope geochemistry of natural gases from Kansas,Midcontinent,U. S. A[J]. Chemical Geology,1988,71(1-3):117-147.

Jia C,Chen H,Yang S,et al. Late Cretaceous uplifting process and its geological response in Kuqa Depression[J]. Acta Petrolei Sinica,2003,24(3):1-5.

Jia C,Li Q. Petroleum geology of Kela-2,the most productive gasfield in China[J]. Marine and Petroleum Geology, 2008,25:335-343.

Johnson R C,Rice D D. Occurrence and geochemistry of natural gases,Piceance Basin,Northwest Colorado[J]. AAPG Bulletin,1990,74(6):805-829.

Kaneda T. Fatty acids in the genus Bacillus:an example of branched-chain preference[J]. Bacteriol Reviews,1977, 41(2):371-418.

Kissin Y V. Catagenesis and composition of light cycloalkanes in petroleum[J]. Orgoanic Geochemistry,1990,15(6): 575-594.

Kissin Y V. Catagenesis and composition of petroleum:Origin of n-alkanes and isoalkanes in petroleum crudes[J]. Geochimicaet Cosmochimica Acta,1987,51(9):2445-2457.

Kissin Y V. Catagenesis of light acyclic isoprenoids in petroleum[J]. Organic Geochemistry,1993,20(7):1077-1090.

Lafargue E,Barker C. Effect of water washing on crude oil composition[J]. AAPG Bulletin,1988,72:263-276.

Larter S,Mills N. Phase-control molecular fractionations in migrating petroleum charges[M]. //England W A,Fleet A J. (Eds.),Petroleum Migration,Geological Society Special publication,1991,59:137-147.

Leythaeuser D,Schaefer R G,Cornford C. Generation and migration of light hydrocarbon(C_2-C_7) in sedimentary basin[J]. Organic Geochemistry,1979,1(14):191-204.

Leythaeuser D,Schaefer R G,Pooch H. Diffusion of light hydrocarbons in subsurface sedimentary rocks[J]. AAPG, 1983,67(6):889-895.

Leythaeuser D,Schaefer R G,Yukler. Diffusion of light hydrocarbons through near-subsurface rocks[J]. Nature, 1980,284(284):522-525.

Leythaeuser D, Schaefer R G, Yukler. Role of diffusion in primary migration of hydrocarbons[J]. AAPG, 1982, 66(4):408-429.

Leythaeuser D, Schaefer R G, Cornford C, et al. Diffusion of light hydrocarbons in subsurface rocks[J]. AAPG Bull, 1983,67(6):889-893.

Li M W, Lin R Z, Liao Y S, et al. Organic geochemistry of oils and condensates in the Kekeya Field, Southwest Depression of the Tarim Basin (China)[J]. Organic Geochemistry, 1999, 30:15-37.

Lin C M, Gu L X, Li G Y, et al. Geology and formation mechanism of late Quaternary shallow biogenic gas reservoirs in the Hangzhou Bay area, eastern China[J]. AAPG Bulletin, 2004, 88(5):613-625.

Liu Q, Chen M, Liu W, et al. Origin of natural gas from the Ordovician paleo-weathering crust and gas-filling model in Jingbian gas field, Ordos basin, China[J]. Journal of Asian Earth Sciences 2009, 35(1):74-88.

Mango F D. The stability of hydrocarbons under time-temperature conditions of petroleum genesis[J]. Nature, 1991, 352:146-148.

Mango F D. Transition metal catalysis in the generation of petroleum and natural gas[J]. Geochim et Cosmochim Acta, 1992, 56(1):553-555.

Mango F D. The origin of light hydrocarbons in petroleum: ring preference in the closure of carbocyclic rings[J]. Geochim Cosmochim Acta, 1994, 58(2):895-901.

Mango F D. The origin of light cycloalkanes in petroleum[J]. Geochemica et Cosmochimica Acta, 1990, 54(1):23-27.

Mango F D. An invariance in the isoheptanes of petroleum[J]. Science, 1987, 237(4814):514-517.

Mango F D. The light hydrocarbons in petroleum: a critical review[J]. Organic Geochemistry, 1997, 26(7/8):417-440.

Mango F D. The origin of light hydrocarbon in petroleum: a kinetic test of the steady state catalytic hypothesis[J]. Geochim Cosmochim Acta, 1990, 54(5):1315-1323.

Mango F D. The origin of light hydrocarbons[J]. Geochim Cosmochim Acta, 2000, 64(7):1265-1277.

Mango F D, Hightower J W, James A T. Role of transition-mental catalysis in the formation of natural gas[J]. Nature, 1994, 368(6):536-538.

Mango F D. The origin of light hydr'ocarbons in petroleum: A kinetic test of the steady-state catalytic hypothesis[J]. Geochimica et Cosmochimica Acta, 1990, 54(5):1315-1323.

Mango F D. Transition metal catalysis in the generation of natural gas[J]. Organic Geochemistry, 1996, 24(10-11):977-984.

Martin R L, Winters J C, Williams J A. Composition of crude oils by gas chromatography: Geological significance of hydrocarbon distribution[J]. Proceedings af the Fifth World Petroleum Congress, Section V:231-260.

Martini A M, Budai J M, Walter L M et al. Microbial generation of economic accumulations of methane within a shallow organic-rich shale[J]. Nature, 1996, 383(12):155-158.

Martini A M, Walter L M, McIntosh J C. Identification of microbial and thermogenic gas components from Upper Devonian black shale cores, Illinois and Michigan basins[J]. AAPG Bulletin, 2008, 92:327-339.

Masterson W D, Dzou L I P, Holba A G et al. Evidence for biodegradation and evaporative fractionation in West Sak, Kuparuk and Prudhoe Bay field areas, North Slope, Alaska[J]. Organic Geochemistry, 2001, 32(3):411.

Masterson W D, Dzou L I P, Holba A G, et al. Evidence for biodegradation and evaporative fractionation in West Sak, Kuparuk and Prudhoe Bay field areas, North Slope, Alaska[J]. Organic Geochemistry, 2001, 32(3):411.

McAuliffe C D. Solubility in water of paraffin, cycloparaffine, olefin, acetylene, cyclo-olefin, and aromatic hydrocarbons[J]. Journal of physical Chemistry, 1966, 70(4):1267-1275.

Meulbroek P, Cathles III L, Whelan J. Phase fractionation at south Eugene Island Block 330[J]. Organic Geochemistry, 1998, 29(1):223-239.

Odden W, Patience R L, VanGraas G W. Application of light hydrocarbons($C_4 - C_{13}$) to oil/source rock correlations: a study of the light hydrocarbon compositions of source rocks and test fluids from offshore Mid - Norway[J]. Organic Geochemistry, 1998, 28(2): 823 - 847.

Osborn S G, McIntosh J C. Chemical and isotopic tracers of the contribution of microbial gas in Devonian organic - rich shales and reservoir sandstones, northern Appalachian Basin [J]. Applied Geochemistry, 2010, 25(3): 456 - 471.

Palmer S E. Effects of biodegradation and water washing on crude oil composition[R]. //Engel M H, Macko S A. (Eds.), Organic geochemistry, 1993, Principles and Applications. Springer US New York, 1993, 11: 511 - 533.

Pashin J C, McIntyre - Redden M R, Mann S D, et al. Relationships between water and gas chemistry in mature coalbed methane reservoirs of the Black Warrior Basin[J]. International Journal of Coal Geology, 2014, 126(2): 92 - 105.

Peters K E, Moldowan J M. The Biomarker Guide: Interpreting Molecular Fossils in Petroleum and Ancient Sediments. 1993, Englewood Cliffs: Prentice Hall: 4 - 177.

Petrov A, Arefjev O A, Yakubson Z V. Hydrocarbons of adamantane series as indices of petroleum catagenesis process. //Tissot B, Bienner F. (Eds.), Advances in Organic Geochemistry, 1973. Editions Technip, Paris: 517 - 522.

Price L C. Aqueous solubility of petroleum as applied to its origin and primary migration[J]. American Association of Petroleum Geologists Bulletin, 1976, 60(2): 213 - 243.

Price L C, Wenger L M, Ging T, et al. Solubility of crude oil in methane as a function of pressure and temperature[J]. Organic Geochemistry, 1983, 4(3 - 4): 201 - 221.

Prinzhofer A A, Huc A Y. Genetic and post - genetic molecular and isotopic fractionations in natural gases[J]. Chemical Geology, 1995, 126(3 - 4): 281 - 290.

Jenden P D, Drazan D J, Kaplan I R. Mixing of thermogenic natural gas in northern Appalachian basin[J]. AAPG Bulletin, 1993, 77(6): 980 - 998.

Quanyou Liu, Mengjin Chen, Wenhui Liu, et al. Origin of natural gas from the Ordovician paleo - weathering crust and gas - filling model in Jingbian gas field, Ordos basin, China[J]. Journal of Asian Earth Sciences, 2009, 35(1, 2): 74 - 88.

Rice D D, Claypool G E. Generation, accumulation and resource potential of biogenic gas[J]. AAPG Bulletin, 1981, 65(1): 5 - 25.

Rodriguez N D, Philp R P. Geochemical characterization of gases from the Mississippian Barnett Shale, Fort Worth Basin, Texas[J]. AAPG Bulletin, 2010, 94(11): 1641 - 1656.

Rooney M A, Vuletich A K, Griffith C E. Compound - specific isotope analysis as a tool for characterizing mixed oils: an example from the west of Shetlands area[J]. Organic Geochemistry, 1998, 29(1): 241 - 254.

Rooney M A. Carbon isotope ratios of light hydrocarbons as indicators of thermochemical sulfate reduction. //Grimalt, J O Dorronsoro C. (Eds.), Organic geochemistry: Developments and applications to Energy, Climate, Environment and Human and Human History. A. I. G. O. A, Donostia - San Sebastian, 1995: 523 - 525.

Schaefer R G. C_2—C_8 hydrocarbons in sediments from Deep Sea Drilling Project, Leg71, Site 5511, Falkland plateau, South Atlantic, In Ludcuig, W J, Krasheninnikow V A, et al., Init Repts. 1983, Washington(U. S. Gort. Printing Office): 1033 - 1043.

Schaefer R G, et al. Determination of subnanogram per gram quantities of light hydrocarbons($C_2 - C_9$) in rock samples by hydrogen stripping in the flow system of a capillary gas chromatography[J]. Analytical Chemistry, 1978, 50(13): 1848 - 1854.

Schoell M. The hydrogen and carbon isotopic composition of methane from natural gases of various origins[J]. Geochim Cosmochim Acta, 1980, 44(5): 649 - 661.

Shanmugam G. Significance of coniferous rain forests and related oil, Gippsland Basin, Australia[J]. AAPG Bulletin, 1984, 69: 1241 – 1254.

Silverman S R. Migration and segregation of oil and gas[J]. AAPG Bulletin, 1965, 49(1): 100 – 106.

Smallwood B J, Philp R P, Allen J D. Stable carbon isotopic composition of gasolines determined by isotope ratio monitoring gas chromatography mass spectrometry[J]. Organic Geochemistry, 2002, 33(2): 149 – 159.

Smith H M, Rall H T. Relationships of hydrocarbons with six to nine carbon atoms[J]. Industrial and Engineering Chemistry, 1953, 45(7): 1491 – 1497.

Smith H M. Qualitative and quantitative aspects of crude oil composition. Bureau of Mines Bulletin[M]. Vnited States, Government Printing Officc Wnshington D C, 1968.

Smith J E E J G, Morris D A. Migration, accumulation and retention of petroleum in the earth[J]. American Heart Jowrnal, 1971, 169(4): 572 – 578.

Snowdon L R, Powell T G. Immature oil and condensate – Modification of hydrocarbon generation model for terrestrial organic matter[J]. AAPG, 1982, 66(6): 775 – 788.

Spencer C W. Hydrocarbon generation as a mechanism for over – pressuring in Recky Mountain region[J]. AAPG Bulletin, 1987, 71(4): 368 – 388.

Stadnitskaia A, Ivanov M K, Poludetkina E N, et al. Sources of hydrocarbon gases in mud volcanoes from the Sorokin Trough, NE Black Sea, based on molecular and carbon isotopic compositions[J]. Marine and Petroleum Geology, 2008, 25(10): 1040 – 1057.

Stahl W J, Carey Jr B D. Source – rock identification by isotope analyses of natural gases from fields in the Val Verde and Delaware basins, west Texas[J]. Chemical Geology 1975, 16(4): 257 – 267.

Stra pocD, Mastalerz M, Schimmelmann A. Geochemical constraints on the origin and volume of gas in the New Albany Shale(Devonian – Mississippian), eastern Illinois Basin[J]. AAPG Bulletin, 2010, 94(11): 1713 – 1740.

Tang Y, Perry J K, Jenden P D, et al. Mathematical modeling of stable carbon isotope ratios in natural gases[J]. GeochimCosmochim Acta, 2000, 64(15): 2673 – 2687.

Tang Y, Jenden P D, NigriniA, et al. Modeling early methane generation in coal[J]. Energy & Fuel, 1996, 10(3): 659 – 671.

Ten Haven H L. Application and limitations of Mango's light hydrocarbon parameters in petroleum correlation studies [J]. Organic Geochemistry, 1996, 24(10): 957 – 976.

Thompson K F M. Light hydrocarbons in subsurface sediments[J]. Geochimica et Cosmochimica Acta, 1979, 43(5): 657 – 672.

Thompson K F M. Classification and thermal history of petroleum based on light hydrocarbons[J]. Geochim Cosmochim Acta, 1983, 47(2): 303 – 316.

Thompson K F M. Fractionated aromatic petroleums and the generation of gas – condensates[J]. Organic Geochemistry, 1987, 11(6): 573 – 590.

Thompson K F M. Gas – condensate migration and oil fractionation in deltaic systems[J]. Marine and Petroleum Geology, 1988, 5(3): 237 – 246.

Tian Hui, Xiao Xianming, Ronald W T, et al. Generic origins of marine gases in the Tazhong area of the Tarim Basin, NW China: Implications from the pyrolysis of marine kerogens and crude oil[J]. International Journal of Coal Geology, 2010, 82(1/2): 17 – 26.

Tilley B, Muehlenbachs K. Isotope reversals and universal stages and trends of gas maturation in sealed, self – contained petroleum systems[J]. Chemical Geology, 2013, 339(339): 194 – 204.

Tissot B P, Welte D H. Petroleum formation and occurrence: a new approach to oil and gas exploration[J]. New York: Springer Verlag, 1978: 50 – 70.

Tissot B P, Welte D H. Petroleum Formation and Occurrence[M]. Springer, 1984: 389.

Wang Peirong, Zhang Dajiang, Xu Guanjun, et al. Geochemical features of light hydrocarbons of typical salt lake oils sourced from Jianghan Basin, China[J]. Organic Geochemistry, 2008, 39(11):1631 – 1636.

Welte D H, Kratochvil Rullkotter H et al. Organic geochemistry of crude oils from the Vienna Basin and an assessment of their origin[J]. Chemical Geology, 1982, 35(1 – 2):33 – 68.

Whelan J K, Hunt J M. C_1—C_8 hydrocarbons in Leg 64 sediments, Gulf of California. In Curray, J Moore D G, et. al. , Init. Repts. DSDP. 64, 1982, Washington(U. S. Gort. Printing Office):763 – 779.

Whiticar M J, Faber E, Schoell M. "Biogenic" methane formation in marine and freshwater environments: CO_2 reduction vs. acetate fermentation – isotopic evidence[J]. Geochim Cosmochim Acta, 1986, 36(5):129 – 140.

Whiticar M J, Snowdon L R. Geochemical characterization of selected Western Canada oils by C_5—C_8 Compound Specific Isotope Correlation(CSIC)[J]. Organic Geochemistry, 1999, 30(7 – 8):1127 – 1161.

Whiticar M J. Carbon and hydrogen isotope systematics of bacterial formation and oxidation of methane[J]. Chemical Geology, 1999, 161(1 – 3):291 – 314.

Wilhelms A, Larter S R, Hall K. A comparative study of the stable carbon isotopic composition of crude oil alkanes and associated crude oil asphaltene pyrolysate alkanes[J]. Organic Geochemistry, 1994, 21(6/7):751 – 759.

Wingert W S. GC—MS analysis of diamondoid hydrocarbons in smackoverpetroleums[J]. Fuel, 1992, 71:37 – 43.

Wu Wei, Dong Dazhong, Yu Cong, et al. Geochemical characteristics of shale gas in Xiasiwan area[J]. Energy Exploration & Exploitation, 2015, 33(1):25 – 42.

Xia X, Chen J, Braun R, et al. Isotopic reversals with respect to maturity trends due to mixing of primary and secondary products in source rocks[J]. Chemical Geology, 2013, 339(2):205 – 212.

Xia X, Tang Y. Isotope fractionation of methane during natural gas flow with coupled diffusion and adsorption/desorption[J]. Geochimica et Cosmochimica Acta, 2012, 83(1):489 – 503.

Yang H, Fu J H, Liu X S, et al. Accumulation conditions and exploration and development of tight gas in the Upper Paleozoic of the Ordos Basin[J]. Petroleum Exploration and Development, 2012, 39(3):315 – 324.

Yunyan N, Jinxing D, Qinghua Z, et al. Geochemical characteristics of abiogenic gas and its percentage in Xujiaweizi Fault Depression, Songliao Basin, NE China. Petroleum Exploration and Development, 2009, 36(1):35 – 45.

Zeng H, Li J, Huo Q. A review of alkane gas geochemistry in the Xujiaweizi fault – depression, Songliao Basin[J]. Marine and Petroleum Geology, 2013, 43:284 – 296.

Zhang S C, Su J, Wang X M, et al. Geochemistry of Palaeozoic marine petroleum from the Tarim Basin, NW China: Part 3. Thermal cracking of liquid hydrocarbons and gas washing as the major mechanisms for deep gas condensate accumulations[J]. Organic Geochemistry, 42(11):1394 – 1410.

Zhang S, Zhang B, Zhu G, et al. Geochemical evidence for coal – derived hydrocarbons and their charge history in the Dabei Gas Field, Kuqa Thrust Belt, Tarim Basin, NW China[J]. Marine and Petroleum Geology, 2011, 28(7): 1364 – 1375.

Zhao W, Zhang S, Wang F, et al. Gas systems in the Kuqa Depression of the Tarim Basin: Source rock distributions, generation kinetics and gas accumulation history[J]. Organic Geochemistry, 2005, 36(12):1583 – 1601.

Zumberge J, Ferworn K, Brown S. Isotopic reversal('rollover') in shale gases produced from the Mississippian Barnett and Fayetteville formations[J]. Marine and Petroleum Geology, 2012, 31(1):43 – 52.

Гуцало Л К, А М Плотников. Изотопной состав углерода системыCO_2—CH_4 как критерий генезиса метана и углекислоты в природных газах земли ДокладыАкадеминНаукаСССР, 1981, 259(2):470 – 473.